石油石化科普读物

入选中国石油"2021年送书工程"

油气简史

（第二版·富媒体）

Life of
Oil and Gas

张烈辉 等编著

石油工业出版社

图书在版编目（CIP）数据

油气简史：富媒体 / 张烈辉等编著 . -- 2 版 . --

北京 : 石油工业出版社 , 2022.4

　　ISBN 978-7-5183-5335-4

　　Ⅰ . ①油… Ⅱ . ① 张…Ⅲ . ① 油气田开发 – 普及读物

Ⅳ . ① TE3-49

　　中国版本图书馆 CIP 数据核字（2022）第 062014 号

　　审图号：GS（2021）6202 号

出版发行 : 石油工业出版社

　　　　（北京安定门外安华里 2 区 1 号　100011）

　　　　网　　址 : www.petropub.com

　　　　编辑部 :（010）64523541　　图书营销中心 :（010）64523633

经　　销 : 全国新华书店

印　　刷 : 北京中石油彩色印刷有限责任公司

2022 年 4 月第 2 版　2023 年 10 月第 9 次印刷

787×1092 毫米　开本 : 1/16　印张 : 28.75

字数 : 400 千字

定价 : 120.00 元

（如出现印装质量问题，我社图书营销中心负责调换）

版权所有，翻印必究

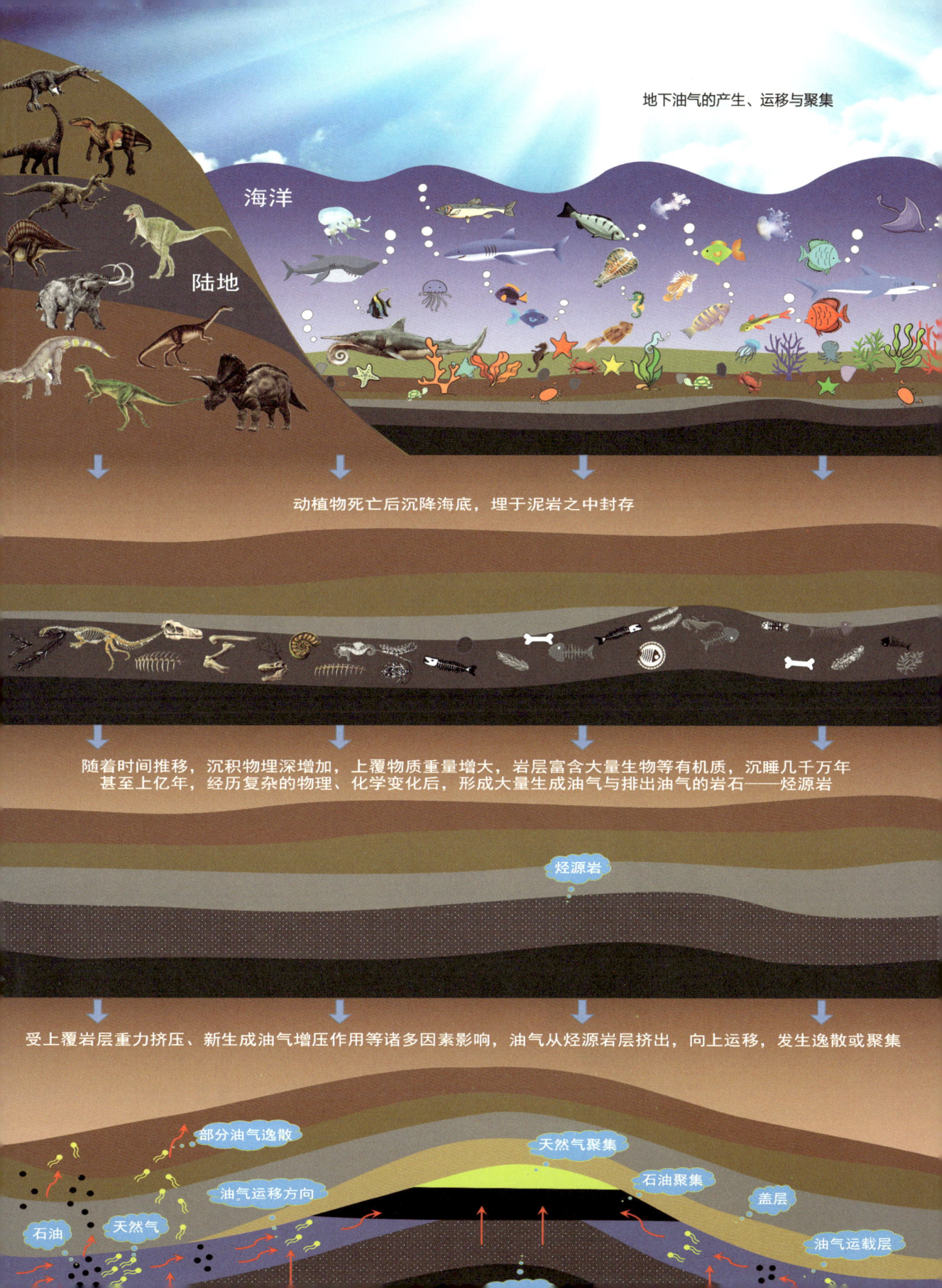

地下油气的产生、运移与聚集

海洋

陆地

动植物死亡后沉降海底，埋于泥岩之中封存

随着时间推移，沉积物埋深增加，上覆物质重量增大，岩层富含大量生物等有机质，沉睡几千万年甚至上亿年，经历复杂的物理、化学变化后，形成大量生成油气与排出油气的岩石——烃源岩

烃源岩

受上覆岩层重力挤压、新生成油气增压作用等诸多因素影响，油气从烃源岩层挤出，向上运移，发生逸散或聚集

部分油气逸散

天然气聚集

石油聚集

油气运移方向

盖层

石油

天然气

油气运载层

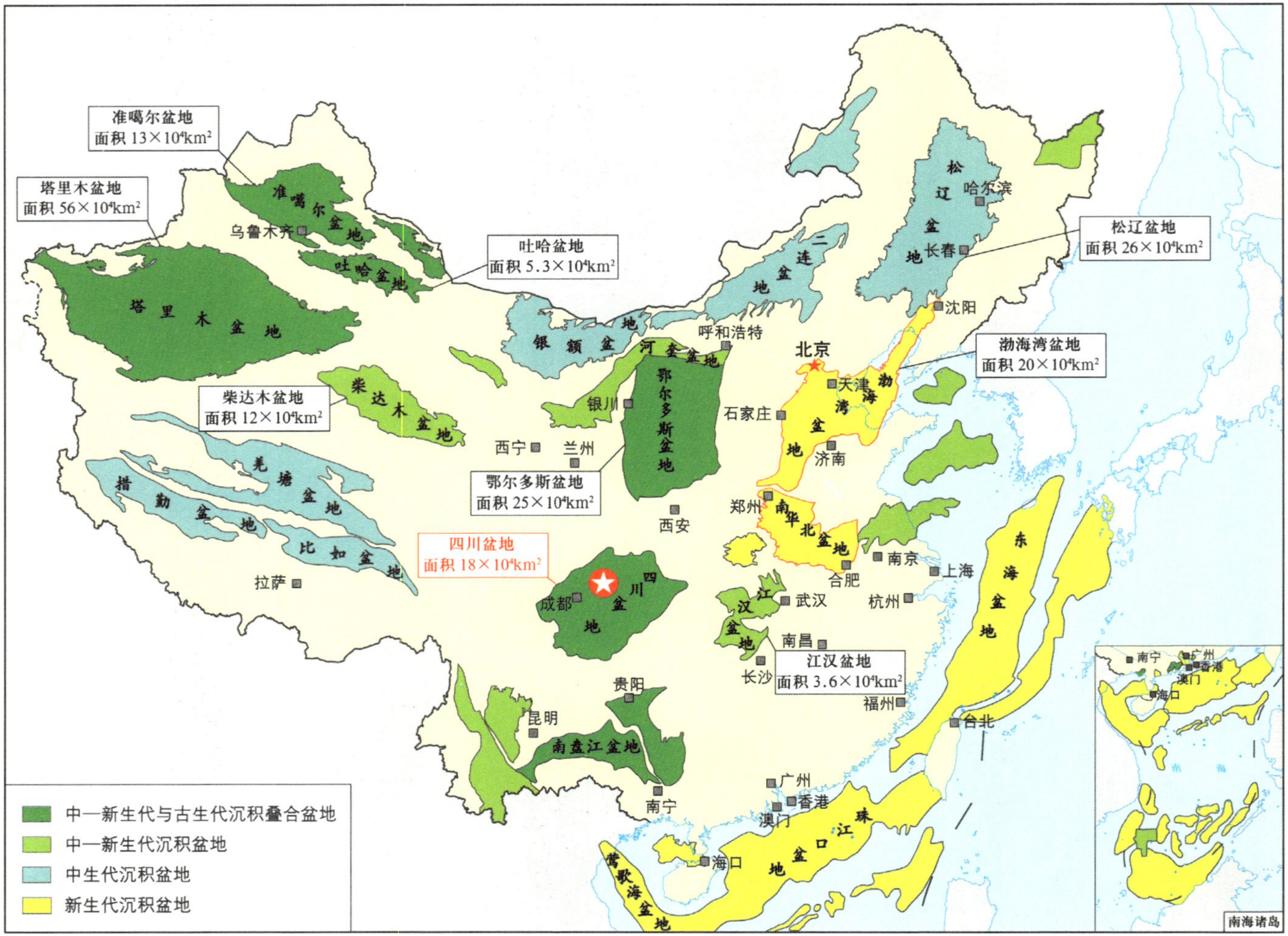
准噶尔盆地
面积 $13\times10^4km^2$
塔里木盆地
面积 $56\times10^4km^2$
吐哈盆地
面积 $5.3\times10^4km^2$
柴达木盆地
面积 $12\times10^4km^2$
鄂尔多斯盆地
面积 $25\times10^4km^2$
四川盆地
面积 $18\times10^4km^2$
松辽盆地
面积 $26\times10^4km^2$
渤海湾盆地
面积 $20\times10^4km^2$
江汉盆地
面积 $3.6\times10^4km^2$
准噶尔盆地
塔里木盆地
吐哈盆地
柴达木盆地
羌塘盆地
措勤盆地
比如盆地
银额盆地
河套盆地
鄂尔多斯盆地
二连盆地
松辽盆地
渤海湾盆地
南华北盆地
江汉盆地
四川盆地
南盘江盆地
东海盆地
珠江口盆地
莺歌海盆地
乌鲁木齐
呼和浩特
北京
天津
沈阳
长春
哈尔滨
石家庄
济南
银川
西宁
兰州
西安
郑州
南京
上海
合肥
杭州
武汉
南昌
长沙
福州
台北
拉萨
成都
贵阳
昆明
南宁
广州
香港
澳门
海口
南海诸岛
中—新生代与古生代沉积叠合盆地
中—新生代沉积盆地
中生代沉积盆地
新生代沉积盆地

中国含油气盆地分布图

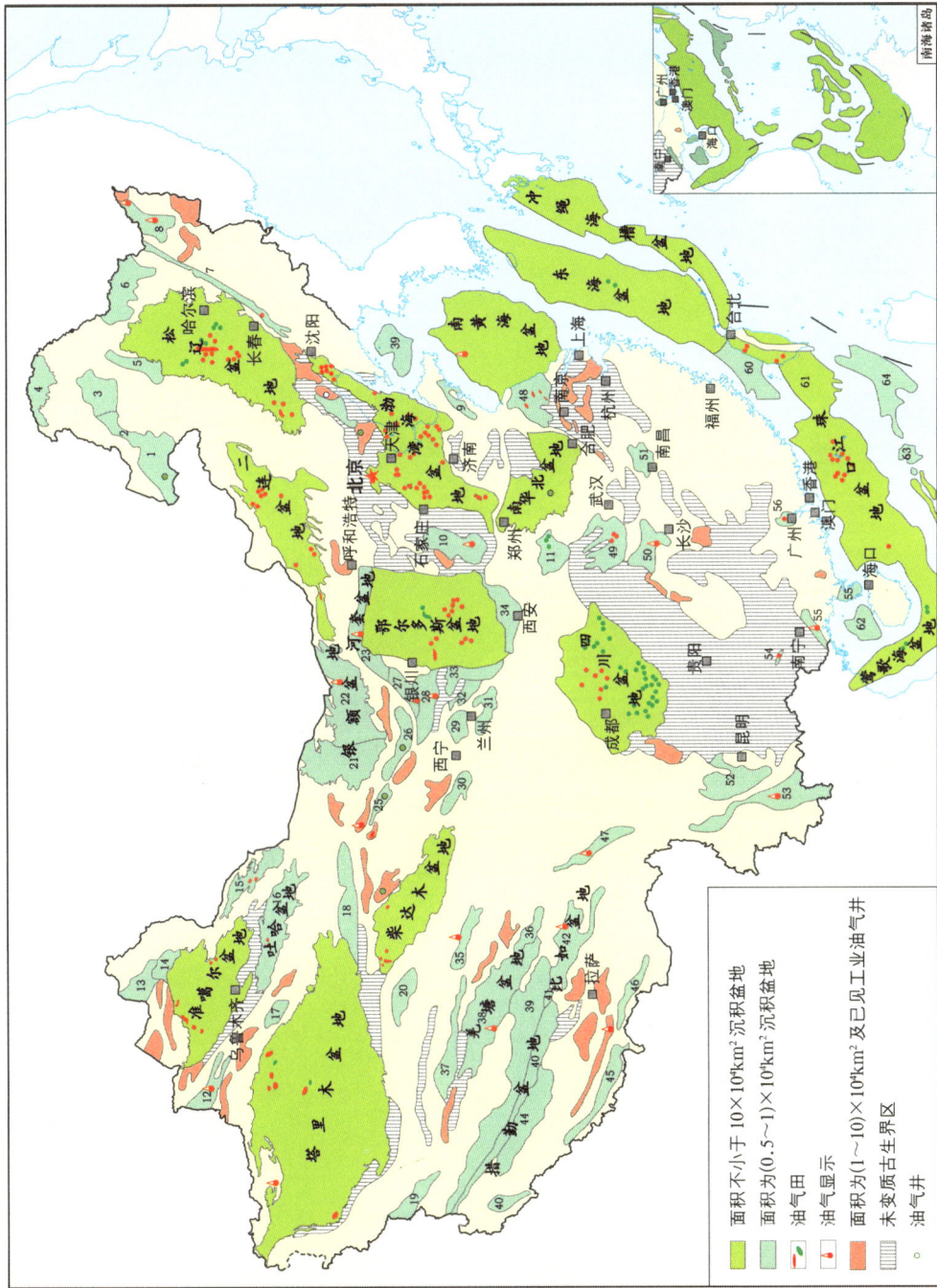

中国沉积盆地分布图

面积不小于 10×10⁴km² 沉积盆地
面积为(0.5~1)×10⁴km² 沉积盆地
油气田
油气显示
面积为(1~10)×10⁴km² 及已见工业油气井
未变质古生界区
油气井

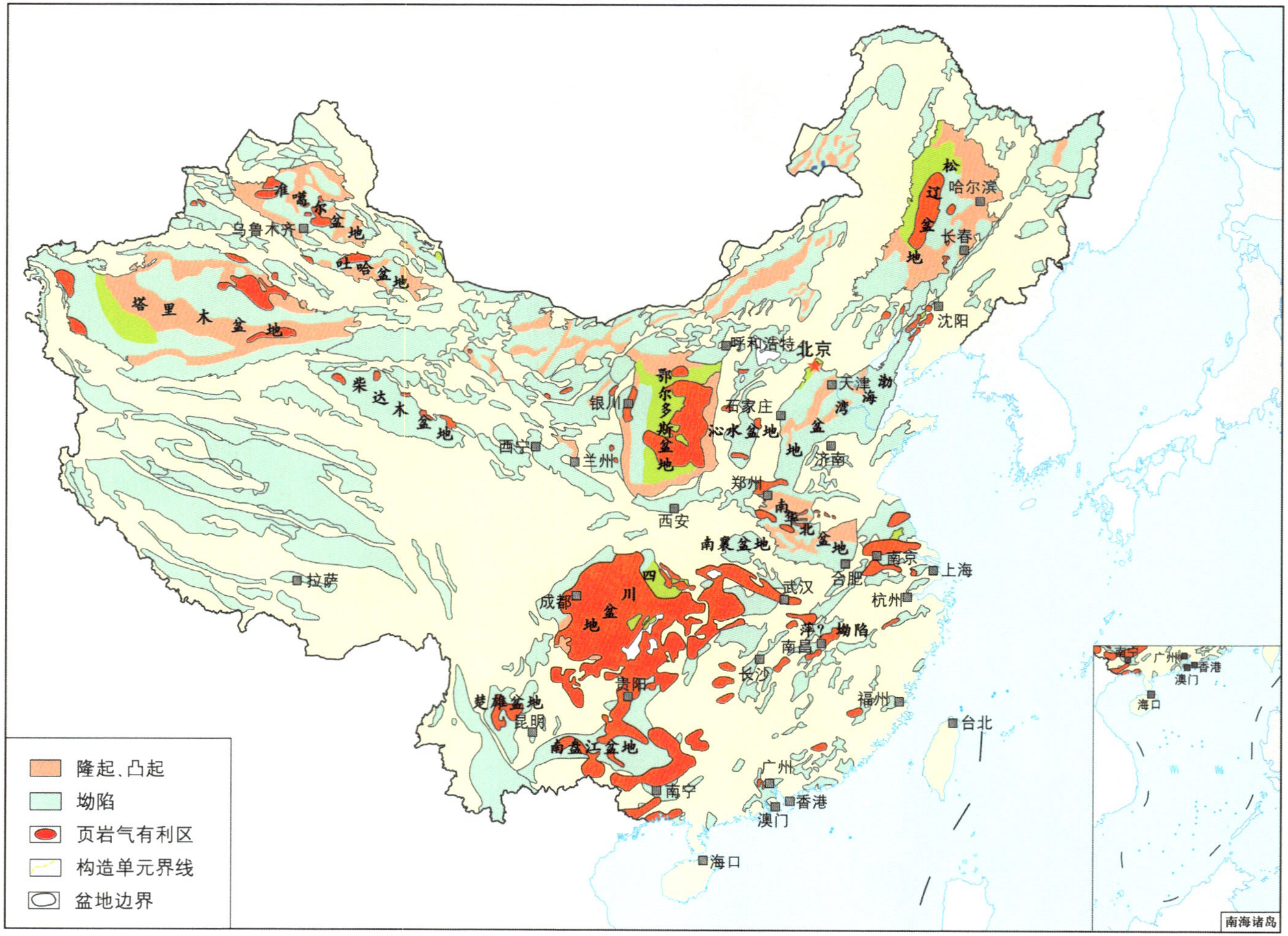

准噶尔盆地
乌鲁木齐
吐哈盆地
塔里木盆地
柴达木盆地
松辽盆地
哈尔滨
长春
沈阳
呼和浩特
北京
天津
渤海湾盆地
石家庄
沁水盆地
鄂尔多斯盆地
银川
西宁
兰州
济南
郑州
南华北盆地
西安
南襄盆地
南京
上海
合肥
武汉
杭州
四川盆地
成都
拉萨
南昌
长沙
贵阳
福州
台北
楚雄盆地
昆明
南盘江盆地
广州
南宁
香港
澳门
海口
南海诸岛
隆起、凸起
坳陷
页岩气有利区
构造单元界线
盆地边界

全国页岩气有利区分布图

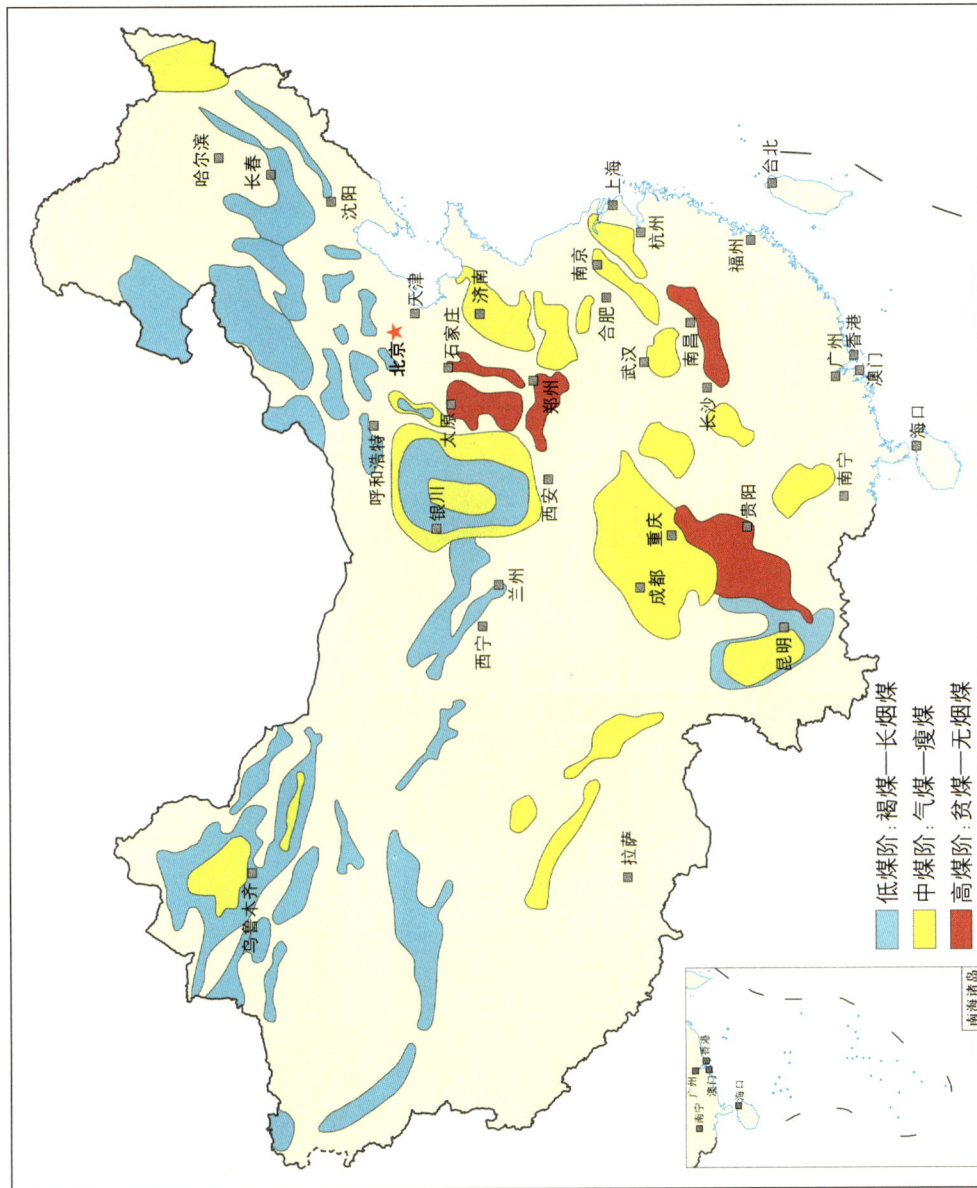

中国煤层气资源分布

低煤阶：褐煤—长焰煤
中煤阶：气煤—瘦煤
高煤阶：贫煤—无烟煤

哈尔滨　长春　沈阳　北京　天津　济南　南京　上海　杭州　合肥　福州　台北　武汉　南昌　长沙　广州　香港　澳门　海口　南宁　贵阳　重庆　成都　昆明　拉萨　西宁　兰州　西安　银川　太原　石家庄　郑州　河南　呼和浩特　乌鲁木齐

南海诸岛

丛式井现场（由新疆油田提供）

塔克拉玛干沙漠腹地的顺北 1 天然气处理站（由中国石化西北分公司提供）

宏伟的压裂场景（胡文瑞，2021）

海上生产平台（由中国海油海湛江分公司提供）

亚马尔 LNG 项目生产线（胡文瑞，2021）

张掖祁连山丹霞地貌

连片的油砂残丘

油砂笋

油砂山

油砂残丘

克拉玛依乌尔禾风城地表分布有国内规模最大的油砂山、千姿百态的油砂残丘（由新疆油田提供）

PREFACE 序一

　　石油，顾名思义就是"石头里的油"，像水浸透在海绵里一样"藏"在石头的孔隙与缝洞里。虽然，中国是世界上最早发现并利用石油的国家之一，但在近代一个相当长的时期，却因国力衰弱和科技落后等原因，石油勘探开采技术相当落后，产量也很低。直到新中国成立以后，轰轰烈烈的石油工业才焕发生机。今天，中国已经成为世界上最大的能源生产国和消费国。

　　当今世界正经历百年未有之大变局，新一轮科技革命和产业变革加速演进，为我国高质量发展带来重大机遇。而在这场变革中，与科技和国计民生息息相关的石油天然气（简称石油、油气），作为国家最重要的战略资源，其对外依存度逐年攀升，严重威胁着国家能源安全。为此，2014年，习近平总书记在中央财经领导小组第六次会议上明确提出"四个革命、一个合作"能源安全新战略，包括能源消费革命、能源供给革命、能源技术革命、能源体制革命以及全方位加强国际合作等。显然，能源革命不是一句口号，要求全社会都加入石油工业中来，认识石油，勘探石油，开发石油，合理消费石油……

　　那么，石油究竟是怎么生成的？它们在地下是什么状态？如何与人类结缘后被人们发现的？又是怎样勘探、发现、开发、储存、输运并综合利用呢？张烈辉教授等完成的这本《油气简史》，试图回答这些问题，书中讲述的就是关于石油的"前世今生"，就是一部石油科技"简史"。

　　最为可贵的是，这本《油气简史》，更是一部科普著作。它尽量回避艰涩难懂的专业科技知识，选择面向各层次读者，采用通俗的语言、生动的比喻、清晰的图表，言简意赅、深入浅出地介绍石油的点点滴滴知识，让广大读者更容易了解石油、热爱石油，更愿意迈入石油世界的大门，这种着眼点更彰显了作者普及石油科技知识和石油科学文化的良好初衷。

　　当前，我国能源安全形势极其严峻，党和国家要求把能源安全饭碗牢牢端在自己手里，这不仅需要石油人再接再厉，无私奉献，更需要社会各界勠力同心，鼎力支持。本书的目的，就是期望全社会更加系统地了解石油，了解油气行业领域，在了解中增进关注，在了解中汇聚全社会力量，最终实现能源大国到能源强国的"石油梦"。

　　我深信，这本《油气简史》必将完成这个使命。

中国科学院院士　刘宝珺

2020 年 12 月 20 日

PREFACE 序二

　　习近平总书记曾深刻指出：科技创新、科学普及是实现创新发展的两翼，要把科学普及放在与科技创新同等重要的位置。没有全民科学素质普遍提高，就难以建立起宏大的高素质创新大军，难以实现科技成果快速转化。

　　我们科技人员的工作应当贯穿于知识的生产、传播及应用的全过程，也就是发展、应用科技与普及科技两个方面。不仅要普及科学知识，还要普及科学精神和科学方法。这是我们的重要任务。

　　撰写科普图书对大多数科技和教育工作者来说是一个新课题。我们长于写作学术论文和科技专著；如何把专业知识和科学方法写成生动有趣而又富有文采的科普读物，寓科技知识于科普教育之中，可不是容易的事。所以不少科技界和教育界同行深感写作科普图书比学术专著的难度更大。石油，被人们称为"黑色的金子""工业的命脉"。在今天这个时代，石油关系着社会生活的运转和经济的发展，甚至政治的稳定和国家的安全。有的专家说得好：石油工业堪称世界上规模最大的行业，它可能是唯一牵涉到世界每一个国家的一种国际性行业。

　　提起中国的石油工业，不少人就会想到影视作品里的井架、采油树、磕头机等画面，还会想起我们石油工人艰苦奋斗、战天斗地的感人往事。这是非常重要的教育。与此同时，还有必要普及有关油气的科学技术知识和科学工作精神。举例说，我们经常在新闻报道中提及的一些有关油气行业名词术语，如油气资源量、油气地质储量、可采储量等，人们往往不甚了解，很希望得到简明的解释。凡此种种，都迫切需要油气科技人员和油气教育工作者肩负起向社会普及油气知识的重任。

　　《油气简史》这部关于石油天然气的科普读物，正是石油天然气科技专家同时又是石油天然气专业教授的张烈辉等抽挤时间费尽心力精心撰写完成的。

石油天然气工业是一个庞大的技术密集的系统工程，是地质科学、数字科学、机电技术、化工技术、信息技术和自动化技术以及各类高新技术集成作业的行业，也是应用现代高新技术推动传统行业、实现跨越式发展的一个新兴行业。《油气简史》的定位是主要结合当代石油天然气勘探开发的技术前沿和热点问题，普及油气科技知识和科学方法。面对油气勘探开发专业性和技术性较强、吸引读者兴趣难度较大这一难题，该书作者独具匠心，融科学性、实用性、知识性与趣味性于一体，把油气专业知识巧妙地融入自古至今关于油气的故事和事件中。俯视千古，解析洪荒，看似平易的描述却凝聚了作者深邃的思考与多年的辛劳。

　　序者相信，这部科普著作一定会对普及油气知识，特别是石油天然气勘探开发方面的知识发挥重要作用。

中国科学院院士

2020 年 9 月 20 日

PREFACE 序三

　　石油和天然气（简称油气）与我们的生产生活密切相关。人类在数千年前就已经发现并使用油气，我国北宋科学家沈括最早提出"石油"这一科学命名。近一百多年来，油气的大规模开发和应用极大改变、丰富了人类的生活方式。油气产品为我们提供小到蜡笔、隐形眼镜，大到道路、机场等各种建设和建筑产品的原材料，为保障人民的交通、运输、通信和娱乐电子设备等提供能源和动力。油气还是国民经济的重要命脉，成为影响世界经济政治格局的重要因素，人们对油气的关注和重视也达到前所未有的程度。在习近平总书记"四个革命、一个合作"能源安全新战略思想指导下，我国油气行业不断加大油气勘探开发力度，加快油气增储上产步伐，服务国家战略、满足人民需要。

　　油气是如此深入地渗透到我们生活的方方面面，但是深埋地下的油气是如何形成的？如何被发现？通过什么方式将其采到地面来？以及怎么运输到世界的各个角落、走近我们的生活？这恐怕对于绝大部分人们来说，还是一个非常神秘的过程。

　　《油气简史》一书由张烈辉教授等编写。他们打开地球内部神秘的"黑箱"，用大量故事、图片将难以理解且难以描述的油气理论、技术方法等复杂深奥的科学问题通俗化、形象化，为人们走进油气、了解油气提供了深入浅出的科普读本。期待这本科普读物能够像扔进水中的石头，用不断泛起的涟漪去影响人们，特别是青少年探索油气科学的兴趣，激发更多的人去研究环保优先和绿色高效的能源技术。同时，也能帮助人们在了解科学的油气常识以后，在各种虚假科学新闻和谣言面前保持理性和冷静，客观看待环境保护和国家能源开发、经济发展之间的关系，理解、支持国家油气战略保障能源安全。

科学普及是科学家的职责。期待有更多油气科学家能够以高度的社会责任感来担任科学普及的使者，把自己从事专业的研究成果以公众能够接受的方式展示出来；期待更多高质量油气科学读物的出版能够激发人们尤其是青少年对油气科学的好奇心与探索欲，引领他们学会仰望星空、努力探索未来能源世界，并不断提高自己的科学素质，以适应我国建设创新性强国的需要。

中国工程院院士

2021 年 1 月 7 日

PREFACE 序四

近年来，习近平总书记在全国科技创新大会、两院院士大会等讲话中多次指出，科技创新和科学普及是实现创新发展的两翼，要把科学普及放在与科技创新同等重要的位置。对于广大科技工作者而言，不仅要求我们责无旁贷地肩负起科技创新的重大历史使命，而且更应该当仁不让地向全社会传播和普及科学知识、科学方法、科学文化以及科学精神，从而调动并发挥中华民族的集体智慧，加快实现科技自立自强。

石油工业是一个庞大的系统工程，是信息技术、自动化技术以及各类新材料使用最广泛的高新技术密集行业，也是应用新理论、新方法和高新技术推动传统行业、实现跨越式发展的一个新兴行业。提起中国的石油工业，不少人立即就会想到影视作品里的井架、采油树、"磕头机"等画面，或者是石油工人战天斗地的"铁人"形象，但对石油的科学技术和科学精神却了解甚少。还有经常在新闻报道中听到的石油资源量、石油地质储量、可采储量等专用名词术语，人们往往也不甚了解。凡此种种，都迫切需要石油科技工作者肩负起向社会普及石油知识的重任。

殷鉴于此，作为一名石油教育科技工作者，张烈辉教授等心怀使命，知难而进，历时三年多时间，撰写了这本关于油气的科普读物——《油气简史》。《油气简史》的定位和目标是结合当代石油科学技术前沿和热点问题，普及石油科学知识、科学方法和技术发展史。为此目的，作者独具匠心，谋篇布局，融科学性、知识性与实用性、趣味性为一体，把石油专业知识巧妙融入古往今来关于油气的故事和事件中，俯视千古，解析洪荒，娓娓道来，看似平易的叙述中，凝聚了作者长久的思考与辛劳。

时代呼唤科学！科技自立自强是中华民族面对百年未有之大变局，抢抓新一轮科技革命先机，在国际竞争中纵横捭阖的制胜之道。许许多多新知识、新发明、新技术、新产业的不断涌现，并由此引出的诸多新问题都亟待全社会去解决，因此，科学应成为全社会、全民族的科学，而不只是科技工作者的金字塔，期待我们共同努力。

中国工程院院士 周宇为

2021 年 1 月 8 日

PREFACE 序五

　　石油是工业的血液，是现代文明社会的重要物质基础。"谁掌握了石油，谁就控制了所有国家。"石油天然气既是基础性的自然资源，又是战略性的能源矿产，同时还是最重要的经济金融大宗商品。现在，油气影响着人类生活，影响着国家及国际的政治、经济、军事、外交等各领域，影响着人类文明和经济社会发展。

　　石油工业的发展史是一部科技创新史。1859年现代石油工业诞生后，背斜理论、旋转钻井、有机成因、水驱开发、陆相生油、三次采油、数值模拟、水平井分段压裂、工厂化作业等理论技术的进步推动着石油工业的发展。经过多代石油人的艰苦奋斗和科技攻关，特别是新中国成立后，中国先后勘探开发了大庆、胜利、长庆、塔里木等一批世界级油气田，成为世界油气生产大国，取得了一批世界级的科技成果，有些技术已处于国际领先地位。事实证明，没有科技创新，就没有石油工业的今天。

　　从全球来看，当今世界处于百年未有之大变局，第四次工业革命方兴未艾，人类社会进入了"大智物移云"时代，这对油气工业的发展提出了更高的要求，必须继续坚定不移推进科技创新，依靠科技创新提升我国油气生产、输送、加工全产业链发展能力，保障国家能源安全，确保中华民族伟大复兴梦想的实现。

　　油气工业如此重要，又对科技创新如此依赖，但长期以来，普通大众甚至部分知识分子对石油天然气知识知之甚少。曾有人开展了一项关于如何开采石油的网上调查，不少人认为地下有一条油河，井一打下去，油就会像水一样往外冒。这种想法固然荒谬，但有这种错误认识的人还真不少。究其原因，石油是一个"小众"学科，不是通用专业，人们虽然离不开各种石油产品，但对石油从生产到产品的过程缺乏了解。事实上，石油工业绝不是一个"傻大粗"的领域，而是一个知识密集、技术密集和资金密集的行业，是一个影响国民经济发展命脉的行业，这一点需要得到全社会的认同。

习近平总书记强调："科技创新、科学普及是实现创新发展的两翼，要把科学普及放在与科技创新同等重要的位置。"对于石油工业来说，既要注重提升石油科技创新能力，又要不断加大石油科普工作。因此，面向非石油专业的普通大众进行石油科普工作就显得既必要又重要。如果人们对油气工业有更深入的了解和认识，每一个人都知道石油天然气是一次性的稀缺资源，生产炼制非常复杂，人们就会更加珍惜油气资源，就会更加支持我国石油工业的发展。

在这种背景下，张烈辉教授等科研工作者在专注自身研究领域的同时，积极投身于石油科普工作，共同完成了这本石油天然气科普著作《油气简史》。该书用通俗的语言、生动的比喻、风趣的故事，解释了石油天然气是怎样来的，藏在哪里，如何被找到的，又如何开采出来并输送到各个地方等问题，回答了读者对石油天然气知识的主要疑问。该书将科学性、趣味性、通俗性融于一体，将专业性很强的石油天然气理论或技术通过通俗易懂、深入浅出的语言呈现在广大读者面前。该书不仅普及了石油天然气知识，同时传播了科学的思想、科学的精神和科学的方法，引导广大读者关注、关心和支持石油工业的进步发展，是一本难得的石油天然气科普佳作。

中国工程院院士 胡文瑞

2021 年 1 月 25 日

FOREWORD 第一版前言

当今世界，石油天然气（简称油气）无论是直接作为燃料，还是间接作为原料，经过炼制、加工后，制成各式各样的工业产品或商品，都已渗透到人类社会的所有领域。"石油黑金""经济血液""工业命脉"，这是人们对油气经济价值和社会价值的形象比喻。

近一个半世纪以来，油气深深影响并改变了整个世界，因其独具高度依赖性、天然稀缺性和分布不均衡性等天然属性，从而成为保障国家经济安全和政治安全不可或缺的战略资源。"石油美元""石油外交"等名词都反映了当代世界石油与国家安全之间的紧密关系。可以讲，对油气的追求，直接影响了世界各国的政治、经济、外交和军事政策等。

石油如此重要，大家对这个名字也非常熟悉，但如果要问及什么是石油，回答恐怕就不那么确切了。简言之，石油，就是石头里产出来的油。石头里真的会产油吗？实际上，就像煤、铁、铜、金等矿藏一样，石油也是一种产于地壳中的矿藏，无非它是以一种流体形态赋存于地下，它经历了数百万年甚至几亿年的演化过程。不同年代的石油，其生成地质环境不同，其物理性质也不同。石油因其特殊的生成和聚集方式，深埋于地下几百米、几千米甚至上万米的岩层中。

茫茫的大草原、一望无际的戈壁荒滩、漫漫的黄沙、波涛汹涌的大海、崇山峻岭之下都可能有油气，因其常年"不见天日"，致使非业内人群对其知之甚少。人们对油气的了解大都来源于电视、电影或网络里的钻井井架、采油树、抽油机画面或油气资源量、油气可采储量等名词术语以及石油工人战天斗地艰苦奋斗的场景。事实上，人们对油气的认识，可以追溯到公元前古埃及关于"油苗"的记载——正是石油渗透或"窜"到地面显露的天然痕迹。

中国是世界上最早发现和利用油气的国家之一。中国关于石油的最早记载，可追溯到东汉历史学家班固著《汉书》"高奴有洧水，可燃"。宋朝大科学家沈括（1031—1095 年）读到《汉书》中这句话，觉得很奇怪，"水"怎么可能燃烧呢？于是他亲赴实地考察，发现了一种褐色液体，人们用它煮饭、点灯、取暖……在被英国著名科学史家李约瑟誉为"中国科学史的坐标"的著作《梦溪笔谈》中，沈括首次把这种褐色液体称为"石油"——这也是世界上最早关于石油的科学命名。同时，他认为石油"生于北际沙石之中"，"与泉水相杂，惘惘而出"，并做出"石油至多，生于地中无穷"，"此物后必大行于世"的预言。

公元 1556 年，德国人乔治·拜耳提出 Petroleum 一词。在拉丁文中，Petro 指岩石，leum 指油脂，合在一起，即石油——"石中之油"。这比沈括晚了 500 多年。

随着人们对石油的认识不断深入，科学家们注意到，大多数石油生成和聚集在地下岩层中，往往伴生天然气；而在某些特别的地下岩层中，也存在非伴生气聚集或纯油聚集，这些就是所谓的油气藏。

一般而言，油气藏是油气在地壳中聚集的基本单元；一个油气藏存在于一个独立的地下封闭空间（称为圈闭）内，油气在其中具有一定的分布规律和统一的压力系统。若该空间内只有油聚集，称为纯油藏（或油藏）；只有天然气聚集，称为纯气藏（或气藏）。当油气聚集的数量具备商业开采价值时，称为商业性油气藏（或工业性油气藏）；反之为非商业性油气藏（或非工业性油气藏）。

世界油气勘探开发的历史就是一个由常规油气藏到非常规油气藏勘探开发的历史。近年来，世界油气勘探开发进入了常规与非常规油气并重的时代，特别是由于非常规油气的不断发现和研究探索的不断深入，科学家们逐渐发现建立在常规油气藏研究基础上的传统石油地质学理论已越来越难以适应油气勘探开发新形势的需要，不少重要的石油地质学概念和理论亟待重新认识和完善。

油气藏的勘探开发是一个庞大的资金密集、技术密集的系统。由于油气藏本身极具复杂性，涉及众多学科、专业以及一系列的理论、方法和技术，试图将如此复杂、系统的理论和技术用通俗语言表达出来，实在是十分艰难的事。

然而，作为长期从事油气勘探开发的科技工作者，不仅有责任积极响应习近平总书记关于"科学普及与科技创新同等重要"的号召，而且有义务坚决贯彻《全民科学素质行动规划纲要（2021—2035年）》精神，尽可能将油气藏勘探开发复杂的系统理论和技术知识向全社会普及传播，从而为提高公民科学素质、树立科学世界观和方法论、增强国家自主创新能力和文化软实力尽到义不容辞的责任；为打造社会化协同、智慧化传播、规范化建设和国际化合作的科学素质建设生态，营造热爱科学、崇尚创新的社会氛围，提升社会文明程度作出积极贡献。

正因如此，本书不是向读者"照搬"油气勘探开发的基础理论和关键核心技术等"课堂"知识，而是历时三年多时间，在全面学习了解国内外众多科普书籍的基础之上，多次与很多想了解油气知识的年轻人和社会各界人士交流沟通，与石油院校、石油企业等从事油气地质、钻井、开发、储运、管理及社会科学等不同学科专业的专家学者深入讨论，征求他们的建议和意见，探索了多种写作模式，数易其稿，反复琢磨，力求从科学性、知识性、趣味性和通俗性的角度，用通俗易懂的语言深入浅出地普及性讲述石油科学知识。比如，在众多的描写石油工人为祖国献石油的文学作品中，常常使用"油海""油浪滚滚"这样的词语，那么原油在地下真的像海一样波浪滚滚吗？还是像湖泊一样平静如镜或者像长江、黄河一样川流不息呢？本书就会为您释疑解惑，介绍地下油气究竟怎么产生？到底"藏"在哪里？怎样发现它们？地下岩石和流体有何特征？地下岩石和流体之间有何故事？地下岩层内流体如何流动、有何特征？科学家们如何走向井底、走近地下油气藏？钻井工程师们如何建造地下流体通往地面的通道？地下油气如何从地下"窜"到地面？有何技术和手段把地下油气弄到地面来？到了井口的油气怎么储存和运输并走近我们的生活？油气井为什么会着火，如何灭火等？通过这些讲述，为广大社会公众对地下石油天然气聚集、流动和开发方式有一个较为全面和形象的了解，以期更多的各界人士走近石油，了解石油，迈入石油王国的大门，从而得到社会更多人的关注、支持和帮助，广泛吸纳社会各界人士的智慧，使不可再生的地下油气资源得到更高效、绿色、可持续开发和利用。

本书除封面署名作者外，参与编写的人员还有成都北方石油勘探开发技术有限公司张博宁，西南石油大学赵玉龙、陈怡男、唐洪明、廖柯熹、何江、张智、熊钰，中国石油西南油气田分公司周克明等。本书的写作过程中得到了西南石油大学李小刚、王健、闫建平、韩辉、李皋、魏纳、肖文联、郭肖、刘平礼、刘永辉、王海涛、郭晶晶、刘启国、段永刚、祝效华、李勇明、彭小龙、郭昭学、朱红钧、汪周华、潘毅、贾虎、宋晓琴、黄旭日、尹成、黄坤、彭军、段明、何苏、李婕、代艳英、游利军、周翔、王兴志、张廷山、王杨、王欣、罗程程、张芮菡、金发扬、赵晓明、陈伟、谭秀成、陈鑫、姚明淑、唐鋆磊、曹正、易联树、杨志军，中国石油西南油气田分公司彭先、胡勇、周鸿、曾汇川、姚霖、李建、梅青燕、贾松、宁飞，中国石油新疆油田分公司王勇、栾海军、袁述武、陈建林、李路、罗双涵、章彤、张元、林军、王彬、张旭阳、孙新革，中国石油塔里木油田分公司周理志、李汝勇，中国石油长庆油田分公司周志平、张吉，中国石油吉林油田分公司王峰、宋秋国，中国石油玉门油田分公司苗国政，中国石油勘探开发研究院成都中心李熙喆，中国石油勘探开发研究院地下储库研究中心丁国生，中国石油西北销售分公司李忠林、赵润可，中国石油华北油田分公司王辉光、孟庆春，中国石油大庆油田分公司张丽，中国石油大港油田分公司王文革，国家石油天然气管网集团西南管道分公司梁俊，国家石油天然气管网集团西气东输分公司李树成，中国海油研究总院有限责任公司张媛，中国海油能源发展股份有限公司工程技术分公司黄启忠，中国海油海洋石油工程股份有限公司王明伦、朱晓环，中国海油湛江分公司李耀林，中国海油深圳分公司代玲，中国海油天津分公司李其正，中国石化西北油田分公司梁尚斌、李新华，中国石化胜利油田分公司河口采油厂段伟刚，康菲石油中国有限公司王茜，成都理工大学伊向艺，重庆万普隆能源技术有限公司潘军，成都北方石油勘探开发技术有限公司康博，成都电子科技大学刘勇等的精心指导和帮助，他们或对整体布局提出建议，或是以普通读者身份反复阅读并润色，特别是他们为本书提供和拍摄了很多现场精美的图片，本书顺利完成并最终能图文并茂地呈现给读者与他们及其单位的无私支持是分不开的。在此表示衷心的感谢！考虑到本书为科普性读物，来自上述各单位及个人提供和拍摄的大量图片均未在书中一一标注来源；同时，也没有在书中逐一标明引用文献，只是将重要的参考文献列于书后。在此向诸位作者表示衷心的谢意！最后，特别感谢我的研究生刘沙（现工作于中国石油西南油气田分公司页岩气研究院）为本书制作了大量高质量的科普图片。

本书得到国家杰出青年科学基金项目"油气藏渗流力学（51125019）"、国家自然科学基金面上项目"耦合压裂缝网扩展机制的页岩气藏动态模拟研究（编号：51874251）"、四川省能源安全与文化社科普及基地联合资助。

由于笔者水平有限及专业所限，书中难免存在不当与偏颇甚至错误，真诚地希望广大读者谅解并提出宝贵意见。

FOREWORD 第二版前言

自 2021 年 9 月，《油气简史》首次出版以来，蒙读者垂青，一个月内就加急重印，5 个月时间销售达 20000 余册。2022 年 2 月，本书入选中国石油"2021 年送书工程"，43000 册电子书将送到石油员工手中。

短短几个月，京东商城图书平台上的读者评价高达上千条，不少热心读者通过论坛、电话、信函、电子邮件等方式给予本书较高的赞誉，同时反馈了一些意见和建议。基于此，我们跟大量读者进行了深度交流，认真倾听他们在阅读中的感想和建议。这些读者既有行业内人士也有行业外人士，既有成年人也有小学生，通过从各种渠道收集意见、建议并充分吸纳，形成了如下的再版思路。

本书再版仍坚持了第一版备受读者赞誉的诸多特色：

首先，完全保留了写作的框架结构，还是按照从油气是怎样形成的，藏在哪里，如何被找到，如何建造流动通道——"井眼"，又是如何开采出来并输送到各个地方的顺序行文，这种框架设计有利于读者更好地了解油气从生成、发现、生产到产品再到用户的全过程。同时也有利于读者根据自身的爱好和目标，进行适当的选择取舍。

其次，继续坚持本书图文并茂"高颜值"的特点，利用大量精美的现场照片，绘制的科普示意图、小漫画来代替繁琐的文字，将难理解的油气理论、技术方法等复杂问题更形象、通俗地展现给读者。同时，增加了更多具有代表性的照片，部分图片也进行了重新制作。

再次，继续坚持本书集故事性、趣味性为一体"内容佳"的特点，将石油专业知识巧妙融入到了古往今来关于油气的故事和事件中，同时恰当使用了"知识小讲堂"来大量补充跟正文相关的背景知识，保证了脉络清晰和行文的流畅。

最后：继续坚持通俗易懂的"语言佳"的特点，大量使用形象的比喻和日常生活中的语言，使原本冷峻、晦涩的科学理论变得温暖，做到人人都能看懂、理解。

在保留第一版诸多特点的前提下，我们充分吸纳了读者的建议和意见，从以下方面进行了修订：

第一，篇幅压缩。本书第一版46万字，图片千余幅，共有530余页，是一本名副其实的大部头。较多读者反映书籍较厚不适合捧读，影响阅读体验；同时也不便于携带，不方便利用野外作业间隙、乘坐交通工具以及旅行等碎片时间进行阅读。因此，第二版将书中部分内容进行了缩减，同时将"知识小讲堂"部分以二维码形式呈现，供读者扫码阅读。这大大缩减了原书的篇幅，同时也增添了阅读的灵活性。

第二，增加音频内容。作者对全书内容进行重新提炼，立足大众，在第一版基础上加入部分背景故事，用更加浓缩、凝练、通俗的语言对内容进行拓展，并通过音频的方式播放展示，共14集，约120分钟。读者可以随时随地通过扫描二维码收听其中任何一集，接收信息更加便捷。

第三，资料更新。书中相关数据更新至2021年。第二版不仅是一本难得的图片库，更是获取油气资讯的第一手资料。

第四，错误纠正。对第一版存在的作者疏漏以及排版印刷方面的错误进行了更正。

再版修订工作仍由西南石油大学张烈辉教授主持，并亲自撰写了14集音频的解说词。本书除封面署名作者外，参与编写的人员还有赵玉龙、陈怡男、张博宁、唐洪明、廖柯熹、何江、张智、熊钰、周克明等。感谢所有参与本书编写以及修订工作的人们！感谢那些为本书出版提供支持和帮助的人们！感谢广大热心读者提出的修改建议！特别感谢西南石油大学艺术学院焦道利院长的大力支持，感谢西南石油大学播音与主持专业本科2019级学生闫鹏宇为本书音频录音、配音！尽管我们带着读者热忱的希望和期待倾心投入了本书的修订工作，但本书依然会存在一些不足和错漏，期待大家继续不吝赐教！

感谢中国科学院刘宝珺院士、郭尚平院士以及中国工程院罗平亚院士、周守为院士、胡文瑞院士为本书第一版作序，中国工程院张铁岗院士、李根生院士、刘合院士、孙金声院士、杨春和院士以及加拿大皇家科学院、工程院、中国工程院外籍院士陈掌星的倾情推荐，他们的支持鼓励和对油气的热爱继续指引着我们的修订工作。本书第一版面市后又得到了众多读者的盛赞，再版有幸获得中国科学院邹才能院士、德国国家工程院雷宪章院士推荐。学界大师们对科普工作的热切关怀和对本书的真诚勉励、肯定认可也让我们信心百倍、充满斗志。

当前世界政治经济格局正处于百年未有之大变局，我们所面临的能源形势日趋复杂，这也为油气知识的科普提供了一个较好的舞台。让我们一起努力，投身石油科普，实现石油人的使命担当！

目录

CONTENTS

1 CHAPTER
地下油气藏在哪里

给地球做"B超"，借助"天眼"，人们就能"窥见"
深埋地下的各种岩石，并发现沉浸在里边的油气……

2 CHAPTER
地下"油气"之家——岩石与流体的故事

地下的岩石像"茧"，油气像"蛹"。岩石与油气紧紧相依，并上演一幕幕"爱恨情仇"的故事……

3 CHAPTER
钻井——修建"油气"通向地面的人工通道

"钻头不到，油气不冒"。古有"卓筒井"，今有直井、水平井、丛式井、大位移井……

4 CHAPTER

地下油气能乖乖地沿"井"涌出地面吗

"上天容易下地难"。人们用尽了十八般武艺采掘地下油气，从利用天然能量到注水、注气、注蒸汽、注化学药剂……

5 CHAPTER

"蛹动"——地下油气的运动

地下岩石之"茧"好比是一个巨大的黑匣子，油气之"蛹"在其中如孙悟空有"七十二变"，使它的运动变得神秘莫测……

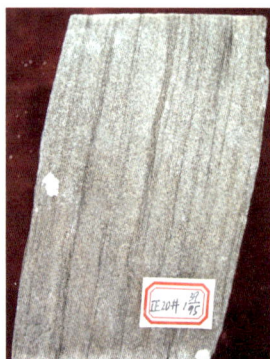

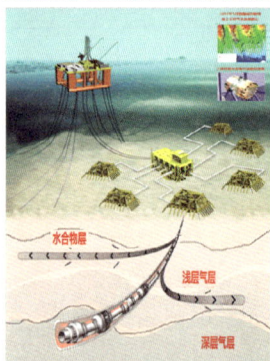

6 CHAPTER
油气藏大家庭——家家有故事

地下油气藏大家庭形形色色、异彩纷呈、家家有故事：
油藏——常规油藏、稠油油藏、页岩油藏，气藏——有
水气藏、致密气藏、凝析气藏、页岩气藏、煤层气藏……

7 CHAPTER
油气如何输送与储存

油气从地下到井口，万里长征走完了第一步，然后"梳妆打扮"一番，经过长途之旅变成"工业的血液"，点亮万家炉火 ……

参考文献

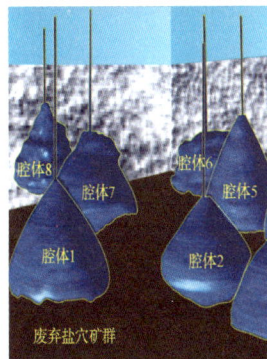

地下油气藏在哪里

石油——黑色的金子
（一）❶

石油——黑色的金子
（二）❶

石油是怎么生成的呢
（一）

石油是怎么生成的呢
（二）

哪里可以找到石油呢
（一）

哪里可以找到石油呢
（二）

❶ 部分数据来自央视频APP《石油的故事》。

地下油气之"茧"—— 岩石

自然界里的岩石（俗称石头、岩块等）如同墙砖、混凝土一样坚硬，非常致密，是地壳的基本物质，是构成地球岩石圈的主要成分。雄伟的泰山，险峻的华山，奇秀的黄山，神秘的庐山，浩瀚海底大洋中脊及岛弧等，都是岩石组成的"钢筋骨架"，相互支撑与镶嵌，间接形成了山脉、平原、河流、湖泊、大海等自然景观。

数十千米岩石构成地壳

岩石的形成贯穿了数十亿年的地球历史。在整个地质时代形成岩石的物理化学过程与现在形成岩石的物理化学过程没有什么两样。"古代"岩石的形成原因、方式与"今天"岩石的形成也没有什么特别的不同之处，岩石类型、矿物组成、化学元素组分等也基本一致。

岩石构成山脉、海底或湖底

地球的钢筋骨架——岩石

地球岩石的成员——沉积岩、岩浆岩和变质岩

组成地壳的岩石种类繁多，它们的形态、结构、颜色各异，根据其成因，科学家将其分为沉积岩、岩浆岩和变质岩三大类。

⊙ 沉积岩

岩石大家族

沉积岩

岩浆岩

变质岩

沉积岩主要分布于地壳的最上部，是数十万年甚至亿万年前形成的岩石在地表或者近地表条件下，被水、风、冰川等动力进行物理、化学、生物等风化作用改造，再经过搬运、冲刷堆积形成松散沉积物，最后经过埋藏固结石化而形成。例如，河边、海滩上的沙子和泥，经固结形成常见的砂岩、页岩等。层层叠叠的构造，层与层间有界面，是沉积岩最显著的特征。

黄河入海口（苏德辰，孙爱萍，2017）

沉积岩中发育的层层叠叠构造形态

地壳中的沉积岩分布很广，如石灰岩、白云岩、砂岩、砾岩、泥岩、页岩这些常见类型，石灰岩和白云岩统称为碳酸盐岩，砂岩、砾岩、泥岩、页岩统称为碎屑岩，煤是一种"特殊"的沉积岩。沉积岩中所含有的矿产，占全部世界矿产蕴藏量的80%，油气就主要存储在沉积岩中。

这些看上去普普通通、密不透水的岩石中有什么玄机能储藏"油气"这样的宝贝呢？

沉积岩类型

知识·小讲堂

碳酸盐岩

碳酸盐岩

碳酸盐岩主要由碳酸盐矿物组成，具脆性，化学活性较强，易受地表水、地下水、酸液（如酸雨等）溶蚀，石灰岩比白云岩更容易被溶蚀。这类岩石遭受差异溶蚀与侵蚀（指风力、流水、冰川、波浪等外力在运动状态下改变地面岩石及其风化物的过程）作用，在地表常常形成喀斯特地貌，如"山清水秀，洞奇石美"的桂林山水，"雄、奇、险、幽"的云南石林，就是典型的喀斯特石林地貌。

石灰岩在近地表或者地下常常形成规模不同、形态各异的溶蚀空间，称为溶洞。在溶洞里，还发育有千姿百态的石钟乳和石笋。中国现知最长的溶洞是湖北利川县腾龙洞，长约 40km；

碳酸盐岩形成的溶洞

最深的溶洞为贵州水城吴家大洞，深 430m。世界上最大的溶洞是北美阿巴拉契亚山脉的猛犸洞，位于肯塔基州境内，洞深 64km，所有的岔洞连起来的总长度达 250km。

石灰岩

白云岩

石林地貌

在现代工业中,石灰石(成分主要为$CaCO_3$)是制造水泥、石灰、电石的主要原料,是冶金工业中不可缺少的熔剂,优质石灰石经超细粉磨后,被广泛应用于造纸、橡胶、油漆、涂料、医药、化妆品、饲料、密封、粘结、抛光等产品的制造中。

白云岩[成分主要为$CaMg(CO_3)_2$],常呈浅黄色、灰白色、灰褐色等,外观与石灰岩非常相似,但是白云岩风化面常有纵横交错的刀砍状,这是野外肉眼识别白云岩的最重要特征。此外,通过滴稀盐酸也可以加以鉴别,白云岩缓慢起泡或不起泡,而石灰岩剧烈起泡。白云岩用途广泛,在建材、陶瓷、焊接、造纸、塑料等工业发挥了重要作用。

碳酸盐岩与油气的关系十分密切。当前,世界上的大油气田中,碳酸盐岩产层占很大的比重,与碳酸盐岩有关的油气田储量约占世界总储量的50%,产量占世界总产量的60%。碳酸盐岩油气田常常具备大储量、高产量的特点,容易形成大型油气田。近年来在中国四川发现的普光、龙岗、龙王庙等大气田均赋存于碳酸盐岩中。

石灰岩形成的溶洞

碎屑岩

陆源碎屑岩是指母岩（即地壳表层条件下提供给沉积岩物源的所有岩石）经过风化作用所形成的碎屑物质，通过流水、风、冰川、泥石流、重力流等搬运、沉积、压实、固结，最后形成的新岩石。碎屑岩占沉积岩总量的 3/4 以上。

碎屑岩的沉积过程主要受物理或机械因素控制，如流体（气体、液体、固体）性质，运动状态（流动、波浪）及其强度控制。根据岩石颗粒粒径大小分为砾岩、砂岩、泥岩（页岩）等，碎屑岩矿物组分包括石英、长石、黏土矿物等，成分复杂。

砂岩

砂岩是人类最广泛的建筑用石材，我国广大农村地区老百姓房屋的地基、围墙等多用砂岩。数百年前用砂岩装饰而成的法国罗浮宫、美国国会大厦、哈佛大学等至今风韵犹存。砂岩约占沉积岩的 1/3，仅次于黏土岩。

砂岩主要是由各种砂粒自然粘结而成的碎屑沉积岩，砂粒多为石英、长石等矿物，如果固结疏松，砂粒就会散开。砂岩的颜色和沙子一样，有多种颜色，最常见的是棕色、黄色、红色、灰色和白色。砂岩发育有特征的交错纹层、平行纹层。专业上，把砂粒粒径在 0.0625～2mm、含量大于岩石全部颗粒体积 50% 的这类岩石称为砂岩。按砂粒的直径划分为：巨粒砂岩（1～2mm）、粗粒砂岩（0.5～1mm）、中粒砂岩（0.25～0.5mm）、细粒砂岩（0.125～0.25mm）、微粒砂岩（0.0625～0.125mm）。砂岩触摸起来很粗糙。

巨粒砂岩
粒径：1～2mm

粗粒砂岩
粒径：0.5～1mm

中粒砂岩
粒径：0.25～0.5mm

细粒砂岩
粒径：0.125～0.25mm

微粒砂岩
粒径：0.0625～0.125mm

　　深埋于地下的砂岩没有被压实、充填的孔隙空间，有可能成为石油、天然气聚集的场所。世界上半数以上的油气资源储集在砂岩中，比如我国大庆油田、胜利油田、新疆油田、中原油田、青海油田等油田的油气大多储存于砂岩中。

山西组，黄灰色砂岩（山西柳林成家庄剖面）

白田坝组，灰绿色中层状岩屑石英砂岩
（四川乐坝剖面）

沙溪庙组，红色厚层长石砂岩
（四川三汇剖面）

沉积岩特有的交错纹层

　　红色砂岩经长期风化剥离、流水侵蚀等复杂的地质作用，就能形成如诗似画的丹霞地貌。比如我国甘肃张掖、贵州赤水、福建泰宁、湖南崀山、广东丹霞山、甘肃红柳峡等均分布有丹霞地貌。

张掖丹霞地貌

砾岩

砾岩也是一种沉积岩，同砂岩一样，也可以作为建筑材料。

砾岩主要由砾石、中—粗砂组成。与砂岩相比，砾岩更加粗糙，可以见到明显的砾石，主要为花岗岩、凝灰岩、千枚岩等坚硬岩石碎屑。通常，砾石的球度和圆度低、颗粒大小差别大。砾岩的成因多样，分布广泛，常呈夹层、薄层或透镜体存在。砾岩沉积中可见大型斜层纹、递变层纹及块状层纹，排列常有较强的规律性（专业上，砾岩是指砾石直径大于 2mm，体积含量大于 50% 的这类岩石）。

有的砾岩成分比较单一，同种成分的含量达到 75% 以上；有的成分复杂，一种砾岩中可含很多种成分的砾石颗粒，但含量都不超过 50%。介于砾岩和砂岩之间的岩石，有的砾石多，有的砂多，有的砾石、砂比例相当，人们称这种类型的岩石为砂砾岩。

地面砾岩露头

砾岩、砂砾岩的整体颜色，主要与岩石组成成分的颜色有关，有灰白色、浅黄色，也有淡紫红色等。

埋藏于地下的砾岩、砂砾岩也是重要的油气聚集场所。在准噶尔盆地、泌阳凹陷、渤海湾盆地、二连盆地等地区均有发现砂砾岩油藏。我国最集中的砂砾岩油藏是在新疆准噶尔盆地西北缘的克拉玛依含油聚集带上。例如，新疆发现的玛湖十亿吨级特大油田是全球最大的砾岩油田。

新疆玛湖砾岩油田一角

页岩

页岩是地球上最普遍的沉积岩石，从外观上来看，页岩层面就像黑板一样平整、光滑，很致密、坚硬，拿在手中较沉，如果用硬物击打易裂成碎片。页岩呈灰黑、黑色、褐红、棕红、黄色、绿色等多种颜色。呈黑板式色调的页岩是重要的生成油气和储藏油气的场所。我国率先在重庆涪陵、四川长宁—威远、昭通等地区发现页岩气藏，并形成规模化的工业产能。初步估计我国页岩气可采资源量在 $36.1 \times 10^{12} m^3$，居世界第一。

页岩地面露头

黑色页岩

碳质页岩

硅质页岩

钙质页岩

粉砂质页岩

泥岩

泥岩的许多特征例如成分、构造、颜色与页岩相似，但不易碎。泥岩与页岩从外观上区别在于纹理（页岩整整齐齐，像书页一样，泥岩的纹理不明显）。泥岩具吸水、粘结、耐火等性能，可用于制砖瓦、制陶等工业。

油气大讲堂

泥（页）岩

泥岩地面露头

⊙ 岩浆岩

岩浆岩又称为火成岩，是组成地壳的基本岩石，由岩浆活动形成。岩浆活动有两种，一种是高温高压岩浆从火山口喷出地表（温度大于700℃），而后骤然冷却凝固成岩石，这样形成的岩石叫喷发岩。喷发岩中颗粒为非晶质或者隐晶质，肉眼一般无法观察到颗粒的形态，整体颜色和成分较均匀，呈块状，有时可见高黏度流体流动形成的石绳、褶皱石毯等构造。例如，峨眉山金顶的玄武岩就是典型的喷发岩。另一种是岩浆从地球深处沿地壳裂缝、围岩层面或者片理面等薄弱地带贯入，在周围岩石的冷却挤压之下缓慢结晶成岩，这样形成的岩石叫侵入岩。侵入岩中岩石颗粒为晶粒结构，肉眼可见不同大小像白糖一样的晶粒。地壳中最常见的侵入岩就是花岗岩。我国风景秀丽的黄山、华山和衡山，都是由花岗岩组成的。花岗岩由石英、长石、黑云母和角闪石这些矿物组成。其中石英最常见，使岩石呈浅色，深色矿物使花岗岩呈斑状结构。有些花岗岩因含杂质铁而呈浅红或粉红色，是常用的建筑石材。

新疆和静县开都河附近的花岗岩（天山）（苏德辰，孙爱萍，2017）

（a）岩浆喷发作用

（b）喷发岩

喷发作用和喷发岩（苏德辰，孙爱萍，2017）

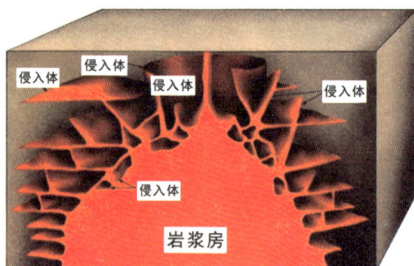

（a）岩浆侵入作用
（据 Hamblin&Er.c, 2003）

（b）侵入岩（橄榄岩）

侵入作用和侵入岩

⊙ 变质岩

地壳中存在的岩石,包括沉积岩、岩浆岩、先期变质岩等,如果处于地下深处环境时,容易受到高温、高压或外部各种化学溶液的作用,变成具有新的矿物组合和结构构造的岩石,这类岩石统称为变质岩。地壳中变质岩的分布很广,而且具有很大的实用价值,许多矿床,如铁、金、石墨、石棉、宝石等都和它有密切关系。大理石也属于变质岩,是由石灰岩变质而成的一种常见装饰材料。矗立于俄罗斯圣彼得堡冬宫广场中央的亚历山大纪念柱,高 35m,净重 600t,是一块完整的大理石。

千姿百态的四川八美变质岩

河北白石山大理岩

岩浆岩、沉积岩和变质岩三大类岩石中均蕴藏油气,但油气与沉积岩的关系最为密切,油气与沉积岩的关系好比婴儿与母亲的关系。油气不仅诞生于沉积岩,成长于沉积岩,而且大部分储存于沉积岩中。目前全世界发现的大型油气田基本上都位于沉积岩中。如世界第一大油田,沙特阿拉伯加瓦尔油田。

用大理岩做成的亚历山大纪念柱

知识·小·讲堂

沙特阿拉伯加瓦尔油田

岩石中常见的矿物

在生活和工作中我们看到的各种岩石几乎都是由矿物组成的，比如五颜六色的花岗岩就是由不同颜色的石英、角闪石、长石等聚集而成，所以研究岩石首先要从矿物入手。

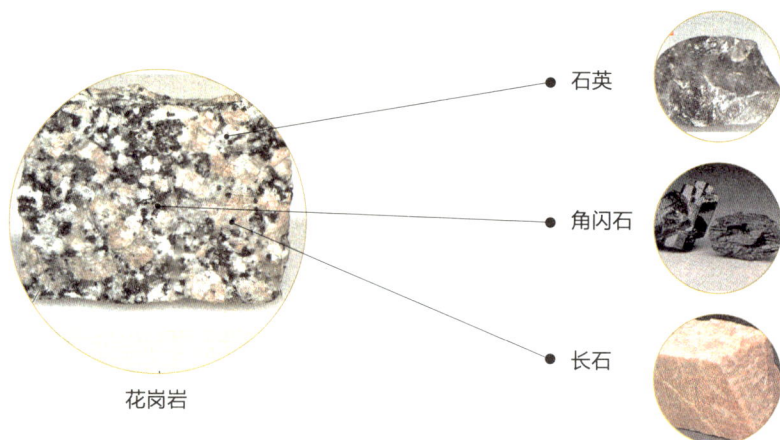

石英

角闪石

长石

花岗岩

花岗岩的矿物组成示意图（Lutgens F K, Tarbuck E J, 2011）

那么到底什么是矿物呢？矿物是由地质作用所形成的天然单质或化合物，它们具有一定的化学成分和物理性质。

第一，矿物是天然产出的，是地质作用的产物。实验室制造的物质，如人造钻石、人造水晶等，不属于地质学中矿物的研究范畴，只有天然产出的钻石才能称之为矿物。

天然钻石——矿物

人造钻石——人造物

第二，矿物具有一定的化学成分，而且绝大多数为化合物，如石英（SiO_2）、钾长石[$K(AlSi_3O_8)$]、方铅矿（PbS）、石盐（$NaCl$）、方解石（$CaCO_3$）等，属于化合物矿物；少数为单质元素，如石墨（C）、金刚石（C）、自然金（Au）等，属于单质矿物。

第三，矿物不仅具有一定的化学成分，而且绝大多数具有一定的内部结构，其内部质点（包括原子、离子、分子、离子团等）绝大多数按一定规律排列。比如石墨的C原子均呈层状排列，而金刚石的C原子呈网格状排列。

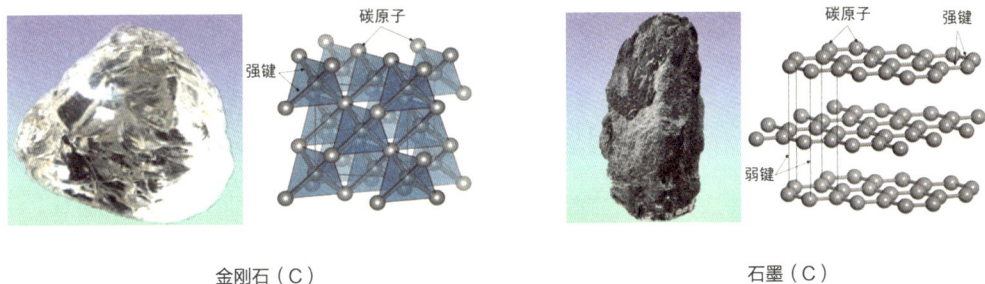

金刚石（C）　　　　　　　　　　　　　石墨（C）

金刚石和石墨原子结构排列图

第四，矿物具有一定的形态及物理化学性质。如方解石晶体的外形呈菱面体，受外力作用破碎时又可呈小的菱面体。

第五，矿物只是在一定的物理化学条件下才是稳定的，当外界条件改变至一定程度时，其成分、结构就要发生变化，同时生成适应新环境的新矿物。如黄铁矿经氧化就可形成"褐铁矿"。

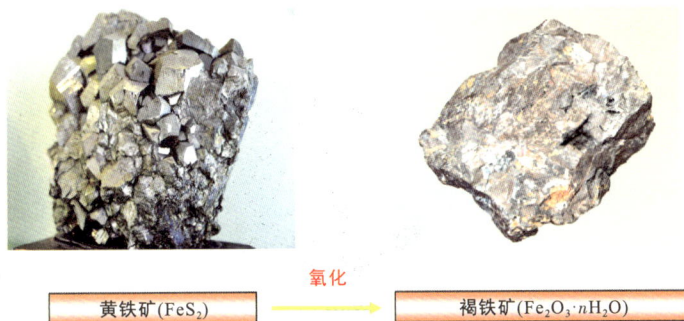

黄铁矿（FeS_2）　——氧化——→　褐铁矿（$Fe_2O_3 \cdot nH_2O$）

黄铁矿氧化后变成褐铁矿

已知矿物有3000种左右。但对于形成岩石有普遍意义的矿物，即主要造岩矿物种类有限。这里选择与石油天然气行业高度相关的矿物类型介绍如下。

石英

石英是主要造岩矿物之一，主要成分是二氧化硅（SiO_2），是碎屑岩中分布最广的一种矿物，在砂岩及粉砂岩中平均含量大于60%，在砾岩中含量较少，黏土岩中含量更少。肉眼观察多呈粒状，无色透明，玻璃光泽，断口油脂光泽。纯净的石英无色透明，希腊人称为"Krystallos"，意思是"洁白的冰"，他们确信石英是耐久而坚固的冰，而中国人则称之为"水晶"。石英常因含微量色素离子而呈各种颜色，并使透明度降低，紫色者称为紫水晶，浅玫瑰色者称为蔷薇石英，烟色者称为烟水晶等。石英的用途相当广泛，石器时代的人们用它制作石斧、石箭等简单的生产工具；石英钟、电子设备中把压电石英片用作标准频率；石英熔融后制成的玻璃，可用于制作光学仪器、眼镜、玻璃管和其他产品；还可以做精密仪器的轴承、研磨材料、玻璃陶瓷等工业原料。

水晶

紫水晶

烟水晶

蔷薇石英

长石

长石是最重要的造岩矿物，在地壳中的比例高达 60% 以上，在火成岩、变质岩、沉积岩中都可出现。此外，据统计，砂岩中长石的平均含量为 10%～15%，远比石英含量少。在特殊条件下，在有些砂岩中长石的含量可以相当高，例如我国某些陆相沉积的储油岩层中，长石的含量可达到 50% 左右。

长石有一个非常大的家族，亲戚姐妹很多，如钠长石、钙长石、钡长石、钡冰长石、微斜长石、正长石、透长石等。这个家族成员的化学组成常用 $Or_xAb_yAn_z$（$x+y+z=100$）表示，Or、Ab 和 An 分别代表 $KAlSi_3O_8$、$NaAlSi_3O_8$ 和 $CaAl_2Si_2O_8$，家族成员之间的差异主要是 $x/y/z$ 数量的不同造成的。

长石具有玻璃光泽，颜色多种多样，有无色、灰白色、黄色、肉红色、粉红色等，形态上有些呈块状，有些呈板状，有些呈柱状或针状等。长石主要用于陶瓷工业和玻璃工业，富含钾长石的岩石可作为制作钾肥的原料，色泽美丽的长石也可作为装饰石料和次等宝石。

肉红色正长石

灰白色斜长石

方解石

方解石是一种化学成分为碳酸盐的矿物，一般为白色或无色，主要成分是碳酸钙（$CaCO_3$），滴 3%～5% 稀盐酸会强烈起泡，是石灰岩的主要成分。我们用榔头敲击方解石可以得到很多方形碎块，这也是方解石名称的来源。

由方解石组成的石灰岩、大理岩等岩石，广泛用于化工、冶金、建筑等工业部门，如烧石灰、冶炼矿石的熔剂、制水泥和提取碳酸。纯净透明的方解石称之为冰洲石，具有双折射现象，如无裂隙和双晶，体积大于 2.5cm×1.2cm×1.2cm 时，为贵重的光学材料。方解石还可作为提高钻井液密度的加重剂。

典型方解石矿物图

白云石

白云石是组成白云岩的主要矿物类型，白云岩主要化学成分是 $CaMg(CO_3)_2$。白云石外貌与方解石很相似，呈灰白色，性脆，硬度大，用铁器易划出擦痕，遇 3%～5% 稀盐酸缓慢起泡或不起。

白云石含镁较高，较方解石更为坚韧。在冶金工业中可作熔剂和耐火材料，在化学工业中可制造钙镁磷肥、粒状化肥等。此外，也用作陶瓷、玻璃配料和建筑石材。

白云石

高岭石

高岭石是世界上分布最广的黏土矿物，因首先发现于中国江西省景德镇的高岭（山名）而得名。高岭石主要由正长石等硅酸盐矿物风化形成，产于沉积岩、黏土、土壤和近代海、湖底软泥中，颜色常见白色，集合体多为致密块状和土状，在电子显微镜下可观察到其单体形态，单个晶体呈假六方片状或板状，集合体呈书页状、蠕虫状等。

高岭石干燥时有吸水性，潮湿后有可塑性，相对密度为 2.61～2.68。不含砂粒、较纯的高岭石是陶瓷的主要原料，也可在造纸、橡胶工业中作填充原料。此外，值得注意的是，油气层孔隙中也存在一些高岭石矿物，因颗粒大而附着力弱，常常因运移堵塞孔喉而降低渗透率。

蒙脱石

蒙脱石又称微晶高岭石，成分复杂，变化不定。蒙脱石主要由火山物质风化而成，产于黏土岩、黏土、土壤和近代海底软泥中，常呈土状、块体，在电子显微镜下呈绒毛状或毛毡状、蜂窝状等。

蒙脱石以白色为主，硬度系数为 2～2.5，相对密度为 2～2.7，柔软有滑感，加水膨胀，体积增加几倍，并变成糊状物，具很强的吸附力。

常应用于石油工业和纺织工业。亦可应用于橡胶、肥皂、化妆品和造纸工业中作填充剂。蒙脱石是配制钻井液的材料，但地层中的蒙脱石也会因水化膨胀而造成堵塞孔喉，从而损害油层渗流能力。

伊利石

伊利石主要由岩浆岩、变质岩中的长石等矿物经风化作用而形成，也可以在沉积物和沉积岩成岩过程中由其他黏土矿物转化而成，主要产于土壤、黏土、海底软泥和黏土质岩石中。在电子显微镜下，晶体呈边缘圆滑的鳞片状，像头发一样的丝状，集合体呈块状。

伊利石纯者白色，因杂质而染成黄、绿、褐色。块状体可呈油脂光泽。硬度为1～2，相对密度为2.6～2.9。可作为配制钻井液的材料。

绿泥石

绿泥石广泛分布于变质岩中，富铁的绿泥石也分布于沉积岩和现代海洋沉积物中。单个晶体呈茶叶尖状、片状等，薄片具挠性，集合体常呈片状、鳞片状、土状、鲕状或致密块状等。

绿泥石具有各种不同深浅的绿色，含铁多者色深。透明，玻璃光泽，硬度为2～2.5。相对密度为2.68～3.40，硬度、相对密度、磁性随含铁量增高而增大，当绿泥石大量积聚时可作铁矿石加以利用。绿泥石对油气层的最大危害是对酸的敏感性。

（a）高岭石，书页状，放大2000倍

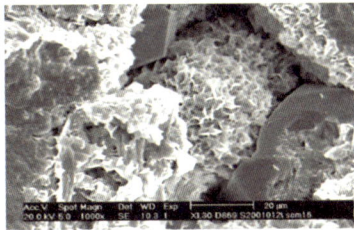

（b）蒙脱石，蜂窝状，放大1000倍

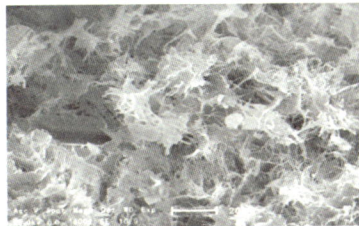

（c）伊利石，纤维状，放大800倍

（d）绿泥石，叶片状，放大2400倍

黏土矿物在电子显微镜下的形态

"茧" 之伤痕 —— 筑起油气运动的地下迷宫

自然界里的岩石形成了多彩多姿的山脉、平原、河流、湖泊、大海等自然景观，可是，你可能不知道，岩石在地球上基本上是以成层的形式出现的，所以我们称之为岩层。地球内动力作用会引起地壳的机械运动，从而引起岩层的变形、移位，在岩层上留下一道道"伤痕"，产生角度不整合、褶皱、断裂等各种地质构造，引起海、陆轮廓的变化，地壳的隆起和坳陷以及山脉、海沟的形成等（地质学上称之为构造运动），由此形成了各种各样的岩石或岩层分布形态，成为今

三大"伤痕"

岩层角度
不整合

褶皱

断层

天丰富多彩的自然奇观。怪石林立、突兀峥嵘、姿态各异的云南石林，岩层嶙峋、层峦叠嶂的科罗拉多大峡谷……总是让人们惊叹大自然的鬼斧神工！但这些大自然的鬼斧神工却常常使得地下油气的前进步伐及聚集更加复杂，类似于地下的迷宫。

科罗拉多大峡谷

⊙ 地下迷宫之角度不整合（岩层的接触关系）

岩层表面是冰冷的，可它却是有"生命"的，它记录和经历了各种地壳运动。地下的岩层和我们一样是有年龄的，有的岩层很年轻，年龄很小，不过和人相比还是挺老的，少则也有 1 万年了，有的岩层很老很老，年龄很大很大，以至于我们都无法想象，有几十亿年了。比如，科罗拉多大峡谷一直被称为"活的地质史教科书"，它从谷底到顶部分布着从寒武纪（大约 6 亿年前）到新生代（大约百万年前）各个时期的岩层，层次清晰，色调各异。

最老的、年龄最大的岩层常在地层的最底部，年轻的、年龄小的地层常在年老地层的上面，所有岩层都有一定程度的横向延伸，有时我们在地面某处见到的岩层（称之为地面露

科罗拉多大峡谷

头），顺地层走向方向，岩层可在地面延伸几十米、几千米，甚至数十数百千米，与地形地貌有关。地下的新岩层、老岩层在空间上不是简单的、整齐划一的摆放在那里，而是有着多种多样的叠置关系，地质学家称之为地层接触关系。地壳下降引起沉积，上升引起剥蚀，岩层记录下了地壳运动带来的各种接触关系，它们是构造运动的证据。正是由于岩层间丰富多彩的接触，才使得油气之"茧"的形成变得扑朔迷离。地质学上，"接触"可以分为"整合接触"和"不整合接触"。这里的"整合"是指时间上的连续，没有任何中断。

最简单的接触叫"整合接触"。它的形成过程是：当地壳处于相对稳定下降的情况下，形成连续沉积的地层，老地层沉积在下，新地层在上。它的特点是岩层相互平行，时代上连续，没有间断。然而，地质历史上构造运动是频繁发生的，可以使沉积中断，造成新地层、老地层之间缺失一个时期的沉积（这个时期可能长达千万年），形成时代上不连续的地层，地质学家称这种关系为"不整合接触"。两套地层中间的不连续面，即新、老地层间的接触面，称不整合面。不整合还可分为平行不整合和角度不整合。

23

平行不整合接触的形成过程是这样的：地层形成以后，地壳均衡上升，使该地层遭受剥蚀，形成剥蚀面，随后地壳均衡下降，在剥蚀面上重新接受沉积，并形成上覆地层。它的特点是不整合面上下两套地层的倾向、倾角彼此平行，但不是连续沉积的，即发生过沉积间断。

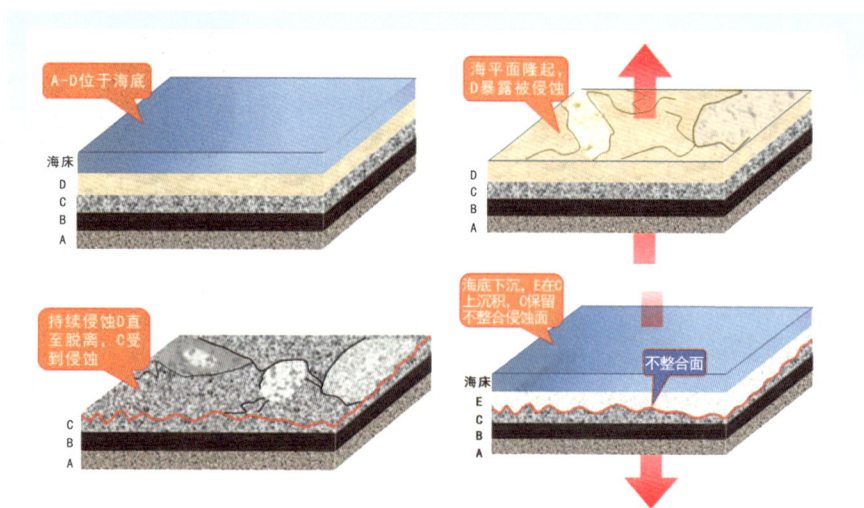

平行不整合接触及其形成过程示意图

角度不整合的形成过程与平行不整合相似。其特点是不整合面上下两套地层呈角度相交，其间剥蚀面相分隔，上覆岩层(7层、8层)覆盖于倾斜地层侵蚀面之上。

角度不整合可以覆盖地下很大的区域，可以形成巨大的油气田。

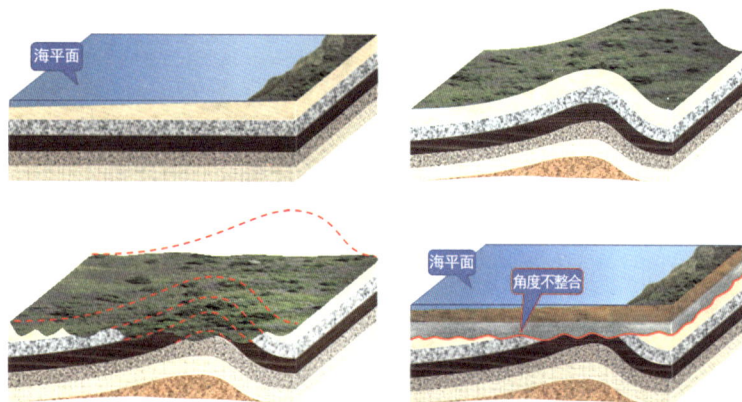

角度不整合接触及其形成过程示意图

⊙ 地下迷宫之褶皱（岩层的皱纹）

就像人脸的皱纹是饱经风霜的见证，地层的褶皱是地球经历亿万年动荡留下的痕迹。我们知道，一块坚硬的钢板，只要施加足够大的外力，也会弯曲甚至断裂，所以，即使由坚硬岩层组成的地层，在一定条件下，也会发生扭曲褶皱。

褶皱是地壳最常见的最基本的地质构造形态，是地壳构造中最引人注目的地质现象。褶皱主要是构造运动的产物，在地壳不同方向的挤压力作用下，岩层在挤压方向上受到压缩而产生上拱下弯的塑性变形。

褶皱的规模相差很大。大褶皱长达几十千米到几百千米，而小褶皱则可在一块手标本上见到，有的甚至需要在显微镜下才能观察到。

褶皱是地壳中常见的地质构造，也称为褶皱构造。褶皱构造的每一个单独的弯曲叫褶曲，褶曲的基本单位有背斜和向斜。背斜是地层向上弯拱部分，在同一水平线上，其中心部分的地层较老，外侧地层逐渐变新。向斜是地层向下弯曲部分，其中心部分的地层较新，外侧地层逐渐变老。不过在特殊情况下，地壳的运动非常复杂，会导致岩石层序被打乱，需要依据地层中的化石来判断岩层的年代。

岩层的塑形变形

褶皱

褶皱景观

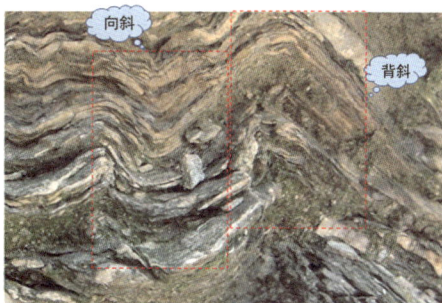

褶皱：背斜和向斜示意图

25

背斜和向斜两者是"龙凤胎",背斜之旁必然出现向斜。一般情况下,背斜形成山峰,向斜形成谷地(简称背斜成山,向斜成谷)。但有时往往相反。因为褶皱形成后,如果地壳再次经历强烈的运动,那么这些褶皱会再次受到挤压,出现斜坡抬升、背斜降低甚至倒置等多种现象,地质情况十分复杂。凡是向斜成山、背斜成谷现象,称为"地形倒置"或"负地形"。

穹隆是一种特殊形态的背斜,形态大致呈圆形或椭圆形隆起,中部呈穹隆状,与蒙古族的蒙古包等圆形的民居类似。它是指地下地层侵入到上覆地层,有时穿透上覆地层的地质情况。大的穹隆直径可达几千米,小的穹隆直径只有数米。背斜和穹隆常常是储集油气的地方,形成了很多世界级的巨型油气田,例如,1912 年发现的美国俄克拉何马库欣(Cushing)油田。中东大多数油田都是在背斜和穹隆上。背斜和穹隆是寻找石油和天然气的重要目标对象。

世界上有许多著名的山脉都是由地壳褶皱推动形成的。从欧洲的阿尔卑斯山到亚洲的喜马拉雅山一带,是世界上最长的一条东西向褶皱带,其中包括高加索山脉、兴都库什山脉等。

背斜成山、向斜成谷示意图

①—⑦代表地层由新到老

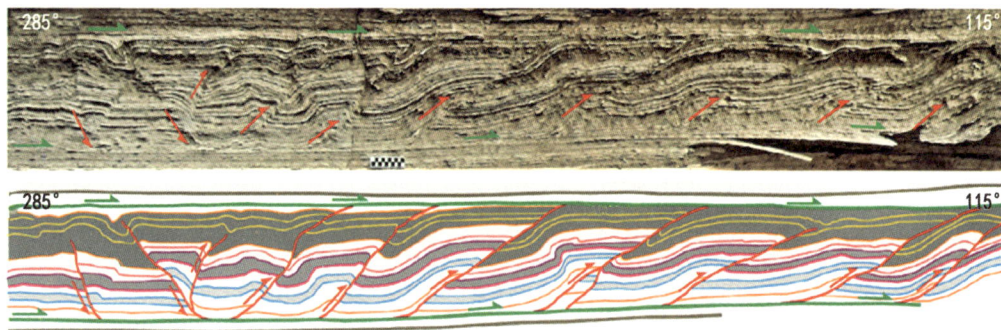

死海盆地东侧出露褶皱（G.I.Alsop, 2021）

知识·小·讲堂

俄克拉何马库欣油田

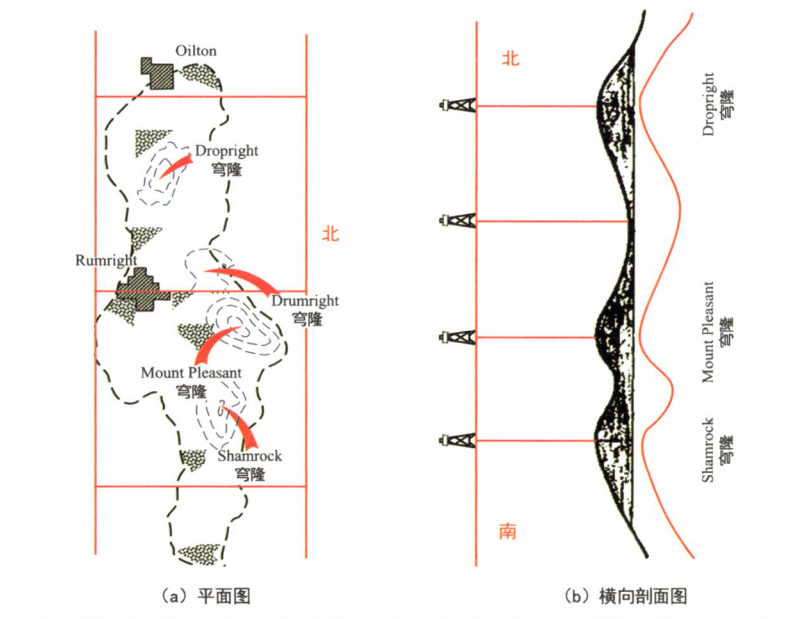

（a）平面图　　　　（b）横向剖面图

俄克拉何马库欣油田（刘云生等，2009，略改）

⊙ 地下迷宫之断层（岩层的伤痕）

地壳岩层的可塑性很小，当它受到地壳运动引起的强大外力时，会发生断裂和破碎，这种被断开的岩层，就叫断层。断层是地层的另一种变形体。

断层运动的面叫断层面。在断裂时，断层面上下发生摩擦，在断面上常常留下一道道条痕，叫作断层擦痕。断层面大多是倾斜的，位于断层面上部的部分叫上盘，位于下部的叫下盘，断层两盘岩块的相对运动可以产生巨大的位移。地质学家们把上盘相对于下盘做上升运动称之为逆断层，把上盘相对于下盘做下降运动称之为正断层。正断层和逆断层"两盘"相对运动方向都大致平行于断层面的倾斜方向，故统称为倾向滑移断层。此外，如果"两盘"的运动只是在水平方向，而且平行于断层面，这种断层又称之为走向滑移断层（简称走向断层）。

吐孜沟发育的正断层

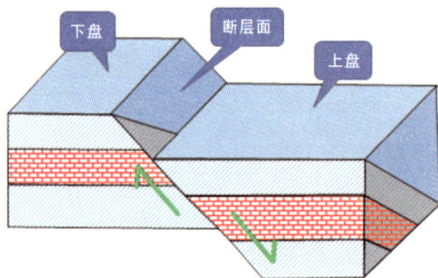

断层示意图

断层运动可以发生在各种岩层中，使地壳有的上升，有的下沉，上升成山，下沉成谷。断层的规模大小相差很大，小的位置变化仅几厘米，大的可达几千米，甚至几十千米。在地貌上，大的断层往往会形成裂谷和陡崖，如加利福尼亚的San Andreas断层、著名的东非大裂谷。

加利福尼亚的
San Andreas 断层
（Chelsea, et al., 2020）

东非大裂谷 ❶

知识·小·讲堂

东非大裂谷

　　世界上著名的断裂带还有环太平洋断裂带和亚欧大陆南部断裂带；规模较小的有莱茵地堑、贝加尔湖、滇池、洱海等断层湖。此外，在地质构造中，褶皱和断层常常相伴而生，它们往往造成褶皱断层山脉。我国西部的天山山脉就是著名的褶皱断层山脉。 断层既可以是活动的也可以是不活动的，活动的大断层带往往是火山、地震活动的频繁地带。可以说，有断层的地方就有地震。日本，处于太平洋板块与欧亚大陆板块交汇、碰撞地带，

❶　BBC 纪录片《人类星球》。

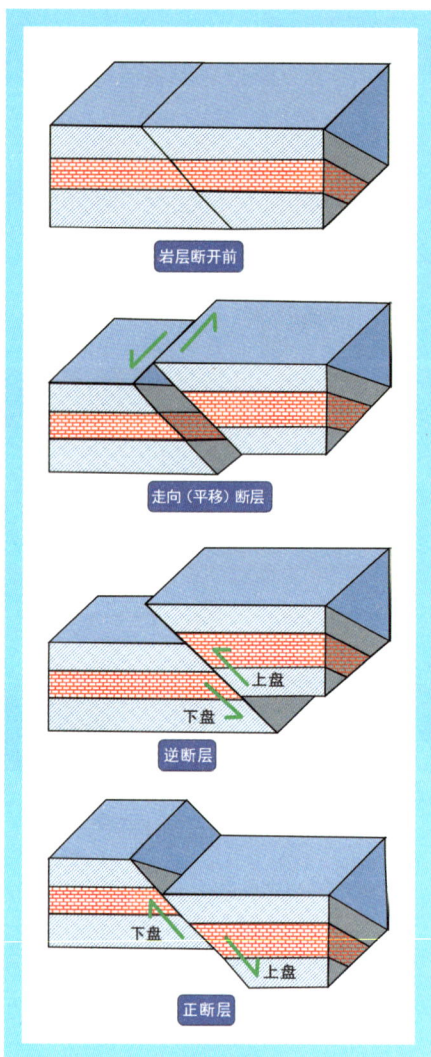

断层类型示意图

大大小小的断层时有发生，因而地震也频繁发生。认识断层的分布对我们现实生活具有指导意义。2008 年 5 月 12 日 14 时 28 分 04 秒，中华人民共和国成立以来破坏性最强、波及范围最大的"汶川大地震"，重创约 $50 \times 10^4 km^2$ 的中国大地，即为逆冲、右旋、挤压型断层地震。如果工程设施修筑在断层上，建筑物就会因断层错动或沉降速度不一而发生破裂、倒塌。所以，在大工程施工前，做好地质构造调查是非常必要的。

对于石油和天然气而言，断层是一把"双刃剑"。一方面有助于油气向一个地方运移聚集，另一方面，它也可以将形成的油气破坏掉。

岩层与岩层之间的"接触"关系、岩层的褶皱、断层筑起了复杂的"地下迷宫"，它使得岩石中的油气前行的道路复杂化，它是油气在地层中某一空间运动、汇合、聚集的重要影响因素，常常是地质学家研究的重要对象。

"茧"中油气形成三步曲 —— 生成、运移与聚集

⊙ 石油与天然气的生成

人类共同的母亲 ——地球，已经很老很老了，它大约 45 亿岁了。地球是由厚厚的岩石圈包围的，那么石头里面的石油和天然气是从哪里来的呢？科学家们说，距今大约 30 亿年前，地球上出现了原始生命。在那个时候，我们今天生活的陆地大部分地方还是茫茫的大海和内陆湖泊。大约 30 亿年前，海洋

数亿年前海洋中的生物

中大量的动植物生命（有机物）沐浴着阳光，生生不息，在养分丰富的水体中生长、搏杀，死亡之后的躯体（残体或遗骸）与泥、沙一起慢慢地下沉，沉积到海底或者湖底，沉积在海底或者湖底的这些生物、泥、沙等，统称为沉积物。日积月累，早期的沉积物被后期源源不断聚集的沉积物埋藏封存。在不同的环境中，沉积物厚度不等，可达几十米甚至上万米，与堆积时间等有很大关系。

随着时间的不断推移，沉积物埋藏深度逐渐增加，上覆物质的重量不断增大，温度和压力也持续变高，发生沉积物不断被压缩、水分逐渐排出

数亿年前陆地上的生物（左图，才林，2017）

等物理化学变化，松散可塑性强的沉积物逐渐固结，形成坚硬的岩石，科学家把这种岩石叫作沉积岩。

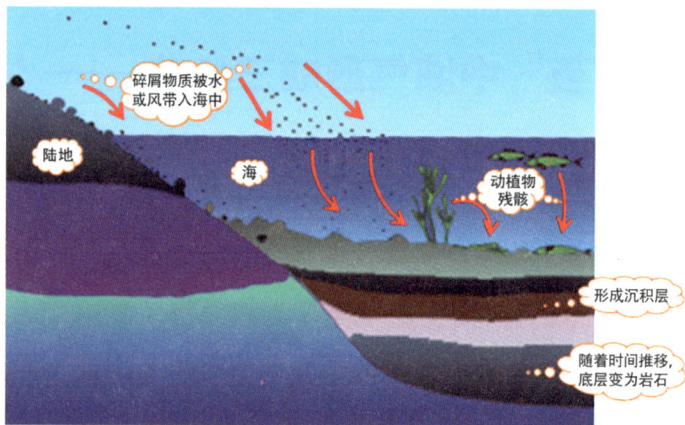

沉积岩的形成（据 Siyavula Education，略改）

有一种富含大量生物等有机质的沉积岩，在地下深处沉睡了几千万年甚至上亿年，经历着复杂的物理、化学变化，使沉积物中的那些有机质"躯体"被缓慢地加热，绝大部分慢慢地一点一点开始分解、重新组合并演化形成新的有机化合物 —— 干酪根（Kerogen）（见知识小讲堂），又经历了漫长时间的"孕育"（温度、缺氧环境），干酪根开始分解，最终有的孵化出了液体，有的孵化出了气体，这些液体和气体就是通常大家所熟知的石油和天然气兄妹，干酪根就好像是孕育婴儿的子宫。

后来，科学家为了纪念这位干酪根"母亲"所做出的伟大贡献，将石油和天然气的"出生地"进行了重新命名，将"富含有机质、大量生成油气与排出油气的岩石"称为烃源岩，也称为生油岩。

石油和天然气在"原生家庭"烃源岩中生成之后，一部分就从家

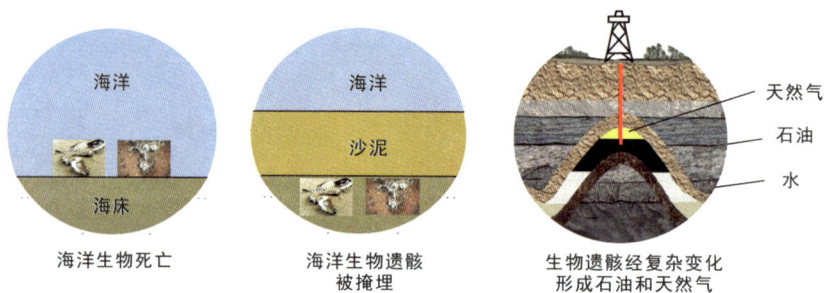

海洋生物死亡　　海洋生物遗骸被掩埋　　生物遗骸经复杂变化形成石油和天然气

石油的形成

中"跑"出来，就像孩子长大了会离开父母，开始自己新的生活，石油和天然气也踏上了它们的旅途，组建自己的家庭，这类油气通常称之为常规油气。然而，有的"孩子"长大后不愿意离开家，这些"啃老族"孩子和母亲挤在原来的致密泥页岩"房子"里面，成了我们今天熟知的页岩油和页岩气，科学家称之为非常规石油和天然气，也简称为非常规油气。

⊙ 石油与天然气的运移

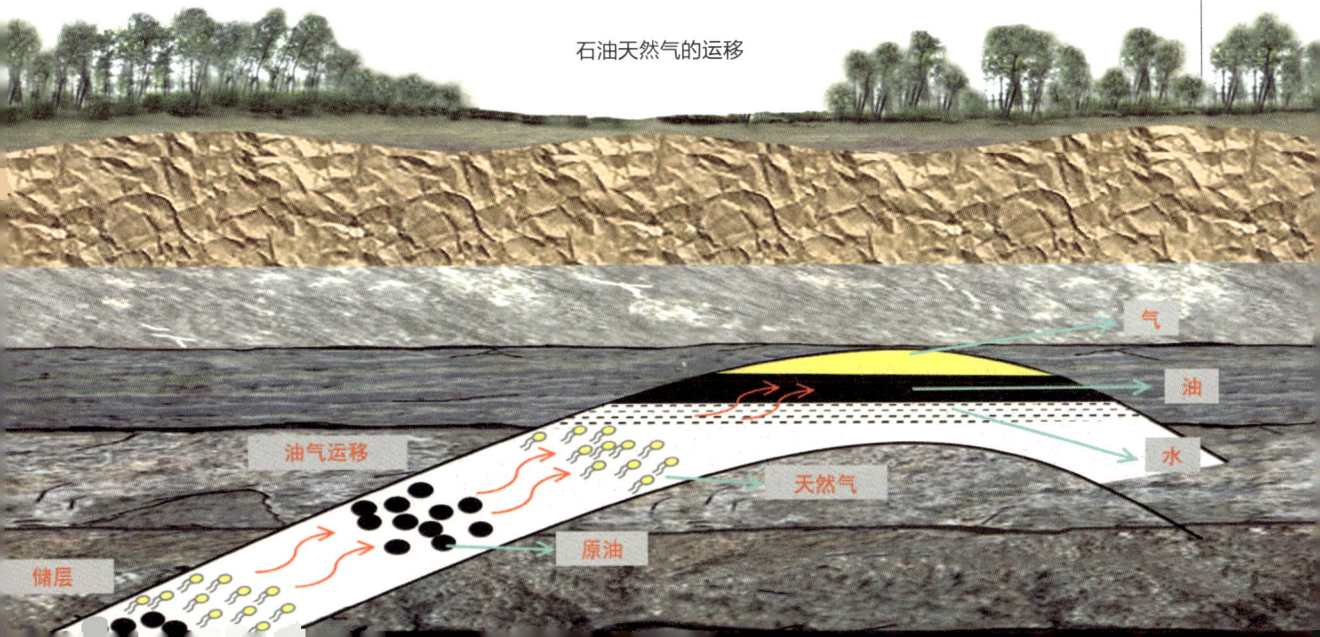

由于地球地壳的持续压力和运动，挤压沉积岩中的空隙，使得早期蕴藏于其中的石油和天然气排出。而石油和天然气是由氢和碳原子组成的碳氢化合物，密度较小，往往容易发生向上的运移。

石油与天然气这对兄妹离开家后，结伴同行。它们所行走的"道路"比较特殊——通过岩石中空隙，从埋藏相对较深的沉积岩向上覆岩层慢慢运动，经过一定距离的长途跋涉后，部分到了地表，此时石油与天然气"兄妹"的命运不同：石油蒸发掉水分变成黑漆漆的沥青；而"妹妹"天然气最惨，变成甲烷气体挥发到空气中不见了踪影。

只有少部分无法逃逸到地表的石油和天然气，在地表之下寻找封闭的聚集场所，逐渐聚集，越积越多，这种油气聚集的密闭"房子"，科学家也称其为"圈闭"。

石油天然气的运移

气

油

水

油气运移

天然气

原油

储层

⊙ 石油与天然气的聚集

　　油、气从烃源岩出来后，还找到了新的"小伙伴"——地下水，经过运移后，油、气、水三个小伙伴需要找地方安顿下来，必须找到适合自己居住的"房子"，在陌生的岩层中"安家"。

　　房子的屋顶有"密封盖"盖住油气防止向上散失；房子的四周有"遮挡墙"以阻止油、气、水的侧向移动。"密封盖"和"遮挡墙"都是材质非常致密的岩层，里边几乎没有空隙。另外，"遮挡墙"也可能是由特殊的构造作用，例如，褶皱、断层等所形成的。

　　值得注意的是，石油、天然气和水是"宅"在砂粒与砂粒之间的"小房间"（孔隙和裂缝）里，而不是躺在一个很大很宽敞的池塘里，房间直径一般为毫米、微米级大小，大的一般也就一个铅笔芯那么大，科学家称其为孔隙。我们把这种能够储集石油、天然气或水的岩层称为储集层。常见储集岩岩石类型是砂岩和碳酸盐岩，有些储集层比较特殊，比如烃源岩、火山岩和变质岩等。

气、油、水"居住空间"的分配

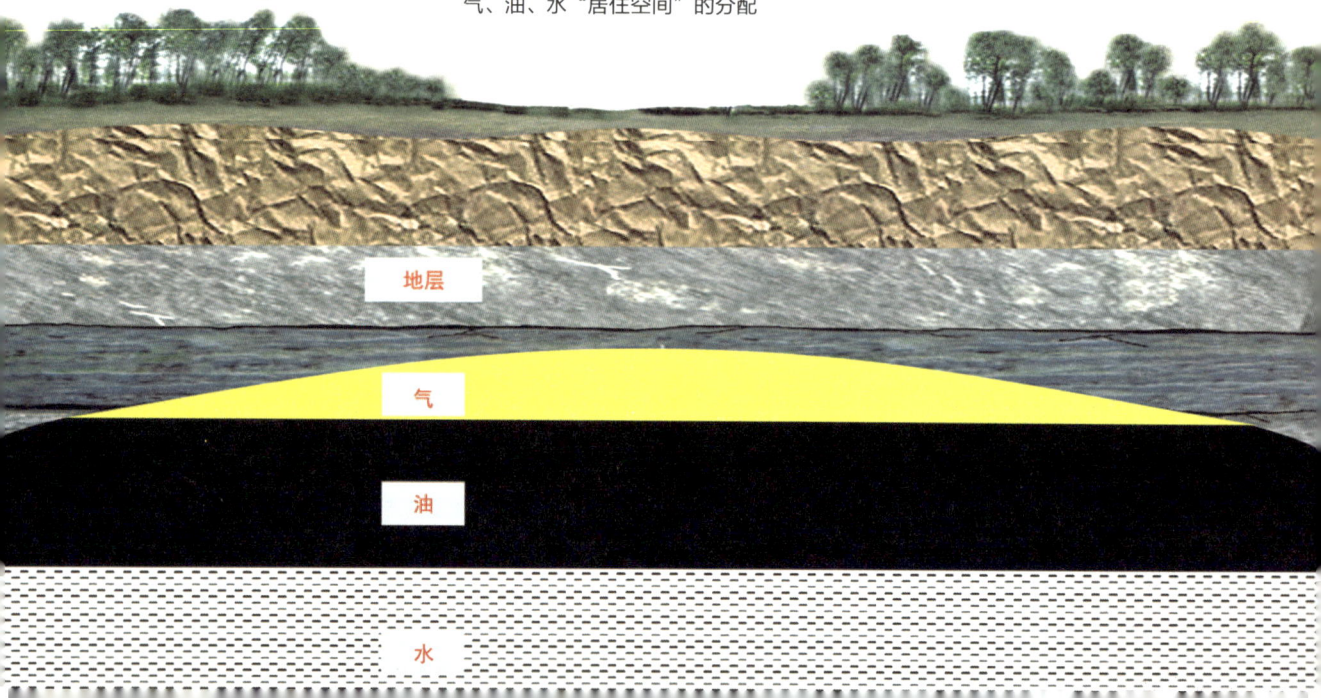

地层

气

油

水

找到"房子"或者孔隙以后,油、气、水需要"分配空间"相邻居住。由于气体密度较小,会浮到"房间"的顶部形成游离气,占据"房子"顶部岩层的空隙;石油密度居中(与淡水密度大小差不多),会浮在盐水上面,位居"房子"的中央形成油藏;盐水密度最大,会沉入"房子"的底部,所以,油、气、水由于密度的差异而分离。所以通常看到的油气藏分布是气体在"房子"最顶部,气体的下面是油和含天然气的油,油的下面是盐水。

由屋顶、遮挡墙和油气储集体三部分所构成的"房子"形成一个油气储藏区域,就是地质科学家称为的"圈闭"。圈闭是将分散的油气捕获在一起并最终形成油气聚集的有效空间。不过,并非任何圈闭中都有油气,有些圈闭没有油气运移进来,就没有油气的聚集,因此,圈闭就是空的。一旦有足够数量的油气进入圈闭,占据圈闭的一部分或充满圈闭,便形成了聚集油气的"聚宝盆",就是石油人所说的"油气藏"。"聚宝盆"中油气储量可达到千亿立方米,甚至上万亿立方米。

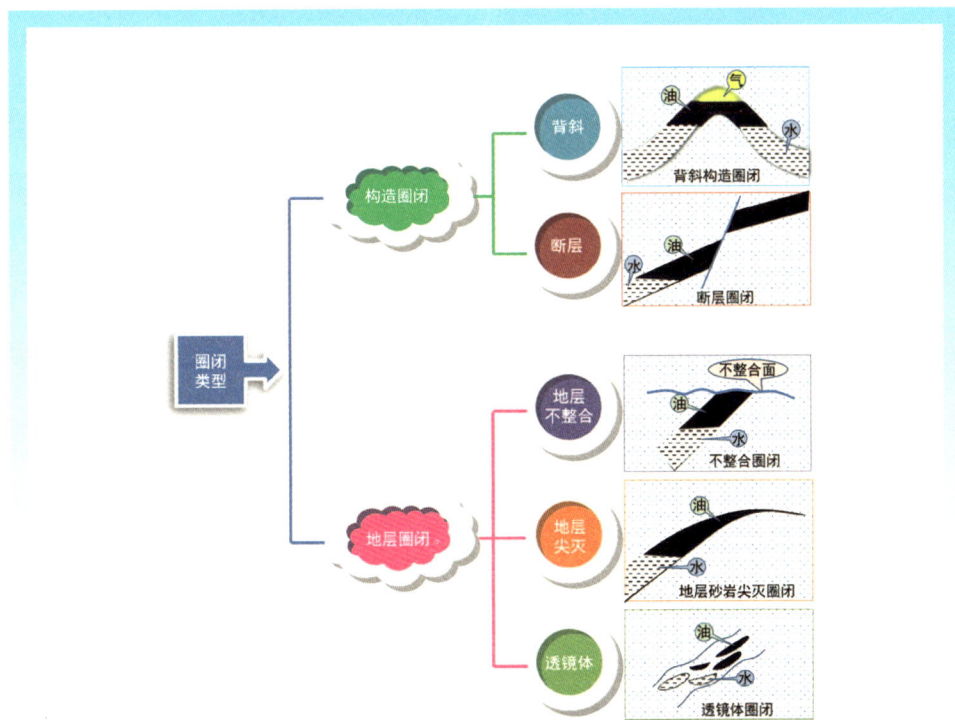

圈闭的类型

知识·小讲堂

圈闭

石油与天然气的"漫漫路途"
油气藏形成"六字诀"

另一方面，还有一部分留在母岩中的"啃老族"——称其为页岩油气。它们的居住条件很差，单个的房子只有几纳米到几微米，非常狭小而密闭，它没有屋顶和遮挡墙，但是没有断层，也不需要"圈闭"，只能乖乖地、安稳地待在"页岩"里静静地睡大觉，无法到处活动，直到被发现。显然，页岩也是一个"房子"，一个特殊的"束缚"油气的"房子"。过去人们都不把页岩当作油气有效储层来看待，以为它就只是生油的，生出来以后必须脱离母体，然后运移一段距离，在较好的、孔隙大的储层岩石里聚集起来，等着我们去发现。然而，今天页岩油气的发现改变了传统的勘探找油找气的思路和视野，拓展了油气勘探开发的新领域。

通常，把在古海洋环境沉积岩里面聚集的油（气）资源称为海相油（气）资源；把在古陆地河流、古湖泊等环境沉积岩里面聚集的油（气）资源称为陆相油（气）资源；把在古海洋与古陆地接触过渡环境沉积岩里面聚集的油（气）资源称为海陆过渡相油（气）资源。

20世纪初，传统石油地质理论普遍认为石油为海洋生物生成。从世界范围看，古代海洋形成的沉积地层里更容易发现石油。世界上产油量多，储量规模最大、最丰富的含油区在中东地区，石油产量、储量占世界石油总产量、储量的70%以上，而这一地区生油岩也都是海相地层。在地质历史演化进程中，沉积环境都历经了沧海桑田，石油资源量名列前茅的国家中，2亿前古环境被大范围海洋覆盖，为油气藏形成创造了有利条件。例如，沙特阿拉伯，1.9亿年前的侏罗纪它的国土还是位于热带附近的温暖浅海，并一直持续到后来的白垩纪（距今约1亿4550万年）。这一现象在20世纪初就已发现，被称作"海相生油"学说。

长期以来，传统石油地质理论认为石油仅仅为海洋生物生成。但世界不同地区经历过截然不同的地质演化史，因此不同国家有全然不同的石油资源禀赋。20 世纪 50 年代末，中国的石油工作者发现了大庆油田，其所在地区于白垩纪时是面积广大的淡水湖泊——与"海相生油"对应——地质学家把陆上湖泊环境生成油气称之为"陆相生油"，是对"海相生油"学说的继承与发展。中国已发现的油气资源绝大多数形成于陆上湖泊环境。大庆油田的发现说明了陆相油气藏的形成不仅是可能的，而且可以形成

2018年主要产油国产量排名

2018年世界石油资源探明储量排行

大中型乃至特大型油田。自大庆油田发现之后，我国相继发现了大港、辽河油田、江汉油田、二连油田等，陆相沉积生油均占据了很大比例。

海、陆生成油气的差异，最关键的是海相油气生成环境与陆相油气生成环境的差异。受规模、面积、存续的时间、承载的生物量、油气生成潜力等因素影响，陆上湖泊难与海洋相提并论，这一先天不足注定陆上地层油气资源更复杂，远不如海洋地层油气资源丰富，远不如海洋油气资源的品质好。

需要指出的是，时至今日，科学家对油气生成的争论一直都非常激烈，也从来没有停止过。先后有几十种假说被提出来，不过，归纳起来主要为两大学派——有机生油学派（石油是由自然界的有机物生成的）和无机生油学派（石油是由自然界的无机物生成的）。尽管争论一直在继续，但目前还是有机生油学派占了主流。大多数科学家认为：绝大部分的油气是由沉积有机质（动植物遗体等）经过埋藏演化形成的。自然界的生物，不论高等生物还是低等生物，也不论是水生生物还是陆生

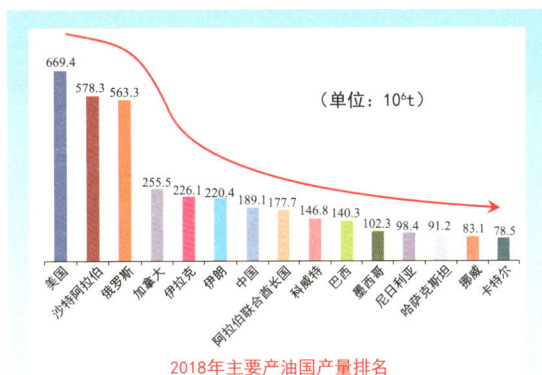

生物，它们都是由脂肪、蛋白质、碳水化合物等化合物组成的，上述物质在适当的环境条件（如温度和埋藏时间、细菌及矿物催化作用、地层压力）下，都可以转变为石油和天然气。

科学研究表明，油气的形成至少要经过 200 万年，目前已发现的最古老的油气形成于 5 亿年以前。

知识·小讲堂

沉积有机质

干酪根类型

有机质成熟度——镜质组反射率（R_o）

海相沉积与陆相沉积之面面观

从全世界目前的油气资源勘探发现来看，海相油气资源丰富、品质优良、分布面积广，而陆相油气资源次之。大家可能很疑惑，到底什么是海相？什么又是陆相呢？为什么海相油气资源往往比陆相好？仅仅是因为海比湖大吗？还是因为海洋中生物比陆上丰富？为了解开这个谜团，我们还是先从储集油气的石头中从去寻找答案吧。

实际上，任何一块通过沉积作用形成的岩石，虽然外表看上去差不多，却蕴含了大量的信息，如岩石的类型、颜色、成分、排列组合方式等，这些信息能反映出沉积岩形成时的沉积环境特征，比如自然地理条件（海洋、湖泊、河流、沙漠等）、气候条件（如干旱、潮湿、寒冷、炎热等）、构造背景（隆起或坳陷）、水动力条件（水的能量、流速等）。

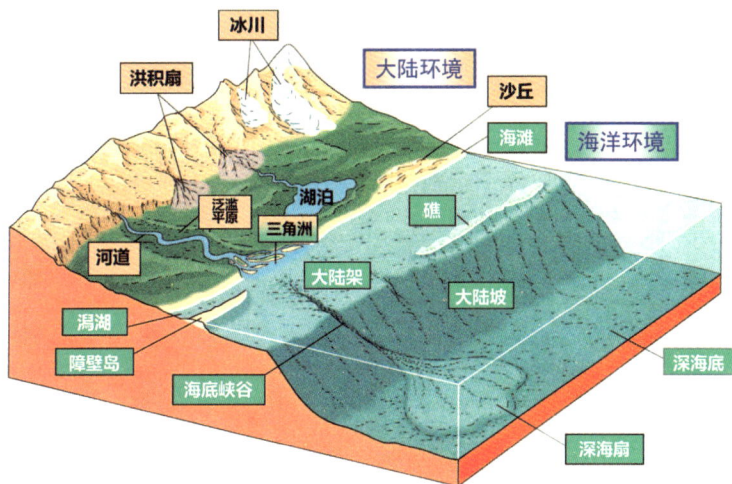

沉积岩的主要沉积环境（朱筱敏，2008）

环境是地理学中的概念，地球表面可划分为不同的地理单元，如山脉、河流、湖泊、
沙漠、海洋等。沉积物质沉积时的自然地理单元，我们也称之为沉积环境

通过沉积岩保存的大量信息，可以推测出沉积岩形成时的自然环境，获取的信息越多推断越准确。比如我们在沉积岩表面发现了波状起伏的特殊现象，很容易联想到海湖边上的现代波痕形态，推测出这块岩石当时很可能在海边或者湖边受波浪作用影响而形成。地质学家们具有丰富的科学知识，还可以进一步根据岩石波痕的规模、形态等，分析当时波浪的规模、水的流动方向，获得大量沉积时的水动力条件和水流方向等信息，进而推断当时的古环境。

沉积环境中形成岩石的所有地质信息总和，或者沉积环境的产物，包括岩石类型、沉积构造、岩石厚度、古生物等标志，地质科学家们把它们统称为"沉积相"。不同的沉积环境对应不同的沉积相，就好比给人画头像，千人千面，每个人的眼、耳、口、鼻等特征不同，所画出的头像就有所差异。"沉积相"中包含了一些能直接反应沉积环境的重要标志，科学家们称之为"相标志"。

沉积岩中的波痕

现代波痕

⊙ 沉积岩的相标志

何谓沉积相的相标志？是指反映沉积环境的标志，各种环境条件的物质记录，它是古地理环境恢复的基础。沉积岩的相标志主要包括岩性特征、古生物、地球化学、地球物理四种相标志类型。这好比文学作品中，每一个人物都具有大量的个人信息（外貌、骨骼、形态、穿着、性格等），类似于"人物相"，而这些信息中有一些典型的、代表性的标志（比如说左手背上有一个胎记），类似于"人物相标志"，可以明显区分出特定人物。

相标志之一——"岩性"特征

岩性特征主要包括岩石的颜色、成分、结构、沉积构造四个方面，沉积岩层厚度和岩层横向展布规模、岩石垂向叠置旋回特征也是其重要的标志之一。

岩石的颜色

大家游览名山大川时或许已发现，岩石有不同的颜色，有黑色、灰色、红色、黄色、棕色等。这是什么原因呢？沉积岩的颜色主要决定于构成岩石的矿物颜色或者混入杂质的颜色，地质学家也分别称之为继承色、自生色。

肉红色长石砂岩

灰白色石英砂岩

继承色，由组成岩石的主要矿物颜色所决定，如长石砂岩为肉红色是继承了正长石矿物的肉红色，纯净的石英砂岩为白色是因为继承了白色石英矿物的颜色。

自生色，是在岩石形成过程中混入不同元素杂质而使岩石产生的颜色，又可以称为原生色，常常可以反映沉积时的地理环境。如红色、黄褐色泥岩，往往因富含铁的氧化物或氢氧化物（如赤铁矿、褐铁矿等）的少量自生矿物造成，则反映氧化环境，即氧气充足的环境，这与我们日常生活中见到的铁生锈的原理是类似的；灰色、黑色泥岩，多因富含有机碳造成的，有机碳含量越多颜色越黑，由此，科学家们推测这样的岩石一般是在还原环境形成的，也就是缺氧的环境。

大家可不能小看了这些岩石的颜色，对于碎屑岩而言，颜色是碎屑岩最醒目的标志，科学家们常常将岩石的颜色作为鉴别岩石、划分和对比地层、分析判断古气候和古地理条件的重要依据之一。

祁连山红色砂、泥岩

下志留统龙马溪组的灰黑色泥页岩（四川）

岩石的成分

沉积岩的物质成分很复杂，地质工作者通常从矿物成分和化学成分两方面来诠释。大千世界里各种各样的沉积岩几乎都是由矿物组成的，目前沉积岩中已发现的矿物达160种以上，但常见的只有20余种，例如砂岩多由石英、长石矿物组成，白云岩主要由白云石矿物构成。大家也知道，任何物质都具有一定的化学成分，岩石也不例外，石灰岩的主要矿物成分是方解石，而方解石的化学成分为 $CaCO_3$，滴酸会产生化学反应剧烈起泡。由此可见，岩石也具有化学成分及相应化学特性。

石灰岩滴酸剧烈起泡示意图

岩石的结构

沉积岩的结构与岩石的形成过程相关。陆源碎屑岩经由陆地物源区母岩风化与侵蚀、流水机械搬运和沉积形成，再经过压实压溶等物理、化学作用而成岩。陆源碎屑颗粒组成的沉积岩具"碎屑结构"，包括骨架颗粒、孔隙和填隙物三部分；由化学风化为主形成的陆源黏土组成的岩石具有"黏土结构"，陆源碎屑结构与黏土结构两种多存在于陆源碎屑岩中。以生物作用为主形成的岩石则具"生物结构"，比如生物礁灰岩；由海水或湖水中的化学沉淀物、重结晶作用、白云石可形成"晶粒结构"，比如泥晶灰岩、晶粒白云岩等；主要由机械作用、化学作用联合可形成具有颗粒结构的颗粒岩，比如砾屑灰岩、鲕粒灰岩，上述三种结构多存在于碳酸盐岩中，形成在湖盆或者海盆内部。

碎屑结构（砂砾岩），陆源碎屑岩

黏土结构（黏土岩），陆源碎屑岩
（四川龙马溪组页岩）

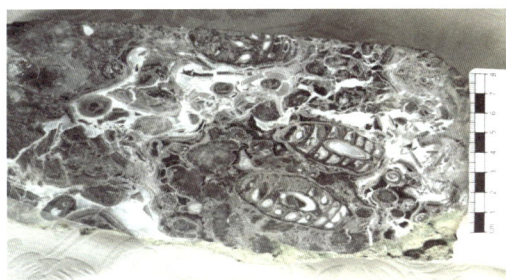

生物结构（礁灰岩），碳酸盐岩

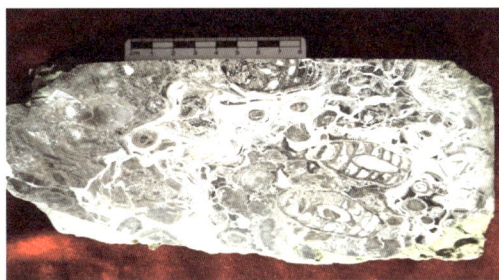

重庆地区二叠系生物结构的骨架岩，
碳酸盐岩

晶粒云岩，碳酸盐岩

颗粒结构的鲕粒灰岩，碳酸盐岩

颗粒结构的砾屑灰岩，碳酸盐岩

颗粒结构的砾屑灰岩，碳酸盐岩

对陆源碎屑岩"碎屑结构"而言，可以进一步用颗粒大小（粒度）、
颗粒均匀程度（分选性）、颗粒接近球体的程度（球度）、颗粒棱角
被磨圆的程度（圆度）等进行描述。岩石中一个一个的颗粒好比一大
箩筐中的苹果，不同苹果的大小、形状、表面光滑性等可能接近或有
较大差异。

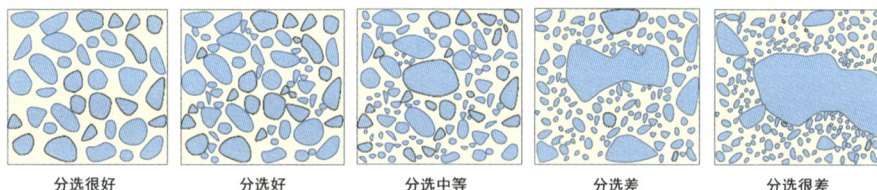

分选很好　　　　　分选好　　　　　分选中等　　　　　分选差　　　　　分选很差

陆源碎屑岩颗粒的均匀程度——分选性

岩石的构造

沉积岩在沉积过程中或在沉积岩形成后的各种作用影响下，物质
成分具有一定的空间分布和排列方式，我们称之为沉积岩的"构造"。
它不仅构成沉积岩的重要宏观特征，而且还可据其恢复沉积岩的形成
环境和水动力环境特征。构造通常分为层理和层面构造两类。

层理构造主要是指沉积岩在沉积过程中，受搬运介质（如水、风）
的流向、流量的大小等影响，沉积岩在垂直层面的方向上有明显变化
而显现的成层现象特征，总称为"层理构造"。层理根据形态，可进
一步分为水平层理，波状层理和斜层理等主要类型，是沉积时水动力
条件和水流方向的直接反映。

水平层理

斜层理

此外，在沉积岩层面上常保留有自然作用产生的一些痕迹，它不仅标志着岩层的某些特性，而更重要的是记录了岩层沉积时的地理环境，我们称之为"层面构造"，最为常见的为波痕、干裂、雨痕、生物遗迹等。

在现代河湾、湖边，海边等泥质沉积物上，常可见到多角形的裂纹，称为干裂，又称泥裂。泥裂在古环境沉积岩表面也常见，指示海滨、河漫滩、湖滨等浅水环境及阳光充足的干燥气候条件。雨点降落在未固结的泥、沙质沉积物的表面，形成圆形或椭圆形凹坑，一直保留在沉积岩的层面上，地质学家称之为雨痕。

而生物痕迹，则是指动物在未固结的沉积物表面活动时留下的足痕，常见的有恐龙足痕、动物爬痕、潜穴等。

干裂

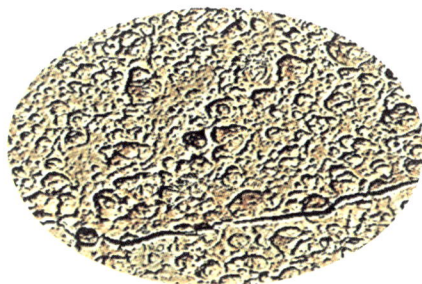

雨痕

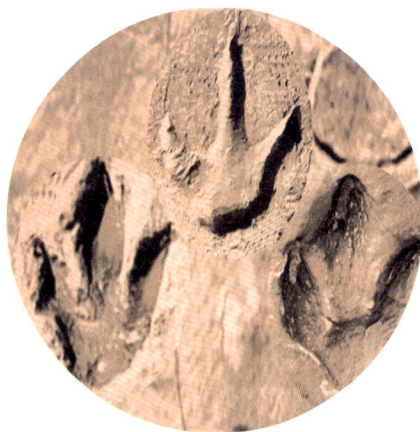

恐龙足痕

上述构造在沉积岩的碳酸盐岩及碎屑岩中均可以出现。不过，碳酸盐岩还常有一些自己非常独有的构造类型，如叠层石、示顶底孔隙充填构造、缝合线构造等。

相标志之二 —— "古生物"特征

"古生物"特征研究沉积岩中的化石或"古生物"特征，有重要意义。通过古生物研究不仅能探索生命的起源，阐明生物界的进化历史，也是推断古地理、古气候条件的主要手段之一。

化石是保存在沉积地层中各地质时期的生物遗体、遗迹以及古生物残留的有机组分。古生物是生存于地质历史时期生物的泛称。古代生物的遗体和遗迹能不能成为化石，这取决于生物本身的条件和生物死亡后的外界环境这两个方面。

一般而言，生物遗体保存为化石需要具备一定的条件：首先，生物体本身要有不易被氧化腐蚀、利于保存的硬体部分，如动物的介壳、骨骼、牙齿，植物的纤维等，但遗迹化石类的形成不需要具有硬体条件；其次，生物死亡后其遗体必须被沉积物迅速掩埋，以免腐烂、毁坏或被其他生物所食。因此，海洋、湖泊等水域是保存生物遗体的有利环境。生物遗体在经过一段时间的埋藏以后，随着沉积物的固结成岩，经历种种石化作用成为化石。有时，在一些极特殊的条件下，如冰冻、密封或极度干燥，生物遗体的全部可以相当完整地保存下来。例如在我国抚顺古近纪煤层中所产的琥珀（由树脂变来的）内就有翅膀俱全、栩栩如生的昆虫。又如曾在西伯利亚的冻土层中发现整体保存的晚更新世猛犸象。

沉积岩中的丛藻迹

沉积岩中的淡水鱼化石

科学家们为何研究这些已消失了的古老生物呢？是因为生物与其生活环境之间是相互制约、密切相关的，一定的生物适应于一定的生活环境。作为适应环境的结果，各种生物在其习性行为和身体的形态、结构上都具有某些能反映环境条件的特征。因此，采取将今论古的原则，利用这些特征可反推生物的生活环境。例如，现代的珊瑚只生活在海洋中，如果在地层中找到这些类别的化石，就可以确定含这些化石的地层当时是在海洋中形成的。从化石的特点也可以推断古气候，例如，现代造礁珊瑚生活于水温18℃以上的清澈浅海，如果我们在地层中发现造礁珊瑚化石，自然可以推断这一地层的形成环境是温暖、清澈的浅海。

珊瑚化石

相标志之三——"地球化学"特征

"地球化学"特征："地球化学"特征主要包括同位素含量、微量元素含量等。研究同位素含量、微量元素含量有何意义呢？有何作用呢？

举一个实例，科学家们通过对岩石中放射性同位素含量的测定，根据它的衰变规律就可以计算出岩石有多老、有多年轻。目前，地质学家们所用的同位素测定方法很多，有的测定岩石的年龄一般不超过5万年，如 ^{14}C 方法；有的可测10万～10亿年，如钾—氩法；有的可测1000万～10亿年，如铀—铅法。有了这些方法，地质学家们就编制出了"地质年代表"（即不同地质历史时期距现在时间），用于判断不同地方的岩石是否是同一时代形成的，从而进行地层划分与对比。此外，不同的环境具有不同的地球化学特征，我们通过鉴定岩石中的微量元素类型（如 Ti, V, Cr, Mn, Fe, Co, Ni, Cu, Zn）及含量分析，就可以推测出不同类型岩石的沉积环境，例如 Mn 常常富集于富氧的沉积物中，在海水中常以 Mn^{2+} 稳定存在，只有当海水强烈蒸发而使 Mn^{2+} 饱和时，它才会大量沉淀，从而在沉积岩中显示高值，反之，我们可以通过沉积岩中发现的高 Mn^{2+} 值推测当时为蒸发环境。

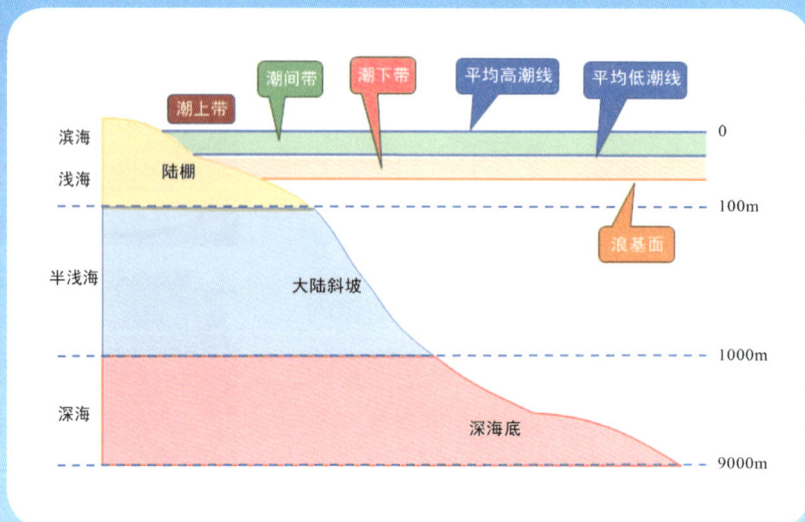

海洋环境分带示意图（P.H. Heckel, 1972, 略改）

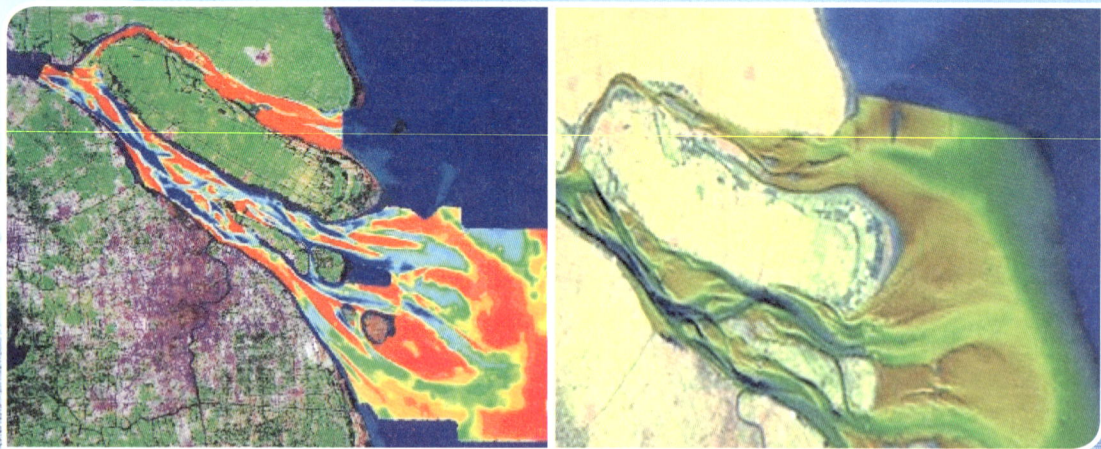

长江河口三角洲环境及沉积产物（恽才兴，2004，2010）

⊙ 沉积相分类

地质学家们把沉积相分为三大类，包括海相、陆相和海陆过渡相。

海相是指在海洋环境形成的沉积相的总称，根据形成的海水深度以及在海洋中的位置（如浅海、半深海、深海等）可分为滨岸相、浅海相、半深海相和深海相等。

陆相是指在陆地上的自然地理环境下形成的沉积相的总称，包括洪积相、湖泊相、河流相、沼泽相等。而介于海相和陆相之间的沉积环境形成的沉积相称之为"海陆过渡相"，例如，三角洲相、潟湖相、障壁岛相、潮坪相等。

洪积沉积环境

沉积产物

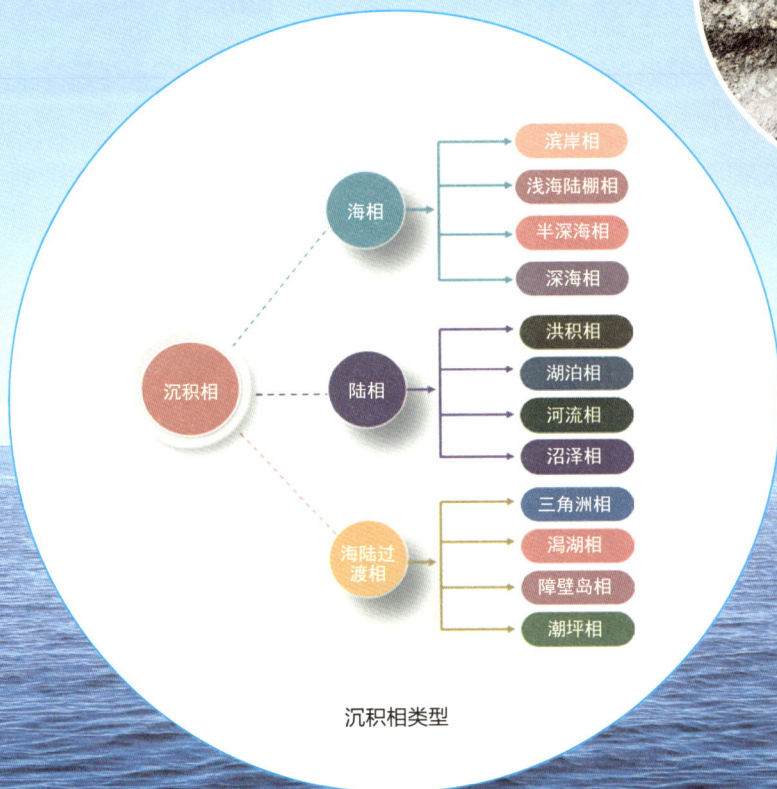

沉积相类型

⊙ 海相沉积生油为什么天生比陆相"优越"？

统计结果表明，全球高达90％的油气储量发现于海相地层中，以中东地区最为典型。中东地区的石油产量、储量均占到了世界的70％以上，有"世界油库"和"石油海洋"之称，陆续发现了包括世界第一大油田加瓦尔油田在内的一系列超级大油田，而这一地区的生油岩都是海相沉积。这充分说明，与陆相沉积生油相比，海相沉积生油的"优越性"更明显。

科学研究表明，海相沉积生油的天生"优越性"要归功于其"出身"好。首先，海相环境比陆相环境更有利于油气形成。大家都知道，有机质是生物物质（主要包括海洋、湖泊中的细菌、浮游植物、浮游动物和高等植物）的分泌物和排泄物及其死亡后的遗体，通过沉积作用进入水下沉积物中并被埋藏下来，成为沉积岩的一部分。在一定的温度下，经过生物化学作用、物理化学作用便可形成石油。

相对来说，在海洋滨浅海环境，水清洁、宁静，阳光、温度很适宜生物的繁殖，有机物特别丰富，海洋生物也以低等水生生物为主，并且含有较多的脂肪物和类脂组分；而陆地生物以高等植物为主，其中含有较多的木质纤维成分。我们知道，有机质中脂肪物和类脂组分是形成石油的最重要物质，由此可以推断，海相地层中拥有"更多、更好"的生成原油的原料，当然也具有更强的生油生气能力。但当陆相沉积层发育了以深水湖泊为主的盆地时，其有机质性质也会改变，大量的湖泊水生生物得到繁殖，将使有机质类脂成分增加，也可以形成一定规模的石油。中国大量的陆相油气资源，主要生成于陆相湖盆环境。

龙王庙气藏大型海相碳酸盐岩气田一角

安岳气田磨溪龙王庙气藏位于四川省遂宁、资阳两市以及重庆市潼南县境内，探明储量达 4403.83 × 10^8m^3，建成产能超过 $100 × 10^8m^3$，是我国单体储量规模最大的海相碳酸盐岩整装气藏。主要产层为寒武系龙王庙组，埋深 4000m 以上。该气田的发现实现了几代石油人的大气田梦想，开创了我国深层古老海相碳酸盐岩油气勘探开发的新纪元

其次，海相环境比陆相环境更有利于有机质保存。众所周知，沉积物中有机质得以保存的关键因素是环境的缺氧程度。一般来说，海洋的咸水环境比陆相淡水环境更有利于有机质的保存（即便是海洋咸水环境下，沉积物中的有机质也只能保存原始有机质的 0.1%)。虽然当陆相湖泊水深非常深的时候，同样也有利于有机质的堆积与保存，但一般情况下总体规模是远远不如海相盆地的。

最后，海相环境比陆相环境更有利于油气藏的形成。陆相沉积环境多分布在山前、山间活动区域，规模相对较小，并常受造山活动、断裂活动的影响，油藏保存条件不够理想，油气形成以后容易遭受破坏。而海相盆地规模大、构造活动相对稳定、构造简单、面积大，有利于大型构造油气藏的形成，而且油气藏保存相对较好。

⊙ 海相沉积与湖泊相沉积的主要差异

一提到海相沉积，人们就想到浩瀚无边的大海。的确，海的规模是湖无法相比的。海洋在地球表面分布范围大，现代海洋在地球表面分布面积为71%，现代湖泊面积仅占陆地面积的1.8%。单个的湖泊面积从数平方千米至几十万平方千米，中国最大的青海湖面积为4456km²。海洋面积要大得多得多，太平洋是世界上最大、最深、边缘海和岛屿最多的大洋，位于亚洲、大洋洲、南极洲和南北美洲之间，总面积为 $18134.4 \times 10^4 km^2$。

此外，海洋水体主要为正常盐度的咸水（正常海水盐度为3.5%，高于3.5%的属于咸化海），呈弱碱性，平均水深大，水温低于湖泊。湖泊水体多为淡水（淡水湖的含盐度小于1%），呈弱酸性，平均水体深度浅，水体温度易受地表温度、气候影响，平均水温高于海水。其次，海洋有潮汐、洋流作用，而湖泊没有。湖泊环境与海洋环境的诸多差异导致了湖相沉积与海相沉积有很大的区别，湖相沉积与海相沉积差异主要体现在以下几个方面：

青海湖

　　从沉积规模来看，海相环境的沉积场所广阔，沉积物的规模自然不是湖泊所能比拟的，例如奥陶纪的海相沉积在中国多数地区均有分布，远远大于单个湖泊相沉积的规模。

　　从沉积岩特征来看，湖相沉积以碎屑岩为主，碳酸盐岩沉积不到1%，而海相地层中碳酸盐岩的比例较大，厚度大，分布规模大，甚至整个时代层位的地层皆由碳酸盐岩组成。此外，海相碳酸盐沉积岩中生物化石比较丰富，底栖、游泳和浮游生物发育，如红藻、绿藻、有孔虫、珊瑚类、放射虫等。湖相碳酸盐沉积岩中仅可发育淡水的瓣鳃类、腹足类、蓝绿藻、鱼类等淡水化石，滨浅湖相沉积地层中常含陆相植物化石。

　　从沉积岩分布稳定性来看，海相沉积受全球海平面变化影响，海相沉积在全球具有可对比性。如果具体到某个小范围的海相油气区块，海相地层的岩性更为稳定，可对比性更强。而不同湖泊沉积受地形控制，地层仅在同一个湖盆内可以对比，跨湖盆几乎没有可对比性。此外，同一湖泊内部，岩性、岩相变化也相对较快。

海洋浮游生物（低等水生生物）

沼泽环境中的高等植物

　　从油气的生成和成藏来看，海相沉积从滨岸至深海环境，均可发育多种碳酸盐岩和碎屑岩储集岩类型，从浅海陆架至深海盆地均有海相生油岩存在，储集岩和生油岩具有发育厚度大和展布规模大的特点。而湖相沉积储集体主要集中在湖盆边部的滨浅湖相区，砂体展布规模相对小，生油岩主要分布在湖盆中心部位，主要为半深湖至深湖暗色泥页岩。

　　从油气资源现状来看，全球90%的油气资源发现于海相地层中。据Klett和Schmoker（2001）的估计，海相碳酸盐岩储层的探明石油可采储量至少占全球探明石油可采储量的32.6%，天然气的探明可采储量占全球探明石油可采储量的

30.32%。石油储量居世界前五位的国家沙特阿拉伯、伊拉克、阿拉伯联合酋长国、科威特和伊朗等集中在波斯湾地区，均以海相沉积为主，石油开发条件优越，油层厚，油田大且分布集中。目前世界上油气储量最大的"深层"海相碳酸盐岩油气田在中国，分别为塔里木的塔河油田和四川盆地的磨溪—安岳大气田。

湖泊是沉积物沉积的重要场所，虽然整体不及海相，但也是油气聚集的重要场所。我国现已发现的石油绝大部分分布于我国东部中新生代湖盆中，此外，塔里盆地库车坳陷也属中新生代湖盆，其天然气储产量巨大，是我国西气东输的源头。

中国是世界上盐湖分布最多的国家，约有 1500 个。盐湖的分布几乎全部集中在广大的内陆区域。我国的四大盐湖——青海的茶卡盐湖、察尔汗盐湖、山西运城盐湖和新疆巴里坤盐湖享誉世界。茶卡盐湖位于柴达木盆地，是青海省海西蒙古族藏族自治州乌兰县茶卡镇的天然结晶盐湖，湖面海拔 3100m，总面积 105km^2。被旅行者们称为中国"天空之镜"。

茶卡盐湖

由于板块运动，原被海水所覆盖的亚欧板块与印度洋板块的交界地带逐渐隆起为青藏高原。在青藏高原的形成过程中，部分海水积留在低洼地带，形成了许多盐湖和池塘，茶卡盐湖就是其中之一；茶卡盐湖曾经是一个外流湖，10 万 ~13 万年发生了构造隆起，使得茶卡盐湖变成了内陆湖。内陆湖的茶卡盐湖开始萎缩，出现盐类沉积。温度对茶卡盐湖的形成演化起着至关重要的作用，尽管有茶卡河、莫河、小察汗乌苏河等季节性河流的河水入湖，以及湖区东部泉水以地下水的形式补给湖盆，而且是无泄水口的湖；但是，每年能注入湖里的水量特别少，而蒸发量又特别大，因此形成了含结晶盐的盐湖。目前茶卡盐湖湖底部有石盐层，一般厚 5m，最厚处达 9.68m。早在公元前 206—公元 25 年的西汉时期，当地羌族人就已知道采盐食用。开采盐和卤水后又能重新结晶成盐层，真是取之不尽，用之不竭。

油气藏——浸透石油、天然气的巨大多孔介质岩层

油气藏是一个聚集油气的"聚宝盆"，我想大家都耳熟能详了。大家可能有疑问：聚"油"的"聚宝盆"——油藏像"储油罐"一样吗？聚"气"的"聚宝盆"——气藏像"储气罐"一样吗？

如前所述，圈闭是由巨大的岩层构成的"超级巨茧"，油气藏是"超级巨茧"的一部分或全部，因此，油气藏也是由巨大的岩层构成，在岩层里边浸透了油气。由此可见，如果岩石里边要浸透油气，里面必然存在大小规模不等的各类孔、洞、缝，因此，石油和天然气在地下油气藏中不是以"油池"或"气库"的形式存在的。油气藏，简言之，是浸透了石油、天然气的巨大"多孔"岩层。

理想的多孔介质模型

自然界中的岩石无处不在，随处可见，再普通不过了，这些看似普通的石头有何特别呢？有的岩石用肉眼仔细观察，会发现存在缝隙、孔洞，类似于我们常吃的面包；有的岩石肉眼看不见任何的孔、洞、缝，但将其置于放大镜、显微镜、扫描电子显微镜下，放大几十

地面砂岩露头

倍甚至几千倍，奇迹发生了，这些岩石中依然"藏"着不同大小、不同形态的孔孔洞洞。比如，当你在磨刀的砂石上浇上几滴水，一会儿就可以看到，这些水就渗到石头里去了，表面只留下一片湿漉漉的痕迹。这就证明，像磨刀石那么坚实的石头也会有许多肉眼看不出来的微小孔隙。科学家将这种充满无数孔、洞、缝的岩石称为多孔介质，将岩石的固体部分称为固态骨架，将那些孔、洞、缝统称为非固相孔隙，可以被气体或液体占据，也可以是气液共同占据，它是油气栖身之地和运动通道。

扫描电子显微镜下观察到的砂岩中的油气储集空间

知识·小·讲堂

孔隙型多孔介质岩石
裂缝型多孔介质岩石

多孔介质按成因可分为天然多孔介质和人造多孔介质。天然多孔介质又分为"地下岩石多孔介质"和生物多孔介质，前者如岩石和土壤，后者如人体和动物体内的微细血管网络和组织间隙以及植物体的根、茎、枝、叶等。人造多孔介质种类繁多，如过滤设备内的滤器，铸造砂型，陶瓷、砖瓦类建筑材料，活性炭，催化剂等。

在石油工业，我们主要的研究对象是油气的栖身之地和活动场所"地下岩石多孔介质"，石油地质学家也称之为油气储层，我们可以统称为"多孔介质储层"。显然，地下储层中的"多孔"实际上包含了孔、洞、缝。地质学家通常把直径小于2mm的空隙定义为孔，大于2mm的空隙定义为洞。孔有大孔、小孔，小的孔隙也就和一个病毒的大小差不多，要想看清这样的小孔模样，需要使用价值几百万元甚至上千万元的扫

裂缝型储层示意图

描电子显微镜进行放大观察；洞有大洞、小洞，小的洞有几个毫米的直径，大的洞有几十米、几百米直径甚至更大；缝的长度不一，由几厘米到几十米不等，宽度也可由几十毫米到几十厘米，但微裂缝的宽度仅数十微米。严格说来，地壳上所有岩石，甚至就是像花岗岩、玄武岩那样致密的岩石，都具有不同规模的孔、洞或缝，但不同的孔、洞、缝，其大小、形状及发育程度极不相同，因而储存油气的能力大不相同。储层多孔介质按微小孔隙的形态和结构，可分为孔隙型多孔介质岩石、裂缝型多孔介质岩石和双重或多重型多孔介质岩石。

地面石灰岩中的裂缝

地面白云岩露头照片

知识·小讲堂

双重或多重型多孔介质岩石

因此，"超级巨茧"中的油气藏，实际上就是一个浸透石油、天然气的，具有渗透性的，巨大的多孔介质岩层。同时，这些岩层中或多或少都有水的存在。这些巨大的岩层既有不同的外形或轮廓（通常称其为构造），也有内涵（通常称其为属性，即岩石内部的油气储存和流动能力等）。

与此同时，岩石的孔隙内充满了流体。显然，流体就是我们熟知的石油、天然气或水，值得注意的是，不同地方的油气藏赋存的石油、天然气或水往往具有不同的性质，而且差别还很大，例如，它们的压缩性、黏度、密度、流动能力等都有很大的不同。

实际上，大多数的油气是分布在岩石里面很小的孔、洞、缝里，并且多数这样的孔隙是肉眼看不到的。几百万年甚至上亿年前，这些孔、洞、缝被石油、天然气充填，而且一直保存到现在，一旦地质学家们找到"油气之家"，发现这些油气藏，就有可能产出具有工业价值（或商业价值）的油气流。

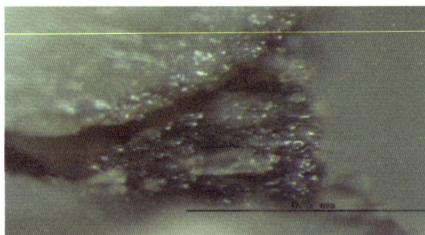

（a）岩石发育孔隙　　　　　　（b）孔隙中充填石油

岩石孔隙被石油充填

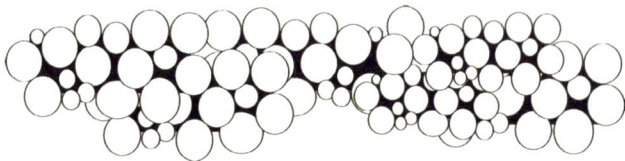

岩石孔隙中的石油示意图（黑色为石油）

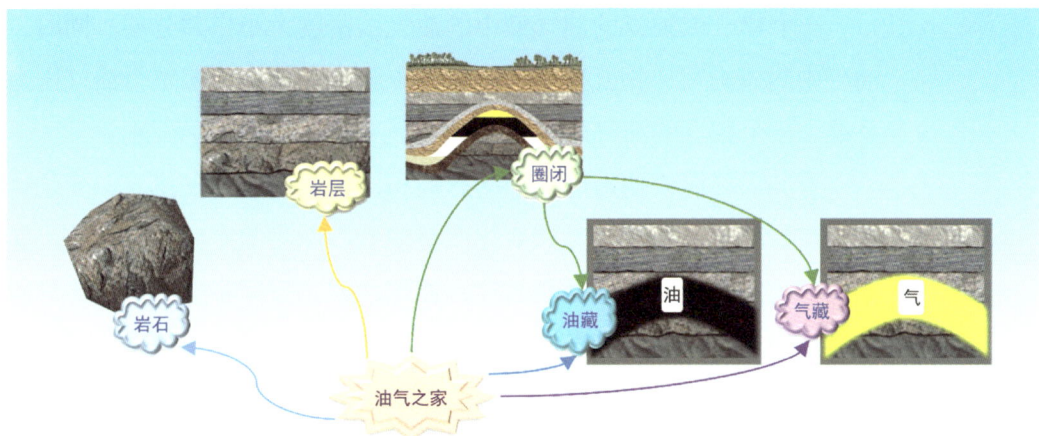

油气藏形成示意图

多姿多彩的油气藏——构造油气藏、地层油气藏、岩性油气藏

⊙ 多姿多彩的油气藏

　　油气都是流体，一旦有压力差作用，就会发生流动。前面我们已经知道，油气从生成，经过运移、聚集，最终在"超级巨茧"（圈闭）内储存起来。简而言之，若"茧"内只有油聚集在一起，就称之为油藏；若只有天然气聚集在一起，就称之为气藏。大多数"茧"内既有油也有气，就称之为油气藏。

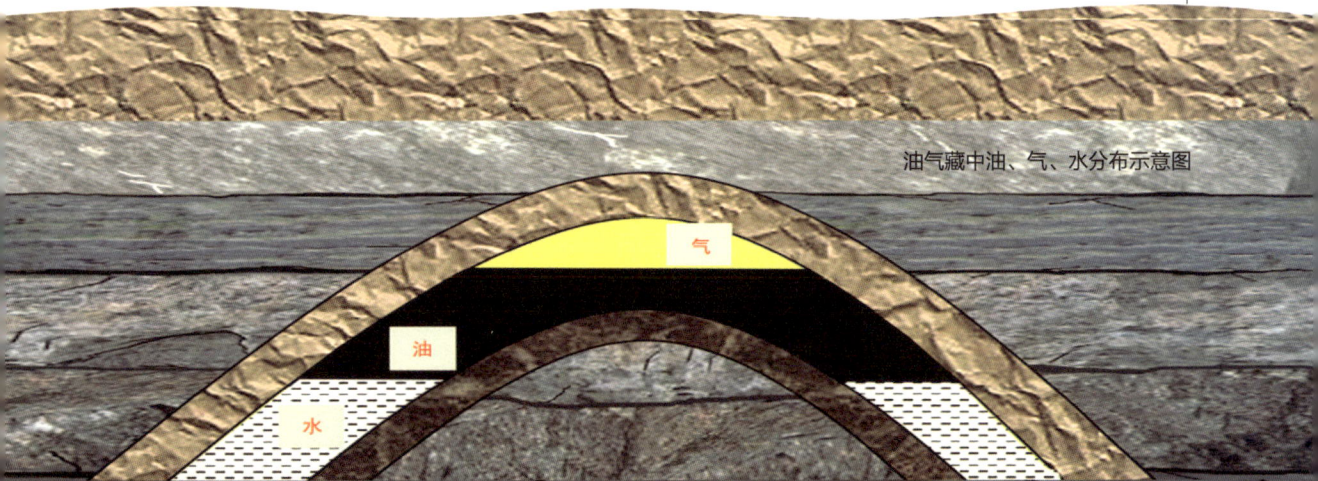

油气藏中油、气、水分布示意图

一个单一或独立的油气藏中的油气按密度大小自然分层。同时，油气中的压力可以相互传递，任意一点压力变化将传遍整个油气压力系统。一个独立的油气藏往往就是一个独立的油气压力系统。

受沉积环境或构造运动等的影响和作用，地层会发生变形变位，发生诸如褶皱、断层等复杂变化，叠加岩石本身的差异性，这使得储存油、气的场所或空间各具特色，油气之家，家家各不同，最终形成了形形色色的"超级巨茧"（圈闭），"茧"中有多姿多彩的油气藏。一般情况下，地质学家们把圈闭中的油气藏分为三种类型，即构造油气藏、地层油气藏、岩性油气藏。部分油气藏属于这三种类型的复合，比如构造—地层油气藏、构造—岩性油气藏等。

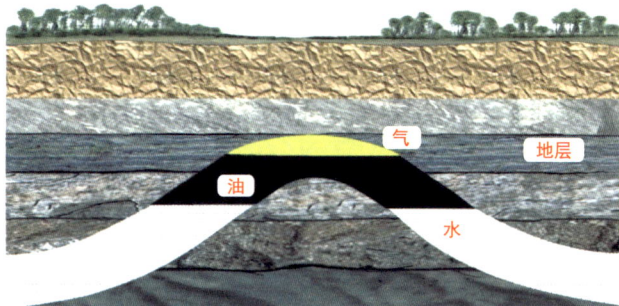

圈闭剖面示意图

构造油气藏

它是指构造运动（如地震）使储存油、气的地层发生褶皱、断裂而形成的油气藏，主要有背斜油气藏和断层油气藏等。

背斜油气藏是指储存油气的"茧"（圈闭）中的巨大岩层呈"拱"起的背斜，其上方是不渗透的封闭盖层，阻止油气继续向上运移；背斜油气藏是世界上分布最广泛、最重要的一类构造油气藏。世界上许多特大型的油田，如沙特阿拉伯的加瓦尔油田、科威特的布尔干油田、苏联的乌连戈伊气田都是背斜油气藏。

断层油气藏是指储存油气的"茧"（圈闭）是以断层作为遮挡物的油气藏，是另一类重要的构造油气藏。我国济阳坳陷东辛油田中的一些油气藏、青海柴达木盆地冷湖油田中的一些断块油藏属于断层油气藏。

构造油气藏是目前已发现的油气藏的主要类型，也是发现规模整装储量及实现油气增储上产的重要勘探领域。

背斜油气藏

背斜油气藏和断层油气藏

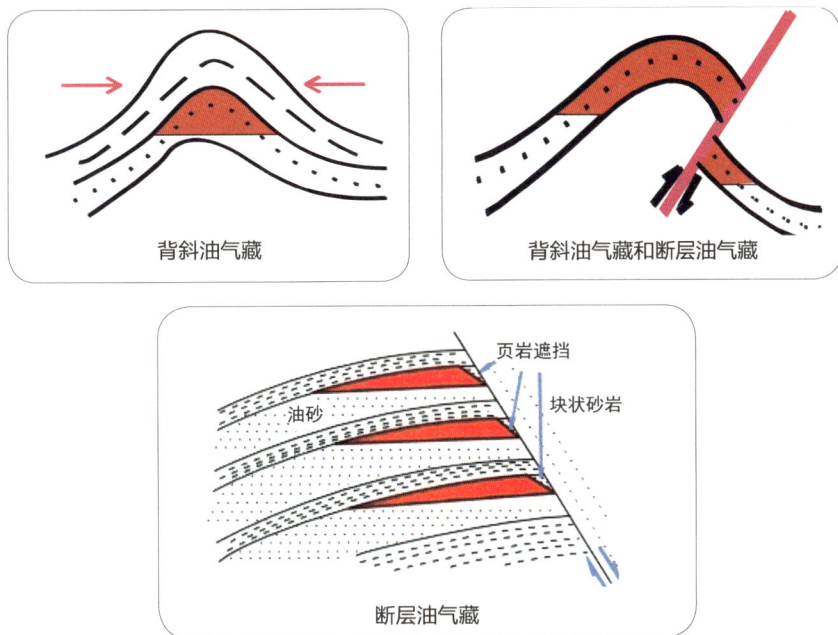

页岩遮挡

油砂

块状砂岩

断层油气藏

构造油气藏示意图

地层油气藏

它是指储层纵向沉积连续性发生中断，新沉积的上部地层由于非常致密而形成遮挡，可以说是不同地质时期沉积的新、老地层多形态叠置形成的油气藏。例如，某一地区沉积了某一时代地层后，地壳开始上升运动。当其露出水面后，它不仅不能再接受沉积，连已经形成的岩层也将被风化、剥蚀。当这一地区再次下降接受沉积时，新老地层之间就缺失了一个时期的沉积，这个时期常常长达千百万年。在不整合面下倾斜的老岩层中如果存在类似蓄水库的储层，不整合面上存在的不渗透层就是封堵储层出口的"坝"。这种库里如果聚集了油气，也能形成油气藏。北美两个最大的油田（东得克萨斯油田和阿拉斯加普鲁德霍湾油田）、我国著名的鄂尔多斯靖边大气田就是这种类型的油气藏。

地层不整合遮挡形成的地层油气藏示意图

岩性油气藏

　　这类油气藏的形成与"岩性"有关。何为"岩性"？顾名思义，是指岩石的性质，涉及岩石的方方面面，它包括岩石的颜色、成分、结构、渗透性、孔隙空间等，这些性质不但在地表沉积物堆积阶段会受到所处的地表自然沉积环境影响，并且在地下沉积物固结成岩阶段，还会受到地下环境各种物理、化学作用而持续变化，这些变化会使储集层形成不同的几何形状和内部特征。在一些特殊条件下，储集层会形成岩性尖灭体和透镜体状的"茧"（圈闭），在这类"茧"（圈闭）中形成的油气聚集场所即称为岩性油气藏。

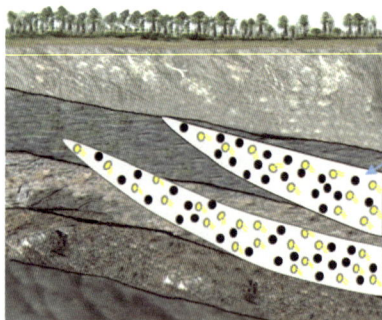

岩性尖灭油气藏

　　有的储层（如砂岩）在上倾方向厚度逐渐变薄直至消失，呈楔形（地质学家称之为尖灭）或者储层的空隙、渗透性逐渐变差，最终变成一个不渗透的岩层（如泥岩），地质学家称这种油气藏为岩性尖灭油气藏。有的储集岩层（如砂岩），中间厚、周边薄，从中间向外逐渐尖灭，被非渗透岩层（如泥岩）封闭，形状像被泥岩包裹着的一片一片凸透镜体，地质学家称这种形状的油气藏叫透镜体油气藏。

当然，在同一储层内，经常存在有的区域的储、渗性好，有的区域储、渗性差（或很差）的情况，这种物性变化也能形成岩性油气藏。比如，生物礁油气藏。生物礁油气藏涉及的专业知识较为复杂，有兴趣的读者可以参考相关专业书籍。

在我国，岩性油气藏已成为重要的勘探对象及增加油气储量的重要发展方向，是我国陆上今后相当长时期内最有潜力、最现实的油气勘探领域。

以上介绍的这些油气藏类型基本上是以"茧"（圈闭）的外形轮廓和内部结构来区分的。此外，还有很多的划分方法，其中，按"茧"（圈闭）中流体的性质来划分也很广泛。

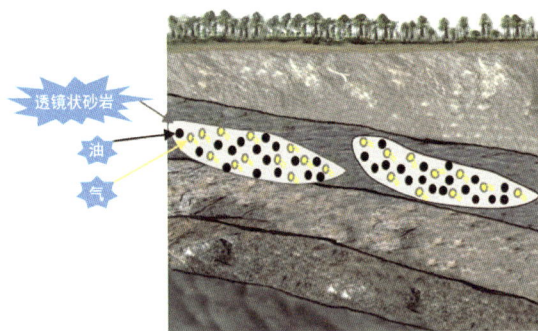

透镜体油气藏

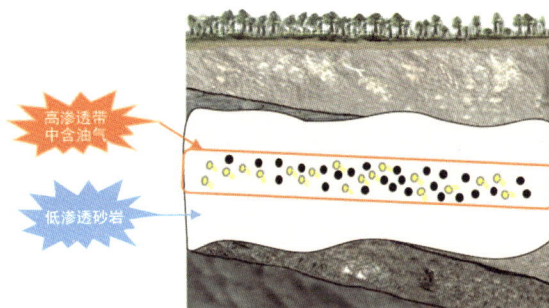

低渗透砂岩中之高渗透带岩性油气藏

⊙ 油气藏分类

根据油气藏在地下储存的状态、流体的性质及流体的组成，通常将油气藏分为两大类：油藏和气藏。

油藏可根据原油的黏度、密度、组成等性质的差异分为：轻质油油藏（高收缩油藏、挥发性油藏）、常规黑油油藏（高黏油油藏、中黏油油藏、低黏油油藏）、稠油油藏或重油油藏（常规稠油油藏、特稠油油藏、超稠油油藏）。有兴趣的读者可以参考相关专业书籍，此处不一一介绍。

气藏可进一步分为：干气藏、湿气藏、凝析气藏。

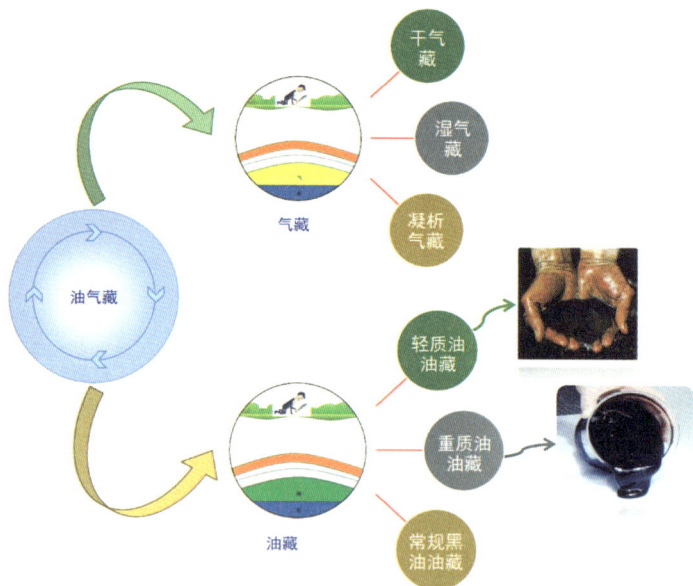

气藏还可按天然气组分中的酸性气体（主要是指 H_2S、CO_2）含量来进行分类。当酸性气体含量达到 $5g/cm^3$ 以上称为酸性气藏；当 H_2S 含量小于 $30g/cm^3$ 称为低含硫气藏，介于 $30\sim150g/cm^3$ 之间称为高含硫气藏，大于 $150g/cm^3$ 称为特高含硫气藏；当 CO_2 含量达到 70% 以上称为 CO_2 气藏。

油气藏还可按照纵向剖面上的生产层数分类，分为单层油气藏、多层油气藏；也可按照储层的岩石类型来分，分为砂岩油气藏、碳酸盐岩油气藏、火山岩油气藏、页岩油气藏等。

知识小·讲堂

油气田与油气藏
油（气）藏要素
油（气）藏高度

含油（气）边界

含油（气）面积
气—水界面
气—油界面

石油——工业的血液

⊙ 油气藏中的"油"——石油

石油就是油气藏中的"油"。其发现可追溯到 900 多年前的北宋，大科学家沈括第一次在其著作《梦溪笔谈》中提到了"石油"——石头里的油。他写道：鄜、延境内有石油，旧说"高奴县出脂水"，即此也。

世界近代石油工业的发端与一个叫弗朗西斯·布鲁尔的医生有关。1851 年，他仔细考察了美国宾夕法尼亚州靠近梯土斯维尔城的泰特斯维尔附近的一条小河，河边有一些油苗，河面上常常漂着原油，这条河因此被命名为"石油溪"。他雇用了一名农民在油苗附近挖了一些土坑和沟，把自然溢出来的原油汇集起来。到这年年底，他一共采集了 1095gal❶ 原油，当时估价 831 美元。几经周折，石油溪所在的农场最终到了艾德温·德雷克手里。1859 年 8 月，在石油溪旁，艾德温·德雷克钻的一口找油井涌出了油流，日产量达 30bbl，这就是世界上第一口用机器钻成的并且用机器抽油的油井。许多人认为，艾德温·德雷克是"石油之父"，世界上因此出现了第一次石油热。

状态：黏稠的液体

气味：特殊气味

颜色：黑色、深棕色

石油

水溶性：不溶于水

密度：比水小

溶、沸点：不固定

艾德温·德雷克的油井
（图片来源于网络）

---

❶ 1gal（美）约等于 3.785L。

我国古代的采油井（由西南石油大学档案馆提供）

1907年，在中国延长县城西门外也打出一口油井，起初日产量1.5t。该井获得工业油流，是中国大陆第一口油井。

石油，也称为原油，它像水浸透在海绵里一样储集在石头的孔隙与缝洞里。当人们把它从地下岩层（石头）的孔、洞、缝中开采出来时，一般为棕黑色的可燃黏稠液体。

地下采出的黑色原油（由西南石油大学档案馆提供）

石油的英文petroleum一词来自希腊，人们习惯上将石油等同于原油，但这并不是一种严谨的说法。从严格意义上讲，通常所称的石油既包括原油，也包括天然气。换句话说，在油气藏中，天然气常常以溶解的状态存在于原油中，就好比我们喝的可口可乐溶解有CO_2，打开会发出气体逸散的嘶嘶响声。因此，当石油被开采到地面时，一些天然气也随之被开采出来。很奇妙的是，一桶油中的气体可以装满你的整个房子！

石油的元素组成

石油及其产品广泛用于生产和生活的各个方面，是最重要的动力燃料与化工原料。天上的飞机、地上的汽车、海里的轮船、军舰、航空母舰，甚至我们烧菜的天然气都要消耗石油。

原油其实是一种混合物，我们平常接触到的汽油、柴油、煤油以及铺路用的沥青等，都是从原油中分离出来的，它们都是在不同温度区间分馏出来的产物。

原油以烃类物质为主，并含有少量其他非烃类物质的液体。

原油的组成

原油的组成比较复杂，但主要是碳元素和氢元素构成的烃类。其中碳元素比重最大，占83%～87%，其次是氢元素，为11%～14%，其余为硫（0.06%～0.8%），氮（0.02%～1.7%），氧（0.08%～1.82%），此外，还含有微量非金属元素（磷、氯、碘等）和微量金属元素（镍、钒、铁、锑等）。

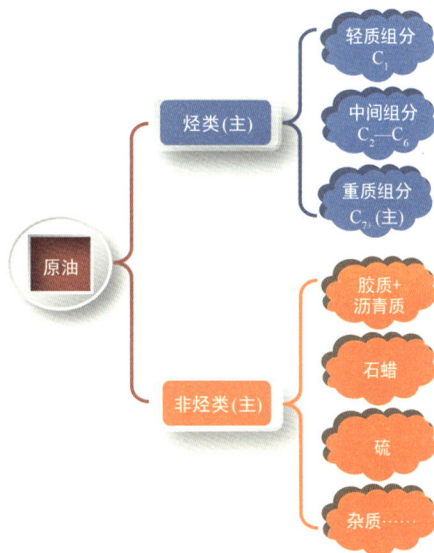

原油的用途

原油的品质因为产地不同、开采的层位不同，存在比较大的差别。这里所说的原油品质是从开采角度来说的。例如，有的原油比较稠，流动困难，难于开采；有的原油属于稀油，容易流动，开采出来经过简单加工就可以用作油品；有的原油可能含有少量的硫，还需要进行脱硫处理，不然汽油、柴油燃烧后会产生 SO_2，造成环境污染。

原油从地下开采出来后，通过集输系统到炼油厂，首先需要将原油脱水、脱盐，然后才能进一步加工。通过常压蒸馏可以分离出石油气、汽油、煤油和柴油，分馏塔底部出来的是重油。重油是宝贵的资源，还可以进一步通过减压蒸馏等手段分离出石蜡、沥青、润滑油（就是我们常说的机油）。

因此，原油的利用价值非常高，除了可以加工成油品使用外，还可以进一步加工成化工生产的原料。生产石油化工产品的第一步是对原料油和气（如汽油、柴油、丙烷等）进行裂解，生成以乙烯、丙烯、丁二烯、苯、甲苯、二甲苯为代表的基本化工原料；第二步是以基本化工原料生产多种有机化工原料（200多种）及合成材料等（如合成树脂、合成纤维、合成橡胶）。

谈起石油，可能大家联想到的是我们开车加油。其实，石油与人类的关系远不止如此简单，可以说一个人的吃穿住用行都离不开石油。我们以一桶原油为例，你能想象小小的一桶原油威力有多大吗？一桶原油，可生产出足够一辆重型汽车行驶450km的汽油；能够制造出用于修补屋顶或街道的0.95L石油沥青；可制造大约0.95L电动机润滑油；可制作170根生日蜡烛或27根蜡笔的蜡等。

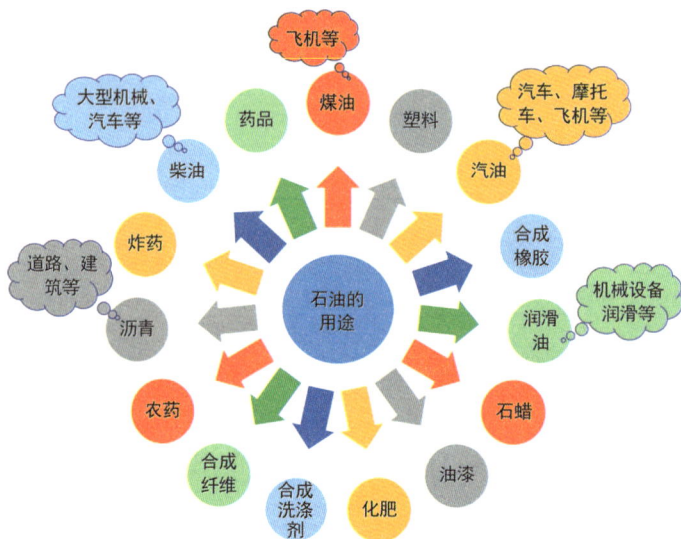

石油的用途

一桶油能做什么

由于世界各国原油的外观、物化性质等方面的差异，目前全世界还没有统一的原油分类标准，大多数国家和地区以原油的密度（或重度）和黏度来进行分类。目前比较通行的分类方法是根据美国石油学会标准，按照 API 重度进行分类。

我们可以通过油品的重度来判断油品的质量，一般重度在 30° API 以上的原油属于质量较好的原油。

API 重度

经常听到的稠油概念，是根据原油的黏度来分类的。所谓原油的黏度，表示原油的黏稠程度，即当流体流动时，一部分在另一部分上面流动时，就受到阻力，是流体层之间相对运动的内摩擦力。黏度的高低表明原油流动的难易，黏度越大，流动阻力越大，越难流动。

黏度大的原油俗称稠油，稠油由于流动性差而开发难度增大。一般来说，黏度大的原油密度也较大。稠油和稀油直观对比，我们可以看到稀油像水一样流动，而稠油却很难流动，这是稠油黏度高造成的。

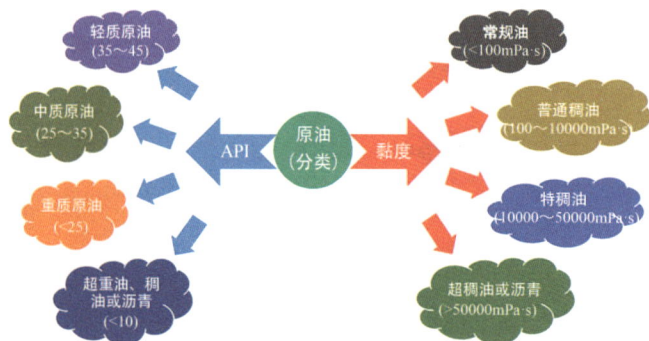

原油重度与黏度

国际上通常把稠油称为重油和沥青。重油中胶质含量高，导致其黏度很高，流动困难，开采技术难度大[联合国训练研究署（UNITAR）为了统一认识，专门推荐了重油分类标准]。

国内按原油黏度把原油分为：常规油（小于100mPa·s）、普通稠油（100～10000mPa·s）、特稠油（10000～50000mPa·s）、超稠油或沥青（大于50000mPa·s）等，从名称上体现了稠油黏度高的特点（见刘文章教授推荐的稠油分类标准）。

普通稠油

特稠油

超稠油

知识·小·讲堂

UNITAR推荐的重油分类标准
刘文章教授推荐的稠油分类标准

黏度非常大的特稠油，像"黑泥"一样，可用铁锹铲，用手抓起。

实际上，超稠油在地下油层条件下是不流动的，形状像是我们平常吃的龟苓膏。估计这种稠油资源超过全部稠油资源的一半以上。

天然气——洁净环保优质能源

天然气，可以燃烧，主要成分为甲烷（CH_4），通常含有少量的乙烷、丙烷、丁烷等烃类气体，也可能还含有二氧化碳、氮气、硫化氢等非烃类气体。

天然气的利用可追溯到 2000 多年前。当时蜀人在打井取盐时，发现了地下天然气，然后顺便采掘到地面，将其燃烧用于制盐。四川是世界上最早开发利用天然气的，是我国天然气勘探开发的摇篮和基地。现代天然气工业的起源，与一个叫 William Hart 的美国人有关，在 1821 年的一天，他在小溪边玩耍，发现小溪中有气泡"唰唰"冒出，便用铲子挖出了第一口天然气井，这口井只有 8.2m 深。今天的天然气井已经很深了，从几百米到上万米，靠人工挖是不行的。

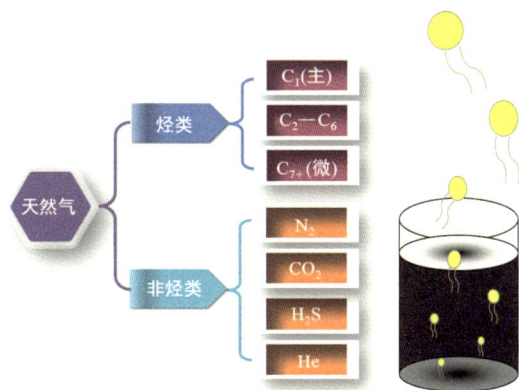

天然气组成

天然气在地层中一般有两种形式存在，有的和原油伴生，有的单独存在。

由于天然气比液态石油的分子更小，它比液态石油更能"钻空子"，所以不仅能大量渗进石油能渗进岩石中，也能渗进石油渗不进去的一些岩石中。于是，在地层中，有石油的地方几乎都会有天然气，也就是说石油中几乎都溶解有天然气。如果把石油比作"孕妇"，那么天然气就好比是孕妇腹中"婴儿"，所以在开采石油的同时都会伴随天然气采出——即油田伴生气。油田伴生气虽然很常见，但总量并不大。

绝大部分的天然气在某些地层中单独存在，也就是说在这些地层中只有天然气没有石油。

此外，还有一种叫凝析气的特殊天然气，这种天然气开采出地面后会析出轻质石油，通常称为凝析油，也称为天然汽油，具有这种特征或特殊现象的气藏称之为凝析气藏。

从凝析油的角度，通常将含有凝析油的天然气称为湿气，不含有凝析油的天然气称为干气（纯甲烷）；含湿气的天然气藏则称为湿气藏，含干气的天然气藏称为干气藏。

天然气也可以存在于煤炭中，这种天然气称为煤层气——煤炭工人称之为瓦斯。天然气还可以存在于页岩中，这种天然气称为页岩气。

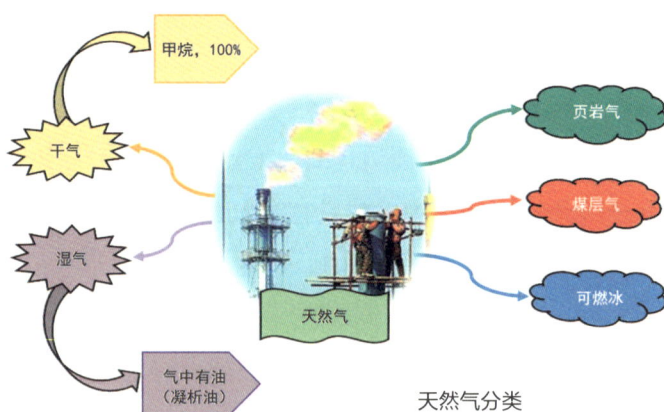

甲烷，100%

干气

湿气

气中有油
（凝析油）

页岩气

煤层气

可燃冰

天然气

天然气分类

天然气也可以是"固态"的，固态天然气就是今天我们所说的天然气水合物——"可燃冰"。它存在于海洋深部和永久冻土中，其中海洋中的可燃冰占大多数。

天然气井喷

天然气集输与处理

天然气一般无色无味，是一种易燃易爆气体，和空气混合后，温度只要达到550℃就燃烧。从地下采出的天然气因含水、含 H_2S 等有毒物质，需经过管道输送到天然气处理厂脱硫、脱水处理达到使用标准才能使用。

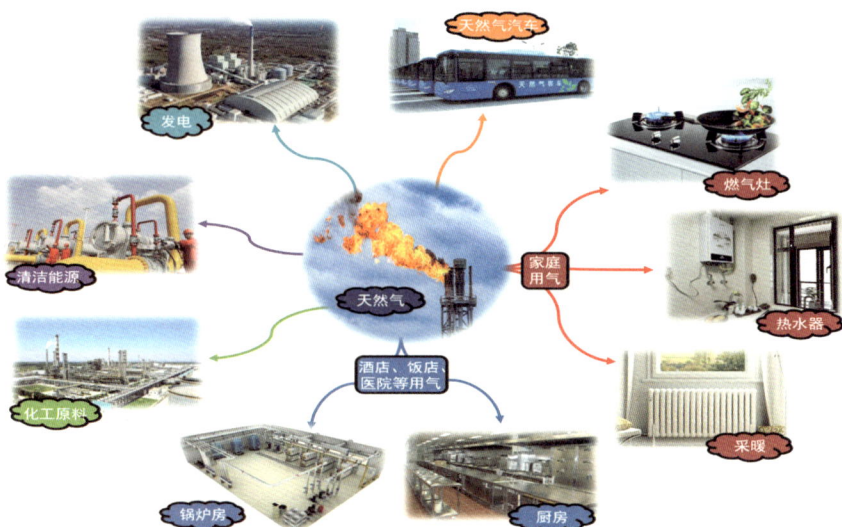

天然气用途

　　天然气可用于发电，发电效率高；也可用作化工原料，以天然气为原料的一次加工产品主要有合成氨、甲醇、炭黑等近 20 个品种；也广泛用于家庭做饭、烧水、采暖及制冷等以及饭店、酒店、医院的锅炉房和厨房；以天然气为燃料的压缩天然气汽车是一种环保型汽车，具有价格低、污染少、安全等优点。天然气是优质高效的清洁能源，二氧化碳和氮氧化物的排放仅为煤炭的一半和五分之一左右，二氧化硫的排放几乎为零。天然气也是受到人们青睐的"三可"能源，其开发利用越来越受到世界各国的重视。

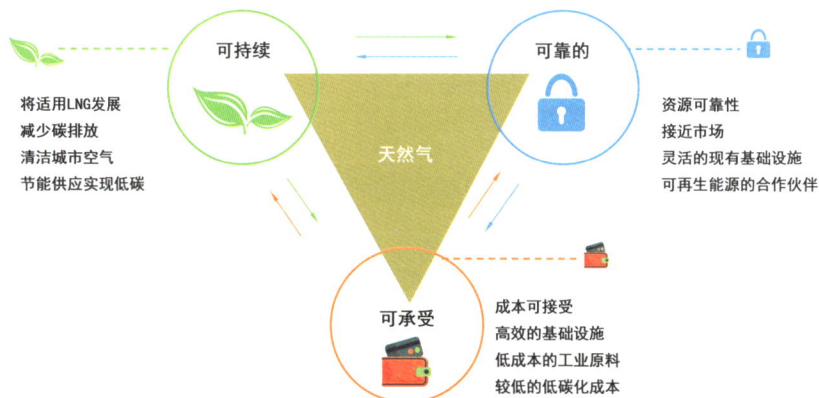

可持续
将适用LNG发展
减少碳排放
清洁城市空气
节能供应实现低碳

可靠的
资源可靠性
接近市场
灵活的现有基础设施
可再生能源的合作伙伴

天然气

可承受
成本可接受
高效的基础设施
低成本的工业原料
较低的低碳化成本

天然气的三大优势（李鹭光等，2018）

寻找地下油气的先锋——地球物理勘探技术

油气藏深埋于地下几百米、几千米甚至上万米的岩石中，因此，要找到油气首先必须搞清楚地下的岩石情况。深埋地下的岩石，人们看不见、摸不着，没有孙悟空的火眼金睛，没有千里眼，通过什么手段、什么方式在地面就可以获取地下岩石的情况呢？

⊙ 地球物理勘探技术

地下的不同岩石往往在密度、弹性、导电性、磁性、地震波传播、放射性以及导热性等特性方面存在差异，这些特性人们称之为岩石的地球物理性质，不同的岩石组合往往表现为一种或多种物理性质。通过物理的方法、手段获取地下岩石物理性质的油气勘探技术，称之为地球物理勘探技术，简称物探技术。该技术包括重力勘探、磁力勘探、电法勘探、地震勘探技术等。地震勘探技术目前应用最为广泛。

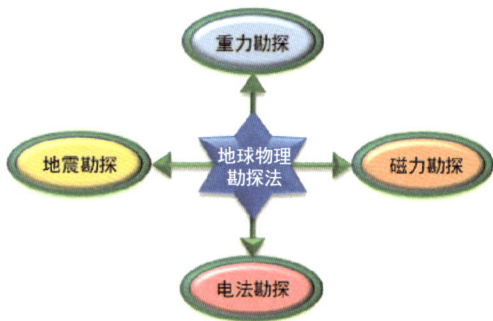

重力勘探

重力，简言之重量。大家很容易想到苹果落地，也不会质疑高处物体下落越落越快，这说明地球上重力并不是处处相同。地球上的纬度不同，重力就不同（随纬度增加而变大）。换言之，你身处在赤道和你身处在北极，你的重量是不同的，在赤道比在北极轻一些。高度不同，重力也不同（随高度增加而变小）。例如，人到一定高度就处于失重现象。地壳内部岩石的密度不同，会影响局部的重力，而产生变化，反之，重力的变化反映了测量点下面地壳岩石密度的差异。通过观测地下不同岩石引起的重力差异来了解地下不同岩层的性质和起伏变化、了解油气构造及其埋藏深度的方法，称为重力勘探。应用重力勘探可以确定有利的沉积盆地范围。20 世纪初，已经有人根据重力原理发明了重力仪，用于寻找油气藏，获得了成功。20 世纪 50 年代以来重力勘探为我国各油气田的发现发挥了重要的作用。

知识·小·讲堂

沉积盆地

含油气盆地

什么是隆起、坳陷、斜坡、凸起、凹陷？

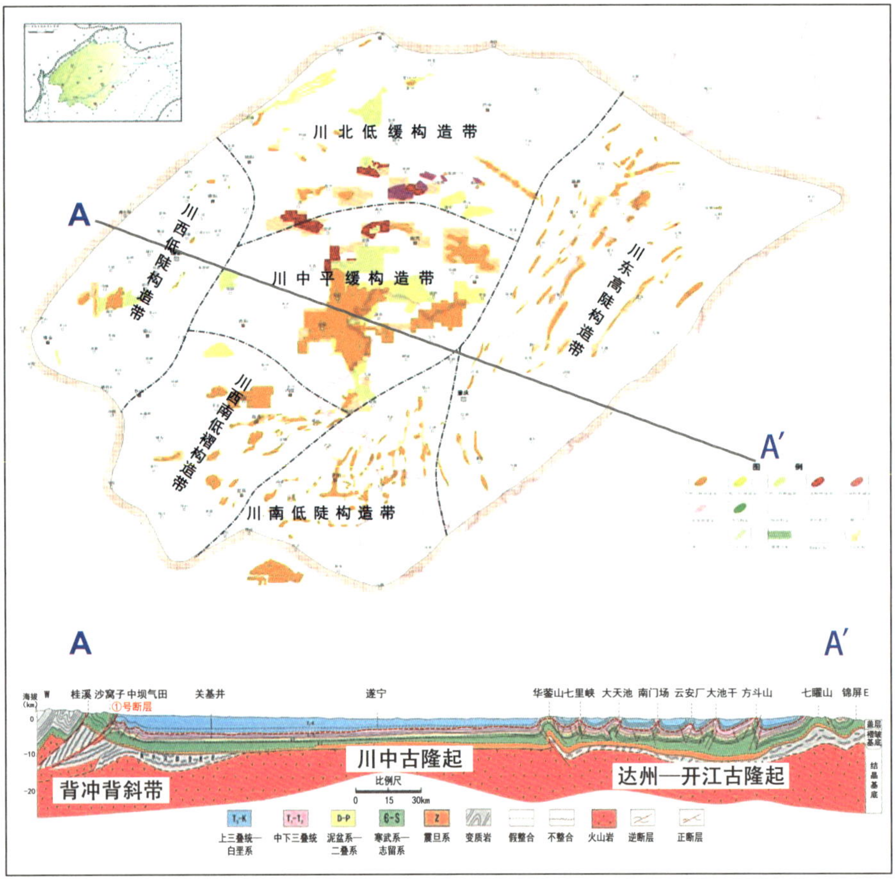

四川盆地构造横剖面图（据西南油气田资料）

四川盆地是位于上扬子地台西缘的大型叠合盆地，发育海相克拉通和陆相前陆两大沉积盖层，厚6000～12000m。历经多期构造运动，早期以区域隆升为主，晚期强烈挤压和褶皱冲断变形，在喜马拉雅期定型。发育多套优质烃源层、规模孔隙型储层以及良好的区域盖层。

地质构造与地形示意图

磁力勘探

说起磁性，大家立刻会想到磁铁和指南针。一块磁铁能把铁钉吸起来，说明它具有一定的磁性。地球本身就是一个大磁场，具有南北不同的极性，并在周围形成了地磁场。地磁场的分布范围很广，从地核到地球以外的几万千米的空间都存在。地磁场能使地下没有磁性的岩（矿）石具有磁性，产生磁场。岩（矿）石的磁性不同，对同一磁铁的作用力不同，这些岩石反过来对磁场造成影响，从而形成局部的变化。通常，那些容易被磁化的岩石形成的矿场和储油气构造的周围存在较强的磁场。通过观测不同岩石的磁性差异，来了解地下岩石情况的方法，称为磁力勘探。在沉积盆地中，往往分布着各种磁性地质体，通过磁力勘探可以确定地质体范围和性质。早在 17 世纪人们就想到用罗盘寻找磁铁矿了。磁力勘探配合其他油气勘探方法，为我国各大油气田的发现奠定了重要的基础。

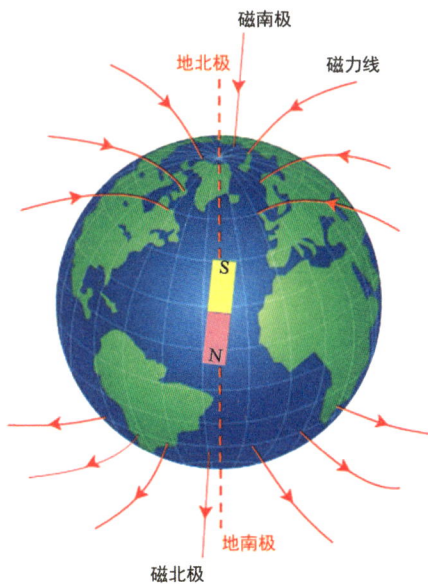
地球磁力线示意图

电法勘探

大家都知道，金属是能导电的，那么岩石能导电吗？回答是肯定的。导电性不同的岩石，在相同的电压下，具有不同的电流分布。其实，地球就是一个导电体，不同岩石的导电性存在差异。通过观测不同岩石的导电性差异来了解地下地层岩石情况的方法，称为电法勘探，与油气有关的沉积岩往往导电性良好（电阻率低），变质岩和火成岩导电性差一些（电阻率高），应用电法勘探可以寻找和确定这类地层，当岩石中含油气时，由于油气的电阻率高（相当于绝缘体），因此，可以利用这些特征进行油气判断。电法勘探容易获得油气沉积盆地范围、有利的油气富集区域、沉积岩厚度及起伏变化。我国大多数盆地都开展过电法勘探，为我国油气勘探做出了重要的贡献，电法勘探已成为油气发现不可缺少的手段。

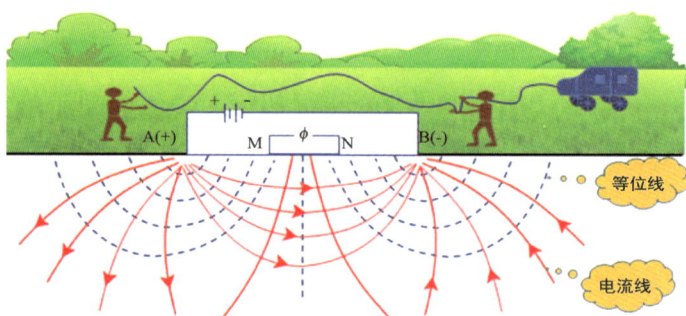

等位线

电流线

电法勘探施工示意图
A 与 B 为供电电极；M 与 N 为测量电极

地震勘探

地震勘探就是人工制造地震，对产生地震波进行地质探测，以此来研究地下岩石的性质并寻找石油和天然气的一种方法。地震勘探是在油气田中广泛应用的一种方法，因此，这里我们做比较详细的介绍。

简单来说，地震勘探技术就是在地表以人工方法（用炸药或非炸药方式）产生地震，形成地震波。地震波在向地下传播时，遇到不同的岩层、流体分界面，地震波会发生反射与折射。地球物理学家们通

过地面布置的大量的高精度传感器接收这种反射或折射地震波，通过对记录的地震波信息和数据进行计算机处理和解释，形成地下结构、岩石性质甚至流体性质的三维图像，根据这些图像地球

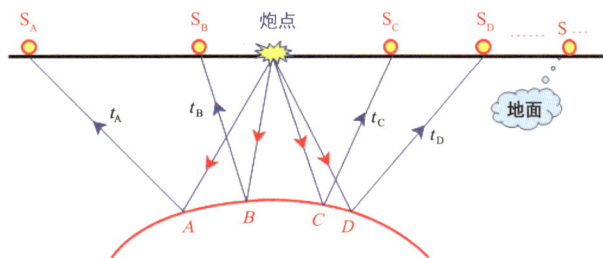

油气地下构造示意图

物理学家、地质家就可以结合地质理论解释地下深部的地层结构、地层高低起伏、有什么样的岩层存在（比如说能够生成油气的烃源岩、能够储集油气的储层、能够保护油气的盖层）、地下油气的可能位置和范围等。

⊙ 人工产生震源的方法有哪些呢？

可以是采用炸药爆炸的方法产生震源，例如，浅井孔中激发，先打一口较为浅的井孔，大小有手臂那么粗，有 15m 左右的深度，将 5~7kg 炸药放到井中，用泥土焖实，点燃炸药（这就是老百姓说的"放炮"，只是药量比开山炮少得多，开山炮一般是几十千克至几百千克，所以，地震勘探是很安全的），优点是简单、易行，但也有许多缺点。例如钻炮眼和用炸药的费用较高；在人口稠密区等使用炸药不安全，对环境造成污染等。也可以是采用非炸药的震源，称之为可控震源，即用可控震源车特制底部钢板，通过和地面接触并按一定频率震动，形成往地下传播的地震波。简言之，就是控制重物连续地夯砸，类似过去农村的打夯。该种方式克服了炸药爆炸产生震源的不利因素，不过体积大、重量大，在海上无法使用。在海上，由于特殊的地理条件，人工激发地震波与陆上有所不同，全部采用非炸药的震源。在海上使用炸药产生震源，一方面会对海洋造成污染，造成海洋生物死亡、破坏环境等，另一方面，在海水中爆炸产生的冲击波会对有效波形成干扰，导致勘探失败。目前，在海洋地震勘探中的非炸药的震源主要是空气枪震源。该方法将空气储存在一个高压容器中，然后加压，当压力达到一定程度后，突然将其在水中释放，产生强大的冲击波向水下和海底地层传播。

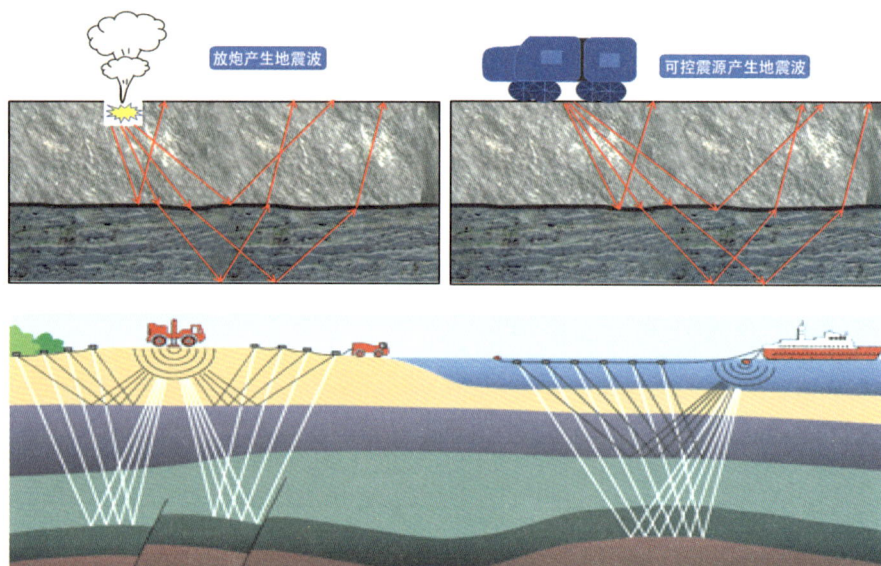

放炮产生地震波

可控震源产生地震波

陆地和海洋上的勘探

⊙ 地震勘探有哪些方法呢？

根据人工产生的地震波向四周传播的波形特征，将地震勘探分为三类：反射波法、转换波法和透射波法。

▌反射波法

日常生活中，我们站立在山谷中喊话，很快就能听到山那边传过来的回音，这是因为声波遇到障碍物发生反射的缘故。同样地，通过人工地震产生的地震波从震源向地下传播到不

山谷中的回音，声音反射现象

同地层界面后，发生反射，依次反射回来的地震波被地面检测仪器（称之为检波器）接收到的时间各不相同，不同的接收时间代表了浅、中、深地层在地下埋藏深度的差异，这种差异实际上也就反映出了地层的起伏变化，即地下构造，这些构造形态和油气的运移、保存有着直接的关系，因而可以用来寻找地下油气。这就是反射波法地震勘探的基本思路，该法应用很广泛。

转换波方法

日常生活中，将筷子插在玻璃杯中，发现筷子折了，这是因为发生了光的折射，实际上筷子仍然是直的。通过人工地震产生的地震波从震源向地下传播到不同地层界面后，一部分地震波发生了反射，返回到了地面，还有一部分地震波会沿着分界面向下面地层中传播，即折射，碰到下一个界面再反射回来。然而，在这个反射和折射的位置，会发生振动的转换，即产生横波，因此在地面除放置纵波接收器接收反射回来的同一个波，再放置横波接收器，接收横波，就可以实现转换波勘探，如果震源也是横波，则可以实现横波勘探。

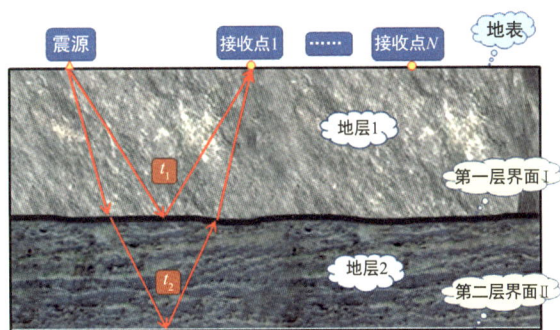

波在传播过程中的折射现象　　吸管折射现象

透射波法

简而言之，人工地震波激发点与地震波接收点分别处于地质体的两侧，地震波直接穿过地质体，这就是透射波法地震勘探的思路，该法是一种地震勘探的辅助方法，比如井间地震，可以实现在一口井内激发，另一口井中接收。

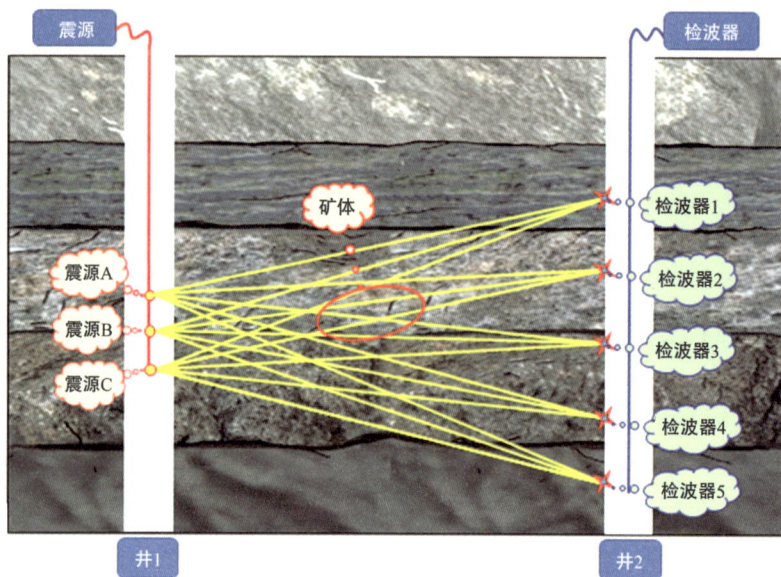

井间地震勘探示意图

⊙ 什么是一维、二维、三维、四维地震勘探?

一维地震勘探

简言之,就是观察一个点的地下情况,即沿着地面一个点,将地震波检波器由浅至深放到井中不同深度,每改变一次深度或在多个深度放置检波器,在地面放上一炮,然后记录地震波从炮点位置直接传播到检波器的时间。一维地震勘探技术能确定出各个地层的深度和厚度。

二维地震勘探

简言之,就是观察一条线下面的地下情况,即将炮点与多个检波器按照一定的规则沿着一条直线(称之为测线)布置,在测线上完成打井、放炮产生地震波、检波器接收地震波。二维地震勘探技术可获得每条测线垂直下方地层剖面情况的变化。

一维　　　　　　　　　二维　　　　　　　　　三维

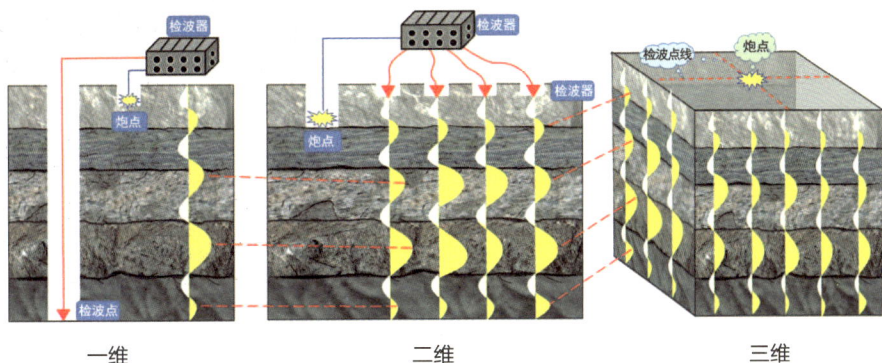

三维地震勘探

简言之，就是观察一个面下面的地下情况。三维是在二维基础上发展起来的，和二维最大的不同是，炮点与检波点在同一块面积上，按一定的形状排列（例如十字状、方格状、环状或线束状）接收地下返回地面的地震波。三维地震勘探可以更准确地确定地下油气藏的位置和立体图像，而且，准确、省时、省力，自20世纪70年代提出以来，经历了10多年的发展才被各大油气田广泛接受。

四维地震勘探

简言之，就是观察在不同时间（可以相隔几个月，也可以是几年）一个面积（或称之为工区）下面的地下情况，时间是第四维。这种方法可以获得油气田不同开发阶段三维地震信息的差异，通过对比，可以获得油气田的开采状况。三维空间中油、气、水的运动、变化、分布情况，地层水的运动轨迹，沿着哪个方向跑得最快？目前剩余油气在哪里？哪里油气最富集、最多？可有效提高钻井的成功率，大大增加油气产出量。四维地震勘探始于20世纪80年代末期，90年代后逐步发展，是三维地震的延续。由于该技术能带来颇丰的经济利益，在油气田的运用也逐渐增多。

⊙ 为什么要提高地震分辨率？

地震分辨率通常是指用地震反射波区分地下两个靠近物体的能力。度量地震波分辨能力的强弱通常有两种方式：一是距离表示，分辨的垂向距离（如地下地层的厚度）或横向范围（地质体的大小与宽度，如断层、地层的尖灭点等）越小，则分辨力越强；二是时间表示，在地震时间剖面上，相邻地层的两个反射波的时间间隔 Δt 越小，则分辨能力越强。

类似于雷达在屏幕上要能分辨的两个目标物体的最小实际距离一样，地震勘探的分辨率，也是要使两个地质体反射回来的地震波完全分开，要使两个反射地震子波脉冲的包络完全分开，如果两个子波的包络连在一起，必然互相干涉，两个波的振幅、频率必然含糊不清，也就无法使我们能够清晰地认识地下地质情况。

雷达屏幕上分辨物体示意图

目前，地震勘探技术在油气勘探中发挥了重要作用，可以较好地识别地下大厚地层，但是在分辨几米、十几米厚的薄储层或薄互层、发现薄储层和薄互层中油气层方面还存在差距，也就是说分辨率亟待提高。例如，当地质体在地下埋深为 3~5km 时，一般可以分辨 20m 以上厚的地层，但当油气储层在几米厚的薄储层或薄互层中时，目前地震勘探技术还难以识别。特别是随着地震勘探向陆上深层超深层、海上深水超深水领域进军，对地下地质体的识别尤其是薄储层、薄互层的识别，及时发现里边油气，提高地震分辨率更是迫在眉睫。

⊙ 如何提高地震勘探的分辨率呢？

大家熟知的是，我们的视力实际上就是双眼的分辨率，它与我们与观测物体的距离有关。日常生活中，我们看远处山上的物体，如果

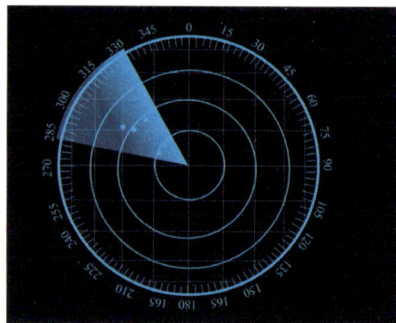

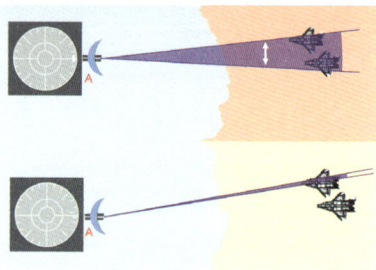

想看得更清楚，就需要离山更近一点，如果还看不清，就需要借助放大镜、望远镜等来看清楚肉眼分辨不出来的物体，实际上就是提高了分辨率。类似地，我们用肉眼难以观察到岩石中的小孔隙，但是当放到显微镜下，放大 100 倍、1000 倍甚至更大倍数时，我们就可以很容易分辨出里边的小孔隙空间，这也是提高了分辨率。那么，如何提高地震勘探的分辨率呢？一般认为，地震震源激发时所产生的地震波仅是一个延续时间极短的尖脉冲，但随着这个尖脉冲在地下介质中传播，尖脉冲的高频成分会很快衰减，地面检测仪器通常只能接收到中、低频成分的地震波，接收不到高频信号或者接收到了高频信号但清晰度很差，因此，要想提高地震勘探的分辨率，就是要提高高频成分的清晰度。

提高地震勘探的分辨率，可以通过选择合适的激发和接收条件。激发时，在保证能量足够强的条件下，尽量减少炸药的用量（达到提高野外激发的地震波主频和频带宽度的目的）。在接收时，采用适合接收宽频带的检波器；另外，也可以通过增加地震仪器的接收道数并减少采样之间的间隔。也可以采用横波勘探或者井间地震勘探等方法来提高地震勘探的分辨率（有兴趣的读者请参见相关专业书籍）。通过这些方法，可以把地震波中微弱的高频信号接收到，就能提高分辨率，找到几米甚至更小的薄地层、更小的断层、更小的砂体，并从中找到油气。

⊙ 地震勘探的基本环节有哪些？

第一个环节是野外数据采集。

在野外初步确定的可能含油气的地区，使用人工的方法（如炸药、重锤等）使地表的岩石产生振动，振动向地下传播就产生了地震波，当地震波遇到地下岩层的分界面时要产生反射返回到地面，被埋在地表岩土中检波器接收到并传到仪器车，仪器车将检波器传来的信号转变为数字记录到一个磁带（盘）上，也就得到了野外地震数据，简称为地震记录。

第二个环节是地震资料的处理。

野外地震已经采集到了反映地下地质情况的地震记录，为何还要进行进一步的处理呢？目前我们在野外得到的是一炮一炮的单炮地震记录（只是把来自地下的各种信息以数码形式记录在磁带上或光盘上），有很多反射波都呈现出数学上的一种双曲线特征，这种形态不能直接反映出地下地层的埋深及起伏状况，因而，与实际的地下地质形态完全不能对应上，因此我们需要将原始采集的野外地震记录拿到室内用运算速度非常快、存储量非常大、专业功能超强的计算机进行一定的处理，才可以获得直接反映地下真实情况的数据和图像（地震剖面），由此才有可能进行地下地层形态的解释与识别，此过程称之为地震资料的处理。为了提高复杂构造的处理水平，在处理技术上发展了正反演技术。

地震勘探现场

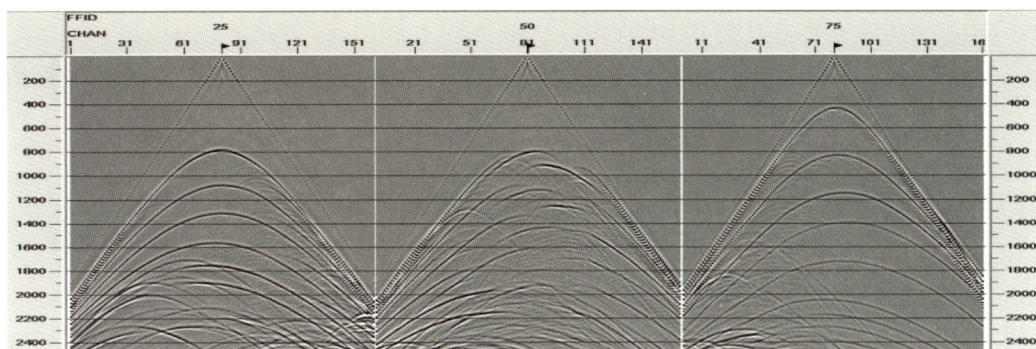

单炮地震记录图

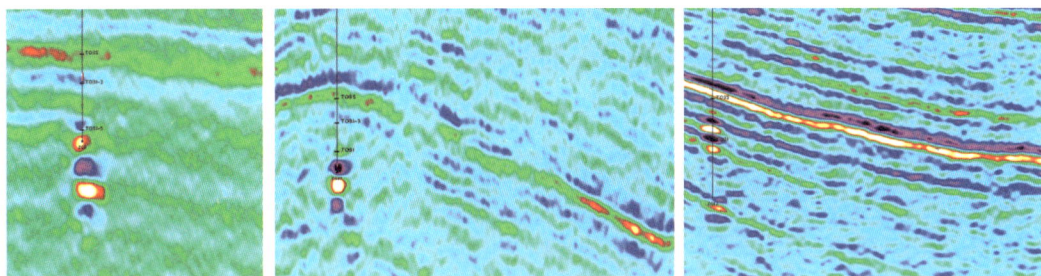

缝洞型气藏典型地震反射特征图（张烈辉等，2018）
由于洞的强反射等原因，在地震剖面上容易形成"串珠状"特征，通常诙谐地叫作"羊肉串"

专业上把反映地层的埋藏深度、厚度及形态的图件称之为水平叠加剖面（简称叠加剖面）、偏移剖面；把反映地层岩石（如砂岩、泥岩等）组成及其物理性质（速度大小、孔隙大小）等的成果称之为地震属性资料。

另外，地震资料处理还可以消除野外地表起伏引起的畸变，野外各种噪声引起的干扰，野外采集引起的地下形态的失真等情况，为地震资料的地质解释提供高质量高清晰的图像。

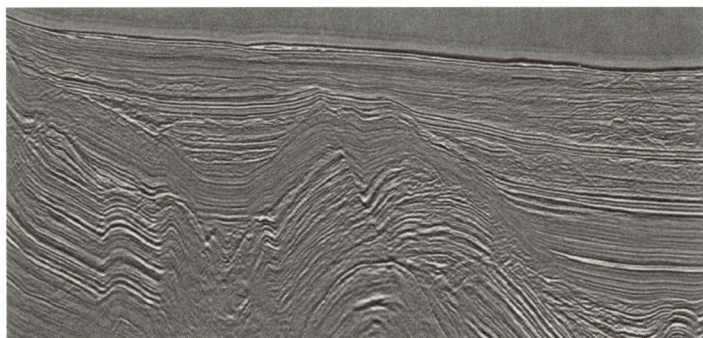

经过处理得到的一条地震偏移剖面
可明显看出某油藏的地下构造形态

第三个环节是地震资料解释。

针对计算机处理后的地震数据（也称为地震剖面），借助计算机方面的专业设备与软件，结合一些地质知识、勘探经验和岩心信息、钻井信息和测井信息（详见第三章），对地震资料进行综合分析、模拟计算和反复对比，即地震资料解释，由此得到较为全面的比较符合地下实际的地质认识，找到油气埋藏的准确位置。

地震资料解释工作一般包括：在地震剖面上确定与油气相关的地质界面；识别来自同一个地质界面的反射信息；解释地下断层的空间展布特征及地层的相关物理性质。实际勘探中，有时还要分析地层形态的构造演变过程和可能的沉积环境等。

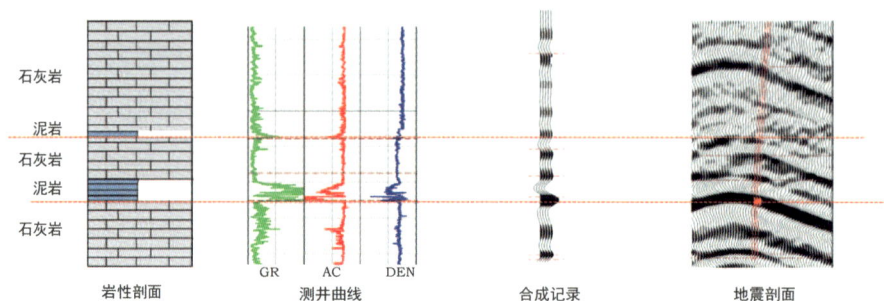

石灰岩				
泥岩				
石灰岩				
泥岩				
石灰岩				

岩性剖面　　GR　AC　DEN　合成记录　　地震剖面
测井曲线

层位标定示意图

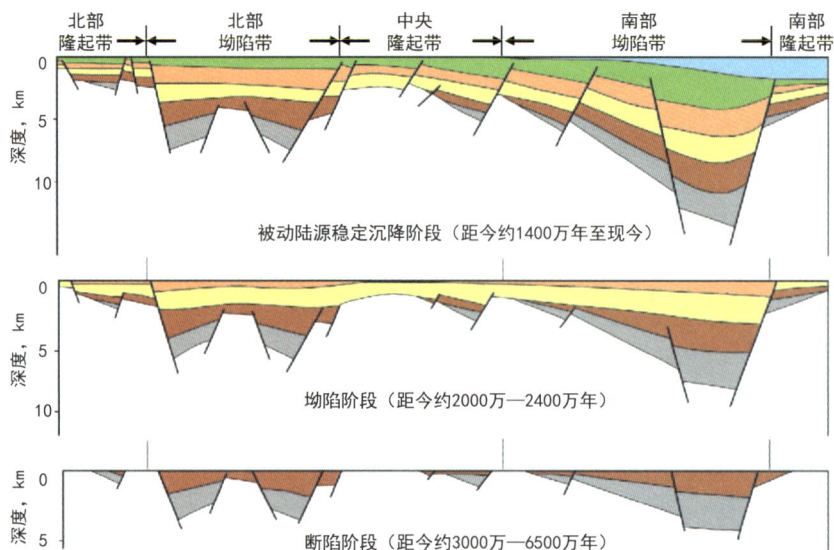

我国某沉积盆地构造演化图

G：新近纪—第四纪（N—Q）

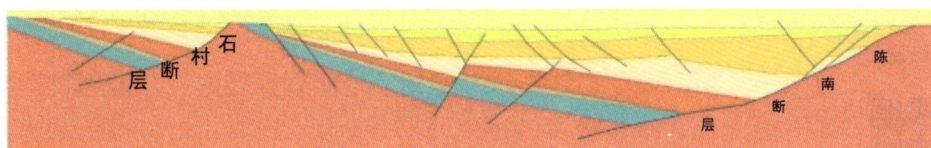

层 断 村 石
陈
南
层 断

F：东营末期（E₃d末）

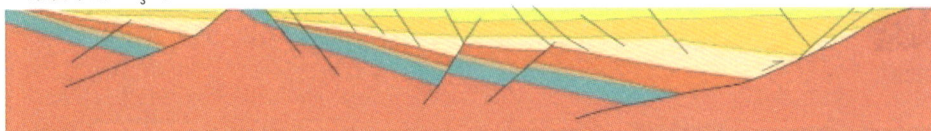

E：沙一期—东营期（E₃S₁—E₃d）

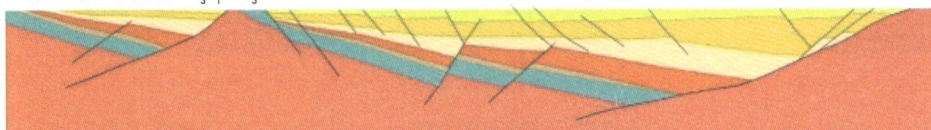

D：沙三期—沙二期（E₂S₃—E₂₋₃S₂）

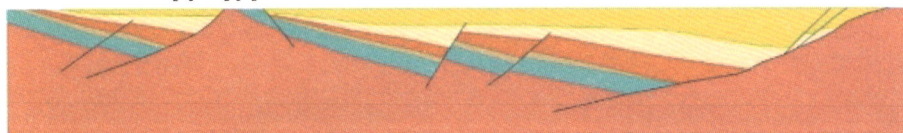

C：孔店期—沙四期（E₂k—E₂S₄）

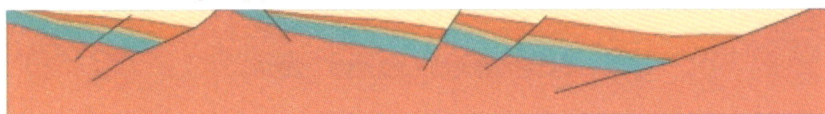

B：晚侏罗—早白垩世（J₃—K₁）

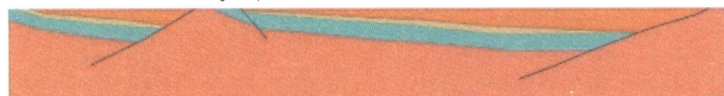

A：三叠纪（T）

N—Q
E₃s₁—E₃d
E₂s₃—E₂₋₃s₂
E₂k—E₂s₄
J₃—K₁
C—P
∈—O
AR

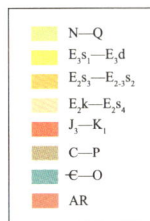

中国某盆地构造发展史切面图（孟立丰，2019，略改）
说明这个构造从距今 2 亿多年到现在是怎样一步一步演变过来的

正反演技术

筑"天眼"，火眼金睛"窥"地下油气

利用地球物理技术，例如"地震勘探技术"，地球物理学家和地质学家就可以给地球做"B超"，就可以发现地下含油气的构造，找到石油与天然气在哪里，在什么地方聚集，最有可能在哪里富集等一些基本情况。

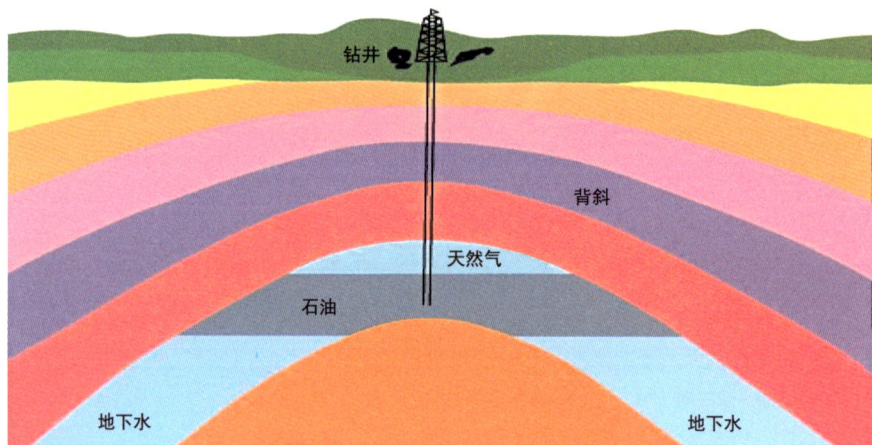

典型的构造圈闭（张烈辉等，2018）

在地下埋藏数千米的岩层，与地面岩层一样，像崇山峻岭的大山或者像一马平川的平原，油气可能赋存在不同类型的圈闭当中。然而，地下岩层中的这些"圈闭"中是否有石油与天然气富集，有多少，是否可以很容易地弄出来等很多不确定性，地球物理技术还不能给出肯定答复。通过什么方法来进一步证实、搞清楚这些问题呢？

首先是通过"钻井"（详见第3章）来证实，在石油勘探和油田开发的各项任务中，钻井起着十分重要的作用。一般情况下，它由地面向地下凿开一个直径大约215.9~660mm的洞，我们称之为"井眼"。井眼覆盖岩层几百米至万米，

这些岩层中是否富集石油与天然气、它们究竟在什么深度、富集多少石油与天然气、是否具有工业开采价值等，其次，还需要利用测井技术（详见第3章）对井眼周围的地层进行诊断，类似医学中给人做核磁共振、CT、心电图等检查，发现身体中是否有病灶；"测井"就是使用专门的仪器设备，在井眼中测试地下岩层，获得地下岩层中有关石油与天然气富集的重要信息，诊断出油气富集深度与层位。

因此，通过给地球做地震"B"超，进一步凿开一个通往油气层的"井"通道，并对"井"通道剖面进行测井"测试"，综合分析数据，石油地质学家"医生"就可以开展综合研究，明确地下石油、天然气在哪里，能否开采，有无经济开采价值等。

知识小讲堂

早期的油气勘探

四川盆地天然气勘探开发历程

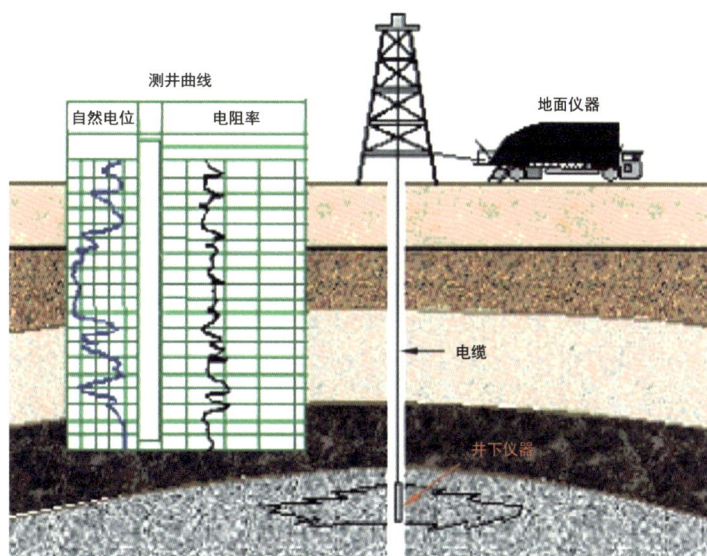

测井，对钻井的通道剖面进行测试（张烈辉等，2018）

地		层		岩性剖面	厚度 m	构造旋回	生油层	主产层	地层简述
系	统	组	代号						
侏罗系	上	蓬莱坝组	J_3p		650~1400	喜马拉雅旋回			
		遂宁组	J_3s		340~500				
	中	沙溪庙组	J_2s		600~2800	燕山旋回			
	下	自流井组	J_1z		0~300				
三叠系	上	须家河组	T_3x		250~3000	印支旋回			陆相地层 中三叠统以上为 碎屑岩地层, 厚2000~5000m
	中	雷口坡组	T_2l		900~1700				
	下	嘉陵江组	T_1j						
		飞仙关组	T_1f						
二叠系	上	长兴组	P_2ch		0~65	海西旋回			海相地层 震旦系—中三叠统 以海相碳酸盐岩地层为 主,厚4000~7000m
		龙潭组	P_2l		0~142				
	下	茅口组	P_1m		0~306				
		栖霞组	P_1q		0~133				
		梁山组	P_1l		0~21				
石炭系		黄龙组	C_1hn		0~500				
泥盆系		观雾山组	D_4g		0~200				
志留系	中	回星哨组	S_3hx		0~619	加里东旋回			
		韩家店组	S_2h						
	下	小河坝组(石牛栏组)	S_1x		0~375				
		龙马溪组	S_1l		0~420				
奥陶系	上	五峰组	O_3w		0~13				
		临湘组	O_3l		0~600				
		宝塔组	O_2b						
	中	十字铺组	O_2s						
	下	湄潭组	O_1m						
		红花园组	O_1h						
		桐梓组	O_1t						
寒武系	上	洗象池组	ϵ_3x		0~2500	扬子旋回			
	中	高台组	ϵ_2g						
	下	龙王庙组	ϵ_1l						
		沧浪铺组	ϵ_1l						
		筇竹寺组	ϵ_1q						
震旦系	上	灯影组	Zdn		200~1100				
	下	陡山沱组	Z_1d		0~400				前震旦系变质岩基底
前震旦系			Anz						

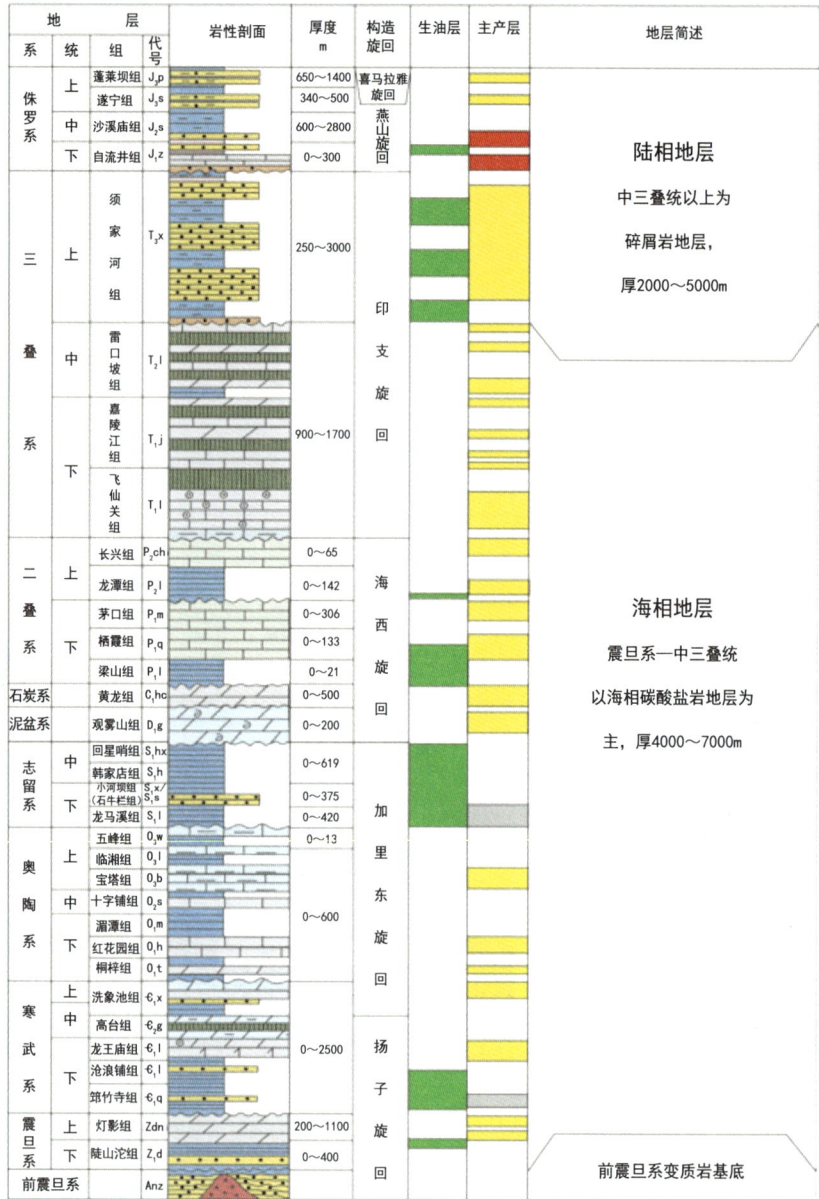

我国某盆地地层系统简图

地下"油气"之家
——岩石与流体的故事

CHAPTER 2

地下岩石、流体，以
及岩石与流体的故事
（一）

地下岩石、流体，以
及岩石与流体的故事
（二）

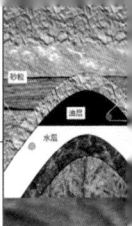

看似普普通通的岩石，内藏无穷"玄机"

深埋地下的油气藏一旦被勘探发现之后，紧接下来的任务就是通过各种手段将其中的油气采掘到地面来，但是蕴藏其中之"油气"能否成功被采掘出来，与"藏"油气的岩石有很大的关系。这些看似普通的岩石，其实并不普通，里边存在很多很多的"玄机"，只是我们肉眼是观察不到的。地下岩石虽然坚硬但是可以压缩，因为里边有孔隙空间，能透气透水、有渗透性，里边空间大小差异、分布不均匀，而且有不可想象的内表面积。岩石中的这些"玄机"，关系着一个油气藏中石油、天然气储藏量多少，影响着"藏"在岩石中的石油、天然气的运动路径和速度，也决定了这一个油气藏中石油、天然气能不能成功采掘出来？有多少石油、天然气能比较容易地采掘到地面来？有多少石油、天然气需要九牛二虎之力才能采出到地面来？如果想把地下油气藏中的石油、天然气更多、更快、更经济地采出来，科学家们就不得不不厌其烦地与这些冷冰冰的石头打交道，就必须好好地认识这些石头，全方位地研究这些石头以及蕴藏在其中的不为人知的奥秘。

岩石看似铁板，却似"弹簧"有弹性、可压缩
—— 岩石的压缩性

我们都知道，气体是可压缩的，液体如水、原油也是可压缩的，那么，坚硬的岩石可压缩吗？答案是肯定的，岩石虽坚硬好比钢筋骨架，但是仍然是可以被压缩的，地下岩石中的油气就是因为压缩而被"挤"出孔隙。

那么，实际油藏采掘过程中，岩石的压缩是怎么发生的呢？大家知道，油藏投入采掘前，油层中岩石承受了巨大的上覆地层压力（埋藏在地下几千米的油藏承受着上覆巨厚地层的重量），这些压力由油层中岩石固态骨架颗粒以及岩石孔隙内流体共同承担，彼此间相安无事，且处于平衡状态。但是，投入采掘后，随着油层中流体源源不断地被采出来，岩石孔隙内流体承受的压力就会不断下降，原始的平衡遭到破坏，岩石固态骨架颗粒承受的上覆地层压力比例逐渐增高，受到更强的挤压力而发生变形，导致孔隙空间减小，孔隙体积减小。

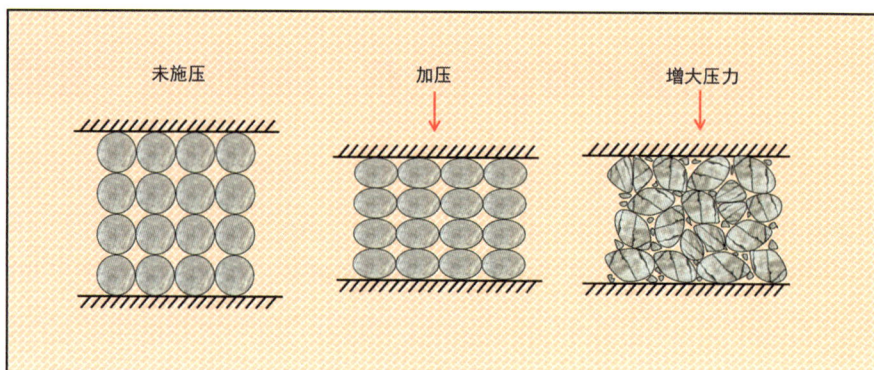

储层砂粒骨架变形示意图

随着岩石孔隙内流体压力不断降低，孔隙内的流体也会因为逐步释放压力而发生膨胀（压缩、膨胀是流体的自然属性，不同流体的压缩、膨胀能力差别很大，后面我们会详细介绍），岩石压缩与流体膨胀共同作用，使孔隙内流体不断地从地层孔隙中被"挤"出来。以"油"为例，"挤"出的油的量由两部分构成，一部分是岩石受到压缩产生的弹性"挤"油量，另一部分是液体膨胀产生的弹性"挤"油量。一般说来，岩石的压缩性越大，液体的膨胀能力越强，利用降低油层压力的方法就能够"挤"出岩石中更多的油。

"铁板"中隐藏了数也数不清的"孔孔"
——岩石的孔隙性

地下岩石中有大量"看不见"的孔孔、洞洞、缝缝，暗"藏"着大量的石油、天然气。一个简单的常识是，地下沉积物（如砂粒）不管怎样堆积在一起，颗粒之间总有孔隙空间。油气主要就储存在这些孔隙空间内，这些空间好比油气的"家"。那么，这个"家"容纳流体的能力如何呢？用什么来度量这个能力呢？为此，地质学家想出了一个办法，就是用岩石中孔隙空间的体积与岩石总的表观体积之比来表示，取名为岩石的"孔隙度"。这个值越大，"家"就越大，说明岩石储藏石油、天然气的能力越强。这个值关乎地下孔孔、洞洞、缝

缝中"藏"了多少油、气（或水），整个油气藏岩石中油气总储藏量的大小称之为这个油气藏的储量，储"油"的多少，称为"油"的储量，储"天然气"的多少，称为"天然气"的储量。油气的储量类似于水库的容量。

这里举个例子帮助我们理解什么是孔隙度。取两个体积一样的桶，一个装满干砂，另一个盛满水。然后慢慢地把水桶里的水倒入砂桶，如果水桶里一半的水倒入砂桶而未溢出来，我们说干砂的孔隙度是 50%，如果水桶里的水只能有四分之一倒入砂桶，那么我们说孔隙度是 25%，依次可以进行类推。

沉积物中的颗粒大小不同、形状不同、接触方式不同，孔隙度就不同。一般情况下，颗粒越大，孔隙度越大；颗粒越小，孔隙度越小（但有的时候，同时存在的更小颗粒会

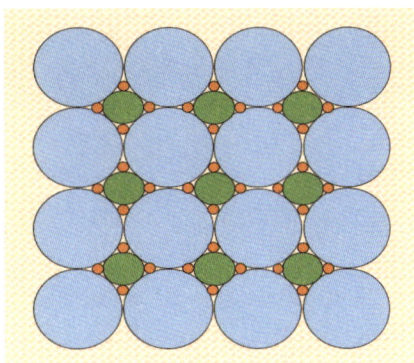

岩石颗粒之间的孔隙示意图

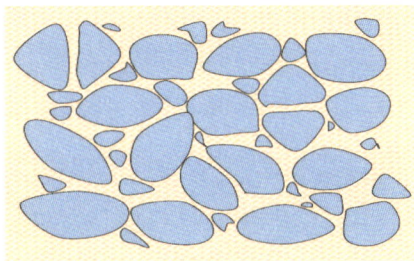

不同大小、形状的砂岩颗粒组成的骨架示意图

占据较大颗粒之间的孔隙，减少了孔隙体积，从而使得变化规律更为复杂）。地质学家将颗粒是否规则、尺寸大小是否相近称之为分选，它也会影响孔隙度大小。规则的、尺寸相近（即分选好）的比不规则的、尺度变化范围大（即分选差）的能容纳更多的流体。事实上，同样的颗粒不同的堆积方式孔隙度也不同。简单的几何知识可以证明，球体颗粒的立方体、六面体和菱形堆积的孔隙度分别是 47.6%、39.5% 和 25.9%。岩石颗粒的不同堆积方式，孔隙度差别很大。

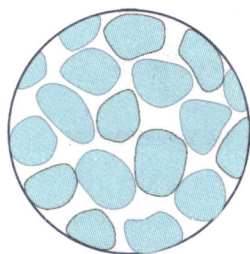

（a）分选好

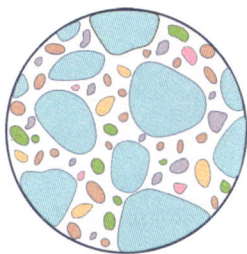

（b）分选差

岩石颗粒的分选示意图

（a）立方形堆积
孔隙度为47.6%

（b）六面体堆积
孔隙度为39.5%

（c）菱形堆积
孔隙度为25.9%

球体的立方体、六面体和菱形堆积
（等直径球体堆积的各种排列）

地下多孔介质的岩石具有大大小小的孔隙空间，岩石的孔隙度大，储存流体的能力会更好。同样地，不同体积大小的岩石所容纳的流体体积也是不一样的。通过观察不同岩石在电子显微镜下的孔隙空间可以看出，孔隙的形态各异，差异较大。显然，流体容纳能力也不同。不过，有的岩石非常致密，即便是在电子显微镜下放大若干倍也看不见里边的孔隙。

（a）放大 200 倍

（b）放大 1500 倍

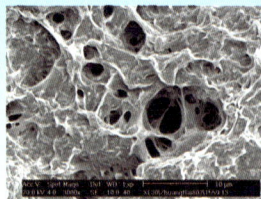

（c）放大 1000 倍

（d）放大 3000 倍

（e）放大 100 倍（看不见孔隙）

扫描电子显微镜下储层岩石中的孔隙

杂 基

胶结物

通常，孔隙度除受到岩石颗粒大小、形状、颗粒与颗粒间接触方式的影响外，还受到充填于颗粒与颗粒之间的孔隙中细小物质的影响（专业上称之为填隙物，包括杂基、胶结物）。

地质学家按照沉积时间，将孔隙分为原生和次生孔隙两种类型。原生孔隙是指在沉积岩石形成过程中就已经存在的孔隙，多为岩石颗粒堆积时颗粒与颗粒间相互支撑的孔隙，也称之为粒间孔隙。次生孔隙是指在沉积岩石形成之后形成的孔隙。例如，石灰岩的溶洞，岩石的断裂、裂缝等。

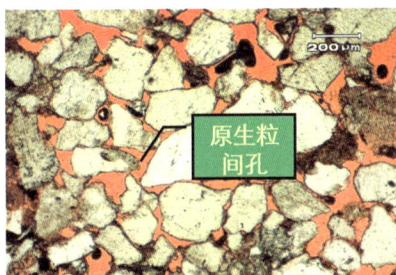

砂岩中的原生粒间孔隙（铸体薄片）

砂岩中的原生粒间孔隙（电子显微镜下）

方解石解理缝（电子显微镜下）

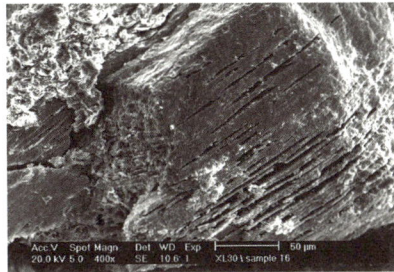

云母解理缝（电子显微镜下）

在形成沉积岩石的过程中，随着埋藏深度的增加，上覆地层的负荷增加（称之为机械压实作用）、岩石颗粒之间的粘接作用增强（称之为胶结作用）、岩石颗粒与颗粒接触处的应力和溶解度增高（称之为压溶作用，是一种化学压实作用）、岩石原始组成被置换（称之为交代作用）等作用使原生孔隙逐渐减少，以至于消失。

不过，很神奇的是，达到一定的埋藏深度，原生孔隙虽然减少，但次
生孔隙开始形成并增加，这主要是由于岩石中可溶成分的溶解作用等
造成的。

知识·小·讲堂

压实作用
压溶作用
胶结作用
交代作用

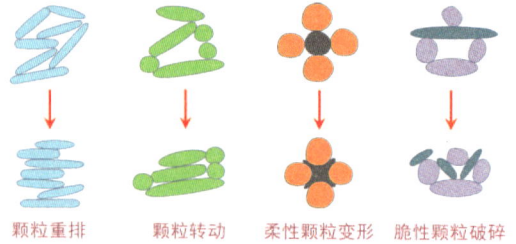

颗粒重排　颗粒转动　柔性颗粒变形　脆性颗粒破碎

压实作用引起的岩石颗粒变化示意图
（赵澄林，朱筱敏，2006，略改）

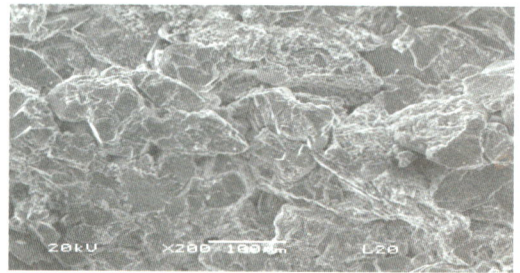

压实引起岩石致密，孔隙消失
（电子显微镜下）

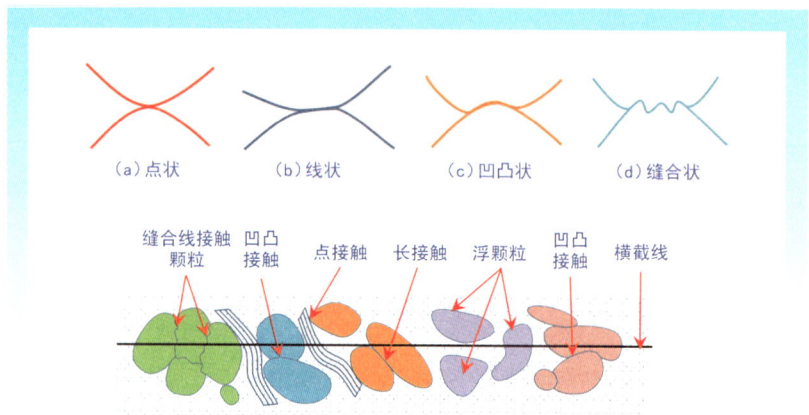

（a）点状　（b）线状　（c）凹凸状　（d）缝合状

缝合线接触　凹凸接触　点接触　长接触　浮颗粒　凹凸接触　横截线
颗粒

颗粒接触处的形态将依次由点接触演化到线接触、凹凸接触和缝合接触
（压溶作用）（朱筱敏，2008，略改）

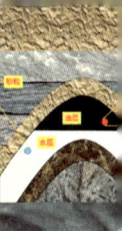

通常，时代越老、埋藏越深的岩石的孔隙度越低。

岩石的孔隙空间除了孔隙之外，还发育有喉道。实际上，孔隙之间连通的狭窄部分就是喉道。根据孔隙与孔隙之间的喉道连通情况，孔隙又分为连通孔隙（敞开孔隙，四周喉道发育）和不连通的孔隙（封闭孔隙，四周喉道不发育）。参与流动的连通孔隙称为有效孔隙，不参与流动的孔隙称为无效孔隙或死孔隙，但油藏工程师感兴趣的是有效孔隙，孔隙的连通情况决定了流体穿透岩石的能力。

地质学家把岩石所具有的孔隙和喉道的几何形状、大小、分布及其连通状况称之为孔隙结构。

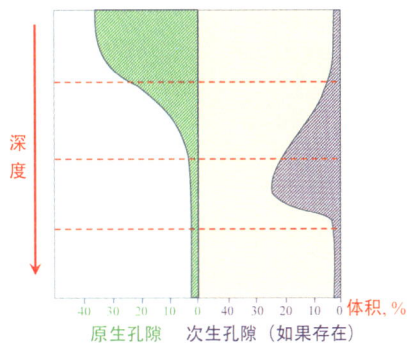

成岩过程中砂岩孔隙结构的演化
（赵澄林，朱筱敏，2006，略改）

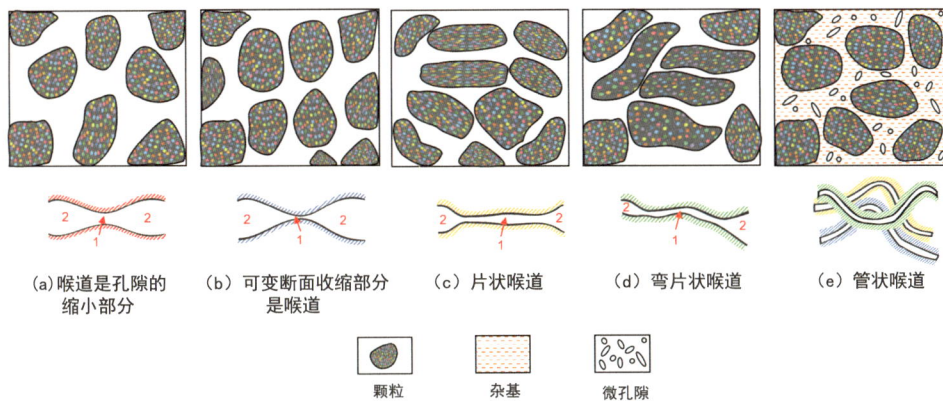

| (a)喉道是孔隙的缩小部分 | (b)可变断面收缩部分是喉道 | (c)片状喉道 | (d)弯片状喉道 | (e)管状喉道 |

颗粒　　　杂基　　　微孔隙

1—喉道；2—孔隙

砂岩孔隙喉道的类型（罗蛰潭，王允诚，1986，略改）

孔喉结构，主要是阐明孔隙和喉道的关系，自然界岩石的孔喉结构可以说是千姿百态，使得储集层呈现出了不同的性质。例如，有的储集层孔隙直径较大、喉道较粗，因此，它的孔隙度大、流动能力好；有的储层孔隙较小、喉道细小、较窄，它的孔隙度就小、流动能力就差。

通常，研究孔隙喉道的手段主要有光学显微镜（optical）、三维重构成像 X 射线显微镜（u-CT）、扫描透射电镜（STEM）、聚焦离子束/扫描电镜（FIB/SEM）、核磁共振（NMR）、低温氮气（N_2）吸附、低温二氧化碳（CO_2）吸附、压汞毛细管压力(MICP) 等。

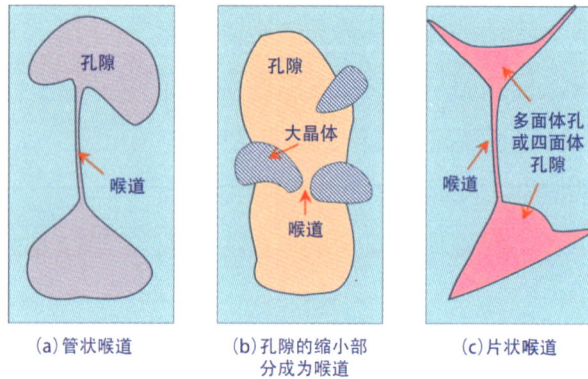

(a)管状喉道　　(b)孔隙的缩小部分成为喉道　　(c)片状喉道

碳酸盐岩的喉道类型（罗蛰潭，王允诚，1986，略改）

不同的沉积岩石类型其孔隙形成机制不同，这里我们以砂岩和碳酸盐岩为例来简要说明。砂岩几乎以不同规模、成因的原生和次生孔隙为主，而碳酸盐岩除孔隙外，溶蚀洞穴往往很发育，也是主要储集岩石类型。碳酸盐岩储集岩石性能主要受孔隙、洞穴、裂缝的发育程度控制，共同构成了碳酸盐岩的主要储集空间，石油工程师往往称之为"三孔"。孔隙和洞穴可以容纳油气，在很多情况下，是重要的储藏油气良好的空间，并在一定程度上起连通作用。裂缝对砂岩仅起有限的作用，但碳酸盐岩中裂缝发育与否对储集岩石性能影响很大，裂缝的发育可将孔隙、洞穴互相沟通、连接起来，成为统一的既可储藏油气又可形成油气高速渗流通道。有一些特殊的碳酸盐岩储集层几乎全部是裂缝，孔隙和洞穴不发育，我们也称之为裂缝型储层。

地下的石油和天然气都是储存在岩石中许许多多微小孔隙当中的，这些微小的孔隙很多只有微米级大小，与毛发丝尺寸差不多，有的甚至更小，比如只有毛发丝几百分之一的纳米孔隙。但是如果储存油气的地下岩层面积很大、很厚，那么储存在这些岩石微小孔隙中所有油气的体积总量可能是相当大的。目前世界最大的油气藏原油储量可达 100×10^8t。储层孔隙度是决定油气藏规模和开采价值的重要储层特性。

知识·小·讲堂

不同类型多孔介质
岩石的孔隙度范围

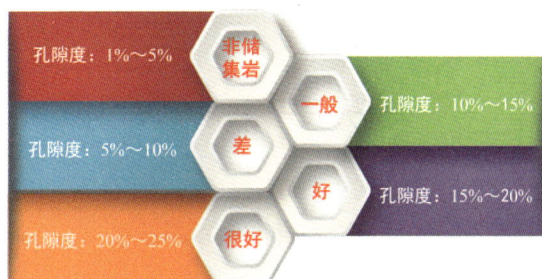

孔隙度：1%～5%　非储集岩
孔隙度：5%～10%　差
孔隙度：20%～25%　很好
一般　孔隙度：10%～15%
好　孔隙度：15%～20%

流体能在铁板中"穿梭"—— 岩石渗透性

生活中有一个简单的常识或者说现象，那就是任何流体（水、气或油）无论是在地上或是在地下，总是沿着阻力最小、最容易通过的"通道"流动。比如，先沿大缝大洞流动，再沿小缝小洞流动，然后是沿大孔小孔流动。由于大多数的孔隙是相互连通的，流体可以从一个孔隙流向另一个孔隙并以一定的路径流出储层直至地表，因此，科学家把流体通过岩石并在岩石中流动的能力就称之为岩石渗透性。渗透性反映了地层孔隙的连通情况。严格说来，大自然的一切岩石在足够大的压力下都具有一定的渗透性。一般情况下，砂岩、砾岩、多孔的石灰岩、白云岩等为渗透性岩层，泥岩、泥灰岩、硬石膏岩等为非渗透性岩层，阻挡了流体的穿透。

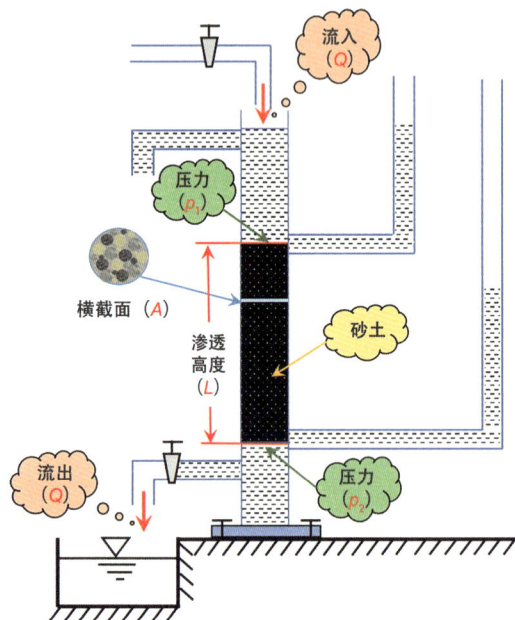

横截面 (A)

渗透高度 (L)

达西实验装置示意图

流入 (Q)

压力 (p₁)

砂土

流出 (Q)

压力 (p₂)

很明显，不同岩石中流体的穿透能力不同，其渗透性或渗透能力不同甚至差别巨大，科学家是怎么来定量化这种能力的大小呢？石油工程上，为了描述岩石的渗透性或者说岩石的渗透能力大小，科学家提出了一个叫"绝对渗透率"的概念来度量。其实这个概念的提出与一个叫亨利·达西的法国水文工程师有关。1856 年，他在解决城市供水问题时做了一个水流渗滤实验，这个实验得出了一个规律性的认识，称之为达西定律，这个定律其实很简单，很容易理解。它表示：当流体通过多孔的岩石时，流过岩石截面积（A）的体积流量（Q）与流入流出这个截面的压力差（p_1-p_2，流体流动的动力）成正比，与流体的黏度（μ，流体流动的阻力）成反比，该流量（Q）与压力差（p_1-p_2）、黏度（μ）的关系式中有一个关联系数或比例系数，在水力学上称之为渗滤系数（K），后来用于石油工程上，科学家又取了另外一个名字叫多孔介质岩石的渗透率，由于它只和多孔介质岩石自身的性质有关，例如孔隙大小和孔隙结构，而与所通过的液体的性质无关或者说与什么液体通过无关，它与岩石和矿物的电导率一样一般为常数，是岩石基本属性，所以科学家在渗透率的前面加了"绝对"两个字，取名绝对渗透率。

与此同时，人们为了纪念亨利·达西，就将渗透率的矿场单位取名为达西（Darcy），在量纲上和面积单位相同，因此，通常简单地用符号 D 或 μm^2 表示。类似于人们为了纪念牛顿在力学上的贡献，将力的单位取名为牛顿。不同类型储层岩石的渗透率差别很大，可能差好多个数量级。大概范围在 $10^{-9} \sim 10^3 mD$ 之间。

储集岩渗透率分类

渗透率：1~10mD 差

渗透率：10~100mD 好

渗透率：100~1000mD 很好

知识·小·讲堂

1达西（D）的物理意义

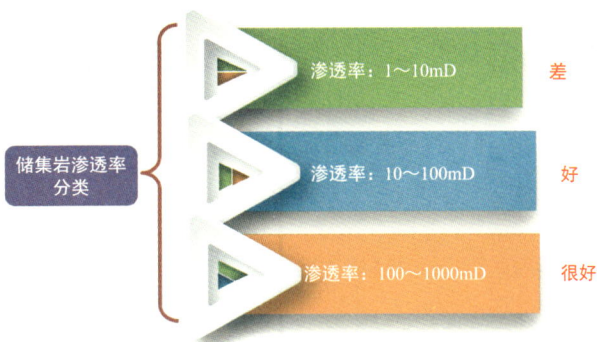

例如，页岩储层的渗透率一般为 10^{-10} ~ 10^{-4} mD，疏松砂岩油藏渗透率可达几个达西，页岩比砂岩难以渗透达千倍。两者相比，流体在页岩中的运动好比是在"羊肠小道"中极其艰难的蹒跚，在疏松砂岩中的运动好比是"高速公路"中的"狂奔"。

我们可以把渗透率看成垂直于流动方向的截面面积。只要流体流过的岩石截面的孔隙结构、形状及矿物组成不变，"绝对渗透率"就不变。岩石孔道截面积越大，岩石的渗透率越大，流体通过岩石流动就越容易，岩石的渗透性就越好。通过该岩石的流量就越大。孔隙喉道的形状、大小、复杂程度和弯曲程度影响岩石的渗透性。储集岩石的渗透性说明流体在岩石中流动的能力，也反映了流体在其中流动的难易程度。

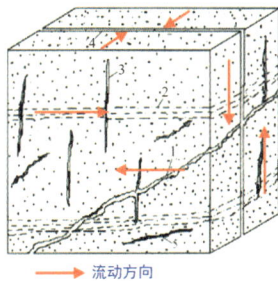

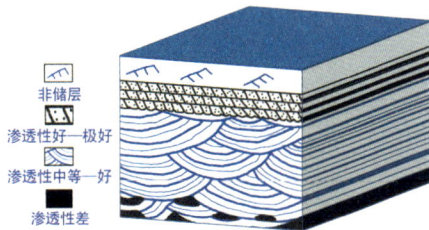

流动方向

非储层
渗透性好—极好
渗透性中等—好
渗透性差

岩层中的渗透性各向异性示意图

105

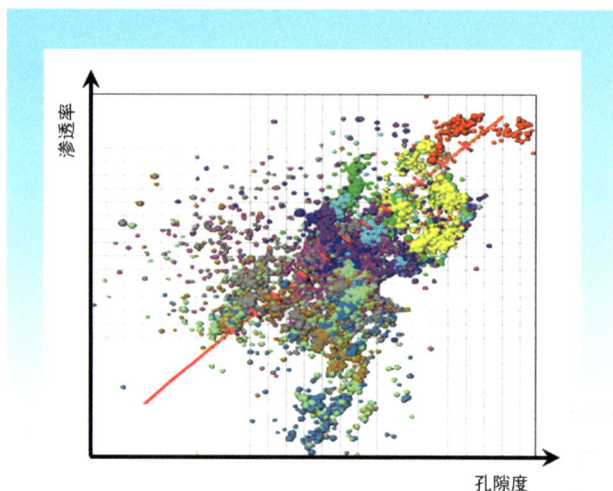

砂岩的渗透率与孔隙度关系示意图

渗透率不仅有大小，也有方向性。油、气或水在储层岩石中不同方向具有不同的渗透性，因此，不同方向流动能力不同。一般情况下，平行于岩石层面方向的渗透率（也称之为水平渗透率）比垂直于岩石层面方向的渗透率（也称之为垂向渗透率）高；不同层面，渗透性不同，同一层面，不同方向渗透性也不同，因而具有不同的渗透率大小，这就是"渗透率各向异性"。显然，这个"异性"影响地层中油水的流动方向及运动快慢，从而影响原油最终的采掘量或产出量。

大家可能会问，不同储集岩石的渗透率和孔隙度之间有必然的内在关系吗？事实上，储集岩石的孔隙度与渗透率之间没有固定的关系，因为影响渗透率的因素太多，除孔隙度影响之外，还有孔道截面积、形状、连通状况以及流体自身的性能影响。但在储集岩石中，大多数情况下，砂岩的孔隙度和渗透率具有一定的相关性，

特高孔特高渗透储层 孔隙度：>30% 渗透率：>2000mD

高孔高渗透储层 孔隙度：25%~30% 渗透率：500~2000mD

中孔中渗透储层 孔隙度：15%~25% 渗透率：100~500mD

低孔低渗透储层 孔隙度：10%~15% 渗透率：10~100mD

特低孔特低渗透储层 孔隙度：5%~10% 渗透率：<10mD

致密储层：孔隙度（<5%）、渗透率（<1mD）

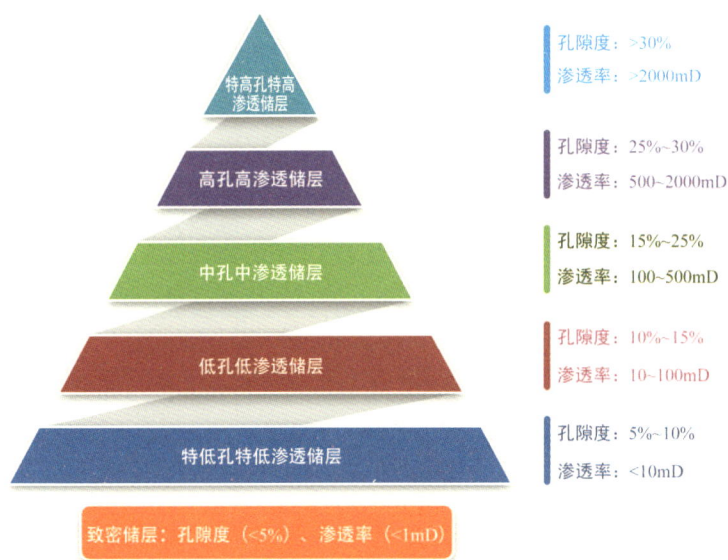

一种储层分类方案

一般是孔隙度越大，渗透率越高，渗透率随着孔隙度增加有规律的增加。但碳酸盐岩由于溶蚀孔洞发育，多数分布不均，孔隙度与渗透率关系不明显，很难建立特定的关系式。

　　储层岩石的渗透率是石油天然气勘探开发过程中最重要的基本参数之一，储层分类评价、油气藏开发方案编制及油气藏工程计算等都离不开岩石的渗透率。

　　岩石的"孔隙度"特性表明岩石有一定的孔隙空间，反映了岩石储存油气的能力大小；岩石的"渗透性"特性表明岩石的孔隙空间的连通性，反映了岩石中油气的流动能力，简言之，岩石能够聚集并储存流体，而且一旦凿开一条从地下岩层到地面的通道，岩层中的油气就可以流动出来。地下储集岩层是否能形成工业性价值的油气藏，就必须具备这两个重要特性。

　　依据我国的生产实践和理论研究，科学家们按照孔隙度、渗透率大小对储层进行了分类。

我国储层分类方案

我国东部油田常见的储层分类方案			据 SY/T 6285—2011	
类型	孔隙度，%	渗透率，mD	类型	渗透率，mD
高孔高渗型储层	>30	>500	高渗透储层	>100
中孔中渗型储层	30～20	500～100	中渗透储层	50～1000
中孔低渗型储层	20～10	100～10	一般低渗透储层	10～50
低孔低渗型储层	15～10	10～1.0	特低渗透储层	1～10
致密型储层	10～5	1.0～0.02	超低渗透储层	0.1～1
超致密型储层	<5	<0.02		

岩石看似处处一样，却处处不一样
—— 岩石的非均质性

知识·小·讲堂

岩石的物理性质

可以毫不夸张地说，我们生活的地球上找不到两块完全一模一样的岩石，由于不同岩石的组成和结构各不同，岩石的各种物理——力学性质（包括岩石的密度和孔隙度，弹性波传播速度、电性、热学性质、弹性、塑性、弹塑性、脆性、韧性等）随岩石空间位置的不同也有一定差异，这就是岩石的"非均质性"。例如，（力学性质）不同的岩石，即便在相同的外力作用下它的变形是不相同的或者说受损程度是不同的；反之同理，发生相同变形的岩石，如果岩石的力学性质不同，它们所受的外力作用也一定不相同。由于地下岩石是经历了复杂的地质

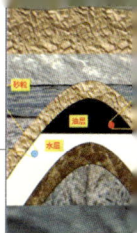

作用（例如风化、搬运、沉积、成岩等）的产物，其非均质性是绝对的，均质性则是相对的。认识岩石的非均质性很重要，因为它影响地层中油—水及油—气的流动、油—水及油—气的分布等，最终会影响油气的采掘量。

⊙ 岩石看似铁板一块，却有巨大的、惊人的内比表面积

岩石的内比表面积是指单位体积岩石中岩石骨架的总表面积或孔隙总的内表面积。实际上，岩石是由大小不同的颗粒组成，不同颗粒组合在一起构成了孔隙，因此，岩石的内比表面积就是颗粒的表面积。事实上，岩石具有不可思议的巨大孔隙比表面积，影响流体的流动状态。由于多孔介质岩石中存在大量的孔隙空间，所以存在大量的内表面积，这是多孔介质岩石最本质的特征。通常储集石油、天然气、地热、地下水等地下流体资源和能源的砂岩的比表面积一般为 $10^5 m^2/m^3$ 数量级，换句话说，一个长、宽、高均为 1m 的砂岩，它的孔隙空间的内表面积大约是 20 个足球场的面积。

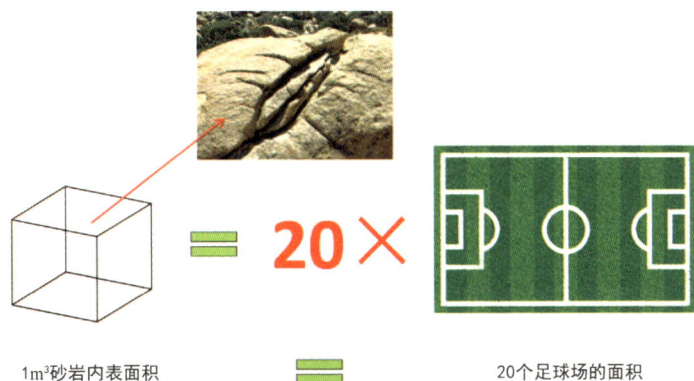

1m³砂岩内表面积　　　　　　　　　　　　20个足球场的面积

岩石颗粒越细，其内比表面积越大，说明岩石里边的孔隙空间越多、越小，流体的流动阻力就越大，流动就越困难。因此，内比表面积在很大程度上控制了多孔介质岩石中流体的流动状态，对多孔介质岩石中的流体吸附、过滤、传热和扩散等过程有重要影响。

（a）砾岩　　　　　　　　（b）砂岩

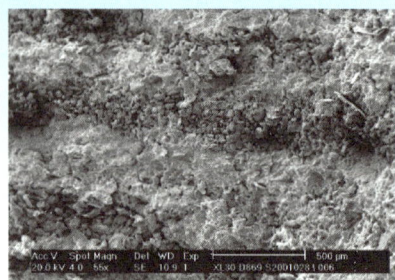
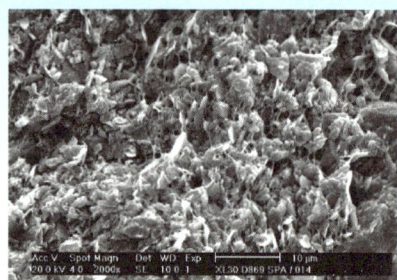

（c）粉砂岩　　　　　　　（d）黏土岩

岩石颗粒越细，孔隙空间越小，比表面积越大

地下油气藏中的流体

地下油气藏中可能存在有油、气、水三种（或相）不同的流体，或某一相（如原油）、某两相(如油、水)或三相同时流动。地层中原油的最大特点是溶解有大量的天然气，溶解在原油中的天然气好似原油的润滑剂，有了它，原油容易流动，没有它，原油流动困难，甚至可能寸步难行，

泡点压力或饱和压力示意图

不同类型油藏的地层原油溶解天然气的量有很大差别。稠油之所以"稠",就是因为溶解的天然气量很少,有的甚至没有溶解天然气。因此,地下原油中溶解的天然气的多少或量很重要,这个"量"的大小与某一特定的"压力值"直接相关。这个压力值很关键、很特别。如果地层压力低于这个压力值,溶解在原油中的天然气就从原油中开始"逃逸"出来;反之,如果地层压力高于这个压力值,也几乎不可能再有天然气进到原油中,因为原油中的天然气已经很饱和了,再也"盛"不下了,这个压力值专业上称之为泡点压力或饱和压力。

油藏采掘过程中应当尽量维持地层压力高于这个"饱和压力值",避免天然气从原油中"逃逸"出来。为什么原油采掘过程中不让它"逸"出来呢?因为它"逸"出来会消耗地层能量、增加地下原油的黏度和流动阻力,而且跑得比原油快,原油流动变得困难,就难以采掘出来了。

地下油气藏中,地层水中也有天然气的溶解。但通常它的数量很少,对油气采掘影响小。在大多数的实际研究和应用中,一般不考虑天然气在水中的溶解。

地下油气藏中的石油、天然气能否被成功采掘出来,除了与岩石中隐藏的"玄机"密切相关外,还与流体的压缩性、收缩性与膨胀性、黏度、密度等性质有很大关系。大家对黏度、密度都比较熟悉,因此,这里主要介绍流体的压缩性、收缩性与膨胀性。

知识小·讲堂

泡点压力或饱和压力
原始地层压力
上覆岩石压力
孔隙流体压力
地层破裂压力
地层水

⊙ 不同流体压缩能力不同 ——流体的压缩性

简而言之,流体的压缩性是指流体的体积或密度随温度、压力的变化而变化。它可以衡量地下油气藏采掘过程中压力降低时的岩石、原油或气体、地层水的能量大小。天然气的压缩性比液体(原油、水)大得多,液体的压缩性比岩石的要大。通常是气体 > 原油 > 水 > 岩石。

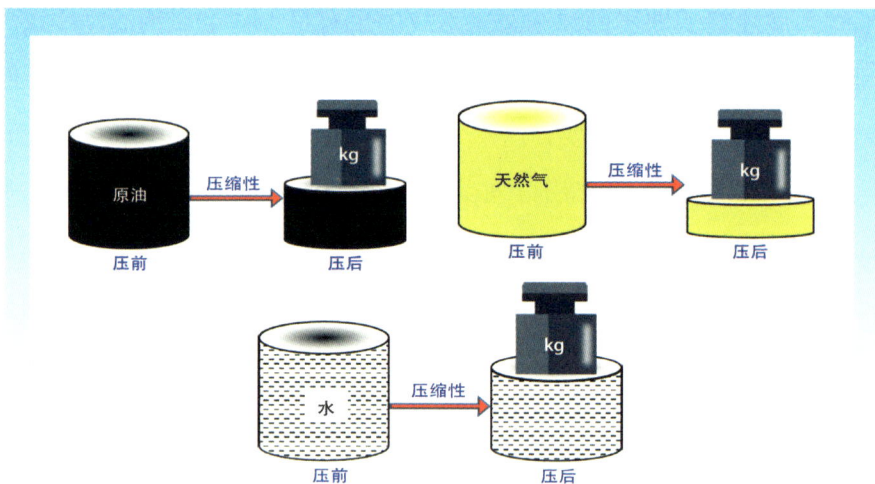

⊙ 不同流体地下、地面"体态"各不同——流体的收缩性与膨胀性

在新闻报道中我们经常听到"某一盆地或某一地区发现油气藏，该油气藏探明地质储量多少多少"。其实，这个地质储量是指油气藏中的油气在地面标准状态下（压力为1个大气压，温度为20℃）的体积，而不是指地下体积。事实上，流体尤其是油气，地面、地下体积存在很大差异——这就是流体的收缩性与膨胀性。

我们知道，当我们对装有一定量气体的气球施加压力或改变温度时，气球的形状和体积均会发生变化。同样，油气藏流体在不同的压力和温度作用下也会发生形状和体积变化。

为了将在地层压力和温度下的流体体积转化为相同质量流体在地面状态下的体积，科学家们引入了流体体积系数的概念，即某一相流体地下体积与地面体积的比值，或者说地下体积是地面体积的多少倍。

通常，地层水溶解的天然气不多，地层水的体积系数并不大，一般在1.01～1.06，说明地层水在地下、地面体积差别不大。

地下石油　　　地层水　　　○ 溶解的天然气

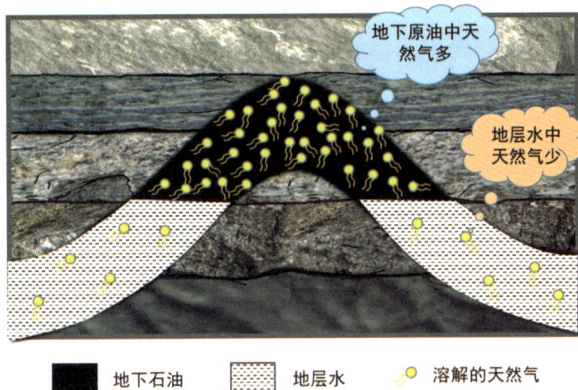

天然气在石油和水中的溶解示意图

地下原油体积　　　　　地面原油体积

原油的收缩示意图

地下天然气

地下天然气　　　地下石油　　　地层水

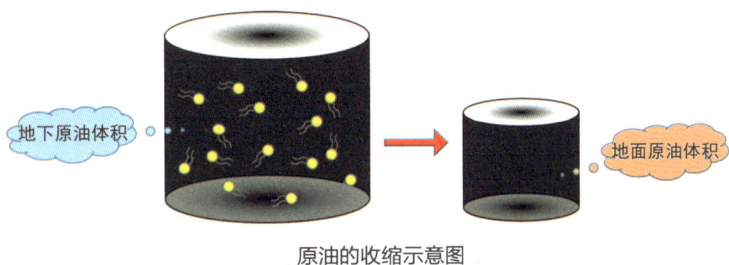

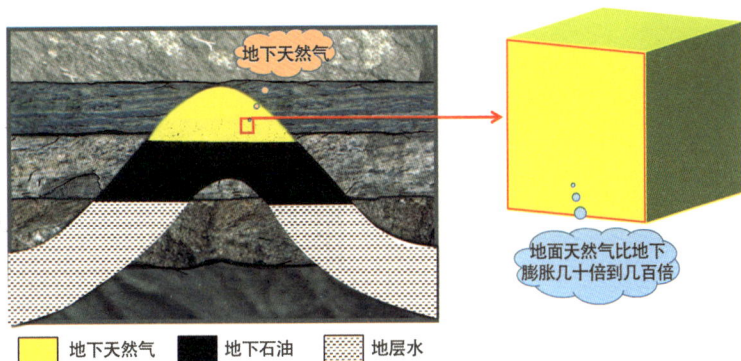

天然气的膨胀示意图

地面天然气比地下膨胀几十倍到几百倍

地下原油与地面原油相比，最大的不同在于地下原油溶解了天然气；同时，地下原油因油层的温度高（有的油藏温度已达200℃）而膨胀，因地层压力大（有的地层压力已达到200MPa，相当于一个指甲大小的面积上承受了2000kg的压力）而收缩。总体来看，一般情况下，地下原油的体积总是大于地面体积，或者说原油的体积系数一般大于1。

显然，地下天然气由于具有很大的压缩性，当从地下采掘到地面后，会发生几十倍甚至几百倍的膨胀，或者说天然气的体积系数总是远远小于1的。

地下油气藏中岩石与流体之间的"爱与恨"

油气藏中岩石与流体之间的物理、化学作用，关系着流体运动、
分布与采掘，增添了流体运动的复杂性和神秘性。

⊙ 岩石也有"爱和恨""亲与疏"—— 岩石的润湿性

为什么使用餐具洗洁精能够很方便地洗净碗、锅中的油？衣服弄
脏后为什么要用洗衣粉浸泡清洗？将一滴水滴在干净的玻璃上，为
什么水会在玻璃表面展开，而把一滴油或一滴汞滴在玻璃上反而成
为球状？要回答清楚这些问题，首先必须明白一个很关键的概念——
润湿性。

水和水银在玻璃表面的形状

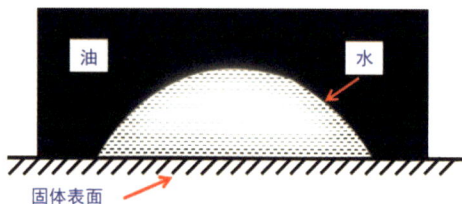

固体表面润湿示意图

什么是润湿性呢？

润湿性是流体与固体接触时产生的一种自然现象。当多种互相
不相溶的流体（如油、水）与固体接触时，其中的某一相流体表现
出更容易在固体表面铺展开并黏附在固体表面，这种现象就是我们

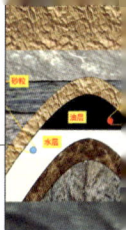

所说的润湿性。例如，在玻璃板表面上滴一滴液体，如果液体在玻璃板表面铺开，说明液体润湿玻璃表面，能与玻璃表面黏附在一起；如果液体在玻璃板上不散开，说明液体不润湿玻璃表面。又如，水和空气与玻璃表面接触，水能够自发展开并吸附在玻璃表面上，说明玻璃能够自发地被水润湿，水与玻璃能黏附在一起。在油气领域，水与岩石颗粒表面接触，水能够自发进入岩石孔隙中而将孔隙中的油挤出来，说明水能够润湿岩石，通常我们称这种情况为水湿，我们可以理解为岩石是"亲水疏油"或"爱水恨油"的。反之，当油与岩石颗粒接触，油自发进入岩石孔隙而将水挤出，说明油能够润湿岩石，通常称之为油湿，我们可以理解为岩石是"亲油疏水"或"爱油恨水"的。水湿说明岩石具有亲水性，即水更容易黏附在上面；油湿则说明岩石具有亲油性，即油更容易附着在上面。我们把占据孔隙表面并与岩石表面接触的液体或者说沿岩石表面铺开的那一相流体就称之为润湿相。水比油更能黏附在岩石表面，则水是润湿相，或者说岩石是水湿的。

油藏通常被描述为油湿（也称之为亲油）或水湿（也称之为亲水）。

人们不禁要问，讨论润湿性对油气的采掘有什么作用呢？其实作用可大了。因为，它对油田通过注水或注气采掘油气会产生很大影响，它决定了油、气、水在岩石孔道中的分布以及油气田开发到了中后期残余油或剩余气在孔道中存在的方式。

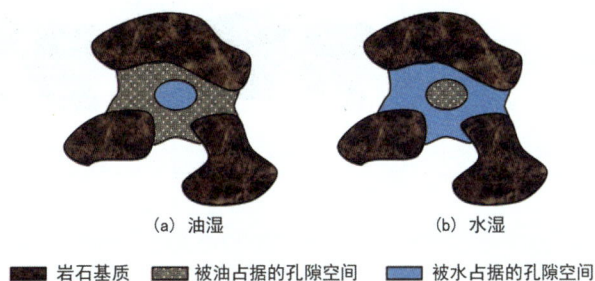

(a) 油湿　　(b) 水湿

■ 岩石基质　▨ 被油占据的孔隙空间　■ 被水占据的孔隙空间

油藏岩石油湿和水湿示意图

因此，润湿性决定着油、气、水在地下岩石孔隙中的分布情况——地下岩石表面的润湿性不同，油、气、水在岩石孔隙中的分布就不同。如果岩石是亲水的，它的表面就会被一层"水膜"覆盖；如果是亲油的，则表面会被一层"油膜"所覆盖。以亲水岩石为例，水总是倾向于"束缚"在岩石颗粒的表面类似一层"膜"，并且通常占据岩石内较窄、较小的孔隙角隅、盲端，像一把无形的推手把油推向岩石内更畅通的孔隙通道的中间部位。

润湿性还有一个作用，就是影响油藏的油（气）采掘量大小，专业上称之为油（或气）的采收率（与"采收率"相关的术语介绍详见第四章"知识小讲堂"）。一般情况下，在亲水疏油的油藏中采用人工注水来"置换"原油的效率或效果比在亲油疏水的油藏中采用人工注水的"置换"效果好。

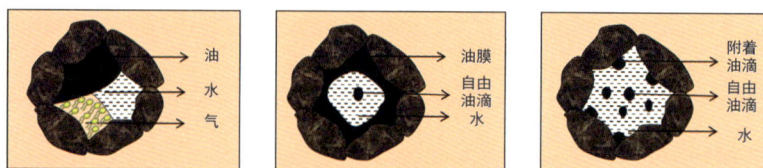

油、水在岩石中的分布示意图

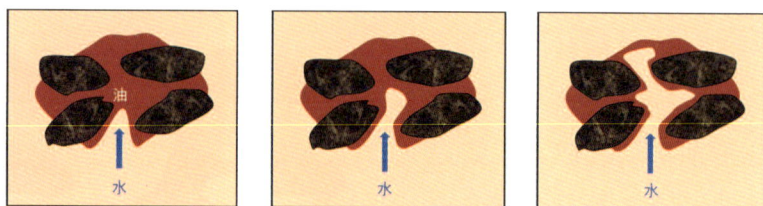

亲油岩石的水驱油过程示意图

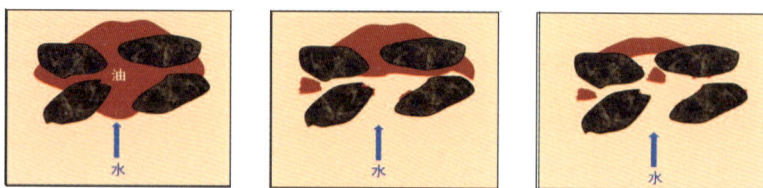

亲水岩石的水驱油过程

润湿性对水驱油的影响示意图

⊙ 独 "行" 易，同 "行" 难——相对渗透率

如前所述，绝对渗透率是岩石的固有属性，它描述的是地下岩石孔隙空间只有一种（相）流体（如地层水）充满时，该种流体在岩石中的流动能力——前提条件是 "只有一种（相）流体充满孔隙"。那么，随之而来的问题是，如果是两相或者三相流体一起充满岩石孔隙空间，每一相流体的流动能力怎么表示？例如，如果是油和水两相一起完全充满岩石空间并在其中流动，油、水各自的流动能力和单独充满油或单独充满水时的流动能力是否相同呢？

科学家们发现，岩石孔隙空间被多种流体一起充满时，每一种流体的流动能力比岩石孔隙空间仅仅被一种流体单独充满时的流动能力小得多，而且几种流体的流动能力之和也远远小于仅一种流体充满时的流动能力，这是为什么呢？因为各种流体流动时彼此间相互干扰相互影响。因此，为了与岩石的绝对渗透率相区别，科学家们把多种流体充满孔隙并在其中流动，各自的流动能力称为 "有效渗透率" 或 "相渗透率"。与此同时，科学家们把每一种流体的 "有效渗透率" 与岩石的 "绝对渗透率" 的比值，称之为是该种流体的 "相对渗透率"。显然，相对渗透率是多种流体同时在孔隙中流动时各自相对流动能力的一种度量，表示的是岩石中多相参与流动时的特征。不难理解，多种流体充满孔隙并在其中流动时，他们的相对渗透率之和小于1。举一个简单的例子，共用同一管道的多相流体一起流动时相互干扰、互为流动阻力——在管道中的任何一相流体相对于另一相流体都是流动的阻力——就好比学生进教室，一个人很容易进入，当多个学生同时进入教室时，就不那么容易，甚至是拥挤了。

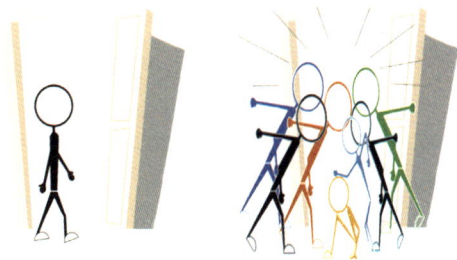

学生拥挤进入教室

不难理解，当岩石孔隙中多种流体参与流动时，无论哪一种流体，它在孔隙中的含量增加，该相流体的有效渗透率也相应增加，若其含量达到100%，变成了单相流动，此时可以获得该相的单相最大渗透率。反之，若在孔隙中的含量降低，该相流体的有效渗透率也相应降低，当降低到某一极限值时（这是后面要介绍的束缚或残余饱和度），该相流体就停止流动。因此，多种流体参与流动时，各自的流动能力表现为"你强我弱""此消彼长"的关系。不过，地下油气藏中流体在岩石中的实际流动要远比这里介绍的复杂得多，因为渗滤过程还涉及流体与岩石之间的一系列复杂的物理化学变化，还涉及复杂的孔喉结构、润湿性等。

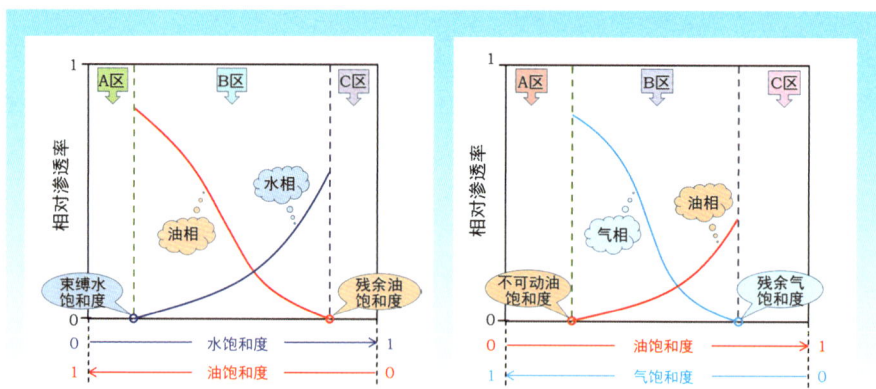

油水两相流动的相对渗透率曲线
A区，油流动，水不能流动；B区，油、水同时流动；C区，水流动，油不流动

油气两相流动的相对渗透率曲线
A区，气流动，油不能流动；B区，油、气同时流动；C区，油流动，气不流动

"有效渗透率"和"相对渗透率"是油气田开发过程中十分重要的基本参数。它们反映了储层岩石的亲水、亲油能力，孔隙结构，矿物组成，油、气、水性质，特别是油、气、水在岩石孔隙中的分布关系，将影响油、气的采掘量的大小。

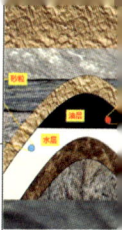

⊙ 大孔小孔如血管，"管管" 压力各不同 —— 毛细管压力

在日常生活中，当我们将一根细小的玻璃管插入盛水的容器中时，会发现玻璃管内液气界面不是平面，而是凹形，并且玻璃管中的水的高度会高于容器中水的高度。如果我们再将玻璃管插入盛有水银的容器中，会发现玻璃管内液气界面是凸形，玻璃管中水银的高度会低于容器内水银的高度。但如果我们将细小的玻璃管更换为管径较大的玻璃管，就会发现这种现象不存在了，容器内无论是水还是水银，玻璃管内液气界面与容器气液界面高度一样，也是平直的。这种现象通常只发生在内径很细的管内，这种细如毛发的管子称之为毛细管，这种现象就被称之为毛细管现象。

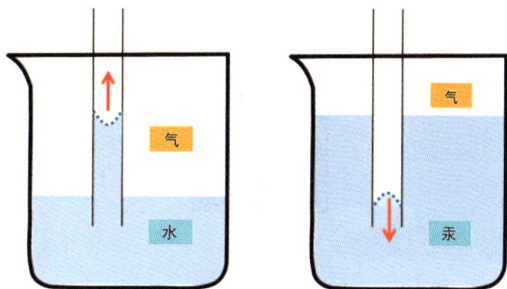

水、水银在毛细管中的现象

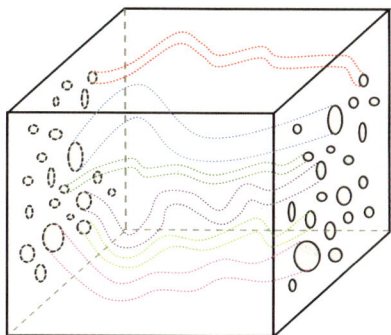

多孔介质中的毛细管网络示意图

从前面的介绍大家已经了解，岩石孔隙是由一些弯弯曲曲、大小不等、彼此曲折相连的非常复杂的孔隙空间组成。从微观上看，这些微细空间可以看作是弯弯曲曲、表面粗糙的毛细管，就像人体组织内的大大小小的血管一样。从宏观上看，这些微细的毛细管构成了多孔岩石的毛细管网络，成为油、气、水在岩石孔隙中的流动通道（专业上称之为渗流通道），因此，地下油、气、水在这些毛细管中流动时也会发生毛细管现象。

科学家们发现，毛细管现象的发生，"毛细管压力" 是 "幕后" 推手。那么，什么是毛细管压力呢？其实就是弯弯曲曲、大小不等的单根毛细管中，油水或气水的界面张力。这个张力导致了毛细管中的流体出现液面上凸或下凹现象出现。

知识·小·讲堂

毛细管
表面张力／界面张力

毛细管压力和我们生活中遇到的摩擦力一样，不仅有大小，也有方向。它的方向和什么有关呢？就是前面我们介绍过的润湿性这个既抽象又不太容易理解的家伙，它决定了孔道中毛细管压力的方向。

在亲水憎油的毛细管中，毛细管压力的方向与水推动油的压差方向是一致的，对注水置换原油来讲是动力，正是这种动力推动水去驱赶原油，好比我们平常走下坡路，人自身的重力是动力，这很好地解释了毛细管自吸现象。相反，在亲油憎水的毛细管中，毛细管压力的方向与水推动油的压差方向相反，是流动的阻力，或者说毛细管压力阻止注入水"驱赶"油，不让油流动，好比我们走上坡路，人的重力是阻力（所以上坡、爬山吃力）。因此，前者毛细管压力是液面上升的动力，后者是液面上升的阻力。这就是为什么盛水的容器中水会到容器中气—液界面高度以上，盛有水银的容器中液气界面会下降至容器内气液界面高度以下。

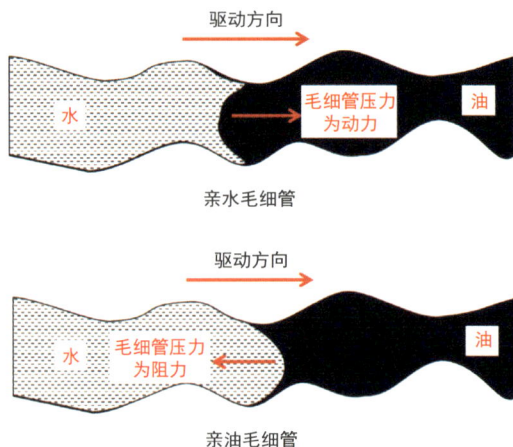

驱动方向

水　　　毛细管压力
为动力　　油

亲水毛细管

驱动方向

水　　毛细管压力
为阻力　　　油

亲油毛细管

不同润湿性孔道毛细管压力方向示意图

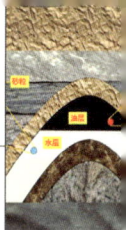

毛细管压力的大小和什么有关呢？就是与这些弯弯曲曲、大小不等的毛细管，或者说大小不等、曲折相通的孔隙半径大小有关。毛细管压力大小与毛细管半径是成反比的，也就是说最大的毛细管压力出现在毛细管的最细端（或最窄处）。因此，对于不同的流动通道，即不同管径的毛细管来说，意味着半径越小，毛细管压力就越大。不同管径的毛细管插入盛水的玻璃瓶中，显现出的是毛细管管径越小，液面上升会越高，因为管径越小，毛细管压力越大。

当我们进行"驱"油实验时，只要驱动压力大于毛细管细端（或最窄处）的最大毛细管压力，就可以把毛细管中其余部分的油驱赶出来。

知识·小·讲堂

毛细管自吸现象

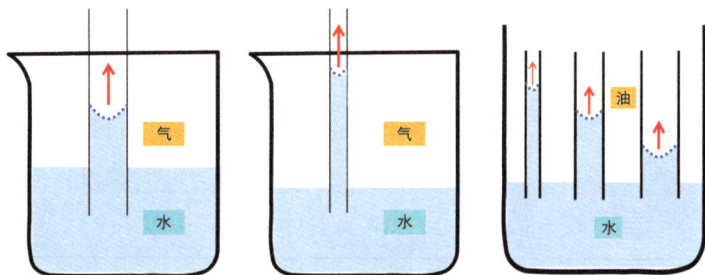

不同大小毛细管中的液面示意图

怎样测毛细管压力大小呢？科学家们通常用毛细管压力曲线或压汞曲线来表示毛细管压力与饱和度关系。目前测毛细管压力曲线的方法有压汞法、离心法和半渗透隔板法。这个关系曲线看似很普通、很简单，但是内涵很丰富，在油气藏勘探开发过程中

毛细管压力曲线的测量方法

压汞法

离心法

半渗透隔板法

的应用非常广泛，它可以用来分析和研究油气储集岩层品质的好坏，是目前定量研究岩石孔隙结构最主要的方法之一。

　　一般来说，石油科技工作者根据有效孔隙度和绝对渗透率（常称为常规物性参数）就可以对储集层的性能作出初步评价。但实践中也发现，在相当多的情况下，这种评价是不可靠的，甚至可能是错误的。大量研究和实践表明，决定储集层性能的根本因素是储集层的孔隙结构。流体沿着复杂的孔隙系统流动时要经历一系列交替着的孔隙和喉道，会受到流体通道中最小断面（即喉道直径）的控制。因此，喉道的形状、大小控制着孔隙的渗透能力，孔隙结构是影响储集岩渗透能力的主要因素，也是人们采用各种方法测试毛细管压力曲线的主要研究目的。

　　很多情况下，孔隙、喉道难以区分，就笼统地称为孔喉。

　　毛细管压力还有一个重要用处就是可以计算储层中油—水界面高度或气—水界面高度，对于油、气储集层来说，界面高度越低越好。

　　根据测试的毛细管压力曲线的特征或者曲线的形状，可以得到储层岩石的最大连通孔隙半径、平均孔隙半径、孔喉大小分布均匀程度、岩石渗透性好坏等。

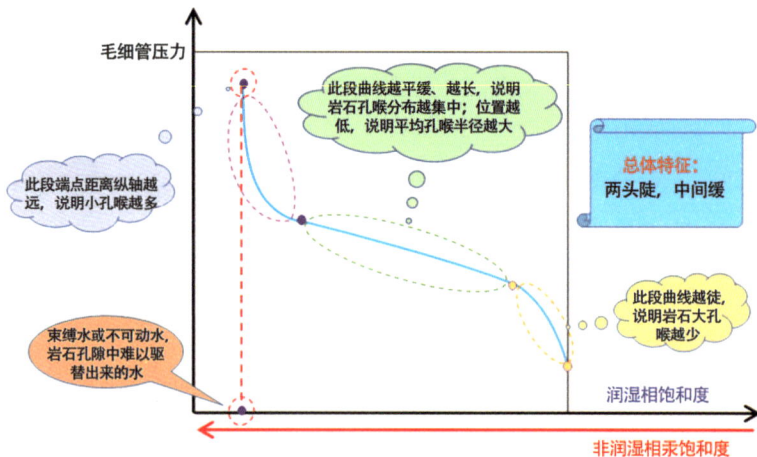

岩石的毛细管压力与润湿相饱和度关系曲线

压汞法获得的毛细管压力曲线，为实测的岩心样品注入水银的压力与对应水银饱和度的关系曲线。水银为非润湿，即岩心样品是"亲"水"憎"水银的。通过大量的岩心样品实验，就可获得储层岩石的很多信息，如孔隙大小、分布情况、连通情况、渗透性好坏等

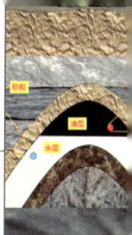

知识·小讲堂

毛细管压力测量方法

压汞法

离心法

半渗透隔板法

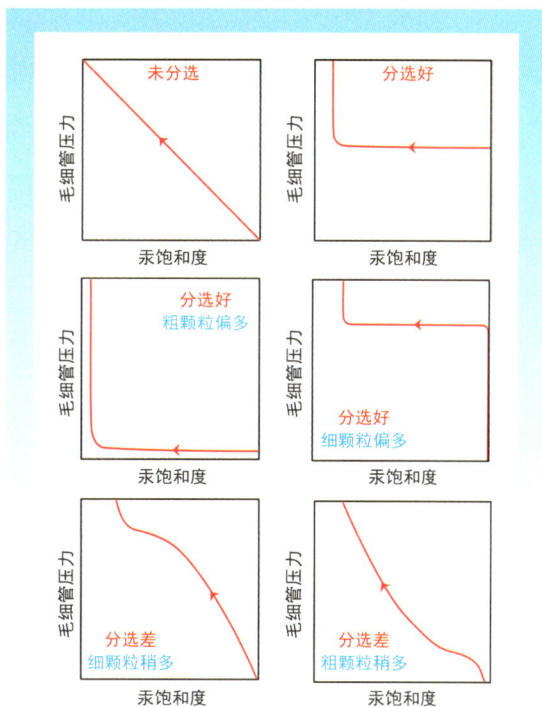

毛细管压力曲线的形状反映了孔喉的大小及均匀程度，
间接反映了岩石颗粒大小、分选好坏等特征

⊙ 大孔小孔"嵌"岩石，装的流体各不同——流体饱和度

迄今为止，地质学家们尚未发现没有地层水的油气藏。实际上，在地下油气藏中，油或气总是与地层水共同占据着孔隙空间。人们关心的是油、气、水在孔隙中各自占多大的空间以及是什么样的分布方式。因为这直接关系到油、气在地层中的储藏量和可采量的大小，也就是前面我们介绍的油气采收率。因此，为了更好地描述油、气、水所占据的比例，人们提出了"流体饱和度"的概念。

在油气工业中，所谓流体饱和度，是指储层岩石孔隙中某一种流体所占据的体积与岩石的总孔隙体积的比值。简单来说，某一种流体的饱和度就是岩石孔隙中存在多种流体时，该种流体的百分占比。因此，地层水饱和度就是指储层岩石孔隙中地层水所占据的孔隙体积与总孔隙体积的比值，即地层水的百分占比。以此类推，我们可以如法炮制得到油饱和度、气饱和度的概念。通常，地下油气藏中的饱和度分布是非均匀的，同一油气藏不同空间位置具有不同的油、气、水饱和度，饱和度一般用百分数表示。某一流体比值越高，说明岩石中该种流体就越多。

当油、气、水共同占据孔隙空间时，它们在孔隙中呈现不同的状态。润湿相附着在固体岩石表面，充填细小的孔隙。非润湿相占据相对大的孔隙中。

地下油气藏一旦投入采掘，油、气、水饱和度是要发生变化的，因此就出现了各式各样的饱和度叫法，名称很多，例如原始含油、含气和含水饱和度；束缚水饱和度；残余油饱和度、剩余油饱和度及残余气饱和度；可动油、气、水饱和度等。

砂岩油藏孔隙中油水饱和度放大视图
（油水界面下孔隙中为 100% 含水）

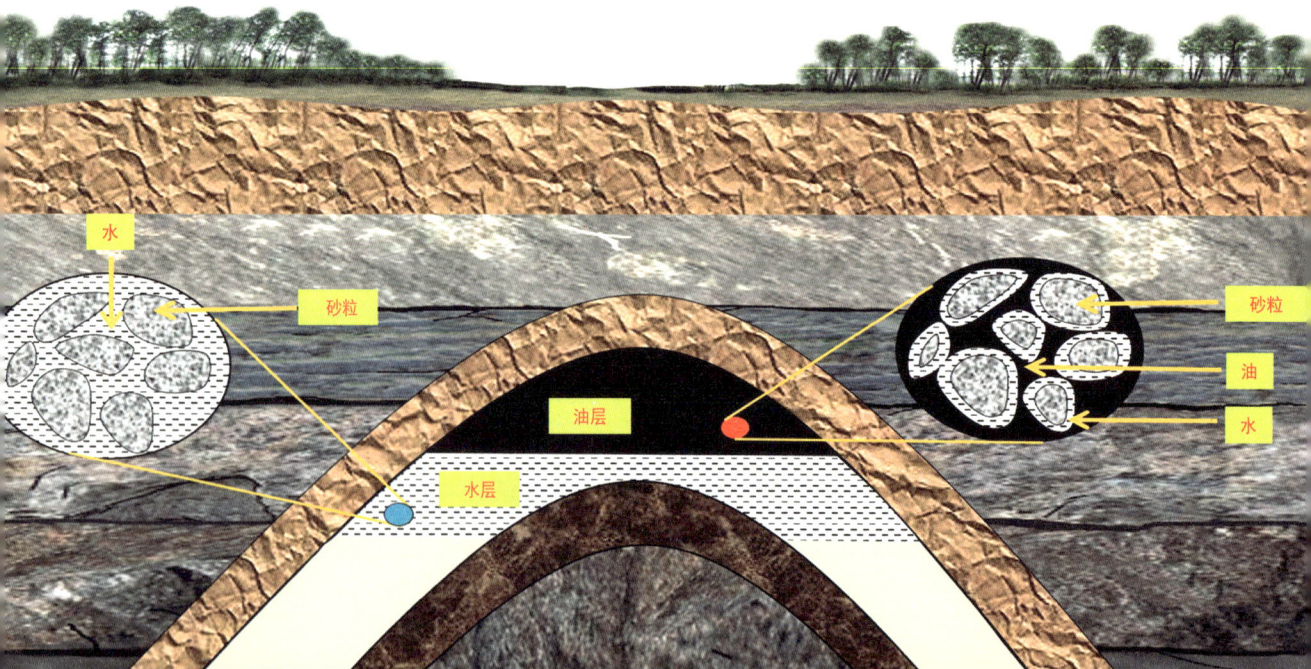

知识·小·讲堂

原始含水饱和度、含油饱和度
或含气饱和度 / 束缚水饱和度

残余油饱和度 / 剩余油（气）
饱和度 / 残余气饱和度

可动油、气、水饱和度

怎么知道油气之家有多少油气呢？
—— 油气资源、储量与类型

通过地质、地球物理勘探、测井、地球化学、岩石及流体实验分析等就可以获得油（气）藏（田）含油（气）面积、油（气）层的有效厚度、有效孔隙度、含油（气）饱和度等参数，就可以获得地下油（气）藏（田）储量。储量意义很重大，是勘探的目标，开发的物质基础，是地质、物探、测井、地球化学、实验分析等多学科联合攻关的最终目标和最后成果。油（气）藏（田）的储量通过石油企业评估，由国家储委审查。笼统地讲某个油（气）藏（田）的储量是不准确的，应该依据把握程度进行分类分级。

⊙ 什么是油气资源量和油气储量？

知识·小·讲堂

介绍油气储量之前，我们先谈谈油气资源量是怎么回事。大家从电视、网络及各种媒体了解更多的是资源量。

▎油气资源量

打破中国贫油论

已经找到的和尚未找到的、在目前技术经济条件下具有商业采掘价值或未来技术经济条件下可供商业采掘的油气数量，很明显，它包括两大部分：已发现和未发现的资源。分为五个等级，已发现的油气资源量分为三级，包括预测储量、控制储量和探明储量。按勘探开发程度和地质认识程度其确定性依次由低到高。大家经常看到电视、网络报道某某油藏地质储量多少亿吨、某某气藏多少亿立方米天然气，一般是指探明地质储量。未发现的油气资源量分为潜在资源量和推测资源量。油气资源量的确定对于油气工业和地方经济发展规划的制定具有重要的指导性作用。

首先，我们简要介绍预测地质储量、控制地质储量和探明地质储量及其相关的一些储量术语。

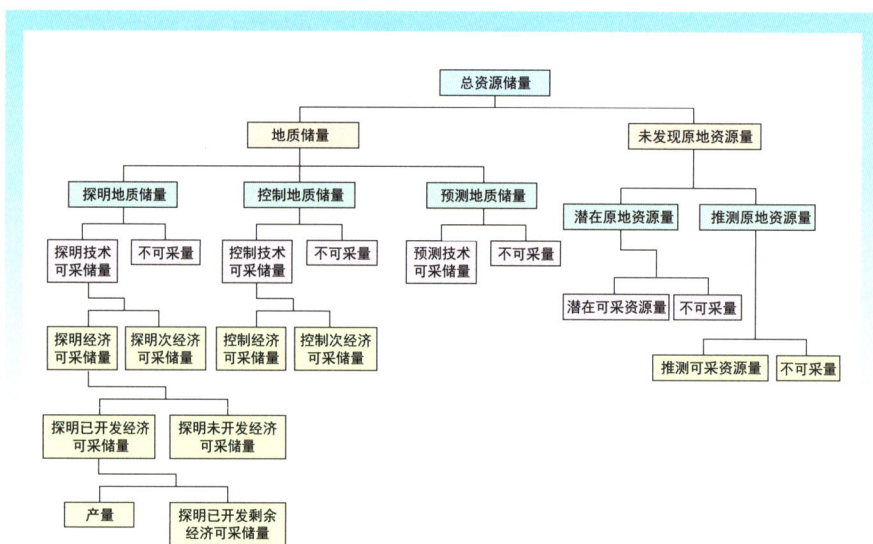

中国石油天然气资源/储量分类框架（CCPR）

预测地质储量

通过钻井获得油气流或综合解释有油气层存在时，对有进一步勘探价值、可能存在的油气藏所估算求得的油气数量，其确定性低。该地质储量是一个可能储量（Possible 储量），打一个不恰当的比方，相

当于鄱阳湖的鱼，湖里鱼肯定有，但鱼的多少具有不确定性。

控制地质储量

通过钻井获得工业油气流，并经进一步钻探初步评价，对可供开采的油气藏所估算的、确定性较大的油气数量，其确定性中等，其相对误差不超过 ±50%。该地质储量是一个初步概算储量，打一个不恰当的比方，相当于鄱阳湖里正在上钩的鱼，多少鱼上钩不能准确确定，只能大概估算。

探明地质储量

通过钻井获得工业油气流，并进一步经过钻探资料评价证实，利用现有技术和经济条件可供开采的并能获得经济效益的油气藏所估算的、确定性很大的油气数量，其确定性高，其相对误差不超过 ±20%。该地质储量是一个证实储量（Prove储量），打一个不恰当的比方，相当于鄱阳湖里已上钩并钩上来的鱼，鱼的多少很确定。探明地质储量分为已开发的储量、未开发的储量和基本探明的储量三类。

探明地质储量是编制油（气）田开发方案、进行油（气）田开发建设投资决策和油（气）田开发开采分析的基石。

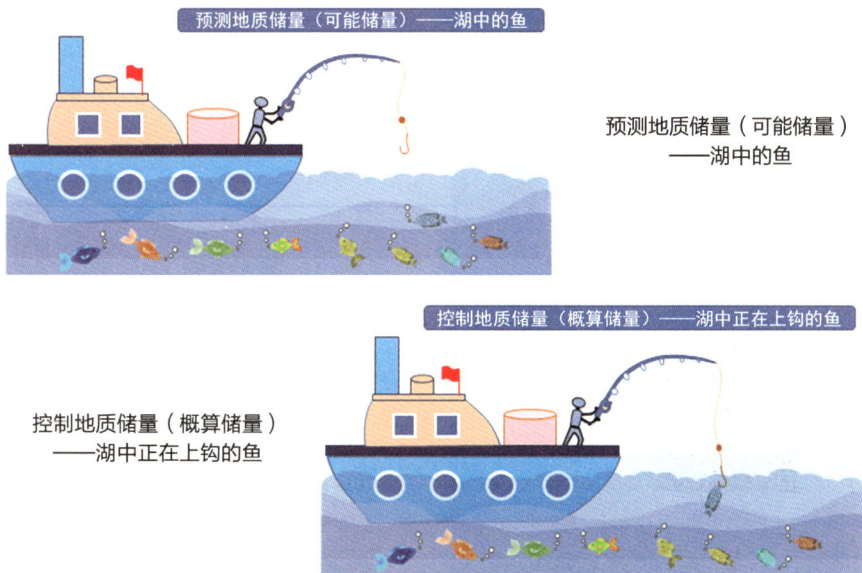

预测地质储量（可能储量）——湖中的鱼

控制地质储量（概算储量）——湖中正在上钩的鱼

探明地质储量（证实储量）——湖中已上钩并钓上来的鱼

探明地质储量（证实储量）
——湖中已上钩并钓上来的鱼

对于未发现的油气资源，何谓潜在资源量？什么是推测资源量？

潜在资源量

在油气勘探初期阶段，根据区域地质资料，与邻区同类盆地进行类比，对具有含油气远景的各种圈闭逐一进行类比统计所得到的依据不充分的资源量。

推测资源量

在油气勘探初期阶段，根据区域地质资料，与邻区同类盆地进行类比，认为目标盆地是有油气资源的，仅仅从理论上估算出的这个盆地的油气资源量。

⊙ 油（气）藏（田）的地质储量是怎么计算出来的？

知识·小·讲堂

关于储量

在油气勘探的不同阶段进行储量的估算或计算是必不可少的，地质储量是开发的物质基础，否则就是巧妇难为无米之炊。

目前，油（气）藏（田）计算储量有很多方法，容积法是最常用的一种静态计算储量的方法。类似把油（气）藏（田）看成是一个固定的容器，与计算容器的容量方法相同。

容积法计算储量适合于不同的勘探阶段、圈闭类型、不同储集类型和驱动类型。静态法计算储量除了容积法之外，还有概率统计法和类比法；此外，还有动态法计算储量，包括物质平衡法、产量递减法、压降法和水驱特征曲线法，有兴趣的读者可以参考相关专业书籍。

⊙ 油（气）藏（田）按地质储量怎么分类？

根据地质储量大小，可将油（气）藏（田）划分为 5 种类型。

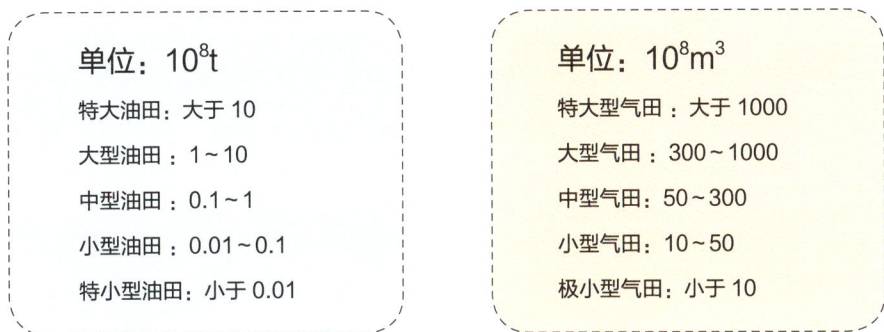

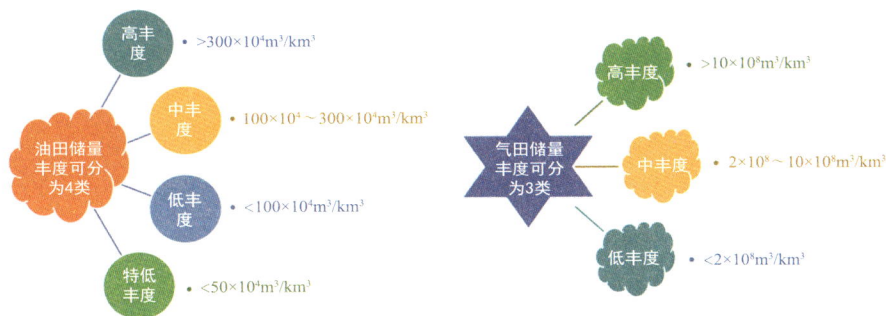

单位：10^8t

特大油田：大于 10

大型油田：1～10

中型油田：0.1～1

小型油田：0.01～0.1

特小型油田：小于 0.01

单位：10^8m^3

特大型气田：大于 1000

大型气田：300～1000

中型气田：50～300

小型气田：10～50

极小型气田：小于 10

油田储量丰度可分为4类

- 高丰度 · >300×10^{4}m^3/km^3
- 中丰度 · 100×10^4 ～ 300×10^{4}m^3/km^3
- 低丰度 · <100×10^{4}m^3/km^3
- 特低丰度 · <50×10^{4}m^3/km^3

气田储量丰度可分为3类

- 高丰度 · >10×10^{8}m^3/km^3
- 中丰度 · 2×10^8 ～ 10×10^{8}m^3/km^3
- 低丰度 · <2×10^{8}m^3/km^3

按技术可采储量规模大小可将油(气)藏(田)分为五种类型。

储量规模分类	原油技术可采储量，10^4m^3	天然气技术可采储量，10^8m^3
特大型	≥ 25000	≥ 2500
大型	2500 ～ 25000	250 ～ 2500
中型	250 ～ 2500	25 ～ 250
小型	25 ～ 250	2.5 ～ 25
特小型	<25	<2.5

按储量丰度大小可将油（气）藏（田）分为 4 种类型。

储量丰度分类	原油技术可采储量丰度 $10^4 m^3/km^2$	天然气技术可采储量丰度 $10^8 m^3/km^2$
高	$\geqslant 80$	$\geqslant 8$
中	$25 \sim 80$	$2.5 \sim 8$
低	$8 \sim 25$	$0.8 \sim 2.5$
特低	<8	<0.8

注：（1）上述划分是根据我国《矿产资源储量规模划分标准》和文献资料进行划分的。
　　（2）还可以根据埋藏深度、储层物性（孔隙度、渗透率）、流体流动能力等对油（气）藏（田）
　　　　进行地质规模和品位
　　　　分类分级（有兴趣的读者可以参考相关专业书籍）。

钻井——修建"油气"通向地面的人工通道

CHAPTER 3

钻井——修建"油气"
通向地面的人工通道
（一）

钻井——修建"油气"
通向地面的人工通道
（二）

地下与地面的连接通道——井眼

目前，在我国很多地区还存在开凿水井以取得地下水用于日常生活和农业灌溉的现象。水井就是将地下水抽取到地面的通道。同样地，地下流体宝藏（例如，石油、天然气等）要从地下搬运到地面，也需要在地下油气藏和地面之间建立一条流体运动的通道。不过，建造油气从地下到地面的运动通道的过程要比凿水井复杂得多，技术含量也高了很多，因为大多数情况下油气藏比地下水要深得多。"开凿"油气藏地下—地面连接通道的这个过程就是我们通常说的"钻井"。

⊙ 钻井——打开油气层第一关

钻井。简单地说，钻井就是从地面钻造出一个圆柱形的通道通向地下的油、气层，石油工业称这个圆柱形通道为井筒或井眼。井眼有不同的尺寸大小，已规范成若干尺寸系列，小的井眼一般在6in（152.4mm）或以下，大的井眼超过了20in（508mm）。

井眼与地层情况示意图

钻井，在我国有很悠久的历史，说起来很让人骄傲和自豪，最早的钻井可以追溯到北宋庆历年间(1041—1048年)的卓筒井，比西方还早了800多年，那时的卓筒井就能深达数十丈，非常了不起，被称为"中国古代第五大发明""世界石油钻井之父"。到了1835年，我国钻成了世界第一口深度超千米的"卓筒井"（四川省自贡市大安寨，燊海井，深度达1001.42m，其125m以上井径11.4cm，以下至井底10.7cm）。1907年9月10日，我国在陕西延长县打成"中国陆上第一口油井"——延1井（井深81m）。

1905 年，清政府开办"延长石油厂"，1907 年在延长县打成"中国陆上第一口油井——延 1 井"，
结束了中国陆上不产石油的历史，点燃了中国现代石油工业的火星
（由西南石油大学档案馆提供）

1985 年，时任石油工业部部长康世恩为八十华诞的延长油田
题写 "中国陆上第一口油井"
（引自《石油精神》）

知识·小讲堂

"卓筒井"的原理
顿钻

旋转钻井

近代以来，随着机械设计、加工能力和化学化工等科学技术的进步，以及计算机技术、自动控制技术的广泛应用，使得油气钻井技术突飞猛进，从最初最原始的顿钻发展到当今普遍采用的旋转钻井。

钻井井场

下部钻具

钻头

钻井示意图

珠穆朗玛峰8844.43m深度！

亚洲陆上第一深油井塔里木轮探1井井深8882m！

地球上最深的海沟"马里亚纳群岛海沟"深11034m！

陆上最长的钻井在俄罗斯Sakhalin完钻，井深14600m！真深啊！

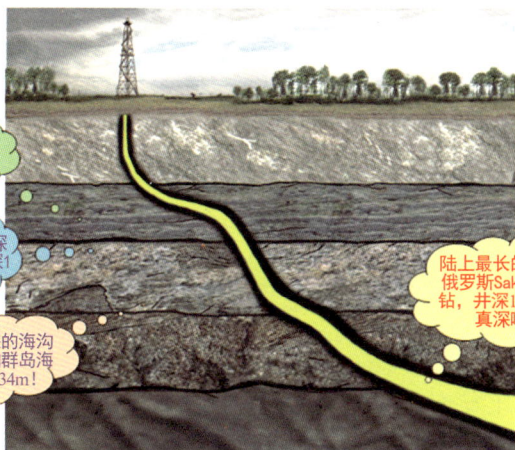

俗话说得好，登天难，我们现在石油人的行话是，入地也难，入地比登天更难。现今油气井眼长度（行业内称之为井深）已超过万米。例如，陆上最深的钻井在俄罗斯Sakhalin完钻，总进尺14600m（2020年5月21日完钻），至今保持世界最深井纪录，比目前我们已知的地球上最深的海沟"马里亚纳海沟"（11034m）还深3566m，这个深度比珠穆朗玛峰（8844.43m）还多出5756m。目前，亚洲陆上第一深井是塔里木轮探1井（8882m）。

知识·小·讲堂

亚洲陆上最深井——
轮探 1 井

(a) 三牙轮钻头　　(b) 单牙轮钻头

(c) 牙轮—PDC 复合钻头　　(d) PDC 钻头

常用的四种钻头

⊙ 各式各样的井眼

　　北宋庆历年间发明使用的"冲击式顿钻法"，开创人类机械钻井技术的先河。这一深井钻凿技术，后来传到西方，有力地推动了世界钻井技术的发展。当今的钻井几乎是无所不能，所向披靡。为了开发一些特

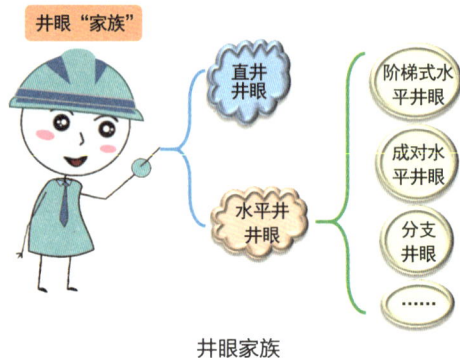

井眼家族

殊地理位置（海洋、山区、城市）的油气，人们还研究出了可以在地下钻随意转弯井眼的技术（拐弯控制的核心技术叫旋转导向），即定向钻井技术。从早期钻直井井眼到钻水平井眼、阶梯式水平井眼、成对水平井眼、分支井眼，更复杂的还有像"鱼骨"形状一样的水平井眼，毫不夸张地说，现在的钻井技术水平很高，石油

钻井工人几乎可以钻任意井眼轨迹或者具有多个分支的井眼来连通地下油、气层。目前，世界上垂直打的井，可以打到13000m深，打到一定深度以后，找到有油气的储层，沿着这个储层再打水平井，水平段长可以达到七八千米，甚至上万米。

（a）直井

（b）水平井

（c）阶梯式水平井眼

（d）成对水平井眼

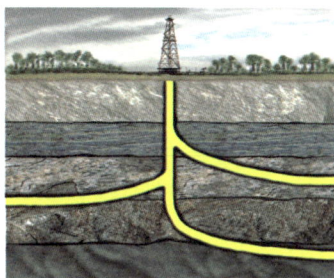
（e）分支井眼

各种各样的井眼示意图

知识·小讲堂

旋转导向

在钻井过程中，破碎后的岩石碎屑到哪儿去了呢？钻井液是钻井的"血液"，具有一定的黏稠性，推着岩石碎屑从地下向地面移动。试过从可乐瓶里用吸管使劲吹气，把可乐吹出来吗？两者原理相似，不同的是钻井用液体把岩石碎屑带上来。要想让钻井液有效地把岩屑带到地面，需要合适的钻井液排量、钻井液切力、密度等，切力太低带不出大颗粒，密度太高容易把地层压漏，而且黏度太大，也不利于循环，太黏稠了，影响钻探动力，井底安全等。

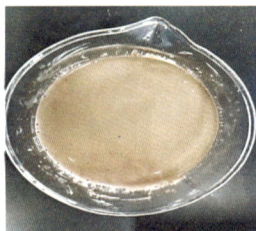

"钻井的血液"——泥浆

钻井液样品

在几千米甚至上万米深的地层进行钻井，需要穿过很多个不同压力梯度（即不同深度的地层，单位路程的压力变化不同）的地层，有些地层，可能还有大的溶洞、地下裂缝等，还可能会发生钻井液漏失或者井眼垮塌。另外，大家都知道，浅表地层水是我们赖以生存的珍贵淡水资源，不能因为油气钻采而受到任何污染。为了解决这些问题，钻井工人们需要在井眼钻到一定深度后中断钻井而进行钻井过程中一项非常重要、耗时不长但是耗费很高的工作，就是"加固"井眼，保证钻井能够继续顺利进行（俗称固井）。

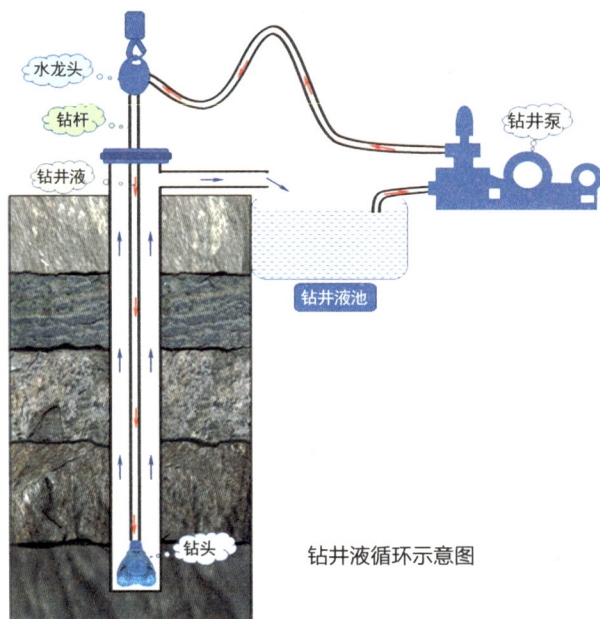

钻井液循环示意图

知识·小讲堂

固井

一口井全部钻完或者说钻达目的油气层之后，固井还被用于封固或封隔水层，以及不同压力、不同生产能力的生产层位。在目的油气生产层位固井之后，石油工人们接下来的任务就是建造目的油气生产层位进入井眼的通道，俗称完井。

完井方式有两种，射孔完井和裸眼完井。

射孔完井

将射孔枪下至特定深度范围地层（即目的油气层），靠射孔弹射开目的层位的套管及水泥环，构成地层至井筒的连通孔道，从而形成油气进入井眼的流动通道。射孔完井具有有效封隔和支撑疏松易塌的生产层、含水夹层及易塌的黏土夹层以及选择性地打开生产层，方便进行分层开采、分层测试、分层增产措施等优点，但具有生产层易受污染、产生附加流动阻力等缺点。

裸眼完井

简而言之，就是完全裸露出井眼，换句话说，就是钻完井眼之后就不需要再进行目的油气生产层位井眼加固，也不下任何管柱，从而保留完整的、原生态的油气运动通道。很显然，这种方式要求地层很稳定不容易垮塌（如碳酸盐岩地层）等。缺点是：不能克服井壁坍塌、油层出砂问题和产层内各小层之间的相互干扰；不能进行分层开采、分层测试、分层增产措施等。

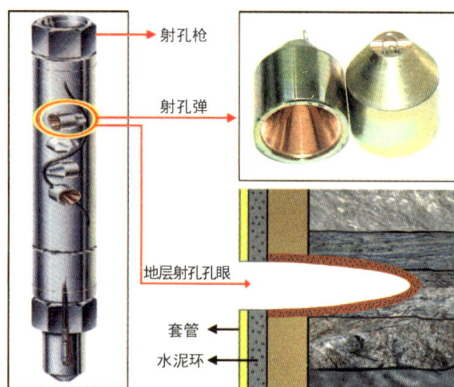

射孔弹、射孔枪、射孔孔眼示意图

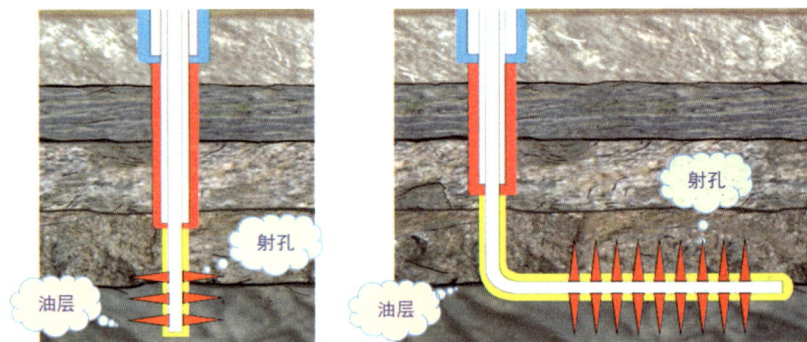

（a）直井射孔完井示意图　　　　　（b）水平井射孔完井示意图

射孔完井方式示意图

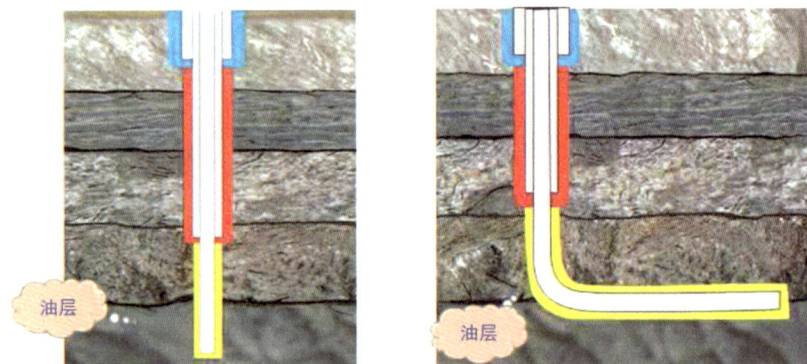

（a）直井裸眼完井　　　　　（b）水平井裸眼完井

裸眼完井方式示意图

　　固井与水井加固类似，如果水井井眼壁四周土质疏松、容易垮塌，就会在水井井眼壁砌上石头以加固水井井眼（相当于井眼加固不锈钢管），只不过水井砌上石头后不需要水泥浆将出水层封死，因而就不需要射孔，地层中的水可以通过孔、缝隙渗入井眼。如果水井井眼壁四周土质稳定、粘接程度高、不容易垮塌，例如四周都是坚硬的岩石，这种情况就不需要加固水井井眼壁，从而保留完整地层水流动通道。

⊙ 海上钻井与陆上钻井的差异

海上油气较陆上油气、滩海油气（水深5m以内）更难于实施钻井、固井、完井。

大家很容易想到，在海上实施钻井和陆地上钻井是不同的。在海洋上实施钻井时，几百吨重的钻机要有足够的支撑和放置的空间，同时还需要有钻井工人生活居住的地方，海上油气钻井平台就显得尤为重要。由于海洋上气候变化大、海水腐蚀、海上风浪和海底暗流的侵蚀和破坏，海上钻井平台的稳定性和安全性非常重要。海洋油气钻井平台大小不同，小的平台大概也有一个篮球场那么大，有的很大，例如，法国道达尔集团的PAZFLOR，可以说是海上"巨人"，其面积有三个足球场那么大，可以容纳180名工作人员在海上工作。

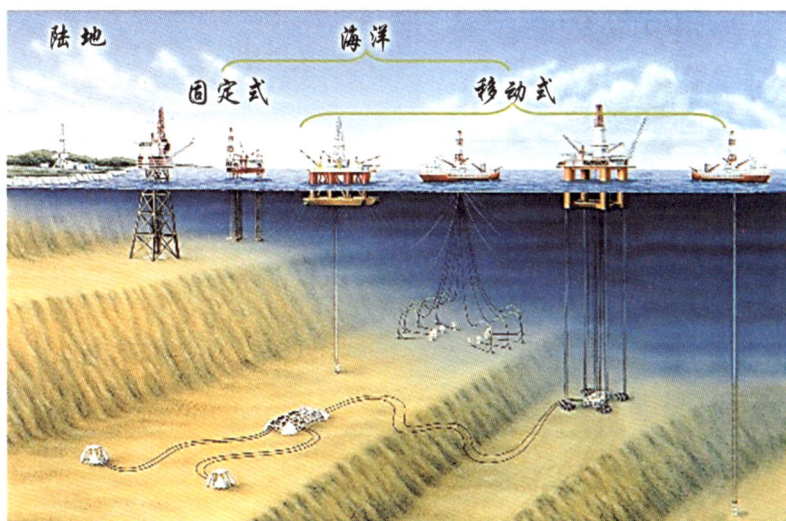

不同水深的海洋钻井平台

对于海水深度较浅的海域，首先在需要钻井的位置搭建固定式平台，这种平台大都是钢质桩基平台，一般由上部结构、导管架、钢桩三个部分组成。在这个平台上，就可以和陆上一样完成钻井、固井、完井工作。

对于海水更深的海域，在经济或者技术等方面不具备采用固定平台的情况下，一般采用移动式平台（如我国首座自主设计、建造的第六代深水半潜式钻井平台——海洋石油 981）完成深海油气的钻井、固井、完井工作。

知识·小讲堂

海洋石油 981 深水半潜式
钻井平台

绥中 36-1 油田 CEPK 平台

人类正在积极探索经济、高效和安全地开采海水深度超过三千米的海底油气资源的钻井、固井、完井技术。

（a）井口装置（采油树）

（b）磕头机示意图

井口装置实物图

知识·小讲堂

何谓钻井过程中的"一开一固""二开二固""三开三固"？

常见油气钻井类型有哪些？

无论是陆上，还是滩海、浅海、深海油气，实施钻井后均形成井眼，在此基础上实施固井、完井便形成了地层油、气或水流向地面的"通道"，这个"通道"再配上适当的井口装置，就形成了我们通常所说的、在油田现场也经常见到的各式各样的"井"。通过这些"井"可以从地下产出油、气（称生产井），也可以通过"井"将水、空气或化学药剂等注入油气层内（称注入井）。

提速增效——欠平衡钻井、气体钻井与控压钻井技术

常规的钻井属于过平衡钻井，钻井液压力大于地层流体压力，小于地层破裂压力。这样做的好处是：防止井喷，但是缺点是：把钻开的岩屑"压"在井底，没办法动弹，导致越钻越慢，速度和效率低下。是否有一种办法让岩屑快速离开井底，类似磁悬浮列车一样呢？答案就是欠平衡钻井、气体钻井与控压钻井，让地层流体顶着岩屑快速离开井底，实现提速增效。

⊙ 欠平衡钻井技术

欠平衡钻井又叫负压钻井，是指在钻井时井底压力小于地层压力，井底的流体有控制地进入井筒并且循环到地面上的钻井技术。欠平衡钻井时，钻井液压力

略小于地层流体压力，也小于地层破裂压力。欠平衡钻井有可能提高钻速和减少衰竭油藏中的井漏问题，能够减少储层伤害，便于及早发现油气藏。

欠平衡钻井时，井底压力与地层压力之差是"负"压差。欠平衡钻井的"流体"，可以是钻井液，也可以是气体、水或盐水等。因此，常见的欠平衡钻井系列分为：气体钻井、雾化钻井、泡沫钻井液钻井、充气钻井液钻井等。欠平衡钻井虽然好，但是一旦操作不好就可能引起重大事故，因此，需要增加一系列安全监控与控制的装备、工具。

知识·小·讲堂

欠平衡钻井技术的发展

（a）旋转防喷器

（b）气液分离系统

（c）节流管汇

欠平衡钻井配套装备

⊙ 气体钻井技术

知识·小讲堂

气体钻井技术的发展

气体钻井技术是欠平衡钻井的一种类型，使用气体基流体，如空气、氮气、二氧化碳、天然气、气液混合流体等，代替传统钻井液作为钻井循环介质的钻井技术。气体钻井的井筒内主要是气体，井筒压力是所有钻井方式中压力最低的，是为了钻开低压油气层、严重漏失层、坚硬而不含水的地层而发展起来的。适用于低压低渗透油气藏勘探开发，其使用条件是所钻地层不含水或微含水、井壁稳定的井眼钻进。其优点是可以提高钻速，并有利于保护油气层。其主要的配套装备包括空气压缩机、增压机、注入管汇、排砂系统、点火系统等。

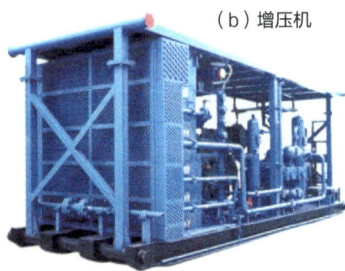

（b）增压机

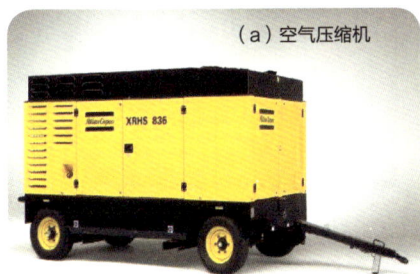

（a）空气压缩机

（c）排砂管线及点火装置

气体钻井配套装备

⊙ 控压钻井技术

知识·小·讲堂

控压钻井技术

　　控压钻井（MPD）通过控制井筒环空循环流体介质的流量与流态、井口施加压力等因素，使环空压力保持在一定的范围，井底压力小于地层压力，且井底压力与地层压力的差值控制在一定范围内，这样就可以避免常规过平衡钻井时机械钻速慢、储层伤害的问题，又可以避免钻井井下安全事故，从而减少非钻井作业时间，提高钻井效率，降低作业成本。要实现控压钻井，就需要精细的环空流动压降计算、井口回压控制系统、自动监控软硬件系统等，因此现场作业时需要额外增加相应的软硬件。

（a）自动节流管汇

（b）回压补偿泵

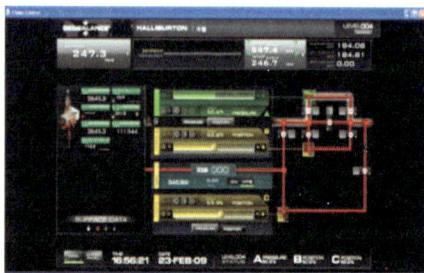

（c）自动控制软件操作界面

控压钻井配套的专用配套设备

钻井过程的井控安全与井下复杂事故

大家都知道，钻井的对象是地下的岩石，不像打水井，也就十几米，而油气钻井从地面钻起，要深达地下几百米、几千米甚至上万米，整个钻井过程是一个"黑匣子"工程。地下情况复杂、特殊，地层千差万别，例如地下地层压力不同，有低压层，有异常高压层；有的岩石很坚硬，有的很松软；有的岩石很致密，有的存在裂缝、溶洞，甚至是大裂缝大溶洞；有的地层可能还含 CO_2 和有毒气体如 H_2S 等。尽管在钻井前和钻井过程中钻井技术人员做了很多非常细致的、详尽的准备工作，但是，在整个钻井过程中还是经常会遇到各种井下复杂情况，如井喷、溢流、井涌、井漏、缩径、井壁垮塌等，给钻井施工带来挑战和困难，这些事故可能会导致井毁人亡，给国家和人民造成巨大的损失。

油气安全钻井，除了考虑井场布置、消防设置、钻井平台摆设与拆迁、井架搭设使用与搬迁、动力系统、循环系统、电气系统等之外，还有一个很重要的部分就是井控，井控工作是油气勘探开发过程中的重要环节，是安全生产工作的重中之重。

井控就是采用一定的方法平衡地层孔隙压力，即油气井的压力控制。在钻井过程中，通过维持足够的井筒内的压力以平衡或控制地层压力，防止地层流体进入井内，保证钻井作业安全顺利实施。根据采取控制方法的不同，井控作业分为三级，即一级井控、二级井控和三级井控。一级井控是使用适当钻井液液柱压力平衡地层压力，使得没有地层流体进入井内。二级井控是钻井液液柱压力不能平衡地层压力，地层流体流入井内，地面出现溢流，这时需依靠地面设备和适当的井控技术来控制、处理和排除地层流体的侵入，使井内重新恢复压力平衡。三级井控是指二级井控失败，溢流持续增大，发生地面或地下井喷且失去了控制。这时要使用适当的技术和设备重新恢复对井的控制，达到一级井控状态。

当井底压力低于地层压力时，井下有可能会出现井侵（油气侵）、溢流、井涌、井喷、井喷失控等现象。

何谓井侵？指在钻井过程中，出现地层压力大于井底压力时，地层中的流体（油气和水）进入井内现象，通常称之为井侵。常见的井侵有气侵、油侵和盐水侵。

何谓溢流？指随着井侵的发生，井口返出钻井液的量比泵入的液量多，或停泵后井口钻井液自动外溢，此现象称之为溢流。

何谓井涌？是溢流的进一步发展，钻井液涌出井口的现象。大家非常熟悉"泉涌"，指地下水由下向上大量涌出，滔滔不绝。钻井过程中发生的井涌现象与泉涌很类似。

有"天下第一泉"之称的趵突泉连续不断涌出的泉水在水面上呈现一股蘑菇状时，它的形状和钻井发生的溢流和井涌极为相似。

井喷是怎么回事？简而言之，井喷就是指钻井作业井筒中喷出了流体。它是指地层流体（油、气和水）无控制涌入井筒，井内流体涌出转盘面（井口）2m以上的现象（地面井喷）或侵入其他低压层位的现象（地下井喷）。例如，钻井工程的井喷就像剧烈摇晃可乐瓶身，打开瓶盖后会剧烈喷出气、液体的过程。

井喷发生后，若不及时处理，极可能发生井喷失控。井喷失控是指井喷发生后，在井口无法用常规方法控制而出现敞喷的现象。

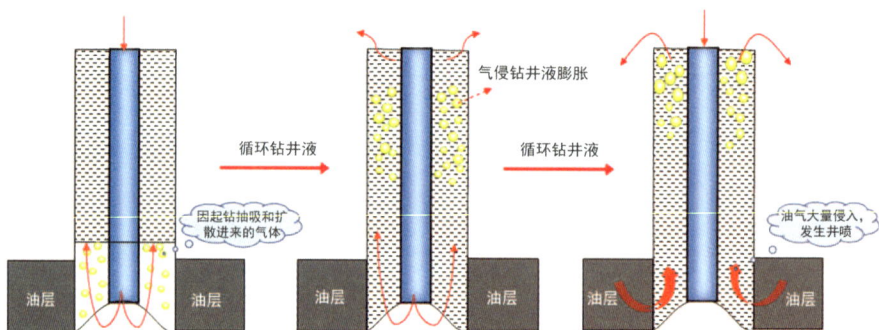

油气上窜引起井喷示意图

井喷现场

溢流、井涌、井喷、井喷失控反映了地层压力与井底压力失去平衡后，随着时间推移，井口所出现的几种现象及事故发展变化的不同阶段和严重程度，整个过程与火山爆发的几个阶段类似，最严重的井喷失控就类似于火山爆发。

井喷失控后喷发的油气往往伴随有毒气体或夹杂着砂石，喷出的石块敲打着井架叮当叮当响，现场可以闻到油气味，也可能吸入有毒气体，而井架上碰撞出的火花则可能引燃喷发出的气体，大火可能高达数十米，在几千米甚至几十千米都能看见。井喷失控会造成机毁人亡、油气井报废、环境污染以及巨大的经济损失。

大家可能还记得，2003年12月23日，重庆市开县高桥镇罗家寨发生的国内乃至世界气井井喷史上罕见的"12·23"特大井喷失控事故，造成万人大撤离，2142人受伤住院，243人中毒死亡，直接经济赔偿补偿上亿元，是新中国成立以来重庆历史上死亡人数最多、损失最重的一次特大安全事故，给国家、社会、人民群众的生命财产带来了灾难性的损失。同时也是人类开采天然气史上最大的悲剧事件，在国际国内反应强烈，影响很大。

井喷失控后钻机被烧塌

地下井喷后的流体可沿地层裂缝向上推进至松软地表向外喷出，形成地表井喷

大家可能也还记忆犹新，2010年4月20日，BP在美国墨西哥湾的"深水地平线"钻井平台发生井喷爆炸着火事故，造成11人死亡，17人受伤。平台燃烧36h后沉没，持续87天漏油，约有410×10^4bbl原油流入墨西哥湾，近1500km海滩受到污染，至少2500km^{2}的海水被石油覆盖，引发了严重的环境污染，成为美国历史上最严重的漏油事故。BP为墨西哥湾漏油事件支出的相关费用总额达到538亿美元，事故赔偿额度创下历史最高。

知识·小·讲堂

铁人王进喜制服"井喷"的故事

防喷器

井喷犹如一只下山的猛虎，而引起井喷或井喷失控的原因比较多，如地层压力预测不准确、井口未安装防喷器、选用钻井液密度偏低、起钻不灌或未灌满钻井液、起钻产生过大的抽汲力等其他不当措施。因此，必须从钻井的各个环节，如从井身结构设计、人员和设备的配备、钻井的工艺措施、精细化管理等，做好周密部署，加强监督，绝大多数的井喷事故还是可以避免的。十多年过去了，2003年12月23日罗家2井事故留给我们的启示是什么呢？在工人进行起下钻作业时，违反了"每起出3柱钻杆必须灌满钻井液"的规定，而是每起出6柱钻杆才灌满钻井液，致使井下液柱压力降低，低于地层压力，发生溢流并导致重大井喷事故。

井漏是怎么回事？井漏是指在井筒作业中各种工作液（钻井液、清水、水泥浆等）在压差作用下直接漏入地层的现象。井漏是钻井工程中最常见的一类井下复杂情况之一。井漏可发生在任何地层、任何深度以及各种岩石中。大多数球迷都应该知道，足球场为了保证雨天能进行比赛，所以草坪的渗透性必须好，这样才能保证足球场不积水，这种现象就类似于渗透性井漏。

天然裂缝

井筒

天然裂缝性滤失

溶洞

井筒

溶洞滤失

井筒

渗透性滤失

人工裂缝

井筒

人工裂缝性滤失

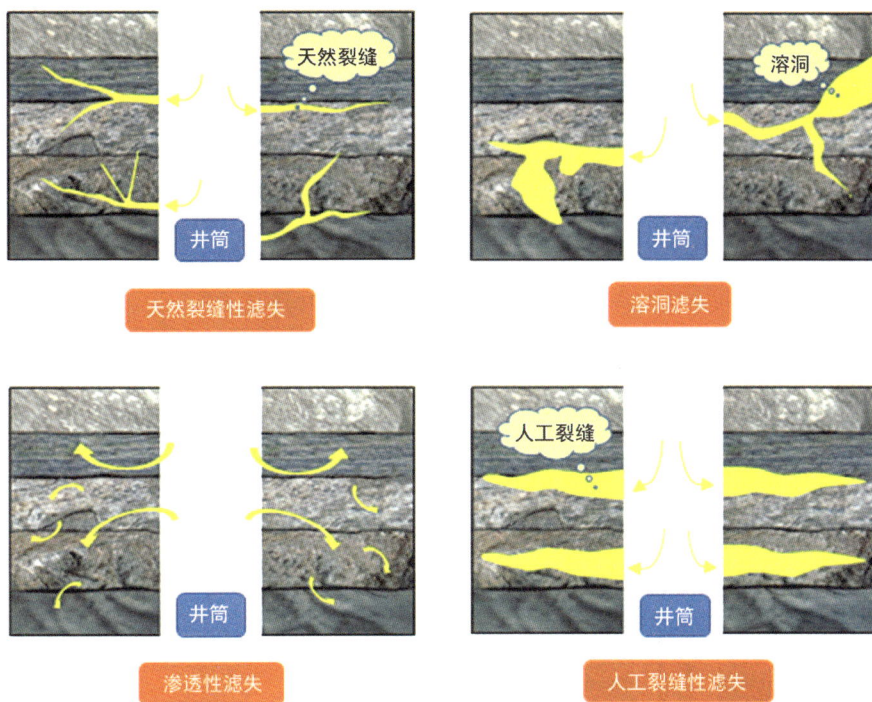

在钻井过程中一定要提前做好预防井漏的工作。井漏会造成钻井工作的停顿或中断，严重的漏失更是延误生产实践，耗费大量人力、物力和财力。钻井井漏得不到及时处理会引起钻井井塌、井喷和卡钻事故，所以预防和及时处理井漏是钻井过程中的一项非常重要的工作。

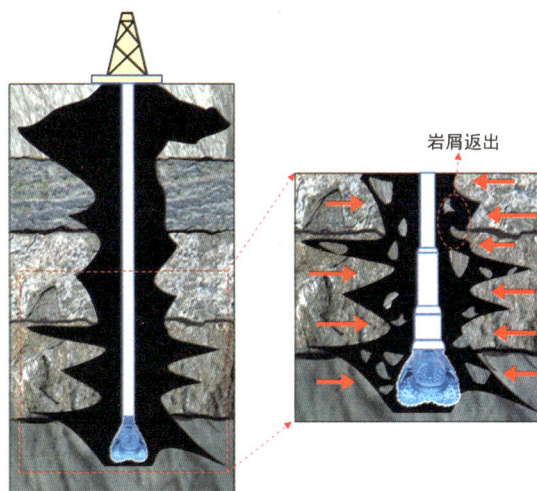

钻井过程中的井漏示意图

岩屑返出

钻井过程中的井塌示意图

什么叫井塌？井塌就是钻井过程中井壁失稳垮塌的现象，井塌本身就是井壁不稳定的反映。井塌主要发生在泥岩、页岩以及胶结不良的砾岩、流砂和埋藏较深的盐岩中。井塌发生的原因主要有地质方面的原因（力学不稳定），物理方面的原因（水化效应）以及钻井工艺的原因。例如地层岩石受钻井液浸泡，发生水敏膨胀、破碎、剥离；地层本身破碎、疏松，疏松的泥土受水浸泡将会垮塌等。具体到一口井，可能其中某一个因素是主要的，也可能是综合作用而造成井壁的失稳。例如，在钻遇胶结不好的地层时，应力释放造成井壁失稳垮塌，就如同多米诺效应一样。

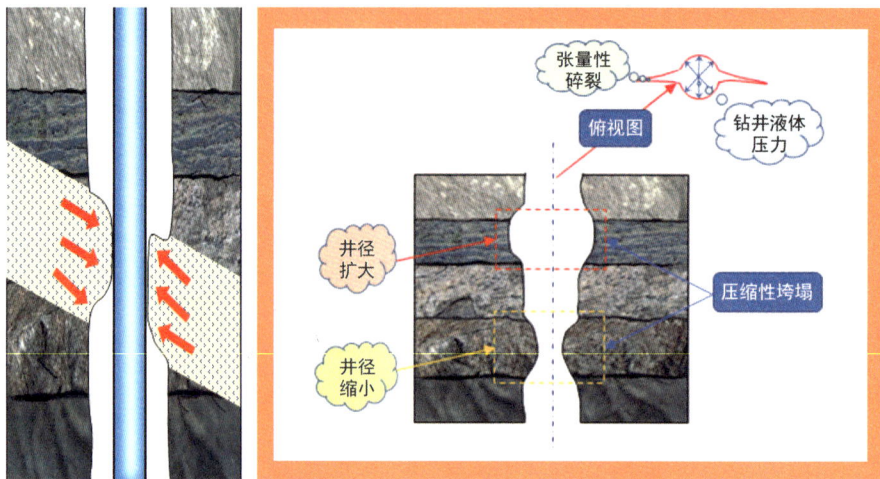

钻井过程的缩径示意图（一）　　钻井过程的缩径示意图（二）

缩径是怎么回事？就是地层岩石在遇水后，产生膨胀或地层蠕变力大于井内液柱压力，造成井眼直径缩小的现象。缩径就如同海绵吸水后，体积变大一样，地层吸水膨胀，井眼变小。缩径后的井眼若不进行及时处理，极可能造成缩径卡钻。

卡钻是怎么回事？在钻井过程中，钻柱在井内某井段被卡，致

使整个钻柱失去自由（不能上下活动和转动）叫作卡钻。例如，马路边电杆底部埋在地下不能自由活动的现象，卡钻也是钻具陷在井内不能自由活动。钻井卡钻事故自从有钻井勘探时起，就是困扰钻井队的一个难题。给钻井队造成了巨大的人力物力及经济上的损失。其实有些卡钻事故只要我们细心地面对，认真分析井下情况，还是能够避免的。

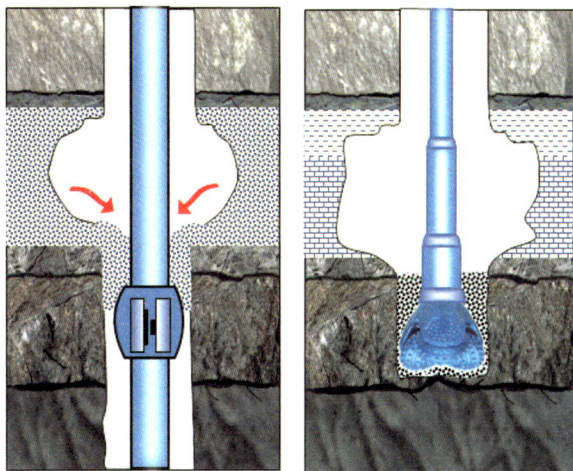

钻井过程中的卡钻示意图

油气藏（田）从勘探发现到油气被采掘到地面来，要经历钻井、录井、测井、固井、完井、射孔、采油采气、增产增注、运输、加工等一系列的环节，这些环节，一环紧扣一环，相互依存，密不可分。在油气勘探和开发的整个过程中，钻井起着十分重要的作用。随着对地下油气资源开发利用的不断加深，油气勘探开发的难度也越来越大。从浅层勘探开发到深层、超深层勘探开发，从常规油气到非常规油气勘探开发，从直井、浅井到水平井、多分支井、丛式井、深井乃至超深井，高温、高压、高产井陡然增多（有的油气井已达到地层温度200℃、地层压力105MPa、产气 $300 \times 10^4 m^3/d$ 以上），这些给钻井、开采等带来的安全风险也大幅提升。因此，周密做好钻井施工各个环节工作，提前研判事故风险提升安全管控能力，有针对性地同步做好预防与应急准备是防范钻井事故发生或失控的根本保障。

走向井底、走向油气层

在我们通过给地球做 CT 检查（地震）发现地下深处可能埋藏油气的位置以后，则需要去证实这个位置是否真的存在油气，那就需要进行像医学检查中的"穿刺"一样，通过"穿刺"不同深度的岩层并使穿刺前端进入"CT"认为可能埋藏油气的地方，通过取出原位置的岩层等样品来确定。这种对地球的"穿刺"就是石油工程中所称"油气钻井"。"穿刺"也是建立油气从地下深处流向地面通道的过程。地下深处的岩层实际上也是地面各种形态（地貌）的岩层在数以亿计的年代里缓慢下沉下去的，因此在对地球深部进行"CT"时会发现地下同一年代的岩层也像现在地面形态一样。也可以说如果揭开聚集油气的岩层以上的地层来看，它其实和现今大家看到的地面地貌差不多，也存在各种各样的山峰、沟谷等复杂的"地貌"、崇山峻岭等情况。也会有很多悬崖、异峰地形，在崖下的山麓往往集聚碎石、岩块，形成岩块堆积。油气钻井过程就是在地下建油气流动的"隧道"，也会面临各种各样的岩层，软泥岩、破碎层、裂缝、大溶洞现象时常碰见，因此如何通过"穿刺"走向井底、认识油气藏并设计好保护参数对降低井下"隧道坍塌"至关重要。目前认识地层的主要手段有：下入"千里眼"看地层情况（测井）、利用钻井过程中的地面返出物看地层情况（称为录井）、从地下几千米位置取样（岩样和流体样）分析以及目标油气层的生产测试等手段。

⊙ "千里眼"看地层——测井技术

俗话说，"上天容易入地难""钻头不到，油气不冒"，生动地总结了油气建井工程的特点：是一种隐蔽的地下工程，由于井眼尺寸小、进入地层深，加上地质不均质性，在钻头未钻达之前，对

钻头即将进入的"位置"是无法精确掌握的。因此，"走向"最终的目标井底的过程，是一个循序渐进的过程。大家可能在想，现在科技这么发达，能不能在钻头上安装"眼睛"呢？答案是肯定的，科学家们早已经想到了这一点。在实际钻井过程中，钻井工程师在钻头后面安装上一个仪器（称之为随钻测井仪），这相当于钻头长了"千里眼"，有了它，在前进的过程中就可以看到地下几千米甚至十几千米钻头所到之处井眼周围的情况，包括是

(a) 钻前地震资料解释确定待钻井的轨迹

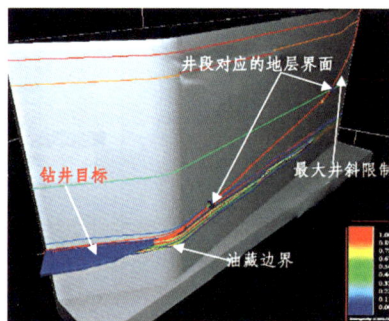

(b) 由预测的地层资料确定钻井轨迹方案

钻前预测

什么样的岩石、地层流体的组分和压力、井眼最终目标、途经的地层岩性、分层界面、可能出现的工程复杂情况等，用于指导施工作业，避免在漆黑的夜晚"摔跟头"，这就是通常所说的测井技术。打个比方，与外科医生在做微创手术时的内窥镜相似。

一口井从钻井开始，到油气藏采掘过程中，至油气藏枯竭，直至油气井废弃全生命周期，都需要测井。测井是勘探地下油气藏的重要方法，是油气藏勘探开发过程中非常有效的检查和监测手段。在目前的石油天然气勘探及开发开采工程技术中，测井提供的资料是最重要、最直接、分辨率最高的一种资料，无疑对石油天然气工业具有十分重要的意义和作用（详细内容请参见知识小讲堂"地球物理测井"）。

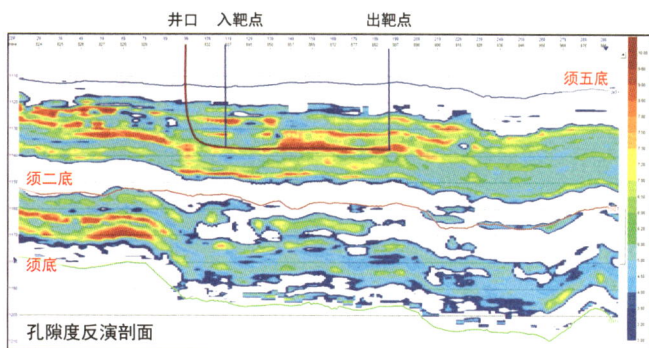

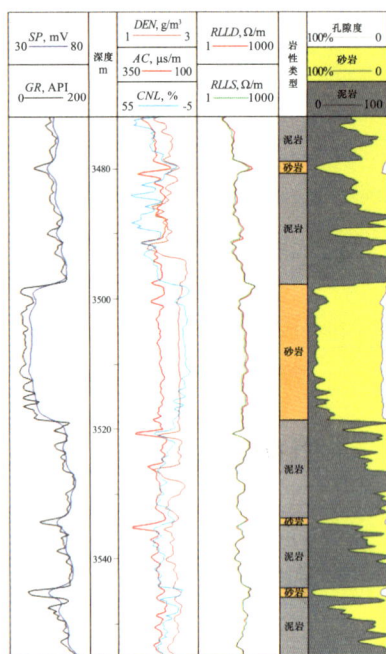

常规测井，获得地层岩性

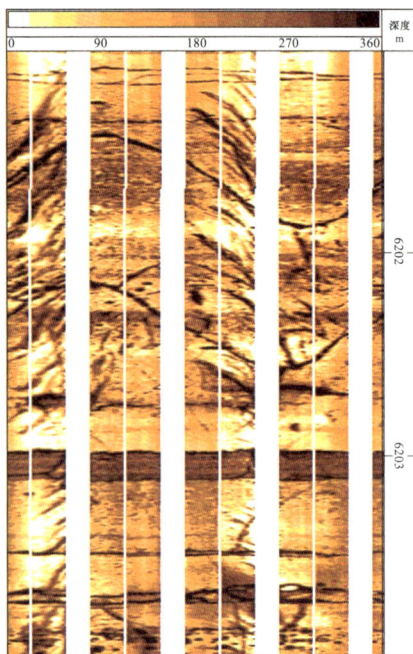

成像测井，获得地层裂缝发育情况

⊙ 录井

　　"千里眼"看地层效果较好，但是大多数需要在钻井期间钻至一定深度后单独进行测量，认识地层存在一定滞后且花钱太多。为了在钻井过程中及时识别地层情况，准确发现油气层，人们又想出了利用钻井过程中的"地面排出物"看地层情况，这称之为"岩屑录井"。钻井过程中，钻头在井底钻碎的岩石碎屑称为岩屑，它通过钻井液循环，不断地返至地面。如果岩屑录井资料完整，并经过有经验的地质学家解释，通过这些岩屑就能获得相关地层的十分重要的消息。岩屑是及时认识井眼周围地层岩性和油气层的直观材料。按岩屑返排到地面的时间进行捞取和深度记录，并对每次取得的混杂样品进行挑选，排除上部坍塌的岩屑后，进行肉眼或显微镜下地质观察、描述、定名，粗略估算不同岩屑样品的质量或体积百分比，确定不同取样深度的岩石类别，可以做出井下地层岩性剖面柱状图，通过此图可以清晰地认识地下岩性组合特征。在此工作中还要用荧光灯照射某些层段的岩屑

以识别其含油气性，以上工作统称为岩屑录井。录井所获得的岩屑含有所属地层的多种信息，包括岩石类型、钻遇的地层、岩石的地质年代、钻遇地层的井深、地层可钻性、孔隙度和渗透率参数等，可推断所属地层的物理化学性质、含油气情况等。岩屑录井具有费用少、了解地下情况及时、资料系统性强、成本低、简便易行等优点，是油气勘探中必须进行的一项工作。

（a）清洗中的岩屑

（b）清洗后的岩屑

（c）清洗后的岩屑

岩屑

对于探井而言，通常是在全井段按一定规律间隔获取岩屑样，对于开发井而言，只需对目的层获取岩屑样，无需全井段大范围取样。

在进行岩屑样的采集时务必要当心，必须确保记录的钻井时间与相应的地层深度匹配，否则会漏掉信息，漏掉地层。

录井，除了岩屑录井之外，还有钻井液录井。简言之，就是指在钻井过程中利用专用器具和设备按一定深度或时间对返出井口的钻井液密度、黏度、温度、电导率、失水量、滤饼、含砂量、切力、pH 值、氯离子含量、含油气显示情况与性质、钻井液漏失量、涌出量等各种资料进行观察、化验与记录。通过钻井液录井可以及时发现油气水漏迹象，对安全、快速钻井和判断地下油气水层十分有意义。

除此之外，录井还有岩心录井。简言之，就是指在钻井过程中，用专用取心工具在井下从地层中取出岩石样品，并对这些岩石样品进行整理、丈量、归位，对岩石的岩性、颜色、结构、成分、构造、孔洞缝特征、含油气水情况进行观察与描述，并根据油气田勘探开发需要进行相应实验分析，从而了解地层的岩性、时代、沉积特征、岩石物理化学性质和含油、气、水状况，是计算石油储量、编制合理开发方案、提高采收率等必不可少的基础资料。

不言而喻，录井是油气勘探与开发活动中最基本的一项技术，是成功走向井底，发现油气藏、认识油气藏、评估油气藏、改造油气藏、保护油气藏最及时、最直接的手段，它具有获取地下信息及时、多样，分析、解释和评价快速的特点。岩屑录井已成为一种不可或缺的资料获取方法。

⊙ 从地下几千米位置取样（岩石样品、流体样品）分析

岩屑录井成本低，效果好，但是不能完全反映地层岩石的整体情况，测井可以很好地推测油层的某些性质（如孔隙度、渗透率、地层厚度等），但不能取代在油气藏岩石上进行直接测定，因此，有时候还需要从地层岩石中做小型"穿刺"取"活体"样本，叫取心，即为了解地层地质情况，对所钻地层进行岩石取样的过程，是最早采用的一种地层评价方式。类似去医院做"活检"。取心需要向地层几千米的位置下入专业工具，成本较高，但取心是获得地下岩层样品的最佳途径。取心的工序是：从井中起出钻柱，然后将取心钻头或井壁取心器下入井中进行取心。将所取的岩石样品在实验室进行分析，如粒度分析、岩心薄片观察鉴定、电子显微镜观察、CT、核磁分析等，就可以获得地层岩石的孔隙度、渗透率、压缩性、含油含水饱和度等性质。

取心提供了研究一口井中从浅到深的岩石序列性质的机会。它可以记录所钻遇地层的岩性，并且可与测井资料进行对比。根据对取出的样品储层物性（孔隙度和渗透率）的测定就能够定量表示这个井段储集油气的岩层特性。此外，从所取的岩心中钻取的岩样也可以用于研究连通孔隙空间的流动特征和流体特性等。

岩样

取岩样工具

当钻井钻到目标油气层时，会下入专用的流体取样筒，取得目标油气层中的流体，然后送到实验室分析这些流体（油、气、水）的PVT性质，即在不同温度压力下流体性质（如黏度、气油比、压缩性等）的变化。

通常，取心有两种情况。包括油气藏投入采掘前取心和采掘过程中取心。在油气藏投入采掘前，在勘探阶段通过钻井获取地下岩心，对其分析可以获得地层的年代，油气层起伏（构造形态）、分布、面积、埋深、厚度等。在油气藏采掘过程中取心，通过取心井获取岩心，对其分析可以获得注入水的推进情况及波及范围、油气层水淹状况、剩余油气分布及富集区域等。

现场井下流体取样

显然，利用岩心可以直观分析油气层的性质，推断油层中含油含气、油气层的好坏等，从而获得重要的勘探开发信息。

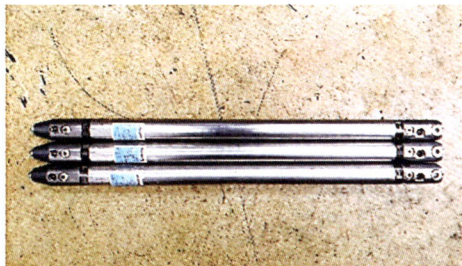

井下流体取样器

当钻到目标油气层时，将对目标油气层中的流体进行取样（包括地下取样和地面取样），然后送到实验室分析这些流体（油、气、水）的PVT性质，即在不同温度压力下流体性质（如黏度、气油比、压缩性等）的变化。

⊙ 生产测试

通过地震勘察、钻井、录井、测井、取样等手段初步确实可能含油（气）层位，为了确定是否具有经济价值或是否达到工业油气产量的基本要求，需要进行试油（试气）。即首先通过放喷的方式，计量在不同压力下的井口产出油气量的速度（或称为日产量）。

海上生产测试

陆上生产测试

除了上面所说的证实是否具有工业开采价值的试油（试气）外，在油气井生产初期或在某个阶段，我们需要知道该井产油岩层的流动条件、供液和供气能力，常常也进行测试，需要向井底下入不同类型的工具来开展工作。这些测试包括了解地层流动性质的测试、产能测试（供液／供气能力测试）和了解产油岩层在不同深度的出油能力差异等。了解地层流动性质的测试是在井底下入温度和压力计，记录在井口开井和关井的时间段内油气井的井底压力和温度的变化数据，然

后通过相应的数学方法来了解和解释产油气层位的岩层流动条件。供液能力和供气能力测试也称为油气井的产能测试，它是通过记录逐渐改变井口产量时井底流动压力的变化数据，通过对比生产压差（原始地层压力和井底流动压力的差）和产量的关系，求取不同生产压力差下的产量关系式。而了解产油气层位不同深度的出油能力，主要是通过将特定的仪器下入井筒，可测试地下岩层不同深度段的产出情况。

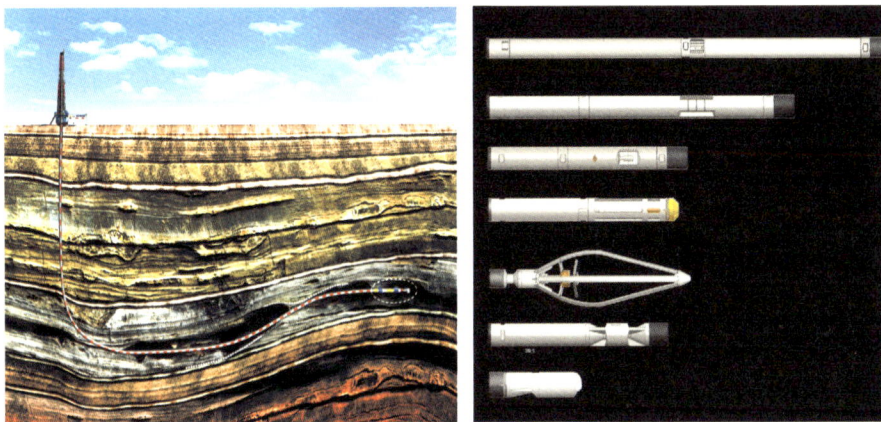

井筒至井底入工具情况（左图，胡文瑞，2021）

知识·小讲堂

地球物理测井
（简称测井）

流体取样

地球物理学家通过地球物理勘探可以预测石油和天然气富集的最有可能的地理位置及可能发现油气的地质年代，但具有不确定性，还有很多"模糊"的问题需要回答。而回答这些不确定性问题的就是钻井工程师，他们通过钻井钻遇地层，通过各种方法（例如测井、录井、取样、测试）来确定和挖掘钻遇地层包含的所有信息，对油气层评价来说非常重要，例如查明油（气）藏构造形态、含油（气）面积、储量规模、流体性质及生产能力等一系列情况。

井家族——各式各样的"井"

通过钻井形成井眼，然后在井眼中下入套管，并在套管与地层环空间注入水泥浆以加固井眼（固井），再通过完井（射孔或裸眼），配上地面井口装置，便形成了完美的油气采掘的通道——"井"。为了把地下油气藏中的油气更多地采掘到地面来，石油人发明了各式各样的"井"。例如，从地下产出原油的"井"称为采油井，产出天然气的"井"称为采气井，采油井、采气井也称为"生产井"。当然，在地面将水注入油气地层中的"井"称为"注水井"，将气注入油气地层中的"井"称为"注气井"，注水井、注气井也称为"注入井"。根据油气采掘过程所依赖的能量不同，生产井可分为两大类：自喷井和机械采油井。

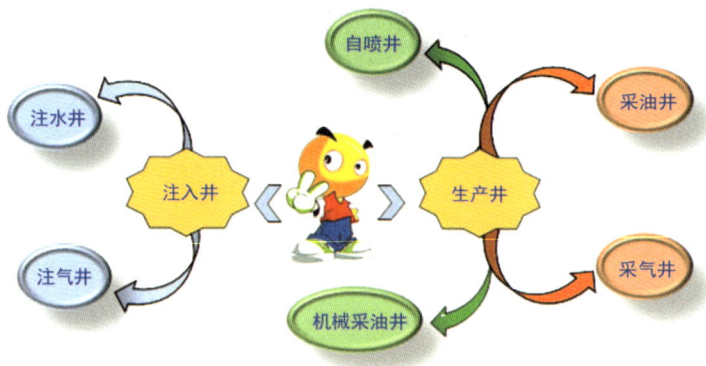

各式各样的井

⊙ 自喷井

原油深埋地下，其上部覆盖着数千米厚的岩石和地表的泥土，给原油及其储集它的岩石集聚了大量的弹性能量。自喷，顾名思义，就是依靠自身的力量喷出来，这与大家常见的天然喷泉、火山喷发相似。一旦油层通过油井与地面连通后，就如同充满气的气球或轮胎被扎了一个眼，原油在上覆岩石的挤压下就不断从井内喷出。

采油井井口　　　　　采油井井口　　　　　采气井井口

陆上自喷井的井口

　　为了让原油顺利从油层流到地面，需要用特殊工具从地面至油层钻出一个井眼并下入长达数千米的油管作为原油流动通道。油管由井口装置悬挂并固定。井口装置的另一重要作用是控制油气的流动，就如同地面水龙头一样，可以根据用户的需要，提供适量的水流；在不需要自来水时，关闭水龙头，自来水停止流动。这种方式的采油井称之为自喷采油井。

　　天然气井自喷时，因天然气密度远小于液体密度，井筒消耗的压力较小，井口耐压等级较高，通常需要进行多级节流降压，才能满足外输压力条件。

⊙ 机械采油井

　　随着原油不断喷出，地层压力下降，油层岩石及原油的体积逐渐膨胀，弹性能量也逐渐释放，油层中新的压力平衡慢慢建立起来，原油的喷势逐渐减弱。最终，当地层能量不足以将原油举升至地面时，油井就停喷，就如同上述放了气的气球或轮胎。当油层能量不足以举升液体至地面时，人为地利用机械设备给井内液体补充能量的方式（如用泵抽、注入气体举升原油等）将原油采出地面称之为机械采

泵举采油井井口

油，又称为人工举升工艺。其本质与用抽水泵把水从湖面抽到某一高度相同，只是机械采油是在钻井形成的井眼中完成举升的。根据提供能量不同，机械采油可分为气举和泵举两类。

CHAPTER 3 · 钻井——修建"油气"通向地面的人工通道

163

气举采油井井口

海上采油井井口

机械采油井井口

气举，就是人为地将高压气体（例如，空气、天然气）从地面井口压入油井井底，压入的气体与油层流入井筒的流体（例如，原油或原油与水）混合，流体密度降低，井底压力减小，原油喷出地面的采油方法。该过程与碳酸饮料举液相同（大幅振荡碳酸饮料，从瓶底部至井口不断产生气泡，将液体举出瓶口），而气举时气体为外部注入。

泵举，则需将选定的各类泵（有杆泵、电泵、射流泵等）安装在井中液面以下某个位置，利用抽油杆、电缆或高压液体等方式将能量传递给泵，由泵转换为油层产出流体的势能，将液体举升至地面。

⊙ 注入井

随着原油不断被采出至地面，油层内流体压力逐渐下降，原油从油层流到采油井的动力减小，产量下降。为了填补原油让出的空间，往往需要向油层注入水或气体，使油层保持一定的压力，驱动原油向采出井筒流动。

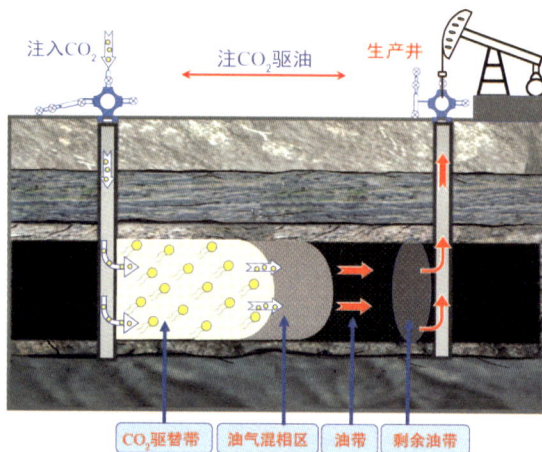

注入井向油层注 CO_2 驱油示意图

为了让流体注入油层，需要新钻井眼或利用报废的油井，形成地面流体至油层通道。由于油层流体具有高压、高温、高矿化度等特征，注入流体需与油层流体进行一系列的配伍实验，确保注入流体与油层流体不发生沉淀、结垢等，既给油层流体增加压力，又不阻碍流体流动能力，从而提高油井产量。

注水井井口装置示意图

知识·小·讲堂

立式抽油机

新疆风城油田立式抽油机场景

⊙ 丛式井

丛式井是在定向井技术基础上发展起来的一项工艺，指的是在一个井场或平台上，钻出若干口井，各井井口相距数米，而各井的井底则伸向不同的方位和深度。美国 Gilda 油田丛式井钻井平台，最多可钻96 口丛式井，是目前世界钻井数量最多的平台。

长庆油田某一丛式井钻井平台

新疆油田红 003 井区

胜利油田某一丛式井组

丛式井平台有很多优点：（1）较好地克服了因地面条件所造成的各种限制，节省了工业占地，简化了地面建设；（2）减少了热、电能损耗，节约了油田建设总投资，大大地加快了油田建设速度；（3）可以使整装油田的开采井网更加合理、优配，增加了油气层的裸露面积，提高采收率；（4）便于采油气集中建站、集中管理；（5）多应用于复杂山区、海上钻井平台、沙漠中钻井平台、人工岛等。

缺点：（1）随着单平台内井口数目越来越多，井与井易发生相碰；（2）作业难度大，作业中期由于地质要求的变化会导致后续钻井的难度增加；（3）发生钻井事故，恢复钻进比处理单个定向井复杂。

⊙ 井工厂

"井工厂"技术起源于北美，最早是美国人移植大机器生产的流水作业线方式，用于油气开采，特别是非常规油气资源的发现和开发，降低了成本，提高劳动生产效率，得到广泛应用。美国实现了"页岩气革命"，这就是其中的一项"革命性技术"。该技术通常是指地面有限的一个区域内集中布置大批相似的井，采用大量标准化技术装备与服务，以生产及装配流水线方式高效实施油气钻井、压裂、采油、采气等施工和生产作业的一种低成本工厂化开发模式，与工厂的生产方法或方式比较相似。与大餐厅做菜一样，洗菜、切菜、炒菜都是专人负责，可以同时进行，节约周期。如果不是采用井工厂模式，将是洗完菜，再进入切菜环节，最后进入炒菜环节，整个周期就比较长。

"长宁—威远"国家级页岩气
示范区某一井工厂平台
（平台布置了8口井）

长庆油田某一井工厂平台
（平台布置了9口井）

威 204H3 平台双钻机作业现场　　　　工厂化作业移动钻机系统

页岩气开发批量化钻井

　　简而言之，"井工厂"可以集中配置人力、物力、投资、组织等要素，充分协调统筹地理环境、材料供给、电力供应、人力物力财力，采用"群式布井、集中施工、流水作业、资源整合、统一管理、远程控制"方式，按工厂化组织管理模式把各工序有效地衔接起来，并按相应标准进行批量化施工与流水作业，从而降低工程成本、提高作业效率。

　　例如，在同一平台钻井，先准备好钻开地层上部表层（一开）的钻井液后，可以用相同钻具组合把所有井表层钻完，批量化钻井，一次完成；再配制二开钻井液，再用二开钻具组合钻所有二开井眼，批量化完成表层以下的钻井，依次类推。这样既可以降低钻井液配制成本，也可以大幅度降低钻井周期。同时，也为下道工序压裂、试油、试气批量化作业创造了条件。

　　美国致密砂岩气、页岩气开发，英国北海油田、墨西哥湾和巴西深海油田，都采用工厂化作业的方式。陆上一个井场钻50多口井，海上一个钻井平台钻100多口井，高度集中的流水线施工和作业，使开采成本大大降低和投资者的效益最大化。

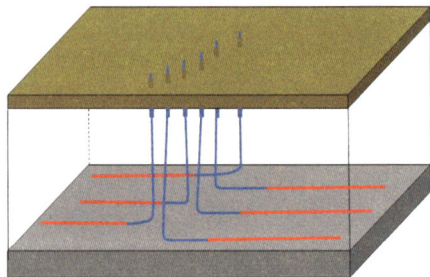

井工厂平台

长庆苏里格南气田开发，采用工厂化作业的方式，油气井表层钻井批量化施工一次完成，钻井、压裂双机交叉联合作业，每钻完一口井，120~170t钻井设施，包括钻井机房，整体通过轨道滑动式平移系统移动到下一口井，时间不超过4h，大大缩短了施工周期，使石油施工作业方式发生了质的飞跃。

四川盆地"长宁—威远"国家级页岩气示范区，采用"双钻机作业、批量化钻进、标准化运作"，钻前工程周期缩短30%，设备安装时间减少70%，钻机平移时间最快达到0.5h；采用"整体化部署、分布式压裂、拉链式作业"的工厂化压裂模式，压裂作业效率提高50%，时效达到12h2~3段，最高达到了4段/天，平台半支压裂周期平均30天；压裂作业系统不断配套完善，为多平台长期、连续、高强度施工作业提供了保障。

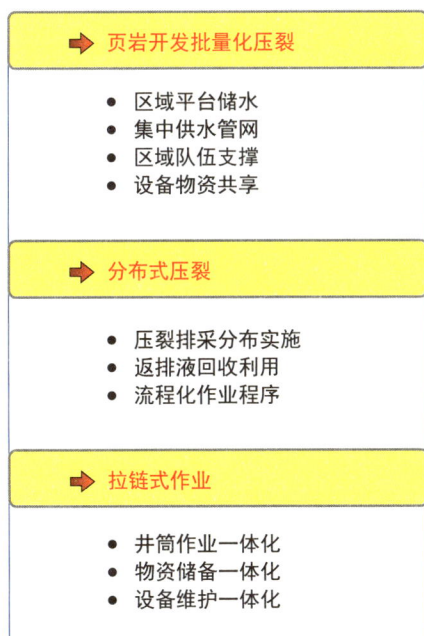

页岩开发批量化压裂
- 区域平台储水
- 集中供水管网
- 区域队伍支撑
- 设备物资共享

分布式压裂
- 压裂排采分布实施
- 返排液回收利用
- 流程化作业程序

拉链式作业
- 井筒作业一体化
- 物资储备一体化
- 设备维护一体化

工厂化压裂作业模式

工厂化压裂技术

连续混配系统
连续供砂系统
连续供液系统
连续泵注系统
工具下入系统
连油钻磨系统
后勤保障系统

页岩气开发批量化压裂

优点：（1）利用最小的丛式井井场使开发井网覆盖储层区域最大化，减少了井场的占地面积；（2）多口井集中钻完井和生产，减少了人力成本、钻完井施工车辆及钻机搬家时间，同时地面工程及生产管理也得到简化，大大降低了作业成本；

（3）多口井依次一开、固井，二开、再依次固完井，钻井、固井、测井工序间无停顿，一气呵成，实现设备利用最大化，提高了作业效率；（4）多口井在相同开次钻井液体系相同，钻井液重复利用，大幅降低钻井液用量，减少钻井费用；（5）多口井进行同步压裂，改变井组间储层应力场的分布，有利于形成网状裂缝；（6）压裂液返排后回收利用，节约成本又有利于保护生态环境；（7）多适用于油气储层分布较稳定的页岩气藏、致密油藏及致密气藏等。

缺点：（1）增加了井眼轨迹控制难度，对设备和技术要求较高；（2）总体井组钻井周期较长，一般要在整个井组完钻后才可进行后续的作业；（3）加大了现场工程监督难度。

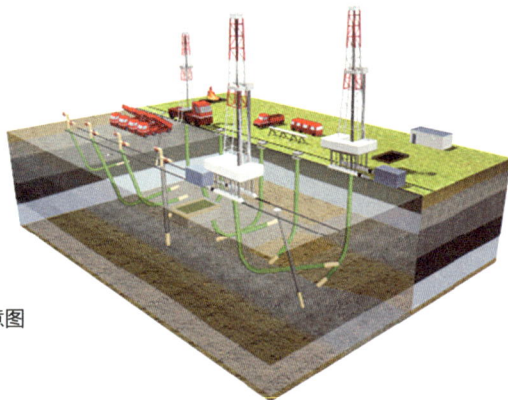

"工厂化"作业模式示意图
（胡文瑞，2021）

宁 209H10 平台

知识·小讲堂

井底静压
井底流压
静压梯度
流压梯度
生产压差
井口压力
动液面
静液面
沉没度
采油树

"工厂化"管理、"工厂化"作业、"工厂化"技术，它的意义不在于油气开采，而在于是一种全新的作业方式，它影响了人们的思维、观念和行为。"工厂化"特别适用于低品位非常规油气资源（例如，页岩气资源）的低成本开发作业，相对于传统的油气钻井、压裂、采油、采气、生产方式，无疑是一次进步，将助力我国非常规油气资源的持续规模效益开发。

地下油气能乖乖地沿 "井" 涌出地面吗

CHAPTER 4

石油是怎么采掘到 地面的呢（一）

石油是怎么采掘到 地面的呢（二）

石油是怎么采掘到 地面的呢（三）

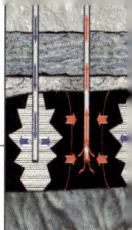

十八般武艺促"蛹"（油气）从地下"飞"到地面

　　油气在地下岩层中好比"茧"中之"蛹"。有了人工凿成的"蛹"道，形成"蛹"飞到地面的各式各样的"井"后，"蛹"会乖乖地移动到地面吗？还是要像大多数水井那样利用抽水机来抽取？地下油气藏中的"蛹"——油气，以什么方式、依靠什么能量沿着该通道、通过"井"，更多地"飞"到地面上来，进入千家万户呢？自 1859 年 8 月美国艾德温·德雷克钻成世界上第一口油井至今，科学家们从来没有停止过这方面的思考。到目前为止，各种人工的、物理的、化学的、生物的方法等都在应用，可以丝毫不夸张地说，人们用尽了十八般武艺让地下"茧"中的"蛹"——油气"飞"到地面。

川中女 2 井附近，工人在溪河里装石油
（由西南石油大学档案馆提供）

黑油山汩汩冒出的石油

油藏自身的天然能量助力采掘
—— 一次采油

　　我们都知道，地球是一个庞大的热库，蕴藏着巨大的热能，如地热能、熔岩等，具有高温、高压的特点，已成功开发利用在地热发电、地热供暖、温泉疗养、游乐等领域，如在北京小汤山和河北省雄县等地均建立了温泉旅游疗养基地。

　　地球内部热能是一种天然的能量，火山喷发（volcanic eruption）就是其在地表的一种最强烈的显示，如冰岛艾雅法拉火山喷发、菲律宾马荣火山喷发。高温熔融状态的岩浆主要集中在离地

地热示意图

表几百千米以下的上地幔层内，由于受到沉重的上覆岩层的压力，处于一种强烈的压缩状态，一旦出现裂缝，岩浆会沿着压力较弱的裂缝和地层浅薄处猛烈地喷发出来，喷出地面几千米高，气势壮观。

熔岩示意图（苏德辰，孙爱萍，2017）

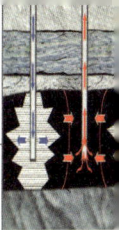

1984 年 3 月 25 日，美国夏威夷 Mauna Loa 火山喷发
（苏德辰，孙爱萍，2017）

　　显然，地热能、熔岩都是一种天然能量。那么，我们发现的地下油气藏中是否也存在天然能量呢？

　　是的，油气藏中也存在着天然能量！油气藏中第一种天然能量叫作弹性力。

　　油气藏深埋地下几百米、几千米甚至上万米。世界上已发现的油气藏温度高达 200℃，地层压力接近 200MPa，这相当于在指甲那么大的地方上有 2000kg 的压力，相当于在 20000m 海水深处的压力，是异常高温、高压油气藏。例如，我国塔里木油田的克深区块深度达 7000m，温度达 193℃，地层压力达 165MPa（相当于 16500m 海水深处的压力），比马里亚纳海沟最深处（11034m）的压力还大，其中克深 902 井钻井深度达 8028m，是世界上典型的高温、高压油气藏。

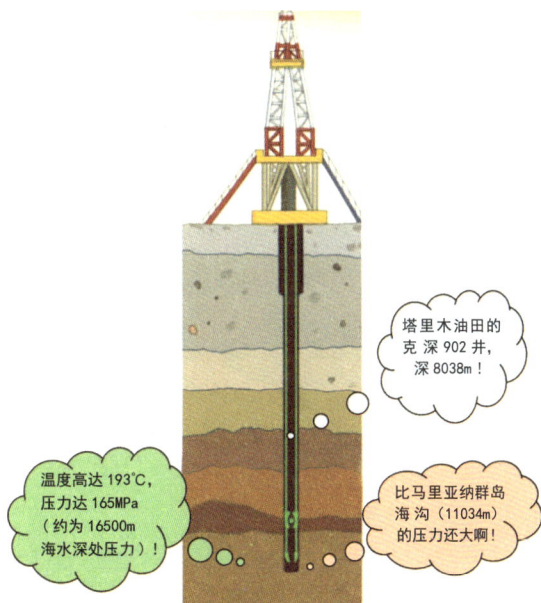

塔里木油田的克深 902 井，深 8038m！

温度高达 193℃，压力达 165MPa（约为 16500m 海水处压力）！

比马里亚纳群岛海沟（11034m）的压力还大啊！

高温高压深井示意图

第1章我们介绍过,油气藏深埋在地下,储层岩石及流体具有弹性,在上覆沉积岩层的重压下处于高度压缩状态,聚集较大的弹性能量,一旦油气层找到通道与地面连通,例如钻井井眼、断层、裂缝等,能量就会释放,如果控制不好,就会造成重大的灾难。2010年4月20日,BP位于墨西哥湾的"深水地平线"钻井平台发生井喷爆炸着火事故,深水地平线平台沉入海底,大面积海域受到严重污染。2003年12月23日,轰动全国的重庆开县罗家2井重大井喷事故65000人被紧急疏散安置,这些事故就是因为深埋地下油气藏巨大的天然能量所致。

（孟伟,2020）

（马晓雨,2020）

2010年4月20日,墨西哥湾的"深水地平线"钻井平台井喷爆炸事故现场

2006年3月25日,重庆开县,罗家2井重大井喷事故现场

　　埋藏于地下的油气一旦找到流动的通道,有的就会势不可挡,喷出地面,好比液化罐中的天然气,一旦罐的阀门密封失效,罐中的气体将势如破竹,带着巨大的"嘶嘶"声喷薄而出。这些天然能量来自岩石和岩石中的流体(石油、天然气和地层水),一旦地层中的流体沿着通道源源不断地"涌"到地面,地层压力自然就会下降,地层压力的下降就会形成各种各样动力推动油气流向井底。

（由西南石油大学档案馆提供）

（由西南石油大学档案馆提供）

地面石油、天然气喷出现场

五种天然能量
弹性力
溶解气膨胀作用
气顶气膨胀作用
重力作用
水体作用

除了弹性力，地下油气藏中还隐藏着什么样的"神秘"动力能让油气从地下深处"飞"到地面呢？

⊙ **弹性驱动 / 压实驱动**

岩石和液体的"胀"与"缩"，助力采掘。液体是可压缩的，是有弹性的，这一点大家都已经很熟悉了。其实，坚硬如铁板的岩石也是可压缩、有弹性的，因为岩石中有数也数不清、肉眼也看不见的孔孔，有的孔孔甚至与"细菌"大小差不多，不容置疑，地下油气藏是有弹性的。一个四周完全封闭的油气藏可以简单地看成是一个充满了气的皮球，如果我们在这个皮球上刺一个小孔，皮球上受压缩的气体就会喷出来。

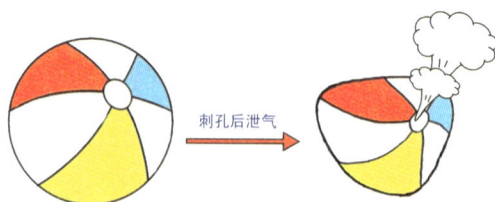

"胀"与"缩"

当钻井工人从地面钻一口井到地下油层，地面压力低，但是油层是高压，地下地面就会有很大的压力差，在这个压力差的作用下，上覆地层就像挤海绵一样将石油从油层挤到油井，并通过井眼"飞"出地面。其实，这个"挤海绵"的过程，有两个推手。一是地层压力下降，液体自身体积膨胀，二是岩石进一步被压缩，充满液体的空隙逐渐减小。这一"胀"一"缩"共同作用，迫使地层原油最终"飞"到地面，这种方式专业上称之为弹性驱动或压实驱动。

挤海绵

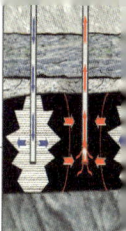

这种方式有时威力很大，破坏性很强，有时会导致地面下沉。例如，加利福尼亚州的长滩惠明顿油田开采造成了城市下降。

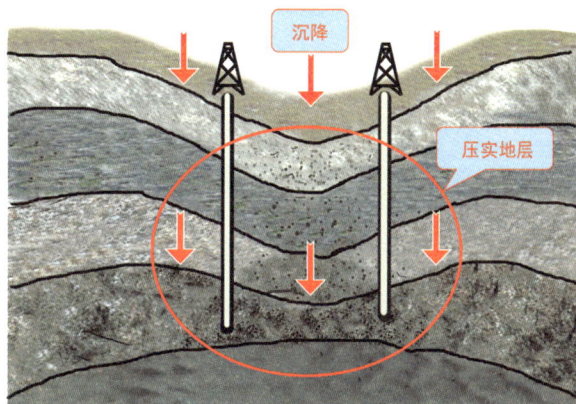

生产造成的地面沉降

知识·小·讲堂

加利福尼亚州的长滩惠明顿油田

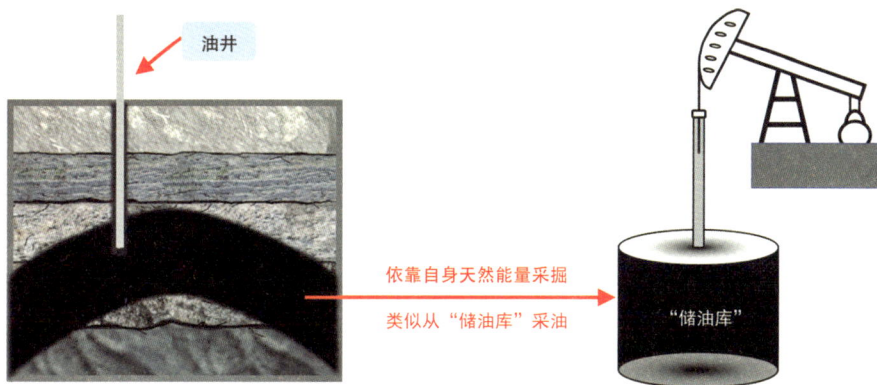

这种方式采掘出来的原油产量一般较低，因为弹性能量是有限的。不过，如果采掘过程中地层压力下降对岩石中的孔孔大小影响很大，例如浅层油藏，这种方式就是一种非常重要的油藏能量来源方式。较为典型的是，在 Venezuelan 地区的一个油藏，靠这种方式采掘出的油量为总的采出油量的 50% 以上。

这种方式主要发生在：油藏四周封闭、不与任何水域连通；没有任何流体、气体等外来物质注入油藏中去。简言之，油藏采掘过程完全依靠自身的天然能量，无任何能量补充，好似是一个完全独立的地下"储油库"。

油藏衰竭开采示意图（油藏，无气顶，无连通水域）

⊙ 水压驱动（刚性水驱和弹性水驱）

天然水域，助力采掘。地下油藏并非都是四周封闭的，其实，很多油藏往往是与一个很开阔的水域相连通的。因此，与四周封闭的油藏不同，这类油藏采掘过程中，地层压力下降，与其连通水域（边水、底水）的水会"侵"入油藏，填补被采掘后的原油空间，阻止压力下降，专业上称之为水压驱动。很显然，这里的"水域"是天生的、自然的，是与相连通的油藏一起与生俱来的。

通常，依据与水连通的水体区域的大小，科学家们将水压驱动分为刚性水压驱动和弹性水压驱动。简而言之，刚性水压驱动就是从地层中采掘出多少原油，就会有多少水及时"侵"入油层，采掘出的油量与侵入油层的水的量基本相当，换言之，地层能量"亏空"与"补偿"基本

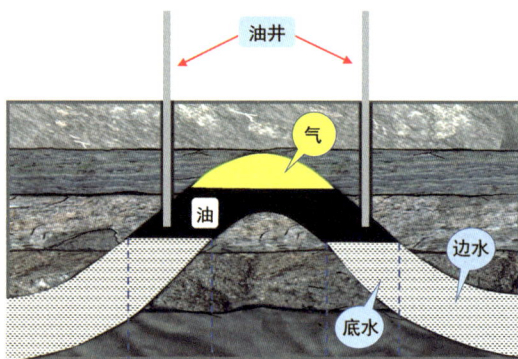

边水、底水油藏示意图

知识·小讲堂

刚性水驱驱动
弹性水压驱动
底　水
边　水

平衡，地层压力基本保持不变，油井的产油能力比较强。"侵"入油层的水不稳定并且比从地层产出的原油少（或称为弹性水侵），这种情形难以保持地层压力不变，但因为或多或少有水"侵入"补偿一部分亏空，所以能减缓地层压力的下降速度，也是有利于原油的产出的。这种情形好比从水库里边抽水。

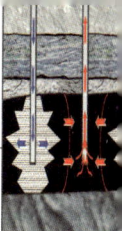

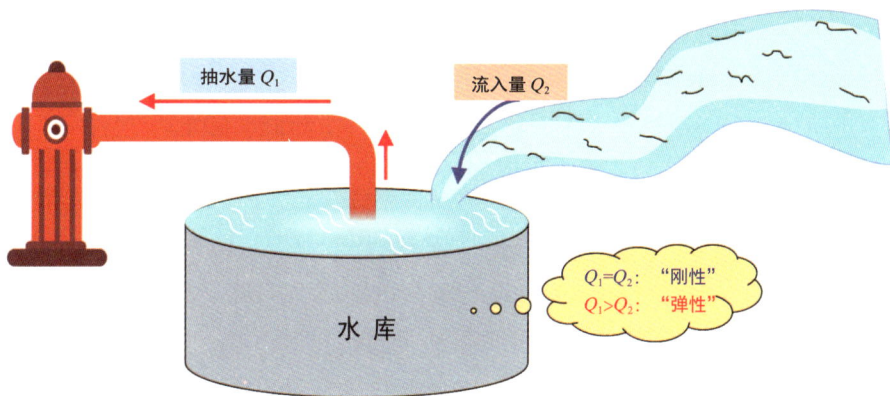

水库抽水示意图

有些情况下水域的存在并非是好事。例如，对于存在裂缝，尤其是存在大裂缝的油气藏，如果与其连通水域面积大、水体的能量很强，油气采掘过程中水会沿裂缝快速"突"进或"窜"进，导致油气井过早见水，甚至水淹，采掘出来的油气产量低。例如，菲律宾海上一个小的 Nido 油田就发生了这种情况，强烈的底水能量导致油井过早水淹，公司被迫关闭。我国四川威远震旦系气藏，由于强烈的底水作用和大裂缝的存在，气井过早见水、水淹，导致气藏全面停产并关闭。

那么，有没有办法在地层原油采掘时能够保持地层压力不下降或者说能够找到办法人工干预地层压力下降速度呢？答案是肯定的，后面我们会回答这个问题。

⊙ 溶解气驱动——依靠气体膨胀的作用

"束缚"的天然气，助力采掘。从第 1 章大家已经知道了，地下原油与地层水最大的区别就是溶解了天然气，有时溶解的天然气量还很大，显然它们处于高度压缩的状态被"束缚"在原油之中。一旦石油工人钻井钻开油层，便形成油层—井底—井筒—地面的原油运动通道。当采掘原油过程中地层压力下降到某一压力值（称之为饱和压力）时，溶解在原油中的天然气就会挣脱束缚从原油中不断"逃逸"出来，成为一个一个独立的气泡，气泡逐渐膨胀将原油推向井底。显然，随采掘的进行，地层压力进一步降低，"逃逸"出来的一个一个独立、分散、自由流动的气泡变大、合并成连续流动的气体，体积逐渐增大、膨胀将原油"推"向井底，这种方式专业上称之为溶解气驱动。

其实，这种方式也是弹性驱动的一种，不过它的弹性能量主要是气泡的膨胀，而不是液体和岩石的膨胀。因此，这种方式采掘过程中，压力下降很快，采掘出的原油量降得也快，特别是当"逃逸"出的气体进入井底后，气把油"排挤"到了一边，原油就几乎产不出来了，采掘出来的就基本上是气体了。

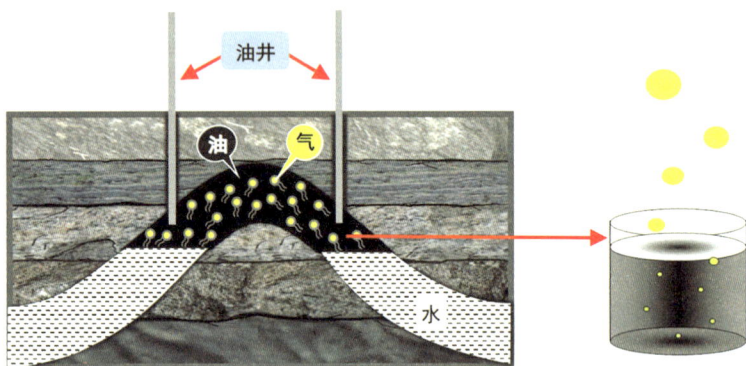

溶解气驱油藏示意图

⊙ 气顶膨胀驱动——顶部气体膨胀作用

知识·小讲堂

克拉玛依"黑油山"

油层的"帽子"，助力采掘。有的油藏在油层的上方或顶部还有一个气层，就好像油层顶部戴了一顶"帽子"，"帽子"中的天然气处于高度压缩状态，原油采掘时，地层压力下降，它们会膨胀成为"推"动原油运动到井底的动力，这种方式称为气顶膨胀驱，也叫气压驱动。

这种方式采掘过程中，地层压力和采掘出的原油量下降很快，很有趣的是，当地层中膨胀的天然

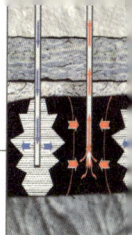

气到达井底后，气把油"排挤"到了一边，油井就基本上只产气，几乎采不出油了。因此，对于这类油藏，石油工程师们绞尽脑汁想办法，先采掘油藏中的油，让气层中的天然气"均匀"膨胀推动油到井底，待将油"吃干榨尽"之后再来采掘帽子中的气。

这种方式采掘出的原油可以达到整个油藏地质储量的 20%～30%，一般高于溶解气驱动方式。

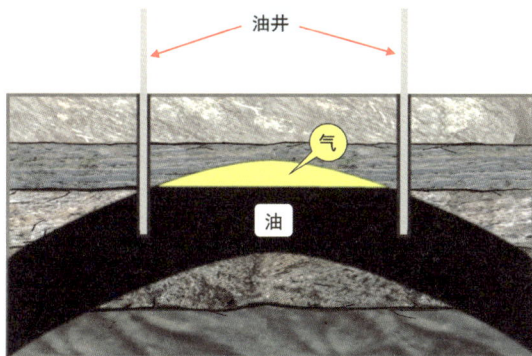

气顶驱油藏示意图

重力驱动油藏及生产特征示意图

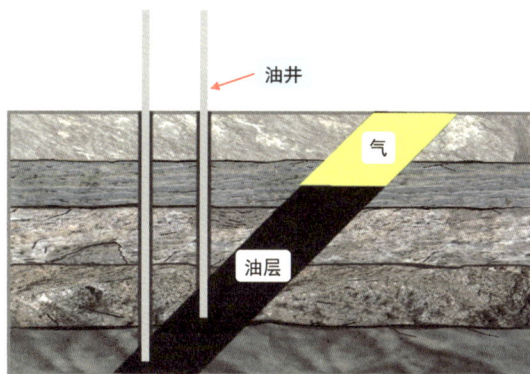

⊙ 重力驱动——依靠原油自身重量作用

油层自身的重力，助力采掘。大家都知道，地球上任何物体都有重力，地下油、气也不例外。依靠油层中原油本身重力作用将油推入井中，称之为重力驱动。什么情况下重力"驱"油效果最好呢？通常，当油层渗透性较好、油层较厚、油层倾斜且较陡时（倾角至少15°），重力驱动是最有效的。重力作用有时威力还是很大的，通常采掘出来的原油量可以达到总的地质储量的 30%～60%，是非常可观的。

因此，石油工人们在油藏采掘的初期，通常依靠这五种天然能量中的一种或几种的共同作用采掘出地层中的部分原油，这种方式也习惯称之为"一次采油"。

显然，一次采油揭开了地下油气的神秘面纱，沉睡了数百万年甚至上亿年的油气依靠自身的天然能量摆脱各种束缚，沿着"井"这个通道"飞"到地面。可惜的是，这种方式由于没有任何外来的能量补充到油层中，因此，随着原油采掘的不断进行，地层不断亏空，压力不断降低，最终能采掘出来的原油不多。一般只能采掘出原始地质储量的 5%~20%。道理很简单，因为岩石、流体的弹性能量是有限的，这好比弹簧被压缩一样，开始弹力很强，随着弹簧体积扩展，弹力越来越弱，最终失去弹力。正因为如此，科学家们给这种方式又取了一个名字，叫"衰竭"开采方式。

知识·小·讲堂

相关概念

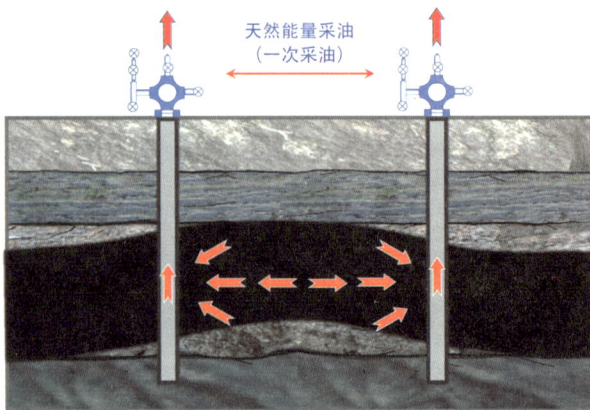

一次采油示意图

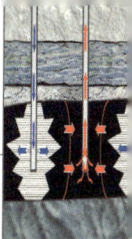

灌"水"灌"气"助力采掘——二次采油

大家已经很明白，如果没有任何外来补偿，一次采油方式下油层会慢慢亏空，总有一天，地层中的天然能量会消耗殆尽，再没有能力助力地层中的原油"飞"到地面，大量的原油就没有动力运动到井底，从而只有滞留在地下了。由前面内容可知，最严重的亏空，甚至会引起

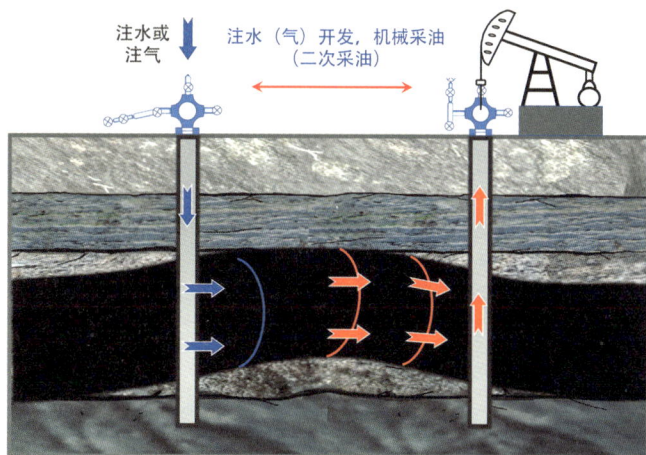

油藏"二次采油"示意图

地层的下陷。因此，通常情况下，油藏靠天然力量采掘一段时间后，需要向地层中补充能量来补偿采掘造成的亏空。目前，工程师们通常的做法是从地面通过另一个"井"（注入井）将"水或气体"灌入油层中，以达到补充地层能量亏空的目的，同时灌入的"水或气体"进入油层后还有一个重要的功能就是驱赶地层中的原油向油井方向运动，提供动力将依靠天然能量不能采掘出的那部分原油"举"到地面，这种方式习惯上称之为"二次采油"。简言之，这种方式就是通过"注水"或"注气"来保持地层压力，并不断将油"挤"到油井的方法。

⊙ 注水驱油，又名"水驱"

"灌"水"挤"油，也叫注水驱油，简称水驱。广义而言，就是用水来"洗"或用水来"冲刷"某种固体或流体、液体或气体等。在日常生活中，我们用水来洗锅、瓢、碗、铲，用水来冲洗地面、沟、槽等，实际上就是水驱或水洗，冲去或洗掉表面的油、垢、泥、沙、灰尘及各种附在表面的杂质等。其实，具体到油藏的采掘，道理也差不多。注水驱油就是通过注入井从地面把水"灌"到油层中，一般情况下是在一次采油一段时间，油层压力降低，地层能量有一定亏空的基础上进行的。

这种方式一般情况下能采掘出原始原油地质储量的30%~35%。

水驱操作过程较为简单，可以在地面通过泵加压将水注入井底，也可以利用地面储罐、水塘提供水源，也可以是地层中某一层位的地层水通过重力作用注入等。

注水井可以是直井，也可以是水平井或复杂结构井，可以是新钻的井，也可以是生产井转为注入井等。

通过注水来采掘原油，最关键的问题是注入油层中的水能否非常有效地驱赶油层中的原油。

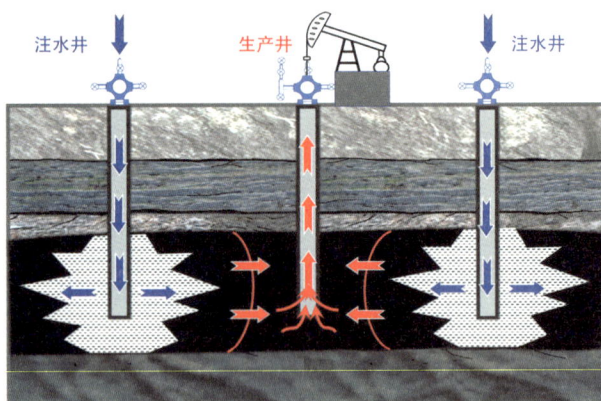

注水采油（水驱）示意图

大家可能会想，是不是水注得越多越好或者注水井钻得越多越好呢？其实，并非是我们想象的那样。矿场实际情况是，水注多了，有时反而起到不利的作用。因此，现场实际注水时，石油工程师们会系统考虑很多问题。例如：

在什么地方钻井？或井位布置在哪里？

钻多少注水井？

注入井钻直井还是钻水平井？或是既有直井注水井也有水平井注水井？

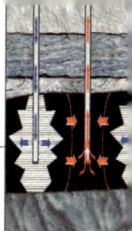

注水井和油井之间井距多少合适？

钻多少注水井？钻多少生产井？

注水井应该注多少水？是快速注入还是慢慢注入？

注水井是长期注或是注一个月停一个月或是注一个月停两个月？

什么时候开始注水最好？是早期注水还是中后期注水好？

……

采油井　注水井与油井井距？

注水井：直井

注水井：水平井

钻多少直井？
钻多少水平井？
注采井网怎么布置？
注水井与油井井距为多少？
注水井注入速度为多大？
……

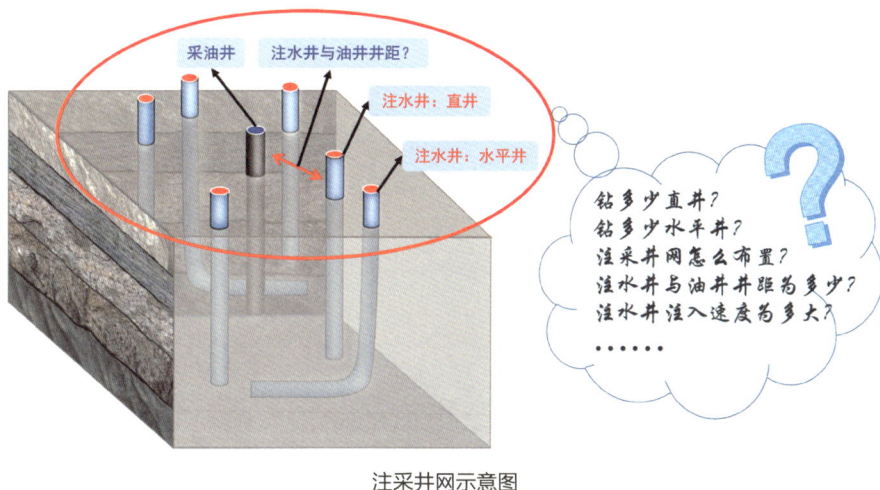

注采井网示意图

　　诸如上述一系列问题，油藏工程师们可以通过对油藏进行模拟或仿真来做出决定（相关内容将在第 5 章介绍）。油田进行注水有两个基本问题需要考虑：注采井网布置和注水时机选择。

注采井网布置

　　油藏实施注水来采掘地层原油，一个很重要的问题就是注采井网的布置。简言之，就是油田的采油井和注水井在油藏平面上的相互排列位置及其井与井之间的连线构成的几何图案。这个"几何图案"是注"进"水，注"好"水的基石，要注"好"水，注采井网的布置很关键。不同类型的油藏实施注水来驱油，注采井网设计是不同的。这就好比给人打针一样，得找准合适的血管位置。鉴于油藏的复杂性，我们以常规油藏为例介绍多样性的注采井网形式。

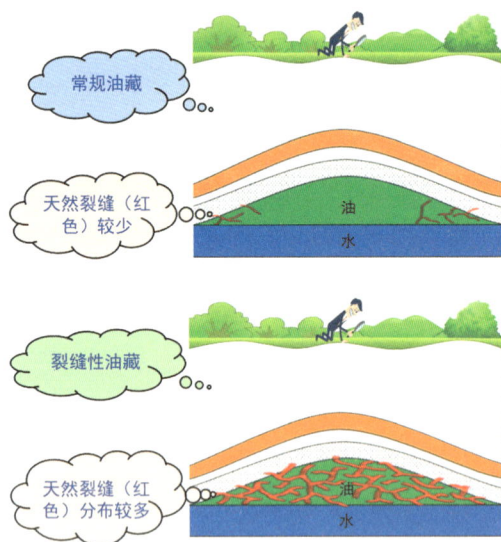

常规油藏天然裂缝少

裂缝性油藏天然裂缝分布广泛

常规油藏

多样化的注采井网

目前，常规油藏在广泛实施的注采井网形式有边部注水井网、行列（排状）注采井网、面积（点状）注采井网、不规则井网。

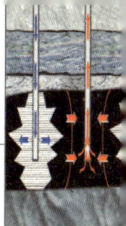

边部注水井网

简而言之，注水井沿着油藏边界（油—水界面，油层与连通水域的接触界面）布置。通常有三种方式，即在外含油边界以外注水（称边外注水）、在内外含油边界之间或边界上注水（称边缘注水）、在内含油边界以内注水（称边内注水）。

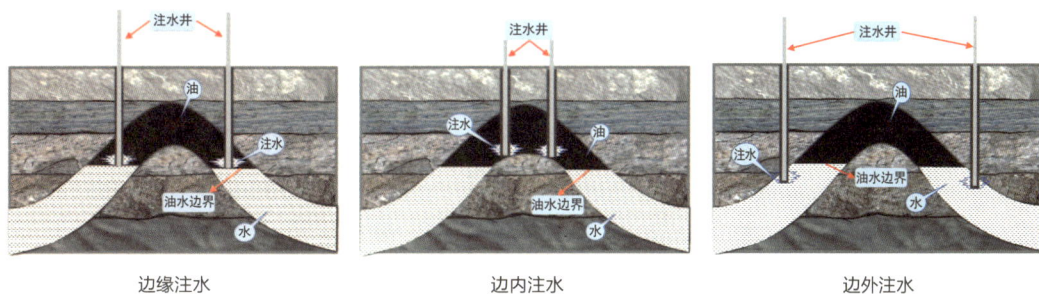

三类边部注水示意图

行列（排状）注采井网

顾名思义，采油井和注水井分别排成列（或排状）分布。这种井网一般是两排注水井之间夹三排或五排采油井，或是一排注水井一排生产井等，有固定的排距和井距，好比稻田插秧，需要考虑一定的株距、排距，适合于油层分布比较稳定、连通性好、渗透性好、构造形态规则、较大的一类油田。

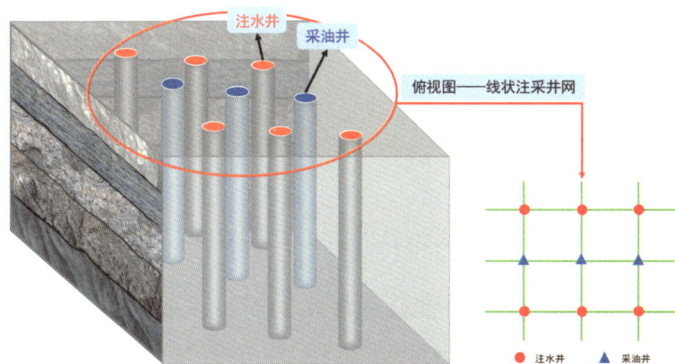

行列（排状）注采井网示意图

面积注采井网

知识·小讲堂

五点井网
九点井网
七点井网

反五点井网
反七点井网
反九点井网

顾名思义，采油井和注水井按一定的几何形状均匀分布，如正方形、三角形。这种井网习惯上以一口采油井为中心，四周有 n 口注水井或是以一口注水井为中心，四周有 n 口采油井。例如：五点井网、九点井网、七点井网、反五点井网、反七点井网、反九点井网等。

多姿多彩的面积注采井网

五点井网　反五点井网　反七点井网　九点井网　七点井网　反九点井网

面积注采井网既适合于大型油田，也适合于分布面积较小、形状不规则、连通性差、渗透性差的油藏等。

此外，根据油藏的实际情况，也会采用不规则的注水井网，例如，注水井与生产井的相对位置不构成特定的几何形态，注采比也没有固定数值。

注水时机选择

通过注水来替换油藏中的原油，除了井网布置很重要之外，还有一个必须考虑的重要因素就是注水的时机，或者说什么时候开始注水的问题。因为，油藏在不同阶段注水，对油田开发过程的影响是不同的，最终的开采效果也是有较大区别的，或者说最终采掘出来的原油多

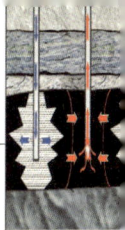

少是有很大不同的。油田的合理注水时机和压力保持水平是油田开采的基本问题之一。注水时机的选择是一个很复杂的问题，需要综合考虑油藏初期的开发效果、初期投入、天然能量大小及利用以及油藏开发中后期的效果等很多因素，目标是要实现油藏长期产量高、产量稳定。目前，油藏采掘过程中，注水时机选择有四种类型：超前注水、早期注水、中期注水和晚期注水。在不影响油田开发效果和产量规划的前提下，适当推迟注水时间，可以减少初期投资，缩短投资回收期，有利于扩大再生产，取得较好的技术经济效益。把握好注水时机将达到事半功倍的效果。

注水时间的选择主要有三个方面的因素需要考量：

油田天然能量的大小

不同油田，它的天然能量类型不同，能量大小也不同，在开采过程中所发挥的作用也不同。若油田天然能量较大，能一定程度满足开采初期生产造成的亏空补偿，有利于保持较高的地层压力，更重要的是生产不会造成地层中原油脱气形成溶解气驱，就可以适当延迟注水。

油田的大小和油田原油产量任务

油田大小不同，储量大小不同。小油田，储量规模小，总的产量不高，可以实施快速开采，但不一定需要保持长期的产量稳定，因此，就不需要超前注水和早期注水。反之，对于大油田，储量规模大，就必须强调原油产量要稳定，而且保持稳定的时间越长越好。因此，对大油田而言，其开发方式和产量计划是不同的，注水时机的选择需要仔细的考量。

油田的采油方式

油田的地质特点和流体性质的差异，也影响注水时机的选择。若是自喷方式，注水时间可以相对早一些，保持相对高的地层压力。无法自喷（如黏度高的油田）而只能采用机械方式采油的油田，不需要保持很高的地层压力，不一定要超前注水和早期注水。低渗透低压油藏提倡超前注水。

知识·小讲堂

超前注水
早期注水
中期注水
晚期注水

相关概念

很显然，油藏实施人工注水采掘原油也是水压驱动的一种方式。

大家可能在思考，在地层中用水驱动油是不是像活塞在气缸中的运动一样，将油全部驱得干干净净呢？这种情形是很理想的情况，但在实际原油的采掘中是不会发生的。矿场实际观察到的现象是，有些油井出水后很长时间油水同产，这说明长时间内油层中是油和水同时流动的。一个很有趣的现象是，同样的一排油井同时投入生产，产出水的时间却相差很远，这说明水推动地层原油并非是整齐划一的，而是非活塞式的。科学家们发现，水推动原油运动会形成三个不同的流动区：纯水流动区、油水混合流动区和纯油流动区。

通常，地层渗透能力差异越大，流经的孔、洞大小差异越大，注入水与原油黏度差异越大，注入的水像"手指"一样参差不齐地推进，结果是油井很快产出水，长时间油水同时产出。严重时，油井被水淹，几乎只产水，不产油。如果地层中广泛存在裂缝时这种现象更严重。

注水过程中的"指进"现象

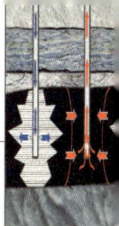

⊙ 注气"挤"油，又名注气驱油，简称气驱

既然可以通过"灌"水进入油藏"挤"油，那还可以灌入其他什么"剂"进入油藏"挤"油呢？目前，在油藏中广泛使用的这种"剂"是气体，通过注入井从地面往油藏中注入气体来"挤"油。气体的种类很广泛，可以是烃类气体（如天然气、液化石油气等），也可以是非烃气体 CO_2、N_2、烟道气、惰性气、空气等。根据气体来源，注气驱油可分为天然气驱、CO_2 驱、N_2 驱、烟道气驱、惰性气驱、空气驱等。

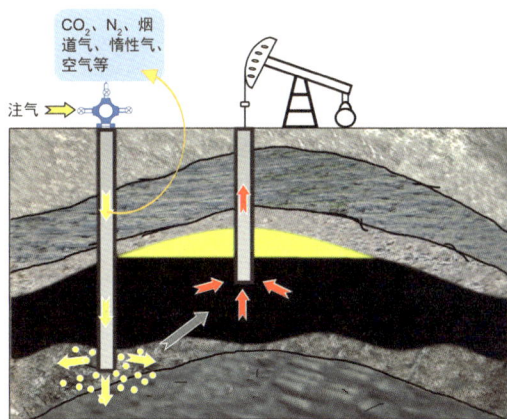

油藏 +CO_2、N_2、烟道气、惰性气、空气

知识小·讲堂

混相 / 非混相

不过，用气"挤"油比用水"挤"油的机理要复杂很多。通常，注入地层的气体与原油接触会发生两种情况：一是注入的气体与地层原油合二为一，二是注入的气体与地层原油基本上各自为阵，但有一部分与原油合二为一。前者专业上称之为混相，后者称为非混相。

科学家们根据注入的气体与地层原油是否混为一体、是否混合为一相，提出了"混相"方式和"非混相"方式的"驱"油模式。

我们先看看"非混相"方式。这种方式注入地层的气体并不能与原油完全混合成一相，只是有一部分气体"钻"入原油中成为原油的"一份子"，有了这些"气体分子"后的原油就会膨胀，黏度就会降低，变得更容易流动了，因此，这种方式对原油采掘也是有利的。在现场具体实施时，如果石油工人们在进行注气操作前，没有了解清楚油藏的内部构造、倾斜情况等，没有把握好注入气体的速度以及注入气体的量等，会发生有趣的气体移动现象。其中一个有趣的现象就是"舌进超覆"，简而言之，就是注入的气体是逐渐向油层上部、顶部走，不是整齐划一地推动原油向井底流动，而是"绕"道原油并形成"舌形" 覆盖在原油之上移动，这就是注气过程中最容易发生的"超覆"现象。一旦"超覆"发生，就几乎采掘不出油，采掘出来的都是气了。

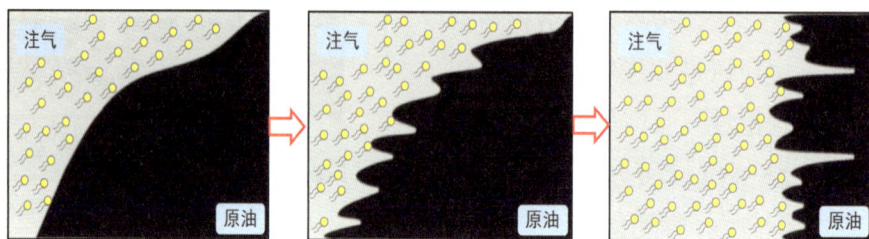

注入气体示意图

大家都知道，活塞在气缸中驱替气体，能将气体 100% 全部驱出。注入气体到地层驱油时，由于注入的气体与原油不能完全地合二为一，因此，注入的气体（如 N_2）不可能是"活塞式"那样"推"着油往前移动，把孔道中的油"推"得一干二净，一滴不剩。因为原油并不是像我们想象的那样存在于像碗口粗那样的通道中，实际上是大多存在于弯弯曲曲、表面粗糙的毫米级、微米级甚至如细菌般大小的纳米级细小的毛细管通道中。由于不同粗细的毛细管中毛细管压力是不同的，因此，气驱之后导致一些油"滞留"在小孔隙通道中，大家习惯上称之为"残余油"。"残余油"在非混相方式的气体"驱"油中普遍存在，不言而喻，这种方式采掘出的原油量是很低的。

严格来说，"非混相"方式驱油，注入的物质可以是气体，也可以是水。前面介绍的"水驱"，用注入的水去推动原油向井底运动的过程其实也是非混相驱油过程，只是习惯上人们称之为"水驱"。一般情况下，"非混相"驱油更多是指用气体来驱油的方式。

有什么招数可以把这些"滞留"地下的"残余油"尽可能地采掘出来呢？科学家们从"非混相"气驱油中得到灵感，想出了弥补非混相气驱油缺陷的办法之一就是"混相气驱"。

与"非混相"方式对比，混相方式就很容易理解了。简单来讲，这种方式从地面注入地层的流体（气体或液体）能与地层原油完全合二为一、融为一

变成一相，分不清原油与LPG

液化石油气（LPG）和原油混合示意图

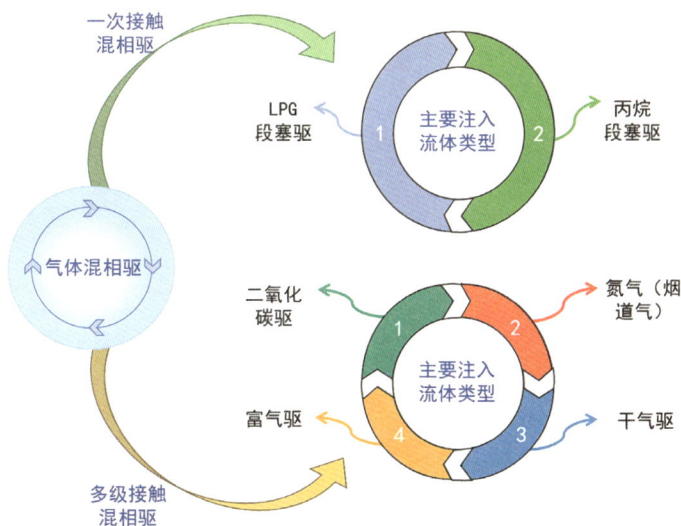

体，这样一来，注入流体与原油之间就没有了界面，没有了表面张力，也没有了毛细管压力，也就不会有任何"力"将原油"束缚"在孔道中，"滞留"在孔道中，也就不会形成"残余油"。因此，只要是注入流体运动经过的地方几乎是像活塞一样把原油一干二净地"携"向井底，显然，这种方式原油的采掘量自然就比较高。

日常生活中，我们所熟知的丙烷或液化石油气（LPG）和原油通常几乎总是能相互混合、相互溶解、互为一体。现场实践表明，注入丙烷、液化石油气（LPG）能有效"置换"出非混相方式"滞留"地层的残余油。

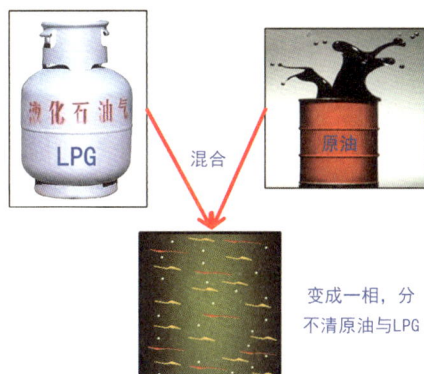

⊙ 混相方式

混相方式类型很多，各有特色。科学家们依据注入的流体与地层原油接触时是否立即混合并融为一体，分为一次接触混相方式，这种方式注入的流体一般是液化石油气、丙烷等；多级（次）接触混相方式，这种方式注入的流体大多是 CO_2、N_2、天然气、烟道气、富气。

吉林油田注 CO_2 现场

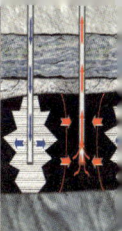

一次接触混相

从地面通过注入井注入的溶剂与地层原油以任何比例混合后，一经接触就立刻完全互相溶解变为单相的混相驱油过程。

例如，酒精与水一经混合立即互溶，就是一次接触混相。最常用的一次接触混相驱的注入溶剂一般是中等分子量的烷烃（C_2—C_6），如丙烷、丁烷或液化石油气。

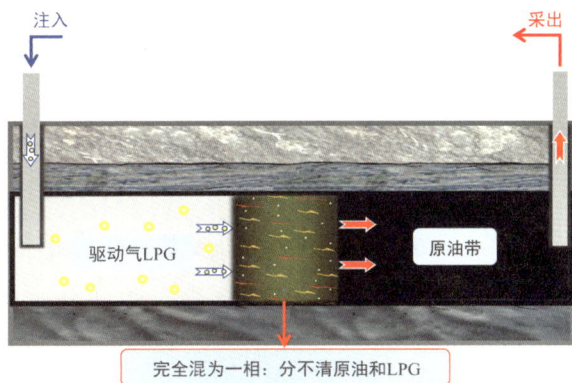

注入　采出
驱动气LPG　原油带
完全混为一相：分不清原油和LPG
一次接触混相示意图

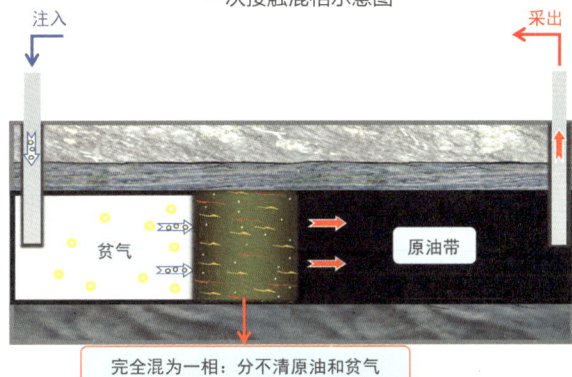

注入　采出
贫气　原油带
完全混为一相：分不清原油和贫气
蒸汽式气驱示意图

多次接触混相

通常在注气工程中，需要考虑经济成本问题，我们常常注入的是比较便宜的气体，如CO_2、来自工厂的烟道气、N_2等。这些气体注入油层后常常需要经过多次的、反复的接触方能与地下油藏中的原油融为一体而成为一相。

根据注入的气体在油藏中与原油多次接触过程中，油气混相的位置和混相方式的不同，多次接触混相过程又可分为蒸发式的气驱和凝析天然气驱。当注入的气体为贫气（如氮气、二氧化碳、烟道气、甲烷为主要成分的干气等）时会形成蒸发气驱；而当注入的气体为富气（如液化石油气等）时会形成凝析气驱。

蒸发式的气驱

也叫汽化气驱。就是向地下富油中注入贫气，因为贫气中缺少地下石油中的乙烷、丙烷、丁烷、戊烷等中间烃组分，因此，一旦贫气与地下富油接触，就会抽提（或蒸发）富油中的中间组分。富油的中间组分汽化，使部分中间烃蒸发到气相中，贫气中的中间组分就会增加，因此气体变"富"；同样富油也会接纳贫气的成分。被加"富"的气体在向前运动过程中继续与富油不断接触，一路上从富油中"捡"到（抽提）的富气组分越来越多，气体变得越来越富，即向前走的气体组成越来越接近石油组成，此过程反复进行，富油变得越来越接近气体的性质，气体越来越像富油，好比孪生兄弟，难分你我，一直到富油和气体相互溶解变成一体（或一相），也就是说达到了混相。因此，注入贫气驱油主要形成的是蒸发式气驱。这种方式适合于富油油藏的开采，要求油藏的原油要"富"，是"贫气 + 富油"的气驱模式。在地下油藏中，蒸发气驱会在注气井到采油井的驱替前缘形成混相状态。

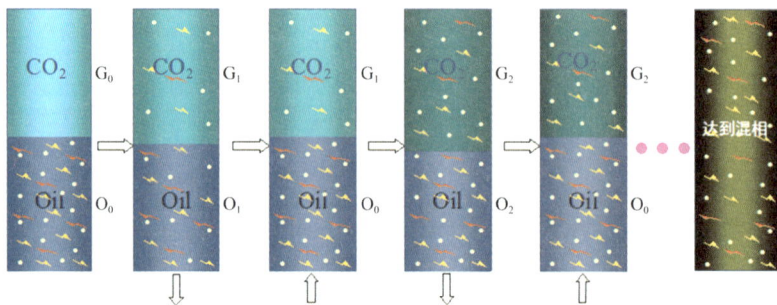

注 CO_2 蒸汽式气驱示意图

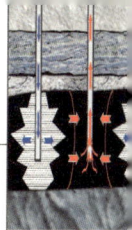

凝析天然气驱

与蒸发式气驱实施模式"贫气＋富油"正好相反，采用的是"富气＋贫油"的气驱模式，就是向油层注入富气，富气中含有的乙烷、丙烷、丁烷、戊烷等中间烃组分的含量比地下石油的中间烃组分要多（原油一般为贫油），一旦富气与原油接触，富气就会使自己带有的中间烃组分贡献给地下石油（溶解或称凝析），石油中的中间组分就会增加，石油就被加"富"，加"富"的石油继续与注入的富气接触，富气中的中间组分不断凝析（或溶解），原油变得越来越富，此过程反复进行，地下石油的各种性质和注入气的性质越来越接近（黏度、密度等），与注入气接触的原油变得越来越像富气，富气越来越像原油，最终融为一体，我们就称注入气与原油是混相的。

富气驱主要形成凝析气驱。凝析气驱适合于"贫油"油藏的开发。在地下油藏中，凝析气驱会在注气井底附近（后缘）形成混相状态。

知识·小·讲堂

贫气
富气
重质油
轻质油

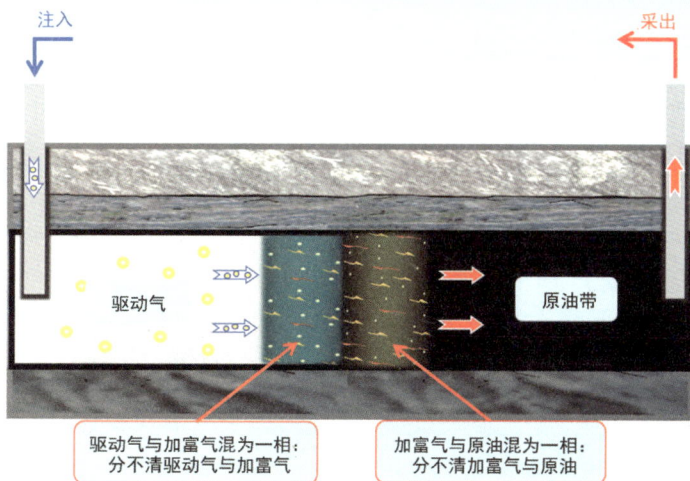

凝析式气驱示意图

注入　　采出

驱动气　　原油带

驱动气与加富气混为一相：分不清驱动气与加富气

加富气与原油混为一相：分不清加富气与原油

无中生有，强力采掘——三次采油

大家已经很熟悉，由于地层的不均质性，经历一次采油、二次采油之后一般只能采掘出油藏中原油储量的30%～40%，依然有一定数量的原油被"束缚"在地层中成为"残余油"。于是，石油工人们苦思冥想，提出了"三次采油"的想法。道理其实很简单，就是在二次采油的基础上，向油藏中注入"剂"，可以是气态的物体，可以是热的、高温的流体等，但是与二次采油最大的不同是注入的这些"剂"油藏中原本就根本不存在，因此，这些注入的"剂"通过引起物理变化、化学变化来改善油、气、水及岩石相互之间的性能，以此来进一步提高原油采掘量，这种方式就称之为强化采油或三次采油，也叫提高采收率方法。这就好比用冷水洗碗，难以把油洗干净，

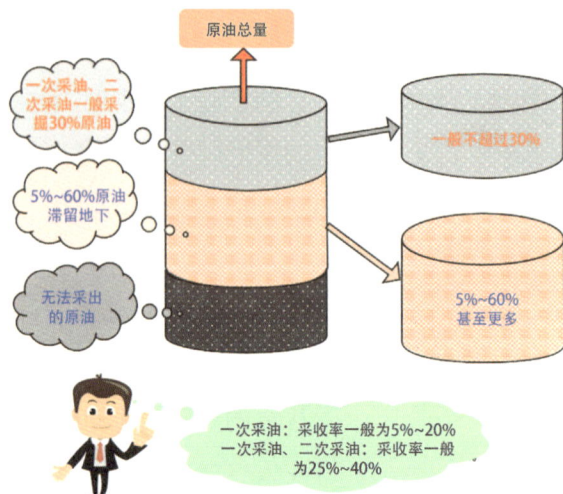

原油总量

一次采油、二次采油一般采掘30%原油

5%～60%原油滞留地下

无法采出的原油

一般不超过30%

5%～60%
甚至更多

一次采油：采收率一般为5%～20%
一次采油、二次采油：采收率一般
为25%～40%

注入井（注入物质可以是热流体、化学药剂或气体，如CO_2、N_2等）

三次采油

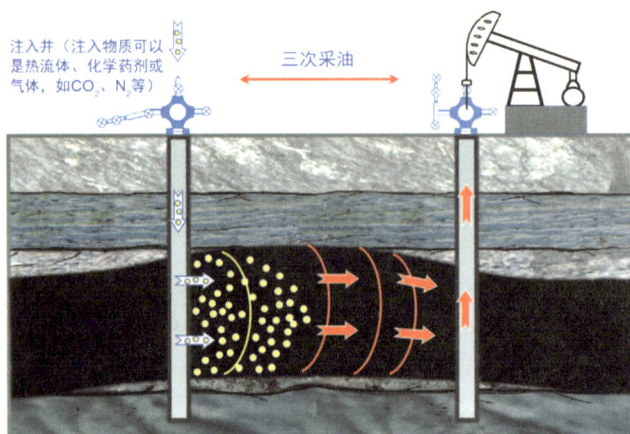

三次采油示意图

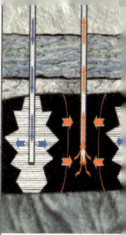

当用热水或者用洗洁精去洗时，则可以把油洗得干净一样。这种方式是"解放"束缚在孔道中的残余油的法宝之一，通常可以多采出 5%~20% 原始原油地质储量。

谈到三次采油，大家可能会疑惑，前面介绍的混相驱油到底是二次采油还是三次采油呢？其实没有严格的区分，通常，石油工作者认为如果油藏在未注水之前就提前实施混相驱油过程，这是二次采油方法；如果是在油藏水驱之后再实施混相驱油过程，就是三次采油方法。

目前，"三次采油"家庭成员很多，各有千秋，各显本领。例如，有注入化学药剂的"化学驱"方式，有高温注入蒸汽的"热力采油"方式，还有注入微生物的驱油方式等。

三次采油"家族"

化学驱：注入"化学药剂"

热力采油：注入"高温蒸汽"

微生物采油：注入"微生物"

⊙ 化学驱油——残余油的克星"化学药剂"驱油

大家知道，原油一般比水稠，好比粥和水。因此，在同样的外力推动下，原油要比地层水跑得慢。但是，石油工人们希望地层水"跑"得慢，在"跑"的时候，能很好地推动原油运动到井底。如果地层很均质，孔洞大小差不多，渗透能力差不多，水对油的推动效果就比较好。前面大家已经知道，用水来驱赶地层原油时由于油水黏度的差异容易出现"指进"现象。此外，如果地层中有"高速公路"（例如裂缝、优势通道等）会怎么样呢？很明显，水会沿着"高速公路"狂奔而快速到达井底，这种现象称之为"水窜"，实际上是一种水患、水害。一旦水窜发生，后果非常可怕，会导致油井大量产水甚至水淹而被迫停产。因此，科学家就想方设法要控制这种水害。其中一种比较有效的方法是往油藏中注入化学药剂来增加水的黏度，让水变得稠点，让水跑得慢一点，并且让它分散进入更多流动通道中，能在更大范围内"驱"油到井里。

此外，注入化学药剂的另外一个目的就是让原油挣脱岩石的"束缚"，类似我们日常生活中用洗洁精洗碗，就是强制让原油离开岩石表面成为"自由"流动的油并在水的推动下流向井里，这就是化学驱油方法的思路。

化学驱油就是通过注入一些化学药剂，例如碱、表面活性剂（洗洁精和肥皂等就是表面活性剂），增加地层水的黏度，降低地层中水的流动能力，减少水与油在流动能力之间的差距，同时降低岩石对原油的"束缚"能力，使变"稠"后的水进入更多的孔道，以此达到增加"驱"油面积、提高"驱"油效率的目的。

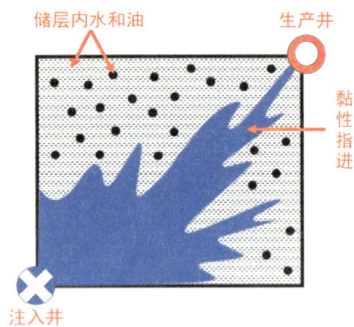

注水驱油指进现象

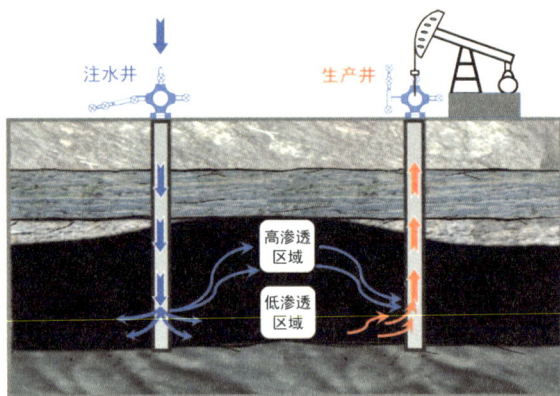

水窜示意图

知识·小·讲堂

水窜
水锥或水脊

这种方式对水驱之后"滞留"在孔道中的"残余油"开采十分有效，因此，我们国家三次采油的主要方向是化学驱油方法。

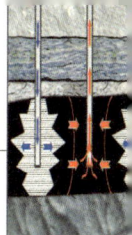

主要化学驱油方式

聚合物驱油

表面活性剂驱油

碱驱油

根据所使用化学物质的不同，化学驱油方式很多，目前主要有聚合物驱油、表面活性剂驱油、碱驱油等。

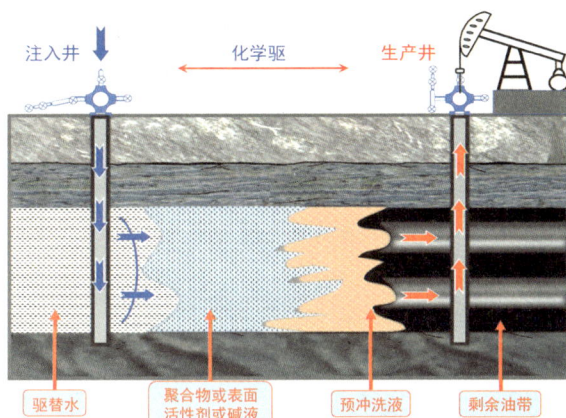

注入井　　化学驱　　生产井

驱替水　　聚合物或表面活性剂或碱液　　预冲洗液　　剩余油带

化学驱及化学驱过程示意图

聚合物驱油

聚合物是一种化学物质，它的分子量很高，可达到 1000 万～2000 万（水的分子量是 18），它是长链的高分子物质，有些聚合物的长链上有多个支链，好似一棵树上有很多枝丫，把这种聚合物溶液注入油层驱油的方式就称之为聚合物驱油。这种溶液可以增加水相黏度，让水变"稠"，让水流动变慢，原油流动能力增强，让水推动原油流动更加均匀，减少了推进前缘参差不齐似手指形状一样的"指进"现象。这种方法可以防止地层水"窜"，可以迫使更多的水进入更多的区域与原油接触并推动原油向井底运动，从而能有效采掘出更多的原油。

驱油用聚合物溶液

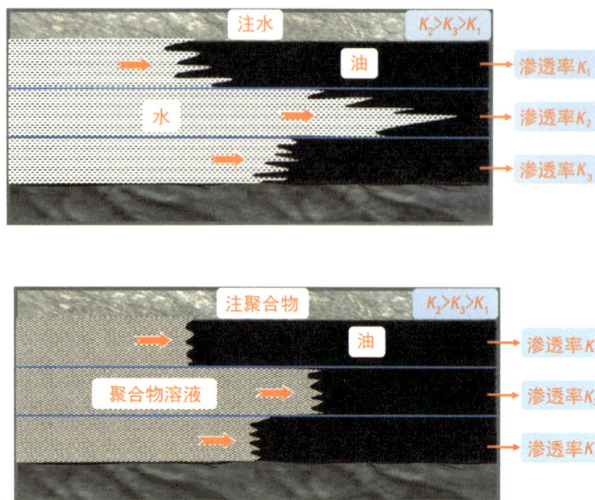

聚合物驱油控制"指进"示意图

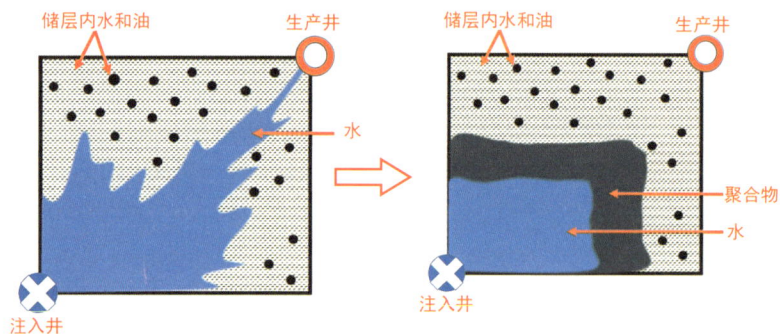

聚合物驱油控制"指进"示意图（水驱）

表面活性剂驱油

　　表面活性剂也是一种化学物质。例如洗衣粉、洗洁精。在我们的日常生活中，用洗衣粉洗衣服、洗洁精洗碗等都是利用表面活性剂洗去粘在衣服粗糙纤维表面的油，同样这一思路也适用于油藏。从地面将表面活性剂注入含油的岩石孔道中，就可以洗去岩石表面的原油，洗下的原油和注入的"剂"一起流向生产井，同样可以采掘出更多的原油。

（a）

（b）

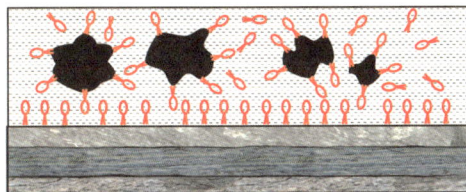
（c）

表面活性剂改变润湿性示意图

表面活性剂为什么有如此神奇的作用呢？主要是因为这种化学物质注入油层，它能把界面张力降低，甚至能使岩石由原来"亲水憎油"的特性变成"亲油憎水"，原来"亲油憎水"的特性变成"亲水憎油"，亲、疏关系发生反转，习惯上称之为润湿反转。"反转"的发生降低了地层中的残余油，原来"束缚"着的油变得自由了；也可以使地层中残余油与注入的化学剂形成"水包油"或"油包水"的乳状液，这种"乳状液"黏度低，易于流动，从而被后续地层水驱到井底。

知识·小讲堂

润湿反转
乳状液

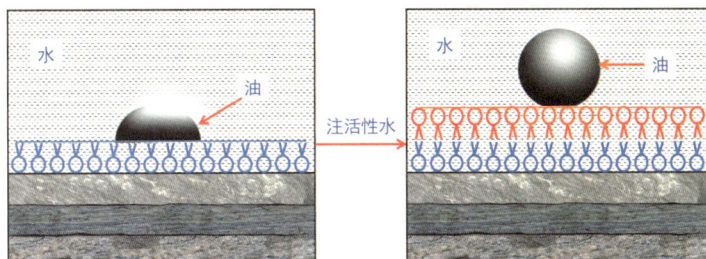

○—原油中的天然表面活性剂　　○—注活性水中的表面活性剂

碱水驱油

碱也是一种化学物质。例如，大家熟知的日常生活中我们用于防潮的烧碱、火碱 NaOH。用碱来驱油，就是从地面把碱溶液（例如，NaOH）注入油层，与地层原油中的酸性物质（例如，环烷酸）发生反应，就地生成表面活性剂（例如，环烷酸钠皂）。表面活性剂的生成导致油水界面张力降低、岩石润湿性反转、残余油降低等，这种方式称之为碱水驱油。这种方法一般很少单独使用，通常在注入碱水之后需要注入控制剂（如聚合物、泡沫等）控制和调节碱水的流动能力。如果碱水的流动能力与原油的流动能力差异大，或者说碱水的流动能力远强于原油的流动能力，将导致碱水的运动似手指形状一样的"指进"现象，碱水流动能力越强，指进现象越严重。目前，这种方式在矿场试验的规模和范围远小于聚合物驱油。

复合驱油

为了发挥每一种注入的化学药剂的作用，矿场上将聚合物、碱、表面活性剂三种药剂或其中的两种药剂在地面按照一定的比例或配方注入油层中去驱油，以此提高原油的采掘量，称为复合驱油。利用碱剂、表面活性剂和聚合物三者的协同效应来驱油的方法称为三元复合驱。例如，我国大庆、新疆、辽河等油田开展的三元复合驱先导性矿场试验可以多采掘出原油达 20% 左右，但

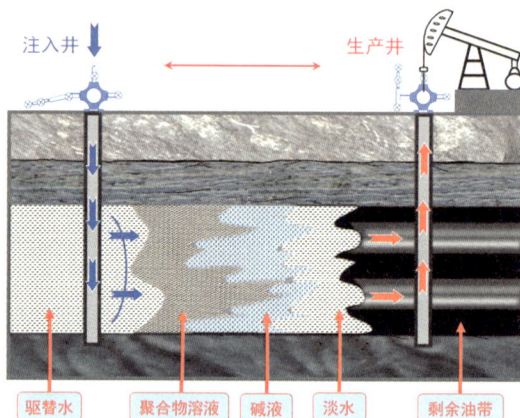

聚合物—碱水驱油示意图

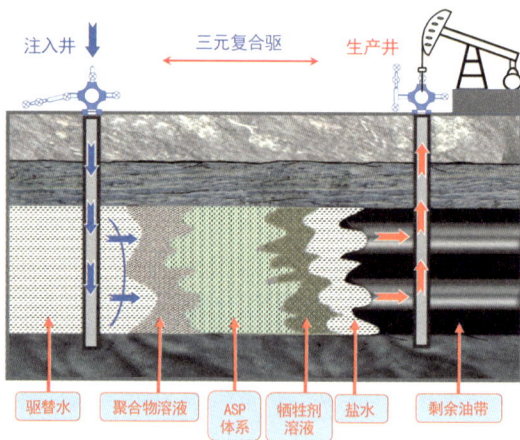

三元复合驱油示意图

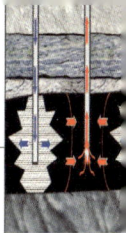

是，关键的问题是成本很高，同时碱的存在易于产生结垢。目前我国胜利、新疆等油田采用表面活性剂、聚合物二元复合驱技术，现场应用取得了显著的增油效果。

微生物采油

微生物采油技术也是现今国内外一项科技含量高的三次采油技术。不同于化学驱油方法，微生物采油是从地面将微生物及其营养源注入地下油层，使微生物在油层中生息繁殖，一方面改善原油物性，提高原油的流动性，与此同时，利用微生物在油层中生长代谢产生的气体、生物表面活性物质、有机酸、聚合物等物质来提高原油采掘量的一种方法。这种方式由于成本低、效果好、无污染，越来越受到人们广泛的重视。

⊙ 稠油的开采"法宝"——热力采油

一次采油、二次采油、三次采油主要用于黏度低、易于流动的稀油的采掘，对于地层中稠油这些方法可行吗？

从直观上来对比，稀油一般可以像水一样流动，而稠油却很难流动，这是由于稠油黏度高造成的；有的稠油黏度极高，

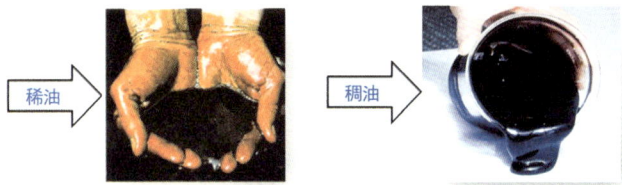

稀油 →

稠油 →

就像"黑泥"一样，甚至可以用铁锹铲起，可以直接用手抓起来。可见，稠油的流动性极差，而如此黏稠的流体，自然很难在地层中极其狭小的孔隙内流动。不难想象，一次、二次、三次采油的方法难以有效地让稠油"动"起来，尤其是超稠油、特稠油或沥青等。

稠油开采？

稠油因为稠，所以"愁"。

稠油稠，难流"动"，流不"动"，有何

办法让其动起来呢？科学家们在实践探索中找到了一种行之有效的方法，就是往这类油藏地层中注入热能（例如，蒸汽、热水等）来加热地层，降低原油的黏度，让稠油不再稠，让稠变得稀，让其动起来，以此提高原油的采掘量，称之为热力采油方法。这一灵感源于原油的黏度及流动性能对温度变化很敏感而来，这一点与我们生活中常见的食用猪油、蜂蜜类似。秋冬季节随着气温的降低，可以发现猪油、蜂蜜明显变稠，甚至变得像固体一样，但当将猪油倒入热锅中时，会发现随着油温的升高，食用油逐渐变稀，并且非常易于流动。夏天时蜂蜜也会变得很稀。

加热油藏的方式有很多，目前在现场常用的有注热水加热油藏、注蒸汽加热油藏、油层就地燃烧加热油藏、电磁加热油藏等方法。根据这些不同的加热方式，形成了各种各样的热力采油方法，例如热水驱、蒸汽驱、火烧油层等。

各种各样的热力采油方法

蒸汽驱

简言之，就是从地面注汽井向油藏中连续注入蒸汽，利用注入蒸汽携带的大量热量对地层中原油进行加热，使原油黏度降低，容易流动，并且，原油被蒸汽释放热量后凝结的水推动至相邻生产井并持续生产的过程。注入的蒸汽由地面蒸汽发生器产生，如蒸汽锅炉，温度可达300℃左右。这种方式对原油黏度不是太高、埋藏较浅、孔隙度及渗透性好、厚度适中的稠油油层来说，是最主要、最有效的原油采掘方法。利用这种方式时油层厚度大小是关键，油层太薄，采掘价值不高，顶、底岩层的热损失大；油层过厚也不好，

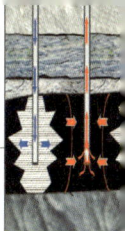

井筒中存在气、液分离及油层中的蒸汽"超覆"会加剧，蒸汽的热利用率会变低。通常，蒸汽驱的油层厚度在 20~45m 之间能取得较好的驱油效果。此外，蒸汽驱容易出现"蒸汽比地层原油跑得快"的现象，即"汽窜"现象，一旦发生，后续注入的蒸汽就会沿着之前注入的蒸汽所形成的通道进行流动，无法有效进行驱油，蒸汽的热效应得不到充分发挥。

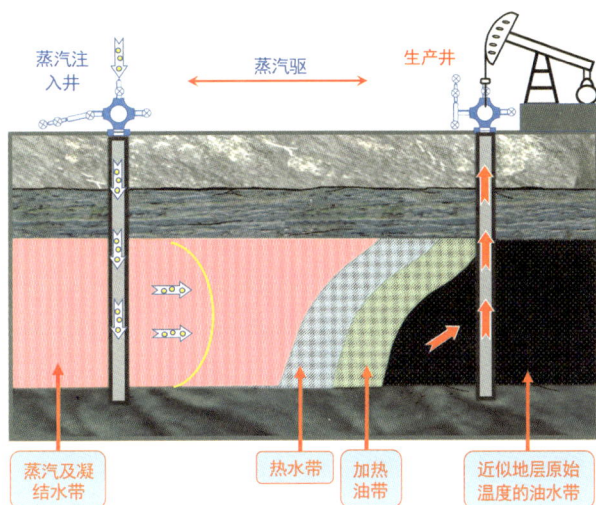

蒸汽驱示意图

注入蒸汽采掘原油是有一定局限的。普通稠油和部分特稠油油藏具备蒸汽驱条件。一般来讲，在地层条件下，普通稠油具有一定的流动能力，不需要预先加热地层，可以直接注入蒸汽驱替原油；特稠油流动性很差，一开始就实施注蒸汽驱替原油效果很差，必须先预热地层，才能实施蒸汽驱；超稠油基本不能流动，也必须先加热地层到一定温度，然后注入蒸汽驱动原油才有效。所谓预热地层，并不是用一种特殊的方法把地层加热，而是指在实施蒸汽驱之前油藏先期已进行过吞吐、注热水等热力方式采油，此时地层还处于"热"状态。

目前，我国新疆油田注蒸汽驱油取得成功的是储层孔隙、渗透性、连通性等较好的砂岩油藏，例如，新疆油田九区和辽河齐 40 区块。

循环蒸汽吞吐

与蒸汽驱持续不断地注入蒸汽不同，蒸汽吞吐是周期性地或间歇性地向地层中注入蒸汽，以此来加热油藏的一种稠油采掘技术。它的采掘方式是单井作业，即同一口井既是注汽井又是生产井。矿场实施该技术有三个阶段。

（1）注汽阶段。地层"吞"入蒸汽，一般连续注入蒸汽几天或几周。

（2）关井阶段。"焖"，一般是关井几天。

（3）采油阶段。"吐"出蒸汽，一般是先靠自身能量自喷，地层能量不足以支持自喷后下泵"抽"，当抽油达经济极限后开始下一循环，一般几周或数月。

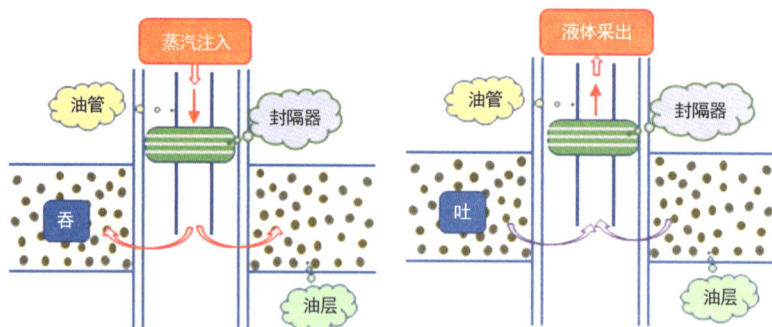

注蒸气采油吞吐示意图

这个过程是不是和我们日常生活中见到的抽烟有些类似呢？先是吸一口，把烟吸进体内，然后吸入的烟在体内游荡一会，然后再把吸入体内的烟吐出来，此"吞—焖—吐"虽非彼"吞—焖—吐"，但思路是类似的。

循环蒸汽吞吐技术，与蒸汽驱技术相比有以下类似原理，例如，能有效降低原油黏度，减少原油流动阻力，增加原油的流动能力；流体与岩石的热膨胀，孔隙压缩体积减小等。此外，这种技术还能解除井筒附近钻井液等造成的伤害，疏通井筒附近流动。

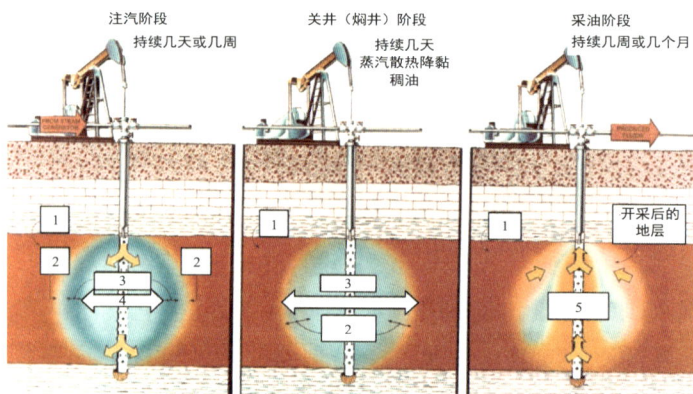

蒸汽吞吐过程示意图（张烈辉等，2018）

1—冷油区；2—加热带；3—蒸汽凝结带；4—蒸汽区；5—流动原油及蒸汽凝结水

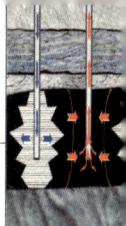

它的优点是：注汽之后原油降黏快，井与井之间地层不需要连续，同一口井可进行多个轮次的吞吐等。缺点是：油藏中原油源源不断采掘出地面的同时，地层压力不断降低，天然能量不断消耗，伴随吞吐轮次的增加，井附近地带"汽"凝结成的"水"的量增加，含油饱和度降低，显然，"水"多了，注入蒸汽的热效率就低了，原油的产出量必然就下降了，一轮比一轮的生产效果差。此外，因为采掘方式单一，仅仅是"吞—焖—吐"，注入的蒸汽加热油层的范围不大，所以它只能采掘出井附近区域的原油，井与井之间会存在大量的死油区域，无法采掘出来。因此，在矿场上实施蒸汽吞吐之后一般转入注蒸汽驱油。

蒸汽驱是稠油油藏蒸汽吞吐后进一步提高原油产量和采收率的主要手段之一，蒸汽吞吐采收率一般在 10% ~ 20%，蒸汽驱的最终采收率甚至可达 50% ~ 60%。

虽然特稠油采用蒸汽吞吐是很成功的，国内已有成功的实例，国外也有大量的实践经验，但是，蒸汽驱技术难度较大，采收率也较低。

▌ 热水驱

热水驱是将注入水在地面加热到一定温度，通过注入井源源不断地注入油层，以此来加热原油，降低原油黏度，改变原油的流动性。通常，物体具有热胀冷缩的特点，原油、水及岩石也不例外。随着热水不断注入油层中，地层温度逐渐升高，一方面原油、水及岩石发生体积膨胀，提供驱替能量，另一方面，岩石亲疏发生反转，从亲油转变为亲水，残余油饱和度降低，束缚水饱和度升高，水的流动能力降低，油的流动能力增加，变得容易流动，油、水的流动能力差别减小，因此，可采掘出更多的原油。

通常，热水驱对稠油开采的总体效果高于普通冷水驱，但是不如注蒸汽方式显著。因为与蒸汽驱方式相比，热水驱热能降低更快。但是，这种方式在现场操作简单，实施过程与常规水驱基本相同，因此一直在现场应用，只不过规模小些。

黏度在 150mPa·s 以下的普通稠油可以先实施注水开发，高于 150mPa·s 则适宜于注蒸汽开发，按目前注蒸汽开采的技术水平，这类油藏最为适宜。

蒸汽辅助重力泄油技术

也称之为 SAGD 技术，是 steam assisted gravity drainage 的首字母缩写。该技术是由被誉为"SAGD 之父"的 Dr.Bulter 在 20 世纪70 年代提出的，在随后的油田矿场实践中，获得了极大的成功。顾名思义，是利用"蒸汽 + 重力"的双重作用来联合驱油。

该技术用于采掘原油黏度非常高的超稠油或天然沥青，它以蒸汽作为热源，依靠原油本身重力向下流动采掘稠油。目前，矿场上广泛采用的是双水平井 SAGD 技术，简言之，就是在靠近油藏的底部钻一对上下平行的水平井，上面的水平井是注汽井——注蒸汽，下面水平井是生产井——采油。一般情况下，水平井长度在 500~1000m，生产井距离油层底部在 2.5m 左右，井对距离 5m 左右。很有趣的是，上面的水平井持续注入的蒸汽会形成一个窗口状的"蒸汽腔室"，这个"室"不断扩大，加热原油，与此同时，"蒸汽腔室"的边界处蒸汽发生冷凝成液体（水），依靠重力作用冷凝的液体与加热的原油向生产井运动并被采掘出来。

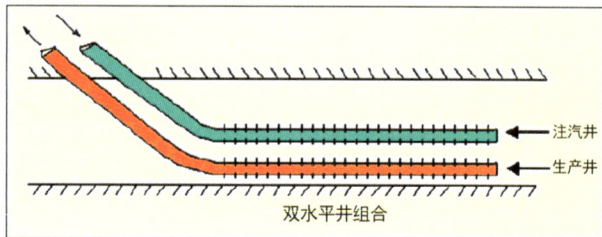

双水平井 SAGD 示意图

目前，SAGD 技术可以采掘出稠油地质储藏量的 60%~ 75%。它更适合于油层厚度大、原油黏度高以及蒸汽吞吐和蒸汽驱都难以获得较好开发效果的超稠油油藏或天然沥青。

现场实践表明，成功开展 SAGD 技术生产的油层厚度一般应大于15m。值得注意的是，SAGD 的生产井要避开边、底水，注采水平井之间的油层要均匀加热并保持连通，否则，可能导致 SAGD 项目不成功或失败。

双水平井 SAGD 示意图

火烧油层

　　也称之为火驱，思路很简单，就是想方设法在地下油层内点火让油层燃烧起来，产生热量来驱油的一种方法。一个重要的环节是怎么点火、原油怎么达到燃点呢？目前在现场上，人们是用电、化学等方法使油层的温度达到原油燃点，并向油层注入空气或氧气使油层稠油能够持续燃烧，以此有效地降低原油黏度。"火烧"的过程中会产生很多化学反应，

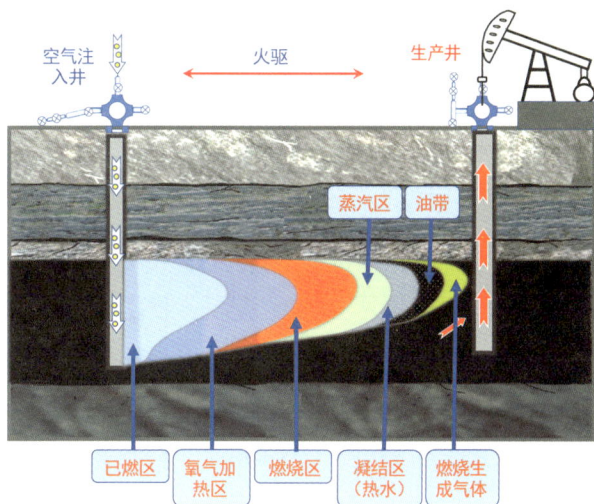

火驱油层示意图

例如，稠油中的重油会高温裂解产生轻油和焦炭，轻油会燃烧、焦炭会燃烧等，也会在油层中形成不同的区、带，例如加热区、燃烧区、蒸汽区、热水区、油带等，这些区带在不同的时刻不同程度影响原油的采掘。通常，"火烧"会燃烧掉原油中 10%～15% 的重质组分，燃烧过程中产生的热量、气体、水蒸气、气态烃等会形成多种驱油作用。

知识·小·讲堂

自发点火
人工点火

火烧油层分为干烧和湿烧。"干烧"就是火烧时，只是连续注入空气。"湿烧"是在注空气进入油层的同时，向地层间歇注水或连续注水，它的目的是降低火烧时油藏内部的峰值温度（目前监测火烧油层温度已达700℃左右），扩大高温区能量的波及范围、提高热效率，减少过高温度对地层及井筒的伤害。

进行火烧时，重要的环节是设法点燃选择的油层。目前，有两种点火方法：自发点火和人工点火。

从"脚尖"到"脚跟"的注空气燃烧技术

简称THAI技术，是toe-to-heel air injection的首字母缩写，也称之为从"脚尖"到"脚跟"的注空气燃烧技术。它是将火驱技术与SAGD技术结合起来的一种技术，这种组合技术可采掘出更多的稠油。它有两种井型组合形式，即直井—水平井组合和水平井—水平井组合，直井—水平井组合是主要方式。该组合中，水平生产井部署在位于油层下部的位置，垂直注气井（或者水平注气井）部署在靠近水平井末端（脚尖）处，从垂直井内注入空气或者氧气。燃烧区带由"脚尖"沿水平井向"脚

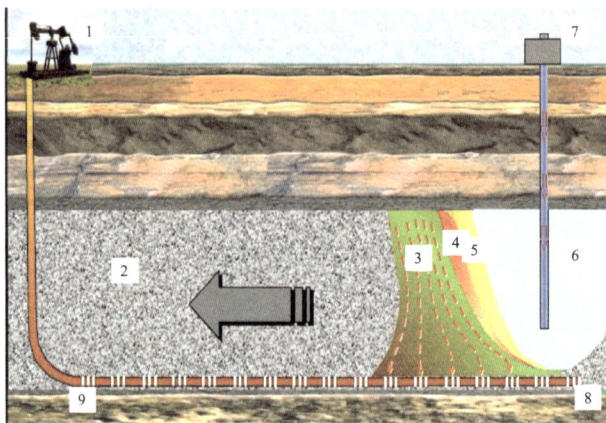

THAI技术示意图（张烈辉等，2018）

1—生产井；2—未加热稠油油层；3—流动油带；4—燃烧区；5—已燃区；
6—空气／氧气；7—注汽井；8—"脚尖"；9—"脚跟"

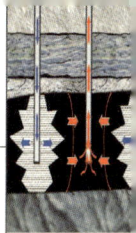

跟"处推进，燃烧前缘加热的原油依靠重力作用运动到下面的水平生产井中，然后被采掘出来。

该技术主要用于超稠油的采掘。基本要求：油藏内部没有不渗透的岩层阻隔，顶部有非渗透的岩层遮挡。

电磁加热技术

该技术是在空心抽油杆中穿一根电缆，电缆的一端与空心抽油杆的底端相连，在由电缆、空心抽油杆构成的回路上施加交流电，通过被加热的空心抽油杆对稠油热传导实现加热降黏。

该技术可以克服注入蒸汽、注入热水驱油过程中，初始注入量少、形成流动通道困难、注入流体难以控制等缺点。电磁热采方法具有一些特殊的优点，它比深部地层注蒸汽经济，还可以用于渗透能力差和由于压力限制而不能注入热流体的油层。目前，电磁加热技术主要和注水相结合，对油层进行选择性加热。

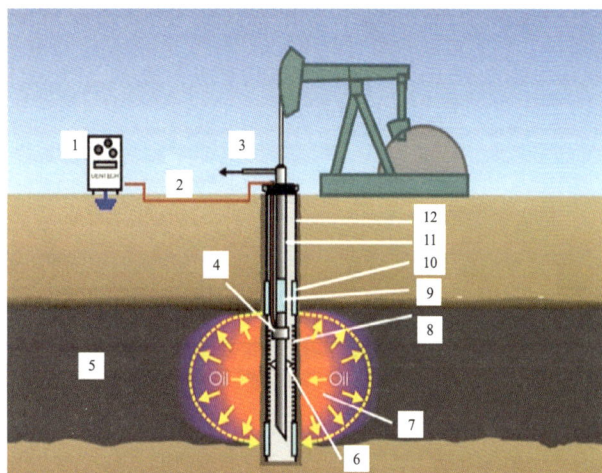

电磁加热技术示意图（张烈辉等，2018）

1—供电设备控制柜；2—电缆；3—油水产出端；4—电缆终点器；5—油层；6—卡箍；7—加热区；8—电极；9—玻璃纤维油管；10—玻璃纤维套管；11—金属油管；12—金属套管

注溶剂技术

前面介绍的注蒸汽及火烧采掘稠油的一系列技术，缺点是易发生"汽窜"、热利用率低，不适用于浅层油藏稠油的采掘。同时，采掘出来的水的处理、温室气体排放影响环境。为此，科学家们

注溶剂技术的两种方案

VAPEX技术（溶剂萃取技术）

CSI技术（注溶剂吞吐技术）

提出了一种更清洁、效率更高的技术，即用溶剂代替蒸汽注入油藏中，以此来降低原油黏度，达到推动原油的目的，称之为"注溶剂技术"。

目前该技术在现场实施时有两种方案。

第一种方案：溶剂萃取技术（VAPEX技术）。它的思路与SAGD技术一样，不同的是注入油藏的是溶剂（如丙烷或丁烷），不是蒸汽。在现场具体的操作中，注入的溶剂中混合有非凝结气体，例如天然气、氮气、CO_2 或其他气体。这种情形称之为溶剂萃取技术，简称 VAPEX，是 vapour recovery extraction 的字母缩写。注入井在油藏中位于生产井上部的 2~5m 处，油藏上下都是不渗透岩层，防止了气相溶剂的窜流，实现了溶剂的有效回收。

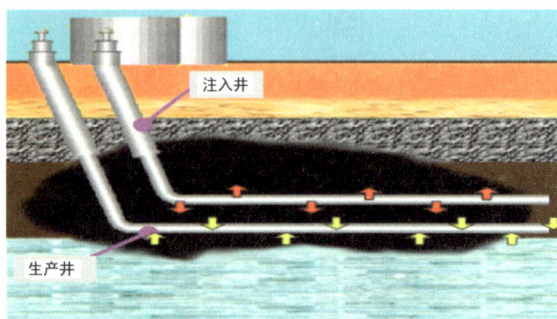

稠油油藏 VAPEX 开发示意图
（张烈辉等，2018）

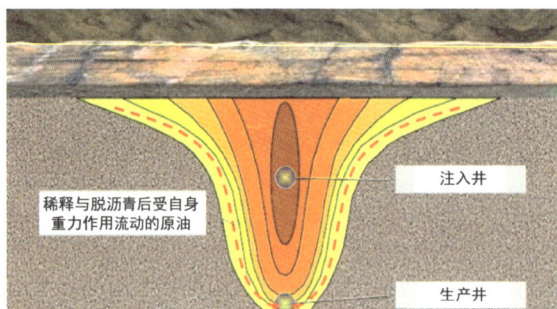

VAPEX 蒸汽腔示意图
（张烈辉等，2018）

与热力采油技术相比，VAPEX技术有许多优点。一是 VAPEX技术不需要热采相关设备的建设与废水的处理，资金投入较少。二是VAPEX技术不存在热采过程中的热损失，在相同产出量的情况下，

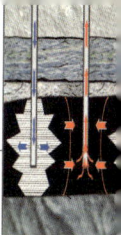

VAPEX 所消耗能量仅为 SAGD 的 3%，VAPEX 技术相当经济。三是 VAPEX 技术在减小消耗能量的同时，也削减了温室气体的排放，VAPEX 技术环境友好。此外，该技术不存在产生蒸汽问题，便不会造成储层伤害问题。尤其是在高含水、薄油藏、储层岩石具有导热性差且具有底水层的稠油和沥青油藏中，更能体现出 VAPEX 技术的经济性与环保性。四是 VAPEX 技术的气相溶剂可以循环使用，在开采终止阶段基本全部回收，进一步节省了成本投入。五是 VAPEX 技术的"蒸汽萃取"在稠油沥青的开采过程中产生脱沥青作用，极大地改善了采出油的品质。

针对深层特稠油藏，VAPEX 有着比 SAGD 技术更明显的优势。

第二种方案：注溶剂吞吐技术（CSI 技术）。它的思路与注蒸汽吞吐技术相同，不同的是它是循环注入溶剂（例如，丙烷或丁烷）进入油藏，代替了蒸汽，这种技术称之为注溶剂吞吐技术，简称 CSI 技术，是 cyclic solvent injection 的首字母缩写。一般情况下 CSI 包括三个操作阶段：注气阶段、焖井阶段与生产阶段。

CSI 具备与 VAPEX 相同的优势，比如投入资金少、消耗能量低、改善产出油品质及环境友好等特点。

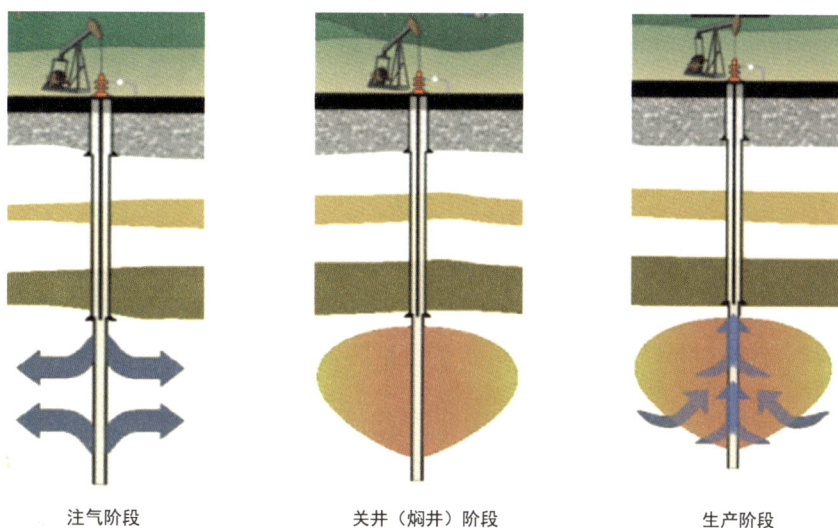

注气阶段　　　　　　关井（焖井）阶段　　　　　　生产阶段

稠油油藏 CSI 开发示意图（张烈辉等，2018）

⊙ "蚯蚓洞" + "泡沫油" 成就疏松稠油油藏的出砂冷采

稠油油藏中的岩石大多数疏松、粘结不紧密，原油采掘时很容易产出砂子，而且量较大，影响原油的采掘。为此，科学家们想了很多办法不让砂子产出来或者少量的产出。有趣的是，这个观点在 20 世纪 80 年代中期发生了革命性的转变，不是不让砂子出来，而是让砂子尽可能多得出来。思路很简单，不注蒸汽，也不采取任何防砂的措施，像抽水泵一样，利用 "泵"（例如，螺杆泵）将原油和砂一起采掘到地面，采掘出来的原油量明显高于预期值，因为不需要注入热量，还要出砂，因此就诞生了 "出砂冷采" 技术。

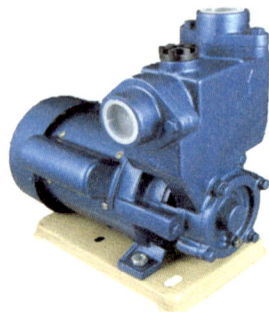

抽水泵

大家可能会疑问，稠油原油黏度那么高，没有外来热量是很难流动的，那么，"冷采" 是基于一种什么样的原理呢？这种技术的确很特别，与热力采油技术相比，反其道而行之，油井不仅不需要防砂，还激励出砂，人们无须担心砂对生产的危害。很神奇的是 "冷采技术" 有时会在地层中形成一种非常特殊的 "油包气" 油流 —— 泡沫油。它具有两大功能：一是阻止地层中形成连续相，减缓原油早期脱气造成的压力降

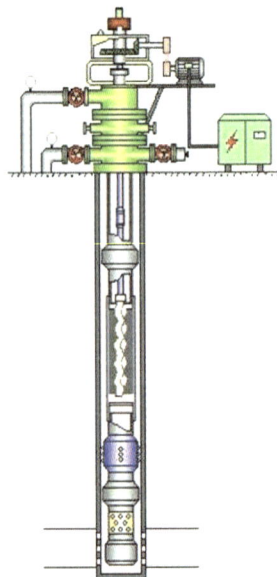

螺杆泵
（李颖川，2002）

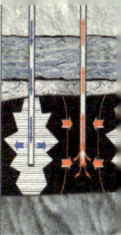

低；二是改善原油的流动性能，可以这么说，冷采不一定产生泡沫油，但出现泡沫油一定是冷采。

　　加拿大和委内瑞拉有几个稠油油藏，采掘过程中形成的"泡沫油"，有效降低了稠油的黏度，改善了流动性，单井显示出了异常高的原油采掘量。实际的采掘量比理论预期高 $10\sim30$ 倍，有的甚至高达 100 倍。如果根据常规理论预测其产量不会超过 $0.5m^3/d$，但实际单井平均产量达到 $15m^3/d$。该技术在加拿大和委内瑞拉等国家应用较广，目前在我国尚无成功应用的实例。

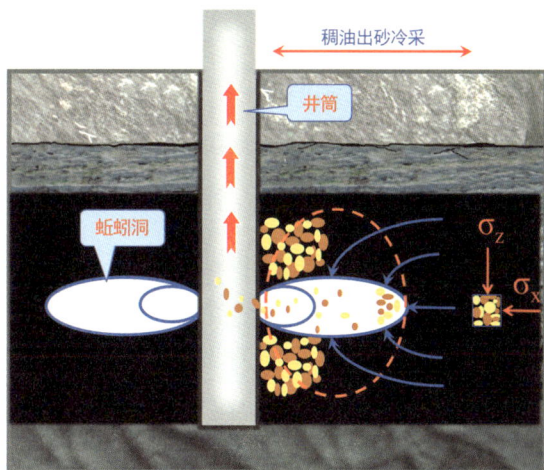

稠油出砂冷采示意图

知识·小讲堂

"泡沫油"

　　在稠油"出砂冷采"中还有一个很神奇的现象是，采掘过程中会形成一种非常特殊的原油流动"网络"，好似土壤中蚯蚓形成的洞，故称之为"蚯蚓洞"（wormhole）。蚯蚓洞的形成，使油层的孔隙和渗透能力大幅度提高，极大地改善了渗流通道及流动能力。

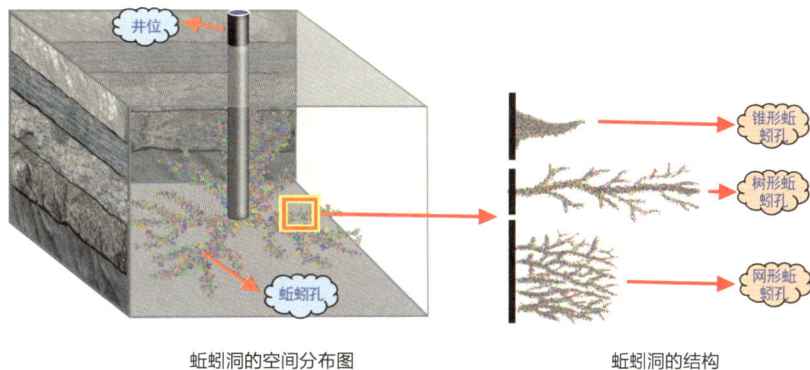

蚯蚓洞的空间分布图　　　　　蚯蚓洞的结构

稠油出砂冷采过程中蚯蚓洞扩展机理示意图

该技术对大多数稠油油藏都适用。只要油层的砂子粘结弱、粘结差、疏松（即渗透率高），地层原油中含有一定的溶解气量，原油不加热也能流动，具有较强的携砂能力，便可以采用该技术采掘原油。它对油层厚度、原油黏度、地层压力均没有严格的限制，具有较好的应用前景。

在加拿大和委内瑞拉，它是一种较普遍的稠油采掘方式，而且矿场实施成本低、产量高、风险小，但是，它也有缺点，原油采掘量一般为总的地质储量的15%左右，偏低，并且产出的油砂的处理费用较高。

这里介绍的每一种稠油采掘方法，在现场具体实施时，每一种方式都要满足适当的油藏条件，例如孔隙度、渗透率、油层厚度、原油黏度、含油饱和度、油层压力、地层温度、边底水、地层连通性等因素。

知识·小·讲堂

油砂

目前为止，前面我们谈到的一次采油、二次采油、三次采油，或者更具体一点，水驱、混相驱、化学驱、稠油热力采油，例如热水驱、蒸汽吞吐、蒸汽驱、蒸汽辅助重力泄油、溶剂辅助重力泄油、THAT、火烧油层等，这些技术主要是针对油藏的，怎么把油从油藏中采掘出来，而对于气藏，由于气体性质的特殊性，把气从气藏中采掘出来的技术、方式上是不同的。

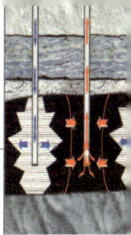

气藏开采的天然动力——气驱和水驱

由于原油和天然气物性的差异，气藏与油藏的开发方式有很大的不同。目前，气藏的开采方式有气体膨胀驱、水驱。

⊙ 气体膨胀驱（或气驱）

主要针对干气藏，依靠气体膨胀驱动来采出气体，一次开采可以采出高达90%左右的 OGIP（原始天然气地质储量）。其实，就是靠天然能量衰竭开发。

⊙ 水驱

主要针对有边水、底水的气藏，与存在边底水的油藏的水驱是类似的，可分为弹性水驱气藏和刚性水驱气藏。弹性水驱气藏以气驱为主，水体区域一般较小，能量较弱，具有封闭性，水体有限。刚性水驱气藏以水驱为主，水体区域很大，为无限水体，气藏边、底水与圈闭以外的地层水或与地面露头天然水域有联系，例如加拿大海狸河气田泥盆系的气藏。

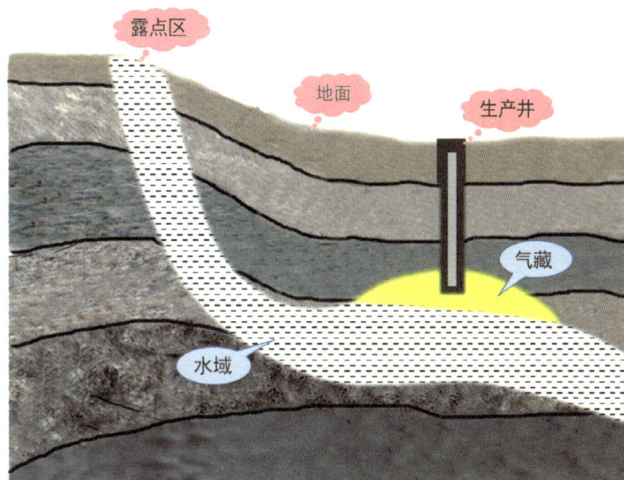

露点区

地面

生产井

气藏

水域

水驱示意图

对于边、底水气藏，一般只能开采出 30%～50% 的 OGIP。水驱没有膨胀气驱的采收率高。

⊙ 衰竭开发和保持地层压力开发：凝析气藏

凝析气藏是一种特殊的气藏，是介于油藏和气藏之间的一种特殊气藏。不同于油藏，也不同于干气藏。虽然凝析气藏也产油（称之为凝析油），但在气藏原始温度压力条件下凝析油在地下以气相存在。而常规油藏乃至轻质油藏在地下以油相存在，虽然其中含有气，但这种伴生气在地下常常溶解于油，称为单一油相。一般气藏（湿气藏、干气藏）在开采过程中很少产凝析油。

凝析气藏开发方式与干气藏开发方式有很大区别。对于凝析气藏来说，除了把地下天然气采出来之外，就是要防止在地层压力下降时会出现凝析油析出从而导致损失。因此，根据凝析气藏中凝析油的含量及经济性，目前其开发方式主要有两种。

衰竭开发方式

这种方式采出的凝析油是很少的。对于天然气中凝析油含量低的凝析气藏，从经济的角度来看，这种方式费用较低，是可取的。

保持压力开发方式

这种方式是提高凝析油采收率的主要方法，尤其是针对凝析油含量较高的凝析气藏，不保持压力开采，凝析油的损失可以达到原始凝析油储量的 30%~60%。这种方式和原油"二

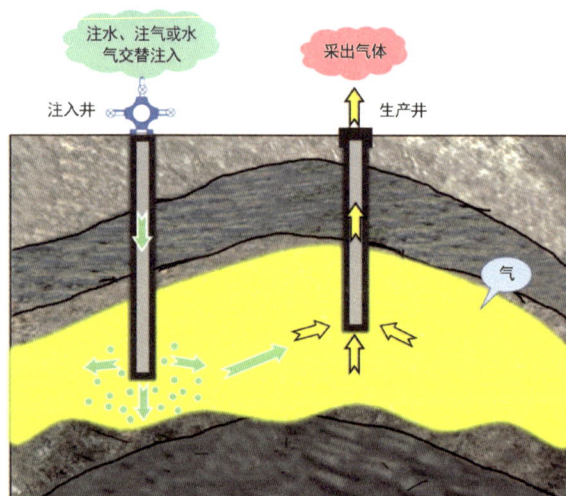

凝析气藏注水、注气开发，减少凝析油损失

次采油"方式原理相同。通过向地层中注入水和气体。气体可以是干气、氮气或氮气与天然气的混合物，也可以是空气或 CO_2。注干气通常是将气田本身产出的天然气经过凝析油回收和处理后，再回注到气藏。注水一般是针对缝洞型气藏采用水、气交替注入或同时注入，目的是改善注气时波及体积，防止气窜。采用保持压力的方式需要大量的投资，要购置压缩机，而且在相当长时间内无法利用天然气。有的凝析气藏产出的气量少，不能满足回注的气量，还需要从附近的气田购买天然气。因而，有无供气气源也是决定采取什么方式保持压力的重要因素。

井筒中的"十八般武艺"，助力油气产出

⊙ 人工举升——人为向井底增补能量，助油采掘一臂之力

人工举升的目的，是维持一个低的井底生产压力，使地层能够给出所要求的油藏流体产量。油层能量充足时，利用油层本身的能量将油举升到地面的方式称为自喷。当油层能量较低时，要采用人工给井筒流体增加能量的方法将油从井底举升到地面上来，即为人工举升，包括气举采油法和泵抽采油法两种。

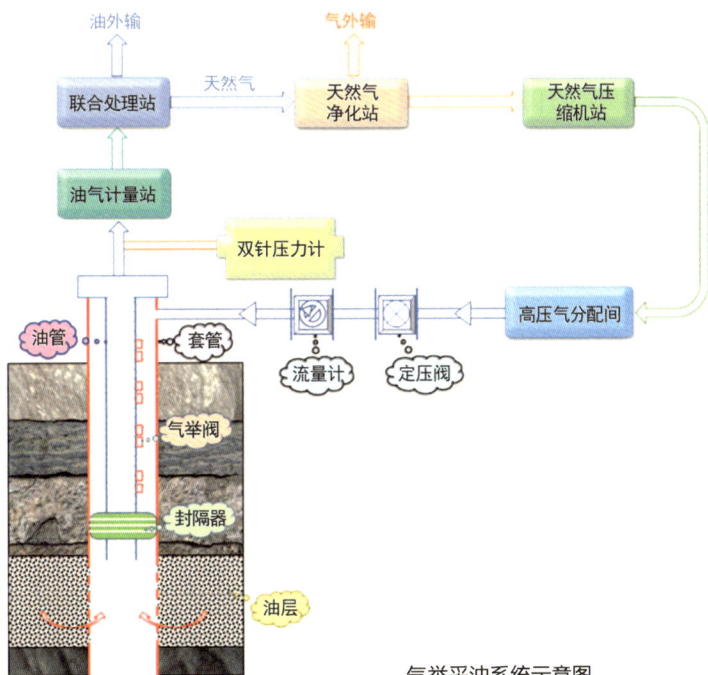

气举采油系统示意图

气举是通过向井筒注入气体来增加井底能量，泵抽是将地面动力（例
如电能）传递到井底泵来实现井底能量增加，进入油田开发中后期，
地层能量下降，人工举升的作用越来越显著。

油井在井身结构、产量、流体性质等方面的差异促进了泵抽技术
的多元化发展，形成了多种举升方式，一般根据能量传递的方式可将
泵抽采油法分为有杆泵和无杆泵两大类。

有杆泵举升

指借助于细长的抽油杆将地面动力传递给井下抽油泵，从而将原
油举升至地面，主要包括抽油机井有杆泵举升和地面驱动螺杆泵举升，
其中抽油机井有杆泵举升具有结构简单、适应性强和寿命长等特点，
是目前国内外应用最广泛的人工举升方式。

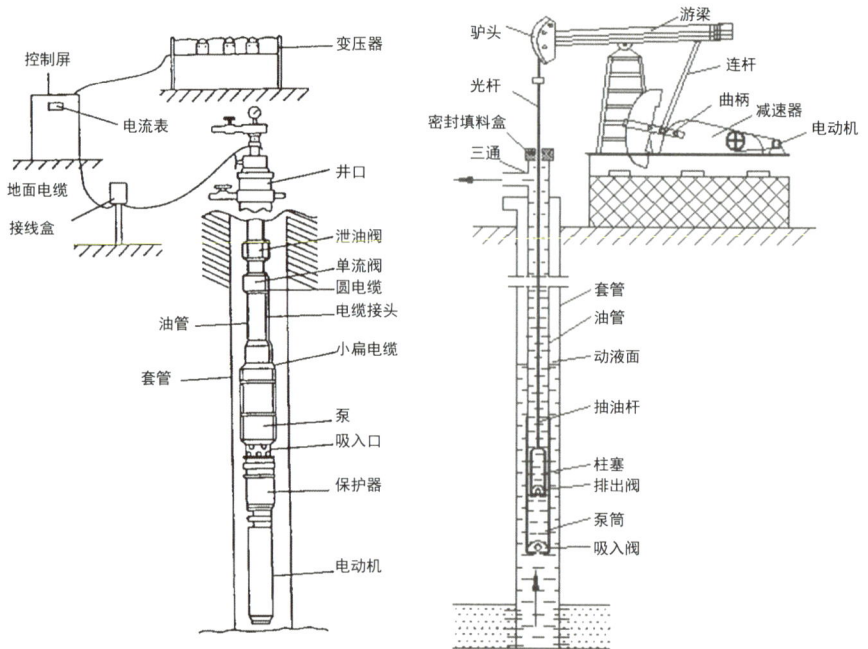

无杆泵型举升（李颖川，2002）　　　　有杆泵型举升（李颖川，2002）

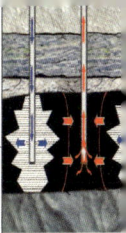

无杆泵举升

与有杆泵举升不同，无杆泵举升不是用抽油杆来传递地面动力，而是用电缆或高压流体将地面能量传递到井下，带动井下机组把原油举升至地面。主要包括潜油电泵、射流泵、水力活塞泵等，其中潜油电泵排量相对较大，自动化程度高，已成为海上油田开采的主力。

随着油田开发的深入，采出液含水不断上升，采油成本持续增加；水平井、大斜度井等特殊井型增加，油井条件更加复杂；三次采油、高温高压油井越来越多，流体条件越来越恶劣。人工举升面临的挑战不断增加，常规举升技术暴露出能耗高、效率低、杆管偏磨等一系列问题，发展更加安全环保、可靠、节能、高效的人工举升技术是采油工程发展的必然趋势，同时要配套实时监测与诊断技术，提高对生产过程的监测和控制水平，才能实现高效低耗举升，降低采油成本。

⊙ 排液采气——消除井筒"肿瘤"，恢复气井活力

气井排水采气技术主要通过排出产液气井井筒的液体，从而降低井底回压，释放气层的生产能力。该技术也称为狭义的排液采气技术，是目前最常用的排液采气技术。

随着气田开发的深入，产液气井的数量逐渐增加，同时单井每采出万立方米气所带出液量增大，使产气量急剧下降，气井自喷能力减弱，逐渐变为间喷井，最终因井底积液而停产。为此针对气藏类型及其出水规律不同，初步形成了优选管柱、泡排、柱塞举升、气举、机抽、潜油电泵、射流泵等众多排液采气技术。

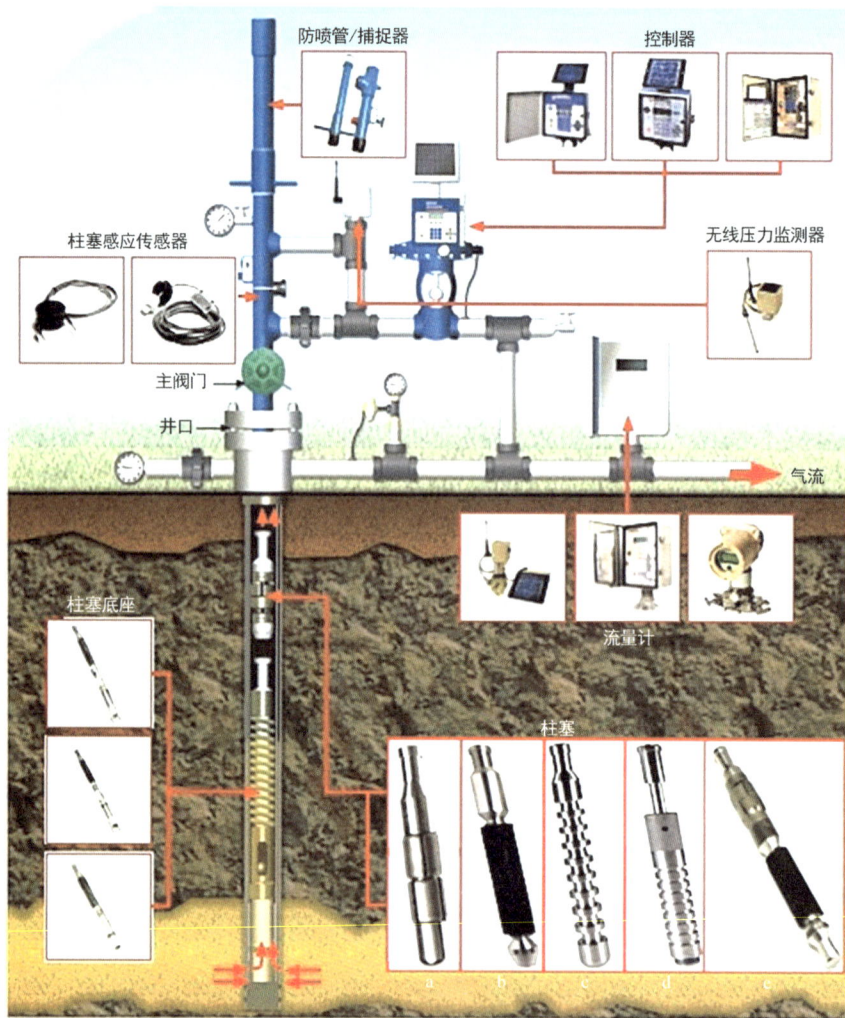

排水采气（柱塞气举）（李海涛，2017）

⊙ **分层注水——因势利导，按层所需，提升注水效果**

我国油田早期注水实施笼统注水，即在注入井的井口采用同一压力且将地下层位（无论是单层多层）看作单层来处理，不考虑地下实际各层位的情况而进行注水。优点是操作简单，成本较低。缺点是对地下各层压力、注入水进入各层的水量分配缺乏控制，因此，出现了高渗透层水突进，见水快、油层压力高，中低渗透油层压力水平低，需要水的层位进入水量少，不需要大量进入水的层位反而水量多，从而注入水在相应层位达不到驱替或置换油的效果。为解决上述矛盾，科学家们提出了分层注水的理念。简而言之，就是根据各油层的流体流动能力差异，在不同油层部位安装大小不等的水嘴（控制注水量大小）来调控注入层位的供水压力，实现合理分配注水量到不同层位，有效提高不同层位的驱油效果。分层注水方式多用于同一口注入井穿过多油层的情况。

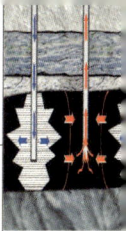
注采井

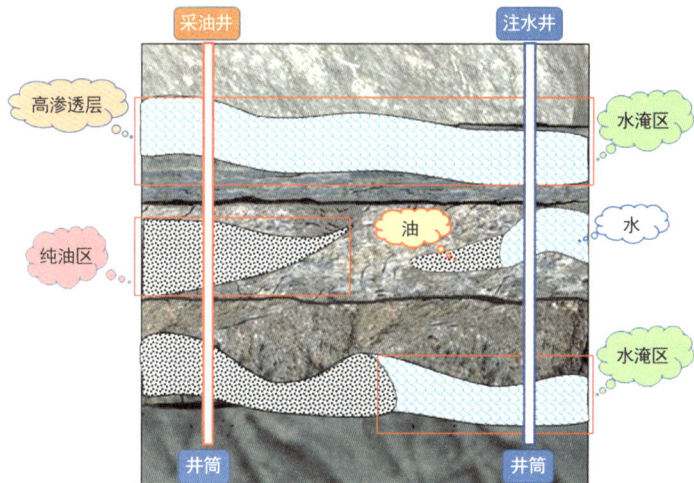
笼统注水

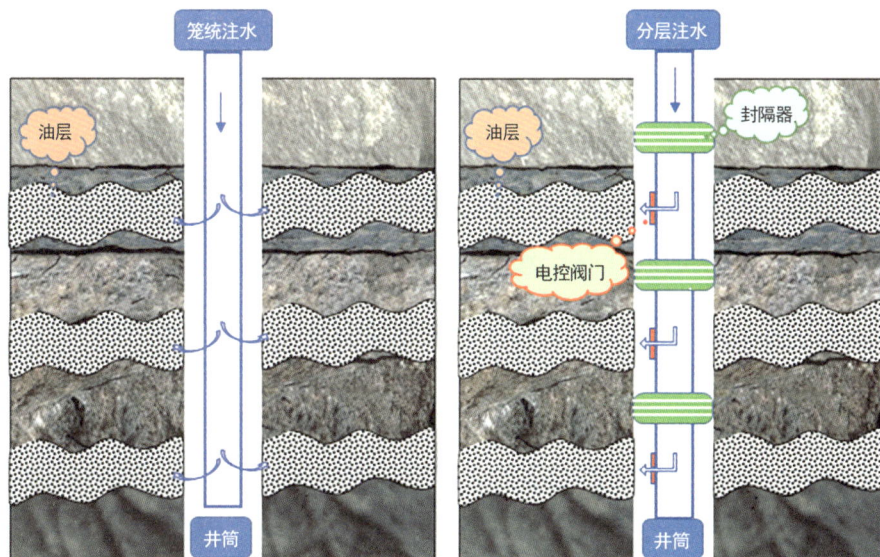
分层注水

发展分层注水，实现有效注水，是高含水后期、特高含水期继续注水提高原油采收率的主攻方向之一。

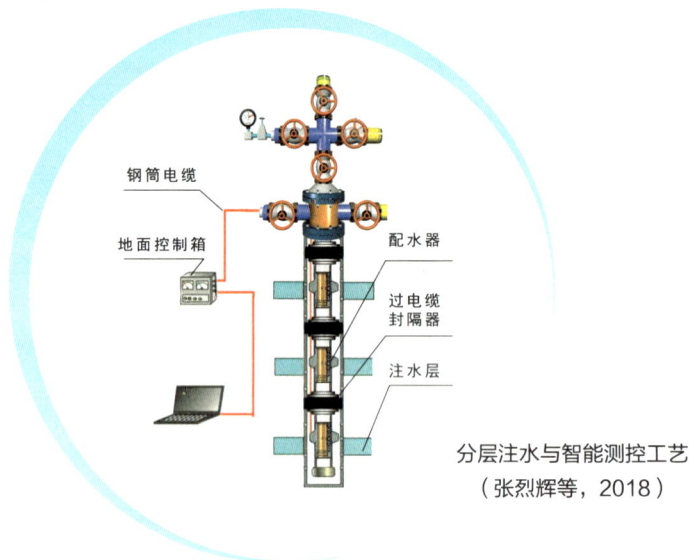

分层注水与智能测控工艺
（张烈辉等，2018）

⊙ 调剖堵水与调驱——多措并举，强力堵截，助力控水增油

油田长期注水开发使储层非均质性进一步恶化，在储层中形成不同级别的水流优势通道，注入水低效、无效循环。例如，由中高含水期（含水 60%~80%）约 3t 水换 1t 油上升到高含水期的约 8t 水换 1t 油，注入水置换地层中原油的效率和采掘效益大幅降低。调剖堵水与调驱技术是一项针对性很强的技术，它通过机械的或化学的方法封堵目前油井高产水的层段（一口井沿纵向上可能有很多层），人为地改变注入水的流动方向，使不同层位中注入水的流量重新分配，特别是让水进入渗透率差的层段，有效驱赶或置换低渗透层段的原油，从而有效提高注入水的波及范围和驱替效率，控制注入水的产出、稳定生产井产油量，进而提高原油采收率。该技术已经成为注水开发油田提高注水效率和最终采收率的重要手段，是一项有效的控水增油技术。

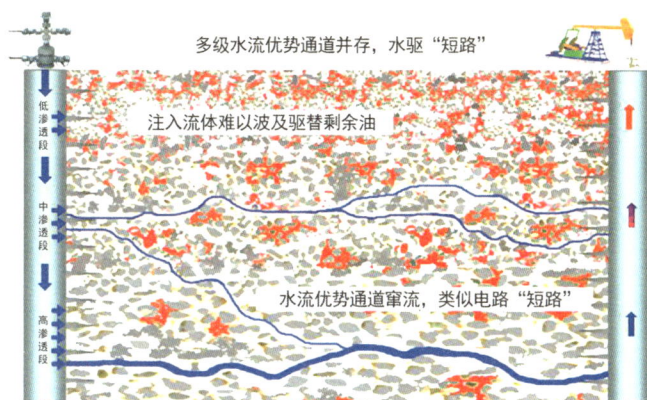

多级水流优势通道并存，水驱"短路"

注入流体难以波及驱替剩余油

水流优势通道窜流，类似电路"短路"

多级水流优势通道并存示意图（张烈辉等，2018）

目前，油田调剖堵水与调驱技术类型很多，包括：油田化学堵水技术，机械堵水、调剖技术，油水井对应堵水、调剖技术，注水井调剖技术和深部调剖技术等。

什么叫化学堵水？

向油井的高含水或高含水、高产液层注入一种化学药剂，药剂在孔隙中凝固或膨胀后降低近井区域流动能力，封堵住渗透性高的层位、高含水或高产液层，使高含水、高产液层少产液或不产液的一种方法，可以达到降低油井产水量、增加产油量的目的。

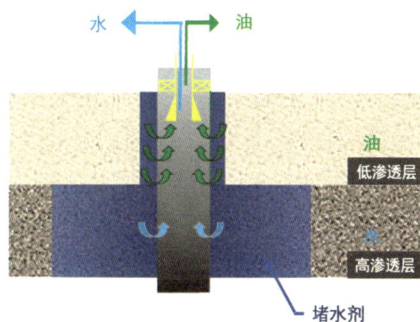

化学堵水示意图

什么叫机械堵水、调剖？

用封隔器将出水层位在井筒内卡开，以阻止出水层位的水进入井筒同时也不干扰其他层的堵水方式称为机械法堵水。该方法在油田中起到了较好的堵水效果，可作为一种经济、有效地降低非期望产水的措施。

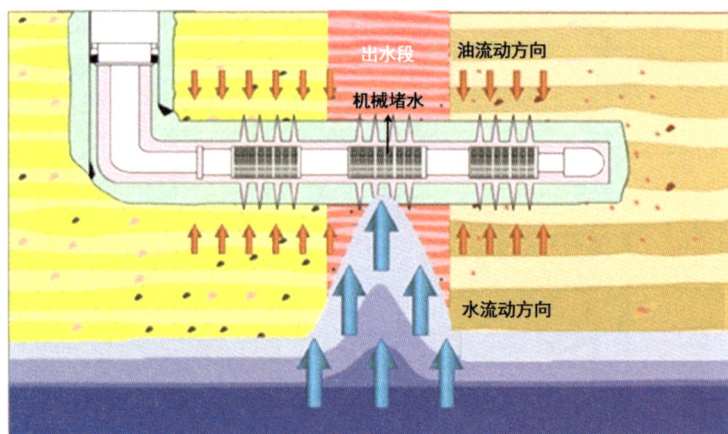

机械堵水示意图

什么叫油水井对应堵水、调剖？

在注水井调剖的同时，相对应的采油井进行堵水措施。在改善注水井不同层位注入水的流量分配的同时也改善对应油井不同生产层位的流量分配

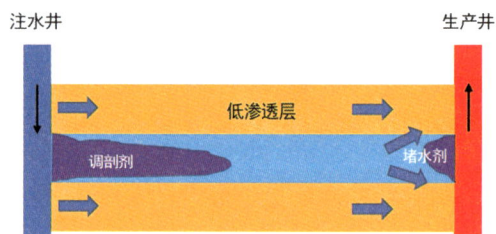

油水井对应堵水、调剖示意图

（即注入水量分配大的层位对应油井层位产量大），提高对应油水井的注水和采油效果，扩大注水见效的范围，提高产油量，降低产水量，延长注水见效时间。

什么叫注水井调剖？

采用封隔器和配水器，分隔注水井各注水层位，进行分层配水。或者采用化学堵水法，向高含水层位注入化学剂，降低注水井近井区域的渗透率，或封堵高含水层位或大孔道，从而控制这些层位的含水量，提高注入压力，增加含水低的层位的水量，从而改善不同层位的含水量，扩大波及范围，提高采收率。

注井水调剖示意图

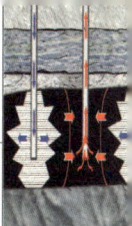

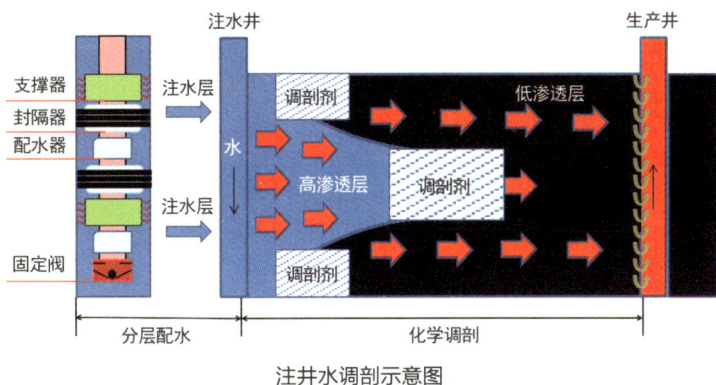

什么叫深部调剖技术？

用不同的注入方法，将化学药剂注入油藏较深部位，其部位根据各油层开发特点而有所不同，例如，对正常高含水区块，其处理半径可采取1/3 井距、1/4 井距，而对其具有明显的裂缝或大孔道的注水井可采用 1/2 井距或更大的处理半径，以达到在油层较深部位封堵高渗透吸水层段，迫使液体流动方向改变，扩大注入水波及范围，改善开发效果。

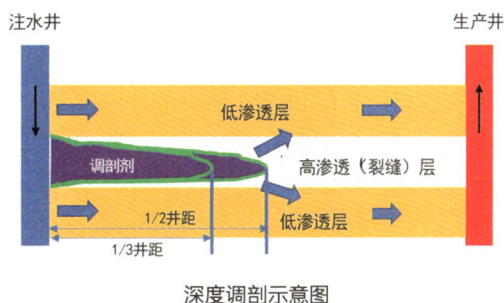

深度调剖示意图

⊙ 分层采油——充分发挥各层生产"积极性"

我国油田早期实施多层位合采，简言之笼统采油，即一口井穿过多个层位，将多个层位看作是一个单层，这些层位中的油都流入井筒中，一起流入井口，井口压力相同。通常，一口生产井可能包含多个油层，合采时，由于层与层之间的压力、岩石和流体性质等差异，往往互相干扰，使部分油层不能发挥应有的作用，甚至出现"倒灌"的现象（高压油层的流体灌入低压油层，阻止了低压油层流体的采出）。

为减少或消除层间干扰，人们发展了分层采油技术，即通过井下工艺管柱将各个目的层分开，在各个分开的层位，装配不同油嘴，调节井底的压力，减少或消除层间干扰，提高油气井生产效果。早期应用的分层开采技术主要有多管分采技术和单管分采技术。

多管分采技术，在一口井内下入多根油管，一根油管开采一个层段，用封隔器将层段分隔开。此法可消除层间干扰，但在一口井中下的油管数要受井眼尺寸限制，不能太多，而且井下工具和井口装置因管多而复杂化，通常多采用油管和油管—套管环空或双油管分采两层。

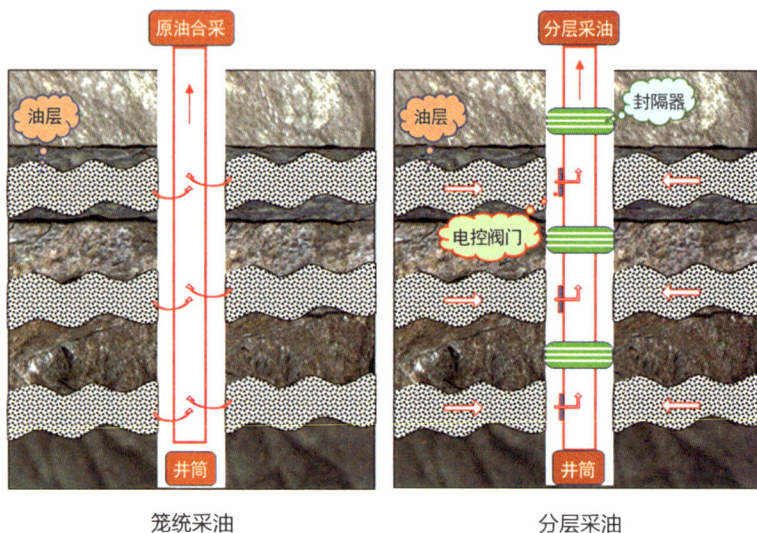

笼统采油   分层采油

单管分采技术，在开采多油层的生产井内，用封隔器将油层分隔成若干层段，用配产器来减少层间干扰，为便于井下作业和油井管理，在一口井中，一般可分3~4个层段进行分层采油。

为了降低分采作业成本和实现井下数据实时监测，近年来发展了压力波控制分层采油技术、智能井技术、振动波控制分层采油技术等先进分采技术。

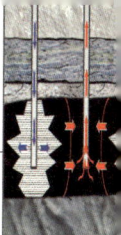

知识·小讲堂

封隔器

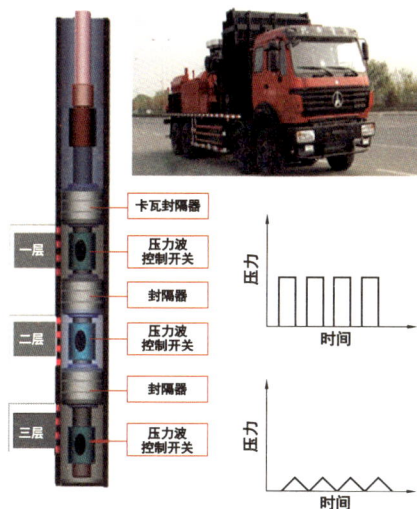

压力波控制分层采油技术
（张烈辉等，2018）

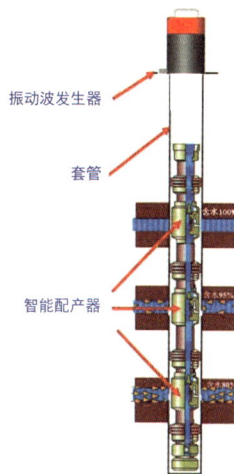

振动波控制分层采油技术
（张烈辉等，2018）

⊙ 同井注采——实现稳油、控水、节能、降耗

油田注水开发进入中后期，其含水率将逐渐升高，部分区块含水率达到 90%，甚至超过 95%。通常情况下，储层产出的大量水会与原油一起被举升到地面，先进行油水分离，再通过管网输送到污水处理厂，经过处理后被回注到油层或地层。在此过程中，大量产出水的举升、集输会消耗能源，污水处理一方面会占用大量的土地，增加水处理设备等基建投资，另一方面，处理污水用到的化学药品还会带来潜在的环保问题。高含水油田生产成本的增加使很多油井失去开采价值，甚至导致关井停产，为了降低高含水油田综合开发成本，提高油田采收率，需要采用新技术，改变传统开发模式，减小无效水循环，降低生产成本，实现稳油、控水、节能、降耗。

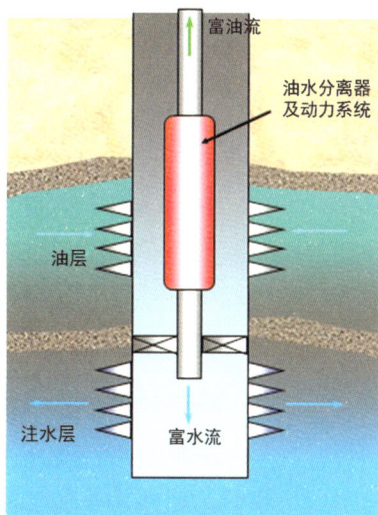

同井注采技术示意图
（张烈辉等，2018）

同井注采技术是利用井下油水分离设备，把油层产出的油水混合物直接在井下分离，分离出的富油流（含水较少的浓缩油）被举升到地面，分离出的富水流（含油极少的分离水）被回注到废弃层或者注水层用以驱油。

⊙ 水力压裂——建造地层"高速公路"网，助力增产

水力压裂是提高油气井产量、提高注水井注水效率的一项重要的储层改造措施。它是利用地面高压泵，通过井筒向油层中挤注具有较高黏度的液体（即压裂液）。当注入压裂液的量大大超过油层的吸收能力时，就会在井底憋压，一旦超过地层岩石破裂压力油层将被压开并在井底附近地层产生裂缝。继续注入带有支撑剂（石英、陶粒等）的携砂液，裂缝进一步向前延伸并填入支撑剂支撑已经压开的裂缝，使其不闭合，由此在井底附近地层内形成具有一定几何尺寸和高导流的填砂裂缝，使油层与井筒之间建立起一条新的流体高速公路通道，达到油气井增产、注水井增注的目的。水力压裂之后，油气井的产量一般会有较大幅度的增长。水力压裂的概念和思路将在第五章知识小讲堂详细介绍。

随着勘探技术的进步，人工"改造"储层越来越复杂。例如，致密油气藏具有孔隙度小、渗透率低等特点，一般情况下自身产能较低甚至无产能，且储层的分布范围广，单层厚度薄，纵向不集中，横向不连续，采用常规的垂直井水力压裂工艺无法实现经济工业产能。目前，对于非常规油气资源的开发逐渐形成了水平钻井、体积压裂及裂缝监测的综合系列开发技术。水平井体积压裂技术可实现油气储层岩体的三维立体改造，形成人工裂缝立体网络，获得更大的储层泄流面积，能够增大井筒与裂缝产生更大的接触面积，从而更大地提高储层有效渗透率，提高采收率。

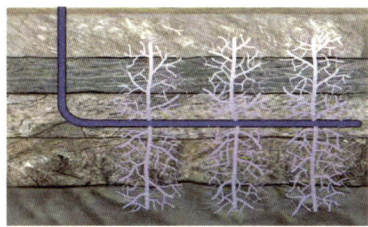

缝网压裂示意图

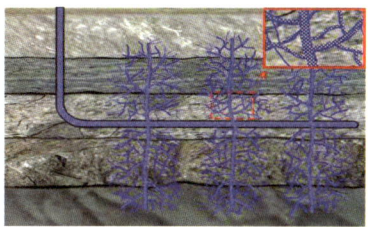

缝网压裂——支撑剂铺置示意图

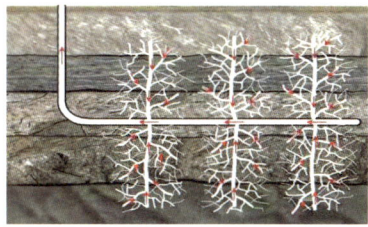

缝网压裂后流体流动示意图

压裂车（大型酸化、酸压、压裂常用）

水力压裂分为端部脱砂压裂、重复压裂、高速通道压裂、"井工厂"压裂技术（同步压裂、拉链压裂）、暂堵转向压裂技术、深井及超深井压裂新技术。

⊙ 酸化——解堵、造缝的利器，助力生产活力

酸化是油气井投产、增产和注入井增注的重要技术措施，酸化的概念和思路将在第5章详细介绍。通过酸液腐蚀、疏通油层中的小孔道、清理地层中各种伤害（如钻井产生的钻井液伤害）、堵塞等，对储层进行解堵或形成高渗透性裂缝，实现提高储层渗透性，改善渗流条件，达到恢复或提高产能的目的。由于酸化技术对油气井投产、增产发挥着巨大作用，因而受到油田的高度重视和推广应用并得以广泛发展。

根据所应用酸液和工艺方法区分，主要有基质酸化和酸压技术（有兴趣的读者可参见相关专业书籍）。

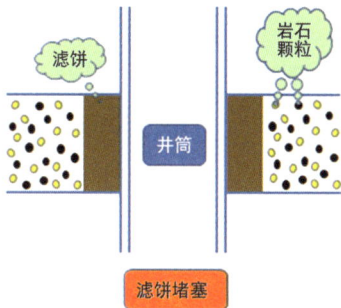

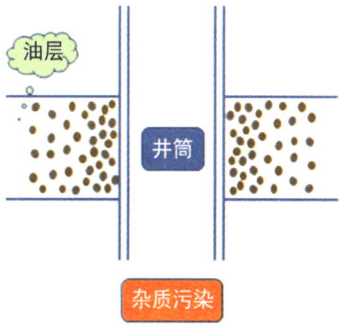

237

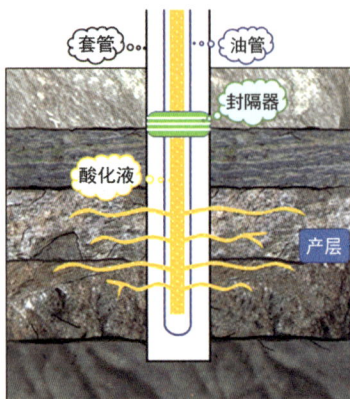

酸液进入产层示意图

700 型水泥车（酸化、洗井、冲砂等作业常用）

⊙ 保护储层，保持油气井的活力

大家知道，储层是能够储集油气并能让油气在其中流动的岩层或地层。油气层埋藏几百米甚至几千米，储层为什么会受到伤害、会受到什么样的伤害呢？如果储层产生伤害，专家怎么去预防或解除这些伤害，保持油气井产能呢？地下油气层没有被钻井工人钻开前，油、气、水与油、气、水之间、油、气、水与岩层之间相安无事、和平共处，油、气、水与岩层之间的物理与化学性质、压力保持平衡稳定状态；油气层一旦被钻开了"眼"，伴随外来流体的侵入，油气藏内部固有的物理、化学平衡被打破，或者说原来的宁静就遭到了破坏。大家知道，在油气田勘探开发过程中的各个环节——钻井、固井、射孔、修井、注水、酸化、压裂直到三次采油提高采收率过程中，必然的也是不可避免的有外来流体进入储层，例如钻井过程中的钻井液，固井施工过程中的水泥浆，射孔作业中的射孔液，修井作业用的修井液，增产用的压裂液、酸化液，采掘过程中注入的水、注入的气、注入的化学剂等都是外来流体，这些外来流体进入储层不可避地要与储层中的矿物和流体接触，但因它们"性格不合"，因此产生物理与化学反应，造成黏土等敏感性矿物"生气"而发生膨胀、分散和运移，以及彼此"不配合"而（专业上称之为不配伍）产生沉淀物，导致储层岩石孔喉被缩小或堵塞，

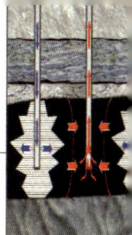

从而造成近井地带(即井眼附近的区域)渗透能力的降低,流体的产出能力和注入水、注入化学剂等（称之为驱替液）注入能力降低，这些现象均可称之为储层伤害。石油工作者也有很多其他的叫法，如地层损害、地层污染、油气层污染等。其实，储层伤害与病人输血是很类似的，正常情况下 A 型血的人输 A 型血，B 型血的人输 B 型血，否则将引起不同程度的免疫性与溶血性输血的不良反应并危及生命。储层受到伤害的源头主要是外来流体与流体中的固相进入了储层，因此，我们首先谈谈外来流体。

不同的人有不同的性格，不同的流体有不同的"性格"，外来流体（油、气、水）与地层流体更是如此。外来流体无论是在性质、组成、浓度、温度等各方面与储层原有的流体存在一定程度的差异，一旦进入地层，都会与储层中的岩石矿物、流体发生物理与化学作用，引起储层微观孔喉结构或流体原始状态发生了改变，通常称之为外来流体与地层流体不配伍、储层矿物敏感性伤害。这种现象与海洋中生活的咸水鱼类到了陆地淡水湖泊生活或淡水湖泊的鱼类到了海洋里边生活不适应、难以生存而死亡是类似的，因为鱼类生活的水体环境发生了变化。

外来流体中或多或少都有固相颗粒，比如钻井液中搬土（一种泥土）、重晶石粉、铁矿粉、钻屑以及注入水悬浮物、压裂液破胶产生的残渣等，都属于外来固相。如果固相颗粒粒径比储层孔喉或者裂缝宽度小，在一定正压差下会进入储层，并向深部运移，遇到比固相颗粒小的孔喉或者裂缝，以及运移动力减弱甚至消失，便会堵塞孔喉，降低油气渗流能力。

地层伤害降低油井产能与产量，严重时会导致"误诊"、漏掉油气层发现，增加油井酸化、修井等工作次数，增加油气生产成本，降低油气藏最终采收率。

注入水中悬浮物固相堵塞孔喉（蓝色为孔隙，黑色为堵塞物，灰白色为岩石颗粒），铸体薄片

压裂液中残渣絮团状，堵塞岩石孔喉，电镜照片

目前，油气田勘探开发实践表明，外来流体进入储层造成储层伤害是因为储层对外来流体"过敏"，称之为储层的敏感性伤害。与人们各种各样的过敏类似，如花粉过敏、酒精过敏、青霉素过敏。归纳起来，储层的"过敏症"主要体现在五个方面：速敏性伤害、水敏性伤害、盐敏性伤害、碱敏性伤害和酸敏性伤害等。简言之，储层的敏感性就是油气储层与外来流体发生物理或化学作用，诱发敏感性反应发生，导致储层的孔隙结构变差与渗透性能降低。

油气储层为什么会与外来流体发生反应呢？或者说导致它们发生反应的本质原因是什么呢？专家们通过研究发现，沉积储层由 10 余种矿物组成，但它们对流速、矿化度大小、酸、碱等敏感性程度不同，通常将对外来流体敏感程度强的矿物称为敏感性矿物，主要包括高岭石、伊利石、绿泥石、蒙皂石、伊/蒙间层、绿/蒙间层等黏土矿物，其次是方解石、白云石，微米级石英、钾长石、斜长石等。敏感性矿物一般粒径小于 20μm，是正常人一根头发直径的 1/5 ~ 1/3，挺聪明，往往分布在孔隙表面和喉道位置，处于与外来流体优先接触的位置。根据与外来流体敏感性的性质不同，常见的敏感性矿物可以分为速敏性矿物、水敏性矿物、盐敏性矿物、碱敏性矿物和酸敏性矿物等，与储层的"五敏"正好相对应，一种敏感性矿物可发生多种敏感性损害，犹如一个人对多种物质过敏一样。

知识小·讲堂

何谓储层的速敏性伤害？

何谓储层的水敏性伤害？
何谓储层的盐敏性伤害？

何谓储层的碱敏性伤害？
何谓储层的酸敏性伤害？

油气层勘探开发中预防储层伤害，低成本、高效开发保护油气层的系列技术，称为储层保护技术；换言之，对症下药，防止和消除"储层伤害"，避免"储层过敏"的系列技术。储层保护工作的好坏直接关系到能否及时"诊断"和发现新储层、新油气藏以及对储量的科学评价，直接关系到油气井的生产能力，对油气（藏）田的经济效益有关键性的影响。保护好储层，就必须把油气（藏）田的开发生产看成是一个严密的系统工程，在勘探开发生产的每一个施工作业环节（或者说只要有外来流体进入的环节）中一丝不苟、不折不扣地实施好储层保护技术。保护技术贯穿于油气田开发的全生命周期，包括钻井、固井、完井、压井、洗井、修井、射孔、压裂、酸化、注入、注气、化学驱等环节。下面以钻井过程中储层保护技术为例介绍储层保护技术的实施过程。

钻井液是石油工程中最先与储层相接触的工作液，其类型和性能好坏直接关系到对储层的损害程度，因而保护储层钻井液技术是做好保护储层工作的首要技术环节。

知识·小讲堂

钻井液滤液
环空返速

为此，石油工作者要做的第一件事就是必须找到钻井液引起储层伤害的原因。在钻开储层时，在正压差（井筒液柱的压力大于地层压力）的作用下，有两种形式的伤害，一种是钻井液中的固相颗粒进入储层造成孔喉堵塞，另一种是钻井液滤液进入储层与储层岩石、流体作用，破坏储层原有的宁静和平衡，从而诱发储层伤害发生，造成储层渗透能力下降。石油工作者通过不断的研究和实践发现，钻进过程中造成储层损害主要有五个方面的原因：（1）钻井液中的固相颗粒直接堵塞储层孔喉；（2）钻井液滤液与储层矿物不配伍引起的伤害，比如敏感性伤害等；（3）钻井液滤液与储层流体不配合（不配伍）等形成沉淀引起的伤害；（4）钻井液滤液进入储层改变了井壁附近地带的油、气、水分布，引起油相的渗透率变化造成的伤害；（5）负压差钻井（欠平衡钻井或空气钻井）时，如果负压差过大，可诱发储层速敏，引起储层出砂及微粒运移等造成伤害。

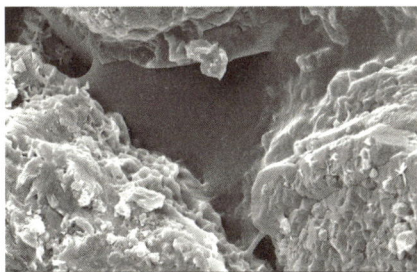

钻井液滤液侵入储层，堵塞孔喉，电镜照片

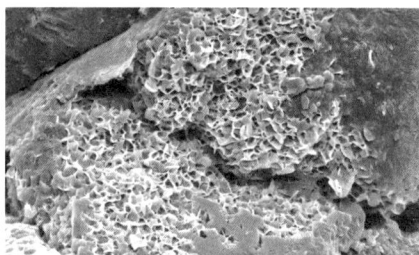

钻井液侵入储层，堵塞孔喉，电镜照片

钻井液中固相堵塞孔喉，电镜照片

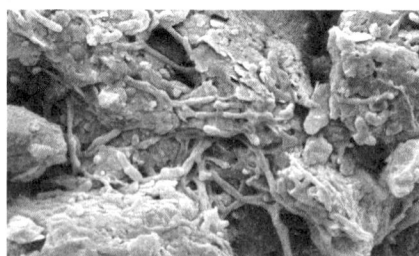

钻井液滤液与网状结构高分子聚合物堵塞储
层孔喉，电镜照片

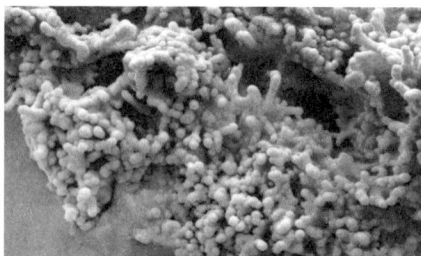

油基钻井液滤液堵塞孔喉

  此外，石油工作者还发现，钻井过程储层伤害的严重程度不仅与钻井液类型和组分有关，而且随钻井液中的固相、液相与储层岩石、地层流体的相互作用时间和侵入储层深度的增加而加剧。影响作用时间和侵入深度主要是工程因素，这些因素可归纳为以下四个方面：压差、钻井液浸泡储层时间、环空返速、钻井液性能等。

  明确了钻井液伤害储层的原因，接下来就是要对症下药，有针对性地提出"防止和消除"钻井液伤害储层的良药方子，石油工作者提出了钻开储层的钻井液不仅要满足安全、快速、优质、高效的钻井工程本身施工的需要，也要满足保护储层的技术要求。对保护储层的钻井液提出了具体的要求：（1）钻井液密度可调可控，地层压力与钻井液柱的静压力差选取合理的差值，钻井液柱压力大于地层压力，预防井喷等事故产生，一般选取 3.5MPa；根据不同油气藏类型选取不同井底压力差，预防钻井液侵入储层太深；特殊情况下，可选取欠平衡钻井，即地层压力大于钻井液的静压力，实现边喷边钻；（2）降低钻井液中固相颗粒对储层的损害，采取优化屏蔽暂堵颗粒，快速在

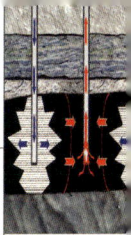

井壁形成暂堵层，减少无用固相侵入储层深部位置；（3）钻井液必须与储层岩石矿物适应（防止储层岩石"过敏症"发生），通过控制矿化度和酸碱度等实现；（4）钻井液滤液中的组分与储层中所含的流体组分配伍性好，混合后相安无事，不形成沉淀物，降低乳化与水锁等对储层的伤害；（5）开发钻井液中的新添加剂，提高滤饼质量，降低液相、固相侵入深度和侵入量，比如聚合醇（一种化学药剂）钻开储层能够快速形成致密封堵层，类似"液体套管"，有效预防液相、固相侵入储层。

知识小讲堂

屏蔽暂堵技术

此外，可以通过提高钻井工艺技术保护储层，比如采取降低压差，实现近平衡压力钻井；减少钻井事故，降低钻井液浸泡储层时间；优选环空返速，防止井喷井漏等措施。钻开储层过程中，储层伤害是不可避免的，只能通过保护技术的研发与应用将伤害程度降至最低；一旦堵塞严重，可利用酸化、压裂等技术解除储层伤害，达到增加储层渗流能力的目的，但是必然会增加成本，同时酸化过程会形成二次沉淀伤害。

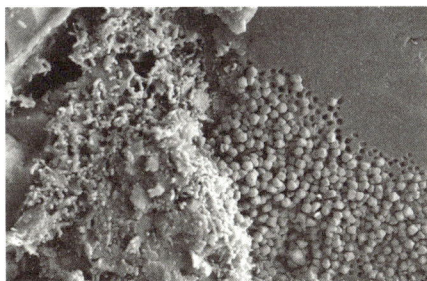

聚合醇在储层表面快速形成高分子的封堵层，电镜照片

屏蔽暂堵颗粒对孔喉架桥封堵，电镜照片

全生命周期开发油气藏（田）涉及的施工作业环节多，这里仅简要地介绍了钻井过程中储层伤害的机理与保护技术应用，固井、射孔、修井、注水、酸化、压裂等过程储层伤害机理与保护对策就不逐一介绍，有兴趣的读者可参见相关的专业书籍。只有将油气藏（田）各个环节的油气储层保护工作做好了、做到位了，各种外来流体与储层接触后"不过敏"，才能始终保持井的活力，即生产井的产出能力和注入井的注入能力，确保油气藏（田）稳产增产这个理念必须贯穿于油气藏（田）开发全生命周期以及各个环节。

油气层伤害严重影响油气勘探发现和开发效果，因此保护油气层技术是石油工程领域的一项关键技术，一直受到石油工程界的高度重视。国外在 20 世纪 50 年代开始对储层保护技术展开研究，特别是 20 世纪 70 年代中期以来连续召开的油气层损害防治国际性专题学术会议，推动了油气层保护理论与技术的传播、交流与发展，形成了保护油气层系列技术，并融入具体的作业环节中有效地防止和消除油气层损害，大大提高了油气勘探开发效率。

知识小讲堂

钻井助力单井产量的提高，
成本的降低

当前，我国石油工业正逐步从常规油气资源向"低渗透、深层、深海、非常规"方向发展，尤其是向页岩油气、致密油气、煤层气等非常规油气资源发展。非常规储层相对于常规储层损害机理更为复杂，对储层保护技术要求更高。

戈壁丛式井

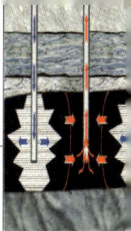

⊙ 修井作业——"井"的维护和保养，保障"井"顺利生产

修井作业，简言之，就是对采油（气）井的一种维护和保养，以确保采油（气）井能顺利使用和正常生产油（气）。换言之，通过修井可以解除井下各种事故、维护井身和改善油（气）井出油（气）条件（或注水井、注气井的注水、注气条件），恢复井的生产能力。井的维护和保养，与车辆定期保养和维护，确保安全运行是类似的，车辆不保养和维护，就很有可能出事故，严重时车毁人亡。

修井作业现场

⊙ 井的常见问题

　　油（气）井生产时间长后，井的设备、管柱也会出现一些问题影响使用，如果不及时维修，小则影响产量，大则可能造成安全环保事故，因此需要及时对油（气）井进行保养、维修。

　　油（气）井出现问题主要有三种情形。一是油井本身的故障，如井下出砂造成砂堵，井筒内结蜡、结盐，油层堵塞，油、气、水层窜通等。二是井内的管柱结构损坏，如油管断裂、油管接头脱扣、套管挤扁断裂渗漏等。三是采油采气的设备出现故障，如抽油泵、电潜泵、螺杆泵出故障等。

油管结蜡

油管断裂

管柱脱扣

套管腐蚀

油管腐蚀

套管挤扁

套管破裂

套管弯曲

⊙ 修井机

油（气）井出现问题后，就要用专用的修井机进行维修，就像修理汽车时的维修平台一样，修井机是修井施工中最基本、最主要的动力来源，按其运行结构分为履带式修井机和轮胎式修井机。修井机装备有井架、旋转系统、钻台等设施，可以根据油（气）井存在的问题，实施吊装、提下管柱设备、钻磨等作业。根据要修的井深度、难度，修井要用到可以上提20t到150t重的不同型号的修井机。

动力系统：为设备运转提供动力，包括发动机、传动箱、散热水箱、燃油加热器、护罩等。
传动系统：将动力源的动力传递到各设备，包括井车分动箱、角传动箱、转盘传动箱、链条箱、传动轴等。
提升系统：悬吊和起下井内管柱。包括井架、绞车系统、钢丝绳、天车、游车大钩、绷绳等。
旋转系统：提供扭转力，带动井下工具旋转。包括转盘、水龙头、井下工具、钻头等。
底座系统：支撑其他系统各设备。包括钻台、船形底座。
控制系统：液压系统、气路系统、电器控制照明等。
配套附件：吊环、钻杆钳、吊钳、吊卡等

修井机结构示意图
（据新疆油田资料）

⊙ 常见作业方式

针对井的故障，修井作业的主要工作包括三个方面。

一是起下作业，比如把发生故障或损坏的油管、抽油杆、抽油泵等井下设备和工具提出来，修理好或者更换成新的以后，再下入到井里。

二是井内的循
环作业，比如用冲
砂、热洗把井筒里
的砂子、脏东西冲
洗出来，让井筒干
净通畅。

小修自动化清洁作业现场

三是旋转作业，比如把电钻下到井筒里，把堵得很结实的砂子、水泥塞钻掉，或者重新钻个井眼、修补好套管等。

修井作业根据油（气）井问题的大小或者修理的难度分为两类：小修作业和大修作业。

小修作业主要包括冲砂、清除井下结的蜡、换井下管柱、简单一点的打捞等。

小修作业现场

大修作业包括井的故障诊断、复杂的打捞、查找窜漏的地方和堵漏、防砂、修套管等工作。

无论是小修还是大修作业，必须确保三个原则：一是只能解除井下事故，不能增加井下事故；二是只能改善和保护油层，不能破坏和伤害油层；三是只能保护井身，不能损坏井身。

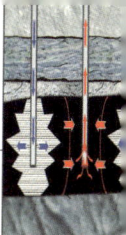

其实，机动车保养和维护也是如此，要求保养和维护之后，车辆各种毛病、潜在风险解除，运行更顺畅、安全。

在进行大修作业时，施工要求分为三类。

第一类，复杂打捞。指油（气）井内，由于各种原因造成的井下落物情况。例如，井下的管柱、工具全部卡死等，一般的小修作业是没办法打捞出来的。

第二类，修套管。因为油（气）井一般都很深，各种原因常常造成套管损坏，因此，修复油（气）井套管是大修作业的主要任务之一。

油管腐蚀

按套管损坏的情况可分为三种类型：套管变形、套管错断（错位、断开）、套管破裂。套管变形指当套管外地层的挤压力过大时，就可能造成套管一处或多处挤扁或弯曲等套管变形损坏，包括：套管缩径、挤扁、弯曲。套管错位、断开一般是因为套管变形严重，最后导致上下两部分发生了相对移动，从而造成套管断裂。套管破裂指套管上产生了破孔或缝洞现象，一般分为微缝、裂缝和裂洞三种类型。

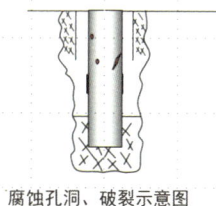

腐蚀孔洞、破裂示意图	径向凹陷示意图	严重弯曲变形示意图
多点变形示意图	套管错断示意图	坍塌型错断井示意图

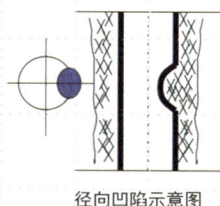

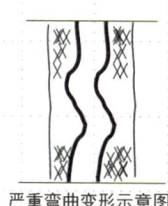

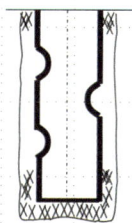

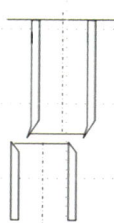

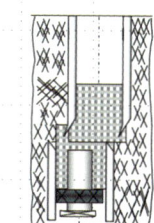

套管变形损坏（据大庆油田资料）

造成套管损坏的因素主要有两大类。一是地层方面的因素，包括地层、断层活动，地震影响，地层水腐蚀等，二是工程方面的因素，包括套管材质选择、固井质量好坏、地层压力大幅度变化等问题，还有油（气）井日常管理不到位等问题。

对这一类套管损坏井主要采用解卡打捞、整形与加固、取换套管、补贴等工艺技术进行修复。

第三类，套管内侧钻新井眼。对严重套损井，侧钻是一项重要的修复工艺技术，这项技术在套损井段以上选一个合适的深度位置，在套管侧面开窗钻孔，钻成一个通向油层的新通道，可以使一口濒临报废的井重焕新生。

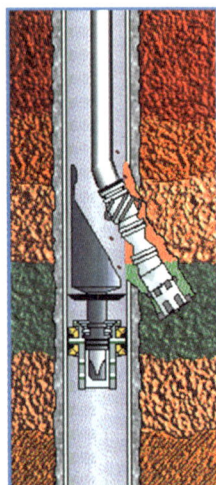

直井侧钻

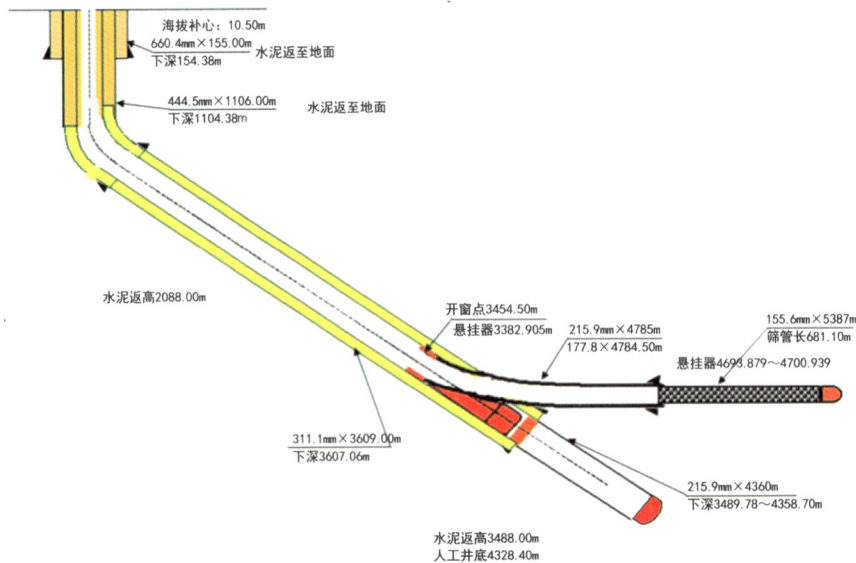

海拔补心：10.50m
660.4mm×155.00m
下深154.38m　水泥返至地面

444.5mm×1106.00m
下深1104.38m　水泥返至地面

水泥返高2088.00m

开窗点3454.50m
悬挂器3382.905m

215.9mm×4785m
177.8×4784.50m

155.6mm×5387m
筛管长681.10m

悬挂器4693.879~4700.939

311.1mm×3609.00m
下深3607.06m

215.9mm×4360m
下深3489.78~4358.70m

水泥返高3488.00m
人工井底4328.40m

水平井侧钻（据大港油田资料）

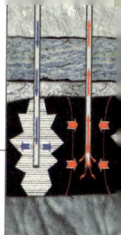

知识·小讲堂

正 / 反洗井
冲砂

溢流量
漏失量
井下事故中的"落鱼"
和"鱼顶深度"
通井
套管刮削
套管外漏窜

套管的防护和管理
套损井治理技术

油气工业开采与诱发地震

地震就像打雷、刮风、下雨一样，是一种自然现象。全球平均每年发生约 500 万次地震，能被人们感觉到的地震约 5 万次，可能造成破坏的地震约 100 次。

地震伴随着地球能量的瞬间释放。地震释放的能量决定地震的震级，释放的能量越大震级越大，地震相差一级，能量相差约 30 倍。1995 年日本大阪神户 7.2 级地震所释放的能量大概相当于 1000 颗第二次世界大战时美国向日本广岛长崎投放的原子弹的能量。实际上，地震的发生机理及准确预测一直是世界性难题，是科学家们一直在不断探索的课题。

从能量角度说，油气工业开采要引起地震，特别是破坏性地震，难度很大，颇有些"蚍蜉撼树"的意味。但是如果油气工业开采改变了地下断层的受力平衡，那么失去平衡的断层就会滑动起来，甚至形成地震。在特定地区因人类活动引起的地震称为诱发地震（关于断层的相关知识可参见第 1 章）。

科学家和工程师们已经发现，水库蓄水，油气、盐卤、地热开发，深井注水，固体矿床的开采和地下核爆炸等工程活动都可能诱发地震。

据山东省志（地震志），1985年12月28日，胜利油田角07井钻进至1502m时，因钻孔漏水而诱发小震群活动。记录到地震120次，最大地震ML2.7级，震源深度2km。经山东省地震预报研究中心、潍坊市地震办公室进行现场调查，最后确定震群是胜利油田角07井施工高压注泥浆诱发。

2019年2月24日、25日，四川荣县两天三次地震，最高震级4.9级；2019年6月17日，四川长宁县发生6.0级地震；2019年9月8日，四川威远发生5.4级地震；2019年12月18日，四川资中发生5.2级地震，造成了不同程度的人员伤亡和财产损失。人们开始怀疑这些地震与2009年以来四川盆地的页岩气工业开采有关系，将地震与页岩气的工业开采联系起来。人们之所以产生这些担心，主要是源于页岩气开采的关键技术是水力压裂技术，即通过在地面施加能量将地下几百米、几千米的页岩气地层压碎，使其产生缝网，从而沟通页岩气的流动。那么，水力压裂真的有这么大的能耐能让地球"抖三抖"？油气工业开采与地震之间有无关系、有什么样的关系、关系有多大，科学家们一直在苦苦追寻这些问题的答案。

油气工业开采诱发地震的原理

从油气工业开采过程看，向地层岩石注入流体（比如，深井注水）或者将地层中的流体开采出来（如采出原油或天然气）都可能引起地震。

一般而言，注入或采出流体引起地震可以分成以下两种情形。

情形1：完整岩体上产生了新裂缝

注入流体，超过了岩石的破裂极限，原本完整的岩体被破坏而产生了新的裂缝，破裂同时释放出能量，导致岩体产生震动。这一类

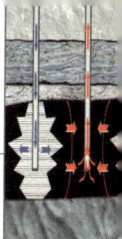

地震震级一般小于 0.5 级,除非借助特殊仪器,人类无法感知此类地震。水力压裂过程中的微地震监测技术,就是利用岩石断裂时产生微弱地震波的原理,来判别地层中有没有产生工程师预期的裂缝。

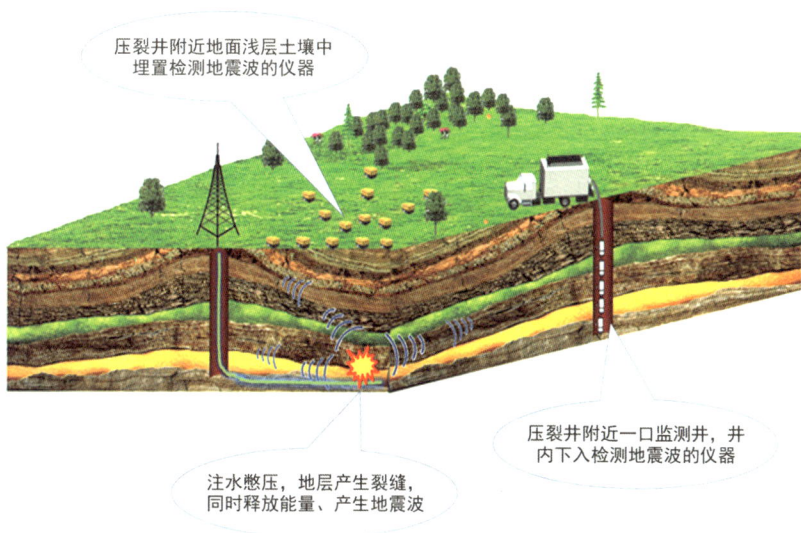

地面和井下结合监测压裂井的微地震信号示意图
(据朱亚东洋,2017,略改)

情形 2:岩体上原有的断层被激活而产生"断层黏滑"

知识小·讲堂

断层蠕滑和断层黏滑现象

流体注入或者采出,改变了断层的受力平衡,断层的上盘或者下盘会发生移动。从位移发生快慢和产生的后果等可以将断层活动分成"断层蠕滑"和"断层黏滑"。如果断层活动的速度足够慢,则被称为"断层蠕滑"。断层蠕滑会出现断层上下盘相对位置改变但几乎不会产生有感地震。如果断层活动速度快,且伴随巨大的能量释放,则被称为"断层黏滑"。断层黏滑往往伴随着强烈的地震现象。

人们对流体注入或采出引起断层运动原理进行了广泛的研究。目前较有代表性的是 2013 年美国地震科学中心的 Ellsworth 在著名学术期刊《Science》上提出的机理模型。该模型包括了下图所示的两种情况。两种情况的力学实质与中学物理课中经常出现的粗糙斜面上静止滑块的运动原理相似。

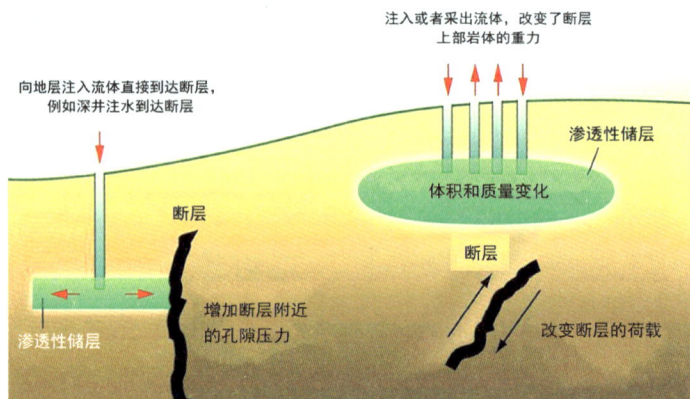

向地层注入流体直接到达断层，
例如深井注水到达断层

注入或者采出流体，改变了断层
上部岩体的重力

渗透性储层

体积和质量变化

断层

断层

增加断层附近
的孔隙压力

改变断层的荷载

渗透性储层

注采引起断层活动的两种机理模型（据 William L. Ellsworth，2013，略改）

第一种情形是注入流体直接进入断层。流体注入使渗透性储集体 / 含水层与断层直接相连，引起断层带孔隙压力的增加，从而断层面摩擦力降低，使处于临界应力状态的断层发生移动。这种情形就好比斜面与滑块接触面的摩擦力降低，原本静止的滑块发生移动。

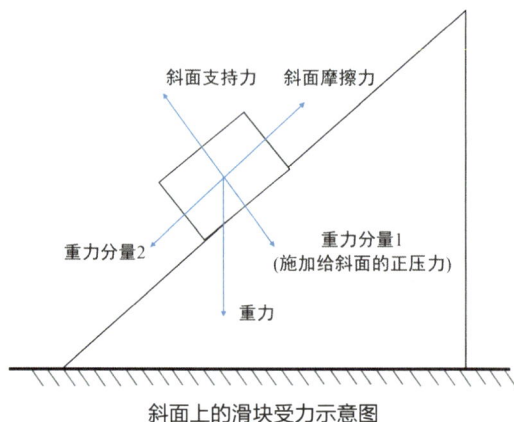

斜面支持力　斜面摩擦力

重力分量2

重力分量1
（施加给斜面的正压力）

重力

斜面上的滑块受力示意图

第二种情形是流体的注入或者采出不直接作用于断层，而是改变了断层上部的岩体重力，也就是增加或减少了断层上盘整体的重力。

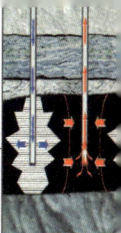

这就好比滑块质量减轻，斜面上的正压力变小，摩擦力也就变小了，处于静止状态的滑块就会发生移动。

针对断层移动的上述两种力学原理，也有学者提出质疑。例如，我国学者秦四清对第二种力学原理的实际可能性表达了不同看法，他认为根据《土力学》的知识，如果断层距上面那个"流体库"有一定的距离，附加的力学作用可忽略。

综上可知，油气工业开采诱发有感地震的实质是引起了断层的急剧运动——也就是断层黏滑。

全球首次发现水压诱发地震

减少油气工业开采诱发地震的办法

给地层做"体检"，查清断层活动状况

有感的诱发地震往往伴随着断层的黏滑。因此调查清楚油气开采工区内大大小小断层的分布状况是减少诱发断层必要的基础工作。我国研究地震的学者目前主要参考的《中国活动构造图》为 2005 年版。这反映目前我国的断层活动情况。因此结合地质调查和石油物探等方面丰富的资料，详细研究油气开采工区中的断层空间分布和受力状况非常必要。

四川为地层"体检"，希望摸清地震活动断层

设置地震"红绿灯"，为工业开采分级预警

北美在控制流体注入诱发地震方面，采取了类似交通红绿灯的地震"红绿灯"分级预警办法。加拿大阿尔伯塔省能源监管机构规定了在该省福克斯科瑞克（Fox Greek）地区地震"红绿灯"分级预警体系：当油气开采区发生的地震震级在 2.0 以下时，水力压裂可按照原定计划进行；当震级在 2.0 和 4.0 之间时，应立即向能源监管机构报告并采取应急预案；当震级大于 4.0 以上时，需要马上停止水力压裂并向能源监管机构报告，除非得到该机构的许可，水力压裂不得恢复。

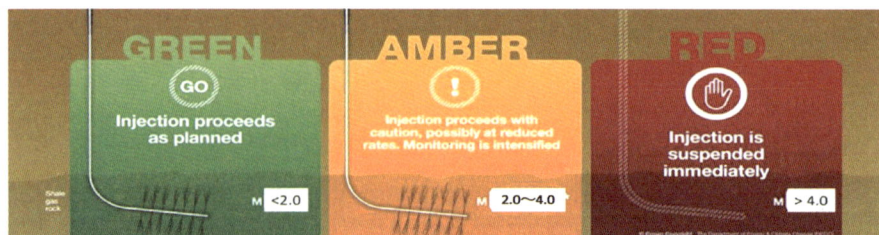

加拿大阿尔伯达省注水诱发地震的红黄绿预警示意图
（Chloe Farand，2018）

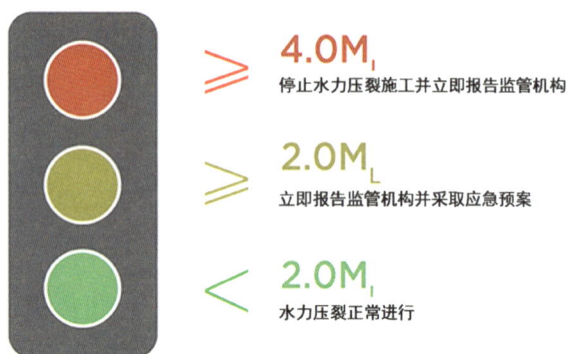

4.0M_l
停止水力压裂施工并立即报告监管机构

2.0M_l
立即报告监管机构并采取应急预案

2.0M_l
水力压裂正常进行

加拿大阿尔伯达省诱发地震的"交通灯"预警示意图
（Alberta Energy Regutory，2016，略改）

我国可以借鉴上述做法，结合我国不同油气田的地质环境、人居环境特点，制定各油气田控制诱发地震的分级预警机制。

开展地震科普，科学认识油气开采诱导地震

地震是照亮地球内部的一盏明灯。谢礼立院士指出，人类关于地球内部的认识，主要来自对地震波以及由大地震所激发的周期地球自由振荡的解读和破译。

通过研究地震波的反射、折射，可以探明地球的内部构造，了解地球运动的规律，从而利用地震造福人类。我们要消除对地震的恐惧，学会与地震共生存。石油地球物理勘探中的地震法勘探就是利用地震波分析地层特点，探索油气资源的。水力压裂过程中的微地震监测信号则用来分析不同注入时刻压裂裂缝几何形状。

"蛹动"
——地下油气的运动

CHAPTER

5

生活中无处不在的"压差"

首先，让我们看看生活中的"流汗出血"现象。

当你参加长跑、打篮球或踢足球等体育运动时，身体会出汗，而且汗水的多少与运动剧烈程度有关。你知道汗水是怎样从体内经过皮肤渗透出来的吗？

在日常生活中，比如削苹果时不小心伤了手指，鲜血顿时从手指内流出来，而且，当伤口越深越大，血就流得越猛越多，这又是为什么呢？

这是因为人体是由骨骼和机体组织组成的。机体组织也就是我们通常所说的肉体，其中除了有机质外，还有水分（所占的比例相当高）和大大小小、密密麻麻的毛细血管（简称毛细管）。当心脏搏动时，毛细血管内会产生微小的压差，促进毛细血管中的血液循环，从而输送营养、传递能量，促进人体的新陈代谢。也正是这个压差，使人在运动或受伤时，促使汗水或血液沿着毛细血管或伤口流出来。

与此类似，油气水在地下岩石孔隙中也存在压差，由于埋藏较深，压差通常很大；同时，当钻井钻开地层后，井底和周围地层还会产生新的压差。在压差的作用下（当然还有温度等其他诸多因素），地层中的石油、天然气和水就像人体流汗出血一样流向井底，然后再从井底流到地面。

油气藏开采的基石——地下油气水的"渗流"

让我们再看看生活中的一些其他"流动"现象。

给花盆中的植物浇水，水会从土壤表面渗透到土壤内部，部分可穿过土壤到达花盆底部；自然界中雨水通过土壤流动、河水透过砂层流动、水分在植物内部流动、人体中血液在毛细血管中流动等，均是常见的流体流动现象。

江河中的水流

美国旧金山金门大桥

实际上，油气水在地下岩层孔隙中的流动也是自然界中一种常见的流动现象，但因其流动空间或流动环境更加复杂，看不见，摸不着，石油工程上将石油、天然气、煤层气、页岩油气及非烃类气体 N_2、CO_2 等在地下岩石的孔、洞、缝中的流动过程称之为"渗流"——河道水流、管内流动、大气流动等都属于流体的流动，但是与渗流有很大不同。

曲流河（由中国科学院邹才能院士提供）

　　大家在第 1 章中已经了解，岩石中的渗流孔道截面积极小，一般为 $10^{-8} \sim 10^{-4} cm^2$（一个图钉尖的面积大约是 $10^{-4} cm^2$），且形状弯弯曲曲，极不规则，所以这种环境下，岩石孔中的流体与岩石骨架之间存在巨大的接触面积，因此，它的流动阻力很大很大，流动速度很小很小。以地下水为例，一般在孔隙中水的流速是一天几厘米到几十厘米（在裂隙中水的流速稍大一些，一天是几十厘米到几米），一个形象的比喻就是如同蜗牛散步。

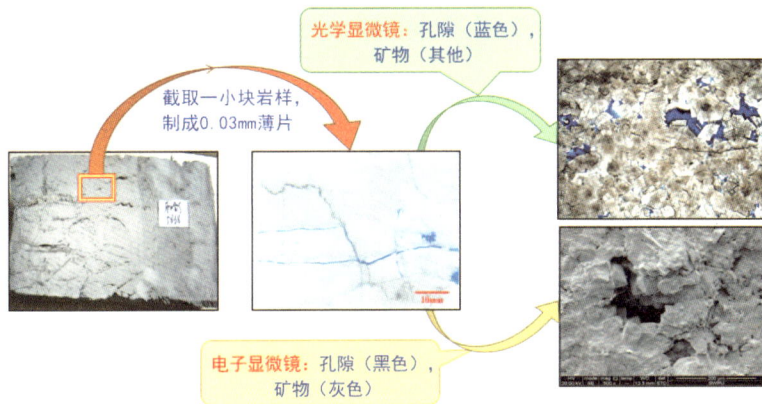

薄片及其在显微镜下观察到的图像

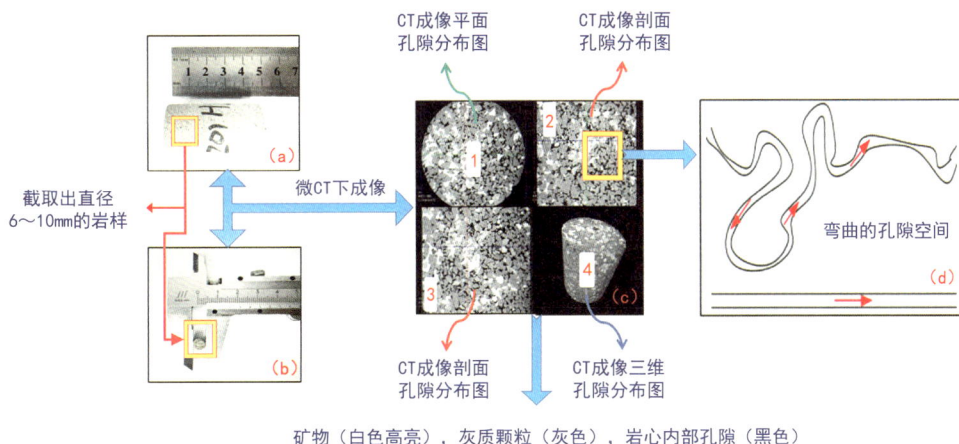

岩样在微 CT 下的形貌特征及岩石孔隙中渗流通道示意图

从实际岩心（a）中截取出一小块直径 6~10mm 的岩样。（b）将岩样放到微 CT 下成像（c），与人体 CT 扫描相似。(c)中 1、2、3、4 分别是从成像图中截取出的平面、剖面和三维孔隙分布图形（白色高亮的为矿物，灰色为灰质颗粒，黑色为岩心内部孔隙）。（d）为放大的孔隙空间图大家知道，一切物体运动的快慢都是用"速度"来表示的，例如，飞机、火车、轮船、汽车行驶、人走路的快慢等。与此类似，江河中水的流动及自来水在管道中的流动快慢通常用"流动速度"来表示。那么，地下油、气、水的流动快慢用什么来表示呢?

知识·小·讲堂

渗流速度

油、气、水在地下岩石中流经弯弯曲曲的孔隙、裂缝、溶洞，完全不同于江河中水的流动，也不同于自来水在管道中的流动，其流动的复杂程度难以想象。科学家们通过长期的探索和研究，提出用"渗流速度"来描述地下流体流动得快与慢。不言而喻，这个"速度"受到很多因素的影响，例如：流体自身的性质、岩石性质、流体与岩石相互作用以及流动环境等。

油、气、水在地下岩石孔隙（多孔介质）中的流动十分复杂：一方面体现在油气水自身的性质，与温度、压力、组分组成、赋存状态等有关；另一方面，油气水流动空间具有多尺度性，从病毒大小的分子尺度（纳米级）—孔隙尺度（微米级）—岩心尺度（厘米级）—宏观尺度（米级）至缝洞尺度（上百米级）都可能存在流动。

大多数情况下，油、气、水流动的孔隙空间小、流动通道狭窄、曲曲折折、形状不一、大小各异；此外，处于地下几百米、几千米甚至上万米的岩石孔隙中的油、气、水还具有高温、高压等特性，这就使得油、气、水在地下岩石孔隙中的流动既充满了神秘色彩，又魅力无穷，吸引了无数科技工作者为之不懈努力而一探究竟。

（a）常规砂岩中微米级孔隙空间（放大80倍）　（b）致密砂岩中微米级孔隙空间（放大150倍）　（c）页岩中纳米级孔隙（放大1000倍）　（d）页岩中纳米级孔隙（放大10000倍）　（e）孔隙放大

（f）微体化石　mm　　（g）细菌　μm　　（h）DNA　nm　　（i）甲烷分子

0.38nm

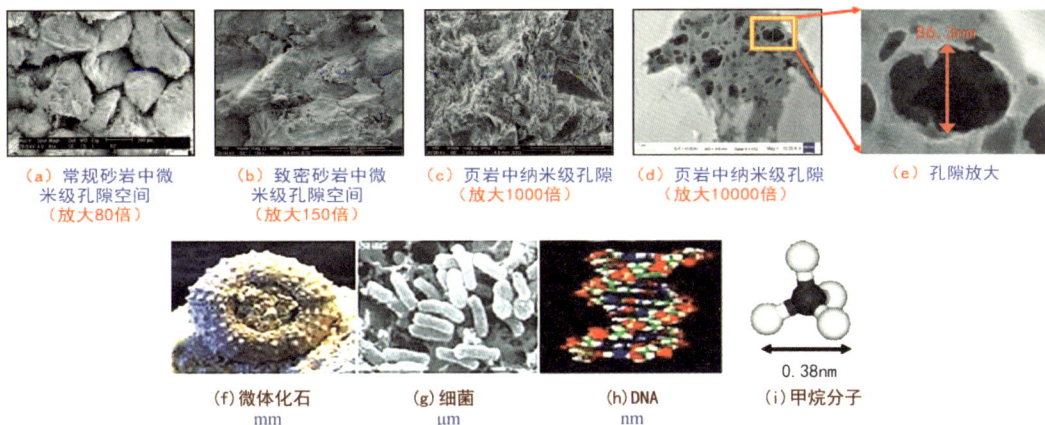

电子显微镜下不同岩石的流动空间 ❶

地下油气水"渗流"过程中的"七十二变"

物理化学知识告诉我们，在日常生活和自然界中，存在着许许多多气体、液体和固体形态相互转化的现象，即所谓的"相变"——物体状态的变化（也称"相态变化"或"物态变化"）。比如，冬天河水结冰，水从液体变成了固体；湿衣服晾干，水由液体挥发成了气体；干冰（固体 CO_2）挥发，固体的冰变成了气体，因而有了云雾缭绕的舞台等。

水　气体　冰

干冰　升华　干冰升华舞台雾化效果

干冰及干冰挥发成气体

❶　分图（f）（g）（h）（i）来源于自然资源部中国地质调查局。

那么，储存在地下的石油、天然气在压力、温度等条件变化及采掘、生产过程中，会发生类似的相变吗？答案是肯定的。例如，液化天然气（LNG）就是天然气从气体变成了液体。再试想，液态石油从地层中采掘（抽）到地面时，会发生哪些相变呢？

大家已知，一旦油气藏采掘开始，地层压力会下降，从而导致石油当中的较轻组分（天然气等）"逃逸"出来，由原来的"液体状态"转变为"气体状态"。更奇妙的是，有些气藏在采掘过程中会有液态油从气体中"凝析"出来，即存在温度压力降低时气体变成液体的反常现象（凝析气藏开发的典型特征）。此外，天然气水合物（俗称可燃冰，也许是不久的将来最有效的替代能源之一），它在冰川冻土中或海床上以"固体状态"存在，但采掘到地面后会分解成水和天然气⋯⋯实际上，所有这些油气"状态变化"都源于温度、压力等条件改变，导致原来处于气态、液态或固态的油气相态（包括其化合物组成）发生了改变。

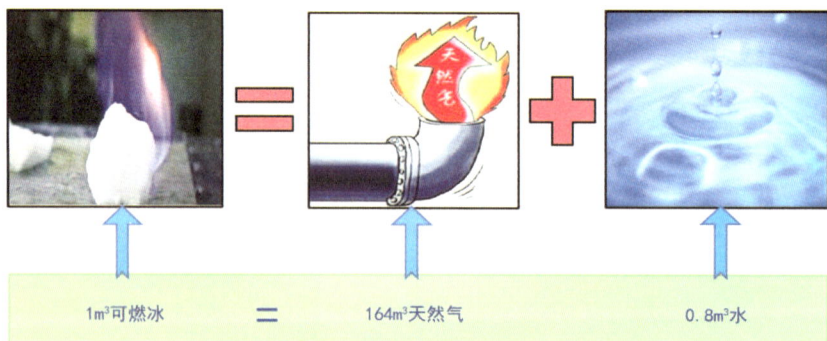

| 1m³可燃冰 | = | 164m³天然气 | 0.8m³水 |

可燃冰及分解示意图

事实上，在数千米深的地下，储集石油天然气的地下岩层中还赋存高矿化度的地层水（即高含盐量的地层水）——就其储存状态或条件而言，越往地下深处温度越高，静水柱压力越大，因此与地面常温常压条件下相比，地下的油、气、水都处于高温高压状态。目前发现的地下油气矿场温度最高已超过200℃、压力最高已超过150MPa，导致了石油和天然气的密度、黏度等流体基本性质与在地面完全不同。

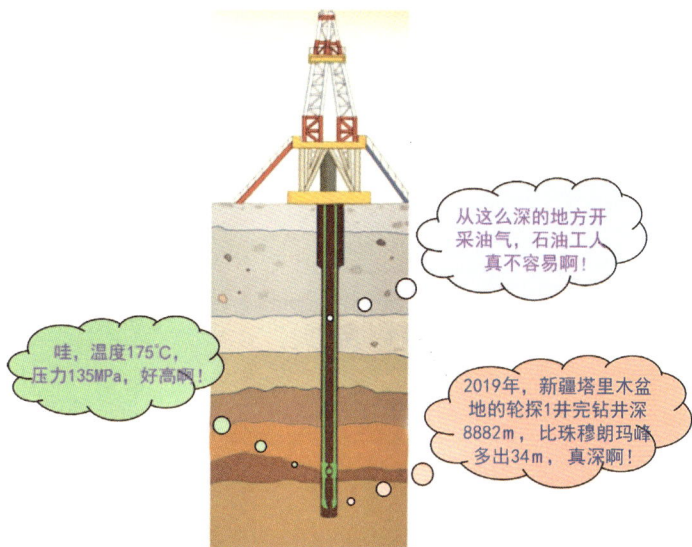

哇，温度175℃，压力135MPa，好高啊！

从这么深的地方开采油气，石油工人真不容易啊！

2019年，新疆塔里木盆地的轮探1井完钻井深8882m，比珠穆朗玛峰多出34m，真深啊！

知识·小·讲堂

相变（或相态变化）

因此，把石油天然气从地下采掘到地面是一个非常复杂的过程。当它们艰难地在曲曲折折、形状多变的狭小通道中行进，然后一点一滴形成涓涓细流汇聚到井底，再从井底抽到地面——实际上伴随着"身材"不断地、反复地发生变化——科学家们给这个变化取了一个很美的名字：相变（或相态变化）。

一般而言，沉睡在地下的油气藏在被开采之前，它的温度压力不会发生变化，油气藏中的相与相之间亲密接触，但却互不影响，互不干涉，也就是说各个相的体积、各个相中的组分和组成等是不变化的（称之为相平衡）。例如，一个顶部有气层的油藏，在开采油气之前，顶部气层中的气相与底部的油相之间虽有"肌肤之亲"，但相互保持克制，不越雷池一步，它们之间的界面始终不会移动，各自的体积、组分和组成不会发生变化。可是，一旦投入采掘时，温度、压力就会变化，它们之间也开始相互影响，它们之间的界面也不再宁静而是发生移动——原本处于沉睡状态的油气藏打破了安宁而活跃起来，这就是油气藏中相与相之间从平衡状态到非平衡状态的过程——在石油工程中称之为相变过程。

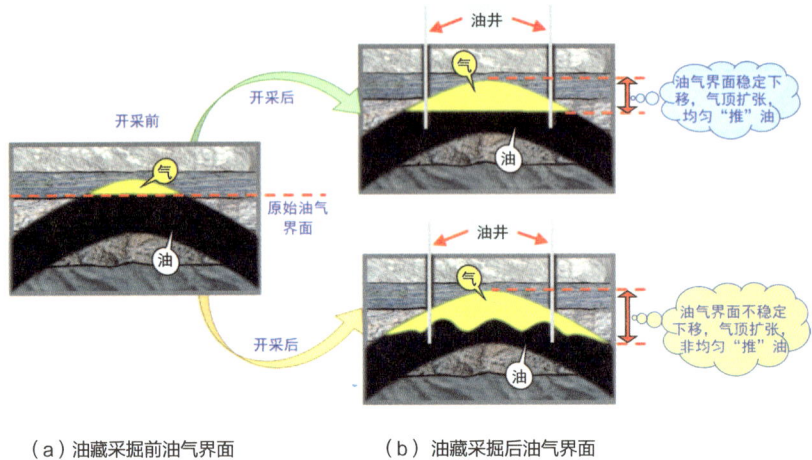

（a）油藏采掘前油气界面　　　（b）油藏采掘后油气界面

油藏采掘前后油气界面示意图

在日常生活中经常会遇到相平衡和相态变化的现象。比如，煮饭时的水（液相）变成蒸汽（气相）以及水蒸气（气相）在锅盖上变成水滴（液相）的现象；在中学时学过的瓦特蒸汽机原理也是相态变化的典型例子，即在压力一定时，改变温度使液相向气相转变。

压力改变也会引起相平衡发生改变。如利用高压锅煮饭时，因为压力阀限制了蒸汽排出（需要更高的蒸气压才能突破气阀），蒸气压提高，实际上相应提高了水的沸点温度（高于100℃），这就是为什么高压锅煮饭更快的原因。

由于压力、温度和体积直接影响相平衡。因此，人们提出用相图来描述压力—温度—体积三者之间的关系，它是一个三维立体图，图中的任意一个点对应一个温度、一个压力和一个体积，这种方式比较复杂，不易理解，因此，油气藏中油气相态的改变通常用压力—温度

二维投影图来表达，或称 $p—T$ 相图，简称相图。最简单的相图就是单一组分的 $p—T$ 相图，形状很简单。从相图可一目了然看出，不同的温度、压力范围，水是"液体"、是"蒸汽"还是"冰"，乙烷是"气体"还是"液体"。

知识·小·讲堂

纯水的 $p—T$ 相图
乙烷的 $p—T$ 相图
泡点
露点

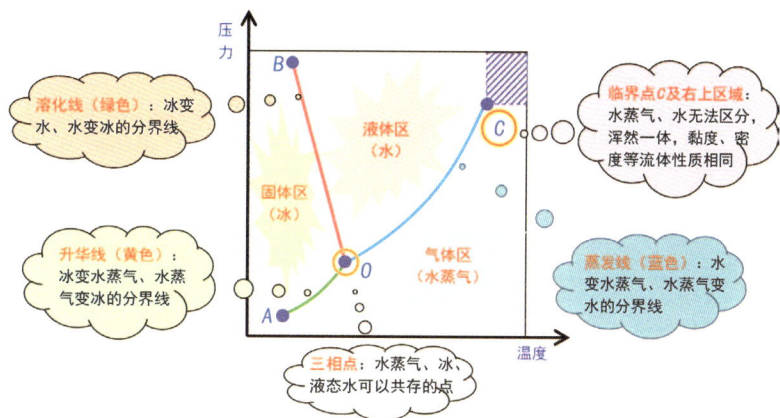

纯水的相图示意图

多组分烃类体系的
$p—T$ 相图

　　油气采掘过程中，地下深处的地层温度通常变化很小。因此，纯组分或单一组分的泡点压力和露点压力是完全相等的。但是，大家知道，石油和天然气实际上是由很多烃类物质的混合物组成的，在压力温度一定时，它的相态是由油气所含有的组分和每一种组分的性质所决定。所含组分组成不同，相态就不同。因此，不同油气藏中的流体，有各不相同的相图，与单一纯组分的水或乙烷的相图相比，多组分烃类体系（石油、天然气）的 $p—T$ 相图要复杂得多，从它的形状上看很有特点，非常明显的就是一个形状似反写的"U"形包络线，明显不同于单一组分的烃类相图。多组分烃类体系（石油、天然气）$p—T$ 相图的功能很强大，通过它的"轮廓"，就可以判断我们发现的油气藏是什么类型，是油藏，还是气藏，是干气藏、湿气藏还是凝析气藏，是轻质油藏还是重质油藏。

由此可见，在油气采掘过程中，随着地下深处流体的采出，岩层中流体的压力会持续降低。当地层压力下降到"两条线"—— 泡点线 $a—C_p—C$ 和露点线 $C—C_T—b$ 以下时，地层流体便会不由自主地发生相态变化，此时，天然气中会"析"出液体，原油中溶解的天然气会"逃逸"出来形成气体（在某些条件下还有可能有胶质沥青质或者石蜡等固态物质析出来），地层中原来的单相（气相或液相）流动会变为"气—液"两相或"气—液—固"三相流动；如果有地层水参与流动，因水、油不混溶（石油工程中称为"液—液双相"），还可能会出现"气—液—液—固"四相流动的情况；此外，不难想象，随着相态变化，每一相的比例也会不断发生变化……真可谓孙大圣"七十二变"。因此，人们常说"上天容易下地难"——难就难在地下油气采掘过程中的"七十二变"。

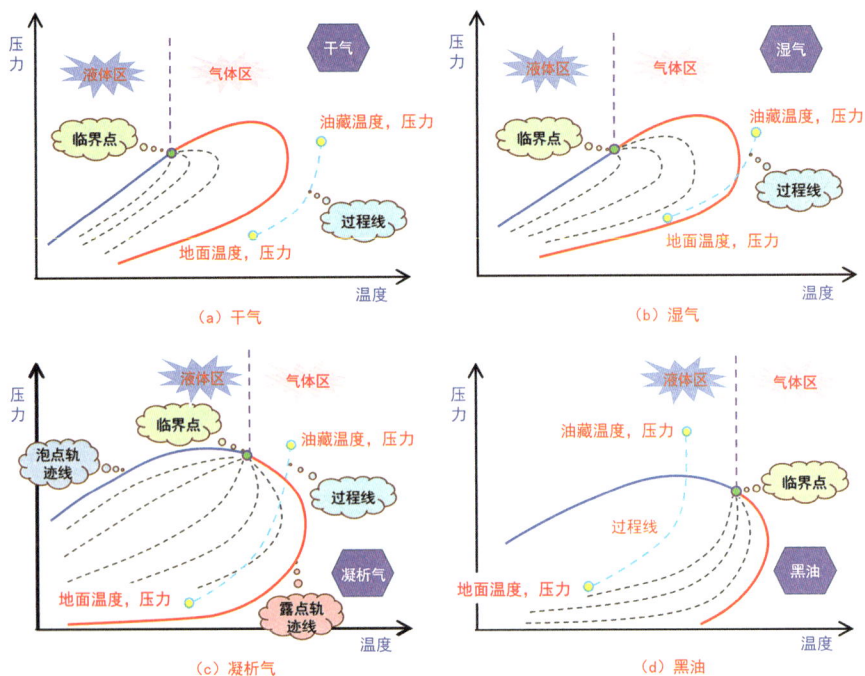

不同的反"U"形相态包络线形态代表不同的油气藏类型

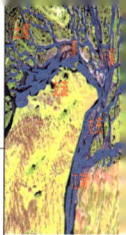

"人造油气藏" —— 窥探地下油气微观 "渗流" 的奥秘

⊙ 人造油气藏

已发现的油气藏，有的很大很大，面积几百平方千米以上，有的很小很小，不足 $1km^2$。油气水在地下数百米、数千米甚至上万米的油气藏岩石孔隙中流动，人们不可能钻到地下去观察它们的流动状况。为此，科学家们想出了一个可行的办法，就是在实验室人工制作物理模型来模拟或仿真地下油气藏——这些人工制作的物理模型与地下油气水流动环境非常相似，包括了地下油气水分布的孔隙空间，也包括了岩石颗粒所占据的空间，具有非常真实的多孔介质环境——简称 "人造油气藏"。

显然，"人造油气藏" 不可能有实际油气藏那么大，一般是油气藏或油气藏某一局部的缩小，其大小规模可为几十米、几米、几厘米、几毫米、几微米甚至纳米级尺度，不同尺度的人造模型有不同的模拟目的。基于这些 "人造油气藏"，科学家们再利用相应的实验设备和先进的检测手段就可以观察到多孔介质中油、气、水的流动现象，最终通过实验测试获得的数据就可以分析流体的运动特点和流动规律。

三类人造油气藏物理模型

天然岩心模型

微观可视化渗流物理模型

平板模型

目前，广泛应用的 "人造油气藏物理模型" 有三大类：天然岩心模型、平板模型（或称人工填砂模型）及微观可视化渗流物理模型（或称激光刻蚀模型）。

天然岩心模型

所谓天然岩心模型，实际上就是把地下几千米深（例如6km深）的岩石通过钻井取出地面后，再用小型空心钻具取长10cm、直径2.54cm的柱塞岩样。然后把柱塞岩样放入特殊的岩心夹持器，使岩样两端及圆柱外面承受该样品在它原来地下位置处承受的压力，同时岩心夹持器被放入高温烘箱，使岩心除所承受的压力和它在地下的状态相同外，也使它所承受的温度和它的原始状态相同。由此，当实验人员向岩心注入它处于原始位置原始条件下的油、水以后，就可以用来模拟地下油气藏中油、气或水的流动了。

地下取出的岩心样品

从岩心中钻取的柱塞岩样

放置岩心的特殊夹持器

事实上，即使是相对于整个油气藏来讲，一个柱塞样品像大海中的一粟一样微小，但油、气、水在柱塞岩样中的流动在微观上也是非常复杂的。

（a）岩心铸体薄片显微镜图　　　　（b）顶部方向　　　　　（c）底部方向

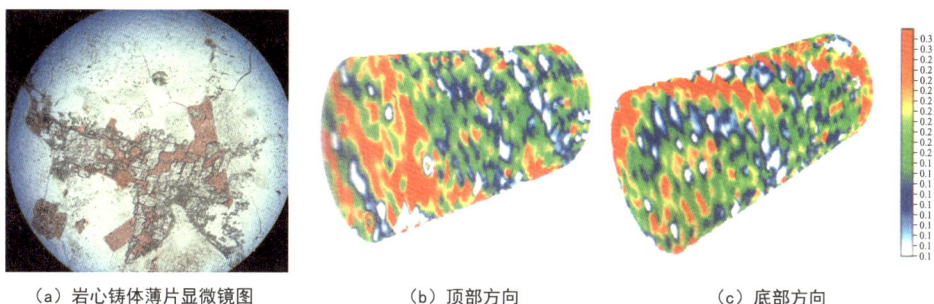

柱塞岩样 CT 扫描孔隙分布切片叠合图

（a）为柱塞岩样端面上切下来做成的铸体薄片在微米尺度下的扫描图像，其中红色的部分是染色的孔隙，
可以看到孔隙的分布是很不均匀和规则的，这只是微观的二维平面图，如果是三维图像的话，孔隙分布
更加复杂和随机（b、c）

　　上面右图是用 CT 扫描柱塞岩样后获得的孔隙分布图像，红色的色度越高代表孔隙度越高，蓝色和白色均代表无孔隙。借助 CT 扫描成像了解孔隙分布与医生为了了解人体的健康情况，利用 CT 扫描成像诊断分析人体的健康状况是一个原理。柱塞岩样 CT 扫描实际上就相当于人体的 CT 扫描。从上面右图可以看出，即使是柱塞岩样，其相互连通的孔隙空间分布看上去也是随机而复杂的，孔隙的直径变化幅度也是相当大。在流动的方向上，即使是彼此连通的孔隙的直径大小变化也是很大的。这些连通孔隙在进一步放大以后，还可能有很多黏土物质切割它们，使其变得更加复杂，孔隙直径已经小到几微米了，有的孔隙直径甚至远远小于 $1\mu m$，而我们人的一根头发丝直径为 $40\sim50\mu m$。

（a）伊利石　　　　　　（b）蒙皂石　　　　　　（c）高岭石

电子显微镜下微观孔隙空间在 $20\mu m$ 尺度下的内部结构

[黏土不仅在地球上分布十分广泛，而且也是最早被人们利用的一种矿产资源。因为黏土，给人类的生活带来灾难（如泥石流、滑坡）；因为黏土，有了布达拉宫、长城、地板砖、陶器、官窑、紫砂壶等。常见的黏土矿物有伊利石、蒙皂石、高岭石等]

平板模型

　　前面所指的"人造油气藏"中柱塞样品中油气的流动，由于油、气或水是从岩心的一个端面进去，然后在压力作用下从另外一端出来，从宏观上看是一维流动，即"表观一维流动"。这与自来水在管道中的流动类似，沿着一个方向，一维流动。事实上，从微观的角度来看，岩样中的油、气水的流动并不是沿一个直线方向流

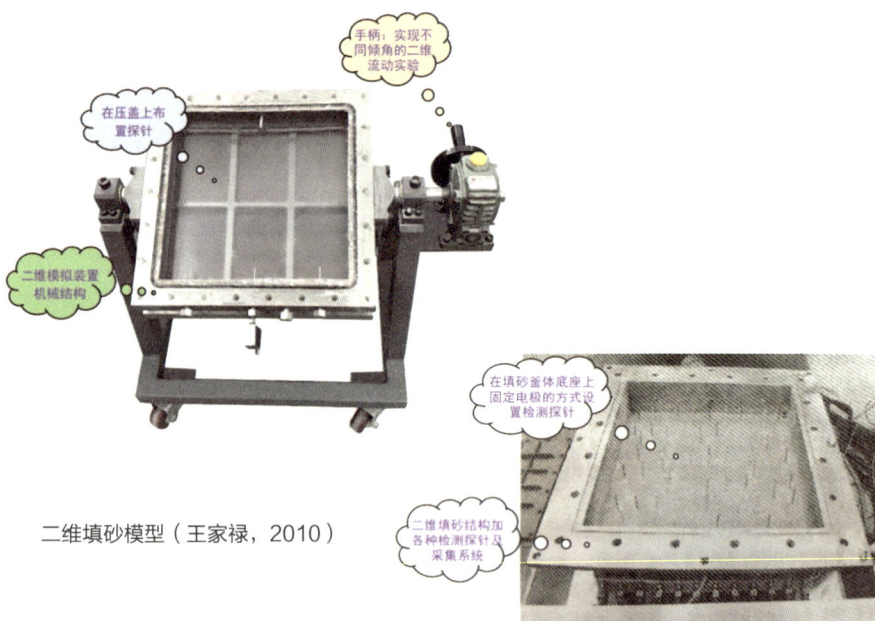

手柄：实现不同倾角的二维流动实验

在压盖上布置探针

二维模拟装置机械结构

在填砂釜体底座上固定电极的方式设置检测探针

二维填砂结构加各种检测探针及采集系统

二维填砂模型（王家禄，2010）

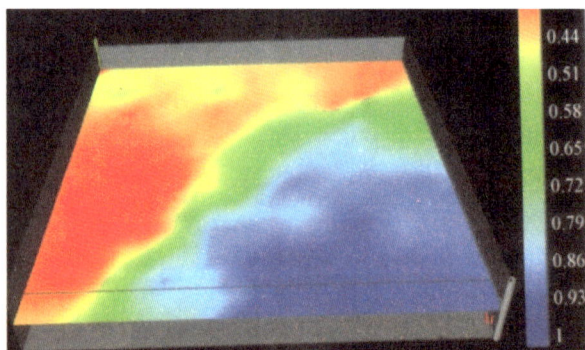

二维平面流动物理模拟实验（樊怀才，2012）

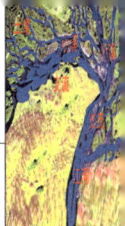

动的，流动的路径是复杂多变的，也是多个方向的。因此，为了进一步体现比柱塞岩样里边的"表观一维流动"更宏观一点的流动，往往也采用"二维平板模型"观察和仿真油气藏中的平面二维流动，来代表地下几千米深油气藏中二维流动情况。这种尺寸的二维流动可以做到几米的长宽和几十厘米高，显然，其流动情况比柱塞岩样（长10cm、直径2.54cm）的流动更加复杂、更加接近实际流动情况。

上面彩色图像为平板二维"人造油藏"的聚合物水驱油实验，注入井在图的左下角，采油井在图右上角。图中红色越深代表油越多，越聚集，颜色越偏蓝色代表水越多。可以看出，在较大尺寸范围内的流动比柱塞岩样里边的非均质性更强，更能够体现较大尺度下的油、气、水流动特点。

微观可视化渗流物理模型

不言而喻，上面所指的微观层面的孔隙无论在尺寸上和结构上都非常复杂，超乎了人们的想象，因此，石油人一方面想知道宏观上的流动情况，另一方面又希望能够非常直观了解油、气、水在这些复杂的微观孔道中的流动情况，因此又设计了可视化微观实验物理模拟模型来观察油气藏中油、气、水的微观流动。

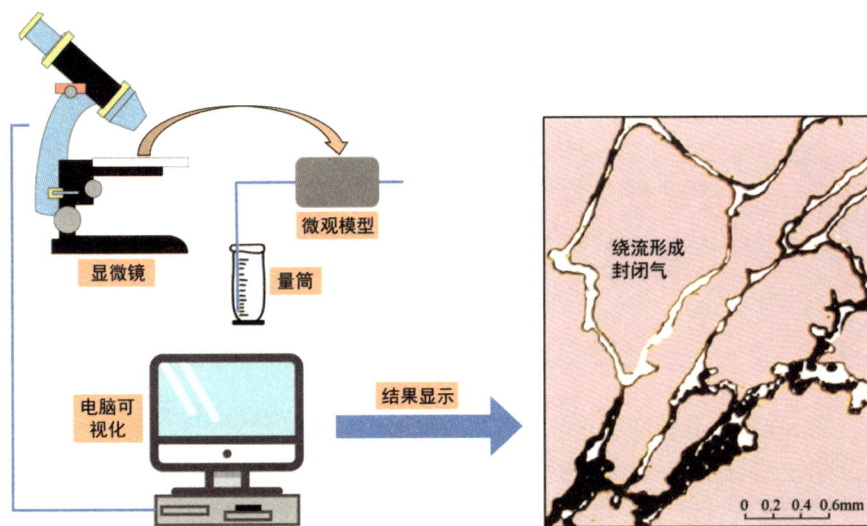

可视化显微实验流程及结果图

单相"渗流"——最简单的地下流体运动形式

地下油气藏中最简单的流动方式，就是岩石的孔隙中仅有一相流体流动，即所谓的"单相流动"，就像生活中自来水管道中只有水的流动或家用燃气管道中只有天然气的流动一样。不过，油气藏中只有一相流体的流动情况是很少的，也是几乎不存在的，因为在地下油气藏中或多或少都会有原始的地层水存在。

地下水的流动大家都比较熟悉。地下水在多孔介质中流动时受到多种力的作用，最主要的是相邻水分子层之间的黏滞力、压力差以及水分子与孔隙表面岩石颗粒之间的摩擦力等。石油或天然气在地下油气藏中呈单相流动时所受到的作用力与地下水流动时基本相同。

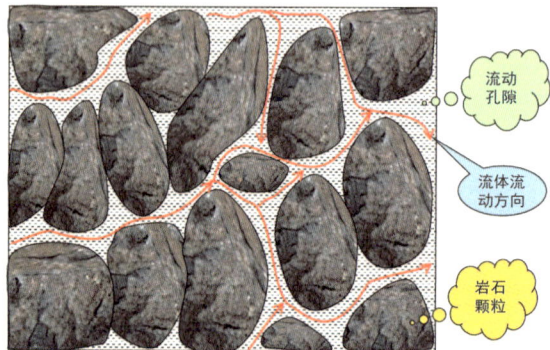

流动孔隙

流体流动方向

岩石颗粒

流体在岩石孔隙中的渗流示意图

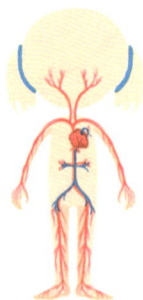

血管中血液流动

一般而言，石油、天然气或地下水在岩石孔隙中的流动主要与岩石的孔隙结构、流体性质和流动压差有关。当外部施与的动力（或压差）与流动方向相同时，对于同一种流体，孔道半径越大，流体在其中流动的速度越快；对于同一个孔隙，流体黏度越小，流体流动性越好，相应地流动速度越快。同样地，对于同一种孔隙，流体黏度相同，当外部施与的动力越大，即流动压差越大，流动速度越快。

石油、天然气以单相形式在多孔介质中的流动，好比血液在血管中的流动，大孔道类似人体的大动脉，小孔道类似人体的毛细血管。

多相"渗流" ——地下流体流动复杂、奇妙之源

⊙ 复杂的多相流动

通常，地下油气藏中是两相或两相以上的流体同时参与流动，人们习惯称之为"多相流动"。因此，油气藏中就有了很多流动形式，"油—水两相流动""油—气两相流动""气—水两相流动"以及"油—气—水三相流动"。

不过，"气—水两相"的流动与"油—水两相"的流动差异很大，大家可以想想这是为什么呢？

显然，多相流动世界远比单独一相流体的流动世界更精彩，当然，也远比我们的想象更复杂。

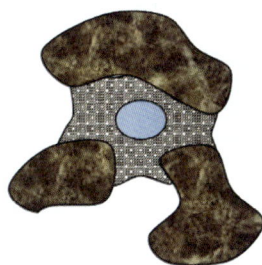

各式各样的流动形式

油—水两相流动

气—水两相流动

油—气两相流动

油—气—水三相流动

（a）岩石与油更亲近　　　（b）岩石与水更亲近

■ 岩石基质　　▦ 被油占据的孔隙空间　　■ 被水占据的孔隙空间

岩石的润湿性示意图

⊙ 为什么多相流体在一起运动时就变得更复杂了呢？

在第一章中介绍了，岩石孔道中多种流体参与流动时会有一个神秘的"力"，也就是表面张力（或界面张力），因为它在不同大小的孔道中产生了大大小小的毛细管压力。显然，"力"不同，这些不同大小孔道中的流体流动也千差万别。与此同时，地下岩石也很"神秘"，对不同的流体会有"亲疏""爱恨"之分，或者说岩石对不同流体的"亲热"程度不同，也就是我们所说的不同流体的润湿性不同，这也使得孔道中的流体流动更加复杂、奇特。

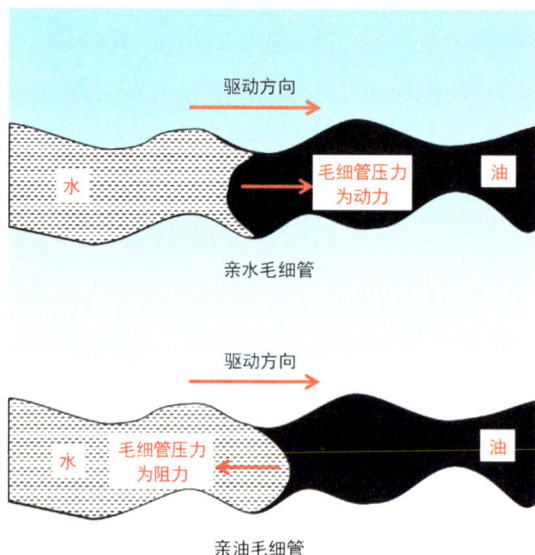

不同润湿性孔道毛细管压力方向示意图

例如，油水两相一起在孔道中运动时，在曲曲折折、大小不同的孔道中的驱替动力和所产生的毛细管压力各不相同，并不像人们所想象的那样，外界施加的驱动压力差一定，各个孔道内的流体运动的动力都应该相同，这与仅仅只有一相流体的流动是明显不同的。

其实，多相流体流动时，毛细管压力可以是流体流动的动力，也可以是流体流动的阻力。动力或阻力取决于什么呢？关键的因素就是岩石的润湿性，或者说岩石究竟是"亲水憎油"还是"亲油憎水"，说得更形象一点就是，岩石与哪一个更亲热一些，就更容易与哪一个粘附在一起。

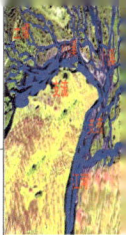

大家已知，岩石孔道半径的大小直接影响毛细管压力的大小，那么在大小不同、千差万别的孔道中所产生的流动动力或流动阻力也必然不同而且差异很大，这就会导致不同孔道中的流体流动非常复杂，同时会发生很多奇特的流动现象。

目前为止，科学家们在实验中发现了贾敏效应、赫恩斯阶跃、卡断、绕流、指进等流动现象，这些现象在不同的多相流体流动中表现也不相同，这让人们看到了地下油气水流动的复杂性，也给多相流体的流动添加了神秘的色彩。

知识·小讲堂

贾敏效应
赫恩斯阶跃
卡 断
绕 流
指 进

不可胜举的流动现象

贾敏效应　赫恩斯阶跃　卡断　指进　绕流　······

从气水微观"渗流"看"气藏"开采为什么"怕"水

一个普遍的共识是：一个不与任何水域相连通的天然气藏，所蕴藏的天然气采出量会很高，有时甚至超出人们的想象，可以达到 90% 以上，也就是说这类气藏中 90% 以上的天然气可以开采到地面供人类使用。但是，大多数情况下，勘探发现天然气藏与地下水域是连通的，有时水域的面积还很大，能量也很充足，这种气藏的天然气采出程度较低，一般只能采出 30%~50% 的储量，有的甚至更低，大量的天然气被滞留在地层中了，十分可惜。因此，在天然气开采过程中人们常常谈 "水" 色变，气藏开发最怕水，水成了 "水患"，由此，天然气开采中治水防水成了躲不开的话题，那么是什么原因造成了天然气采掘过程中的 "水患" 呢？

按照 "人造油气藏" 的办法，科学家们在实验室建立了 "毛细管网络模型" 和 "岩石物理模型" 等来探索地下气水两相运动的奥秘。"岩石物理模型" 和 "毛细管网络模型" 分别属于目前广泛应用的三大类人造油气藏模型中的 "天然岩心模型" 和 "微观可视化渗流物理模型"。

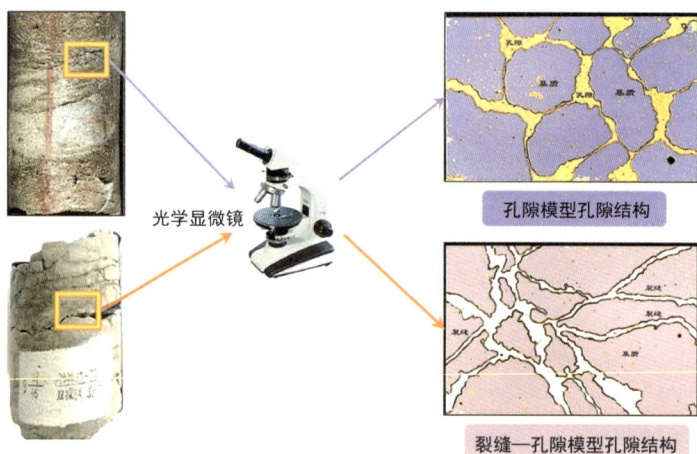

光学显微镜

孔隙模型孔隙结构

裂缝—孔隙模型孔隙结构

毛细管网络模型（从岩心中截取一小块置于光学显微镜下的图像）

知识·小·讲堂

毛细管网络模型

利用 "毛细管网络模型"，科学家们做了很多用 "水" 去置换或驱替 "气" 的实验。科学家们通过实验发现造成 "水患" 的罪魁祸首，原来是气藏采掘过程中形成的 "封闭气"（或叫 "水封气"）。而且，科学家们发现 "封闭气"

通常有四种类型：绕流形成封闭
气、卡断形成封闭气、孔隙盲端
形成封闭气和"H"形的孔道形
成封闭气。简单来说，"封闭气"
就是指地层中的天然气被水给包
围起来，形成了一个又一个互相
孤立的"天然气包"。

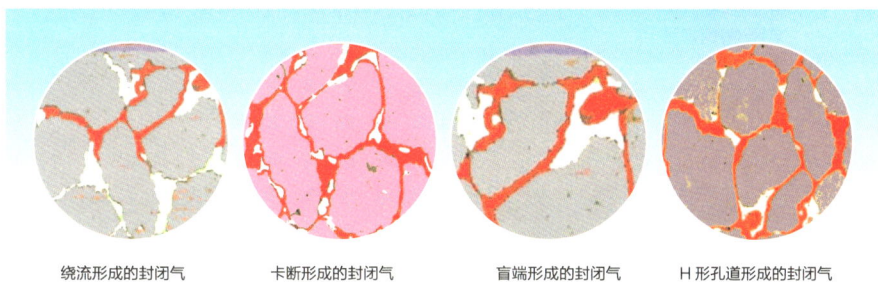

| 绕流形成的封闭气 | 卡断形成的封闭气 | 盲端形成的封闭气 | H形孔道形成的封闭气 |

此外，科学家们还发现，天然气藏中若存在裂缝或裂缝网络，水将沿高渗透的裂缝发生"水窜"现象，这种现象也是形成"封闭气"的主要原因。

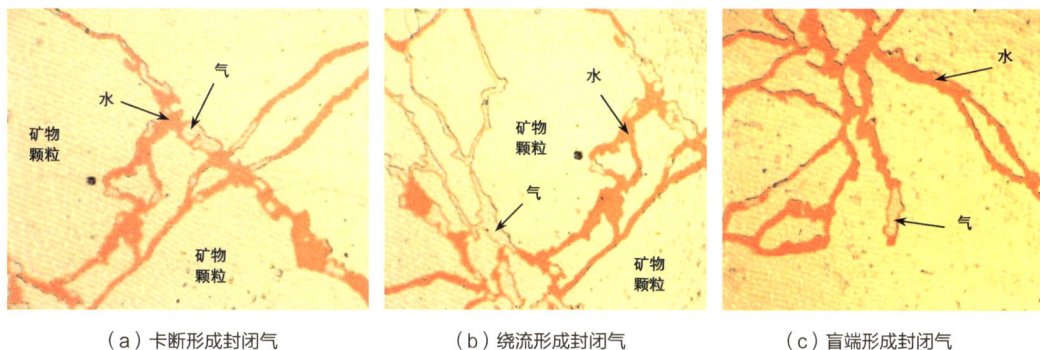

（a）卡断形成封闭气　　　　（b）绕流形成封闭气　　　　（c）盲端形成封闭气

裂缝网络模型中卡断、绕流、盲端形成的封闭气

针对地层中"封闭气"形成的各种情况，科学家们对症下药，提出了解放"封
闭气"、提高天然气藏中天然气采掘量的两种方法：一是降低井底的压力，使气体
能充分膨胀；二是提高地层中的流体流动动力，即驱动压力差。

利用岩石物理模型，科学家们还做了"水"置换"气"或"水"驱替"气"的实验。他们发现：水在不同大小的毛细管通道中，具有不同的运动速度，也会形成像手指形状一样的水相驱动前缘。换句话说，只要地下岩石孔隙大小和分布不均、渗透能力不同，气水两相运动就会出现"指进"现象，导致水沿着高渗透区域运动从而形成封闭气。同样地，地下岩石系统存在裂缝或裂缝网络时，水会快速进入纵横交错的裂缝并将岩块中的天然气"封闭"起来而形成"封闭"气。

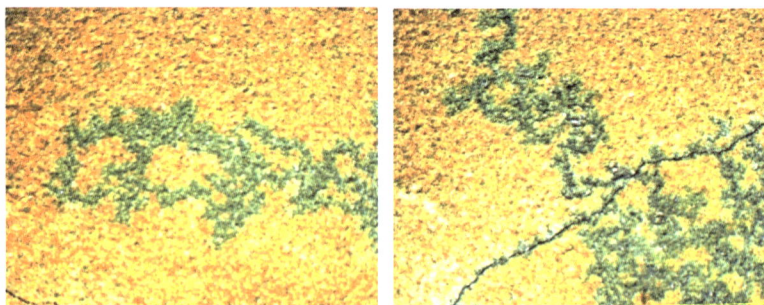

岩石物理模型中水驱气微观指进现象

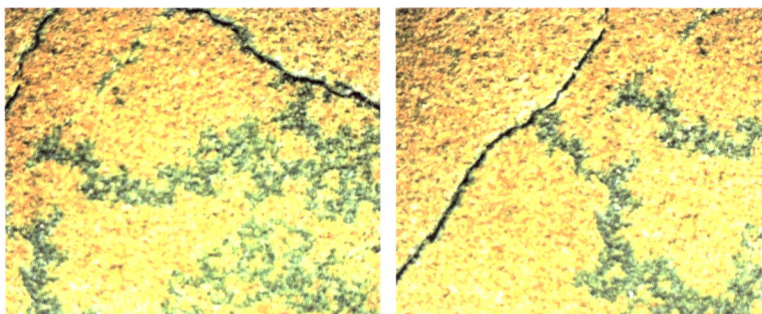

地层水沿裂缝水窜形成封闭气

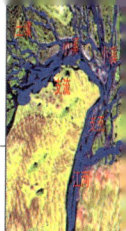

在"水"置换"气"或"水"驱替"气"的过程中，当水到达裂缝时，水将改变运动方向，沿着阻力较小的裂缝运动。同时，在裂缝的另一侧，出现进入裂缝中的水"浸入"岩块的现象，在石油工程中称为"渗吸"现象。也就是岩块将裂缝中的水吸入岩块里边的过程，此过程置换出了岩块中的"气"。

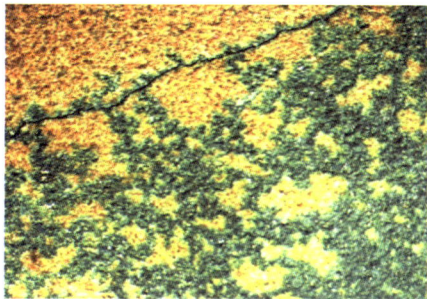

水驱前缘到达裂缝时的气水分布关系

日常生活中的渗吸现象非常普遍，例如，将腊肉做成各种菜肴之前，一般先放在水中浸泡一段时间，目的是减少腊肉的咸味，让腊肉变淡一点，实际上本质就是水进入腊肉中置换出了里边的盐，这就是水的"渗吸"现象。

结合气藏生产实际和人造模型，科学家们发现，不管是以孔隙为主还是以裂缝为主的天然气储层，无论储层存在底水还是边水，只要储层被钻开，形成井眼与储层的连通，在储层边界和井底之间就建立了"气水两相"流动压力差，则水的侵入就是不可避免的，气井出水迟早都会出现，影响气井的正常生产和产量。特别是在有裂缝发育的储层中，一旦底水或边水进入储层，水将沿着裂缝快速水窜而将大片低渗透储层中的天然气封闭起来。对于孔隙度低、渗透性很差的裂缝性储层，这一现象更加明显，问题更加严重。

知识·小讲堂

舌进

此外，由于储集天然气的地下岩石孔隙还具有非均质性，"气水两相"运动在微观上会表现出较明显的"指进现象"，在宏观上则反映为像"舌头"一样的运动轨迹，科学家们将这一有趣的现象取名为"舌进现象"。

从油水微观"渗流"看油藏开采
为什么大量原油"滞留"地下

在天然气开采过程中，人们常常谈"水"色变，可是在原油开采过程中，人们却又不得不从地面把水"灌"到地层中，用水"置换"地层中的原油，从而将原油采掘到地面。为什么会有如此天壤之别呢？这里先做一些简单探讨，具体情况将在后边详细介绍。

在油田开发实践中发现，有的"灌"水效果好，采掘出的原油多；有的"灌"水效果差，采掘出的原油少，因此，"灌"水也涉及怎么"灌"的问题。

针对这些问题，科学家们同样采用人造油藏的办法，在实验室研制了各种各样的物理模型，模拟地下原油的流动和采出过程，进而探寻"油水两相"运动的奥秘。这里我们仅就经典的"平面径向渗流物理模型"及其实验做介绍，它属于目前广泛应用的三大类人造油气藏模型中的"微观可视化渗流物理模型"。

⊙ 平面径向渗流物理模型

平面径向渗流物理模型制作较为简单，首先是模型本体的制作，可以是天然岩石，也可以是预先处理干净的沙子（可以是与地层岩

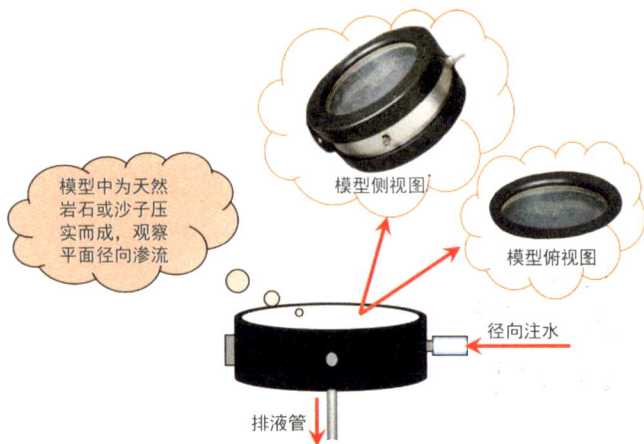

模型中为天然岩石或沙子压实而成，观察平面径向渗流

模型侧视图

模型俯视图

径向注水

排液管

平面径向渗流物理实验模型

石颗粒性质相近的沙子，也可采用地下取心粉碎洗净后的砂粒）压实而成；然后，将模型充满油（油中加入甲基蓝染成蓝色）；最后，灌注水（常用蒸馏水，水中加甲基红染成红色）。

⊙ 亲水憎油，砂粒与水更亲热

制作好了人工物理模型，接下来就开始灌"水"置换"油"或"水"驱"油"系列实验。科学家们发现，由于模型中充填的砂粒是"亲水憎油"的，或者说砂粒与水更亲热，水相总是黏附在砂粒表面上。在灌水置换原油的过程中，水相总是沿着孔隙表面流动，油相总是在水相中间流动，在孔隙中总是可以观察到"水包油"的现象以及水置换油结束后的"油—水"分布（图中蓝色是油，红色是水，黄色颗粒是砂粒）。

这里我们提出一个问题，如果模型中充填的砂粒是"亲油憎水"的，会是什么现象呢？结果会一样吗？

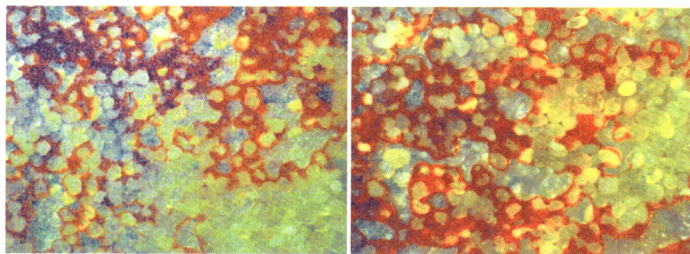

水驱油过程中的油水动态分布关系
图中蓝色是油，红色是水，黄色颗粒是砂粒

⊙ 剩余油

科学家们观察到，在"亲水憎油"的砂粒孔隙中灌注的水，总是优先沿着岩石表面进入较小的孔道并很快充满其孔隙空间，将其孔隙内的原油缓慢置换出来。在相对较大的孔隙中，油水运动出现两种现象：一种情况与小孔隙中的水置换原油一样，水相进入将其孔隙内的原油逐渐置换出来；另一种情况是颗粒表面在黏附较厚的水膜后，水相完全沿着这些水膜向前推进而进入下一个孔隙，同时将孔隙中心部位中的原油"滞留"下来，这些"滞留"下来的油，科学家们取名为"剩余油"。

⊙ 微观与宏观的指进现象

科学家们还发现，在灌水置换原油的过程中，总是存在水相的"指进"现象（也称微观指进现象）——水总是沿着阻力最小的运动通道进入充满油的孔隙空间。不过，这是人造小模型中的实验结果，大家可以想象，对于整个油田"灌"水置

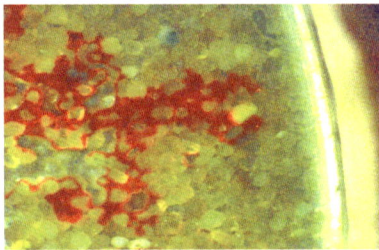

微观可视化模型中水驱油指进现象

换油而言，会是什么结果呢？与人造小模型类似，油层中水相总是沿着阻力最小的运动通道到达生产井，将油层中未波及区域中的大部分油"包围"起来形成"剩余油"，这种现象称之为"宏观指进现象"。

⊙ 指进形成剩余油

无论是"宏观指进"还是"微观指进"，均是"灌水置换油"过程中普遍存在的渗流现象，与"气水两相"运动产生指进的原因一样，也是由于储层岩石的孔隙大小和分布不同，以及储层岩石的非均质性造成的，最终结果都是将储层中的原油成片成片地"滞留"于岩石孔隙中而形成剩余油，从而导致水置换油的效率偏低。

油田开发实践表明，从整个油田的角度看，油田经历一次、二次采油之后，仍然会有70%左右的原油滞留地下。

在"平面径向渗流物理模型"实验中还发现，当模型的出口端见水后，沿着突破渗流通道流动的水，几乎不再波及其他区域，灌水置换原油的驱油效率几乎不再提高。由此可以类推，对于整个油田开采而言，水突破到产油井后，水置换油的驱油效率也不会再提高了，其实这早已被现场生产所证实。

需要指出的是，人造气藏和人造油藏物理模型实验均表明：地层中"气—水"运动和"油—水"运动各有各的特点和不同。前面介

绍的人造模型实验结果，只是多相流体运动共性的一面（有兴趣的读者可以参考相关专业书籍）。管中窥豹可见一斑，地下油气渗流世界的无穷奥妙，迫使石油科技工作者绞尽脑汁，探索规律，指导实践。要想从地下开采出更多的天然气和原油，需要并且也用到了"十八般武艺"。

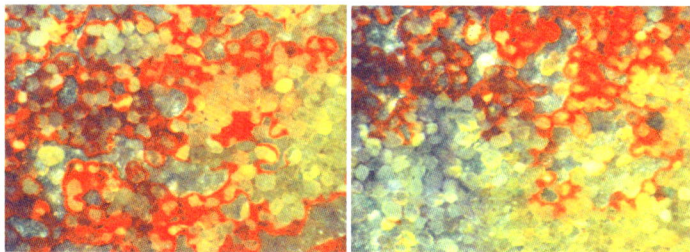

水驱油前缘油水动态分布关系

地下流体"渗流"遵循的最基本规律
—— 达西渗流

  达西（H. Darcy）是一名法国工程师。他与油气渗流有何渊源呢？为什么谈油气渗流一定要说到达西呢？故事可以追溯到 1856 年，达西在研究法国城市供水问题时，利用水通过净化过滤器的流动实验发现了一个奥秘，也就是水在多孔介质中流动时，沿流动方向流过的水量大小与单位路径长度上的压力变化（也称为压力梯度）成正比关系。后来，人们为了纪念他，将这个发现命名为达西渗流或达西定律。迄今为止，可以说这个发现一直是流体在多孔介质中流动遵循的基本定律，也可以说是渗流力学的基本定律。

达西（H. Darcy）

  由于通过多孔介质的流量与压力梯度成一次方的关系，因此，人们又给达西定律取了另一个名字——线性渗流定律。更通俗地来说，如果把流量与压力梯度这两个变量分别作为纵坐标与横坐标，其图像是平面上的一条直线。

285

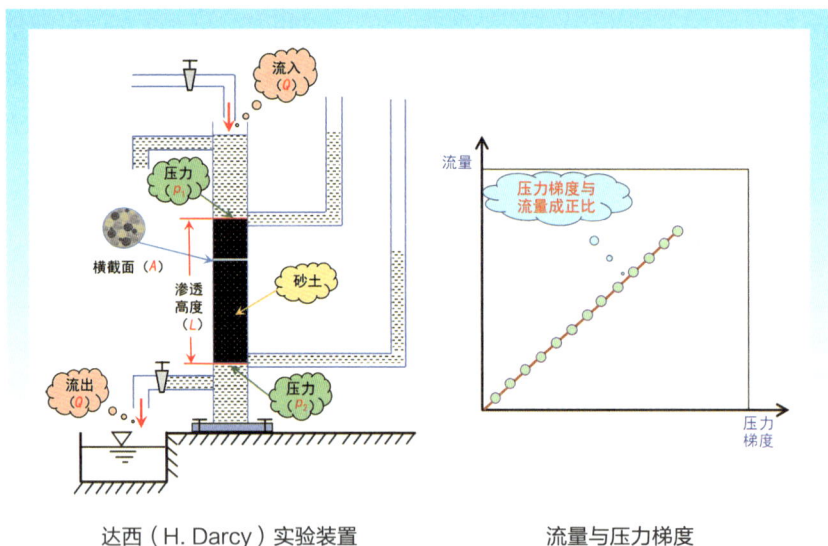

达西（H. Darcy）实验装置　　　　　　流量与压力梯度

多孔岩石中单相流体的达西定律可简单地表达为：

$$q = \frac{KA\Delta p}{\mu L}$$

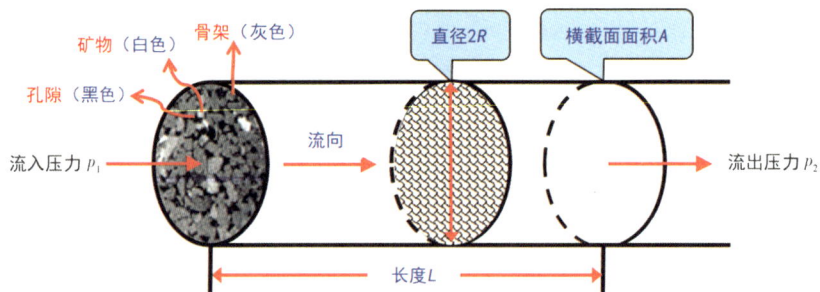

式中，q 为通过多孔岩石的流体的流量，cm^3/s；K 为渗透率，D；A 为流体通过的截面积，cm^2；μ 为流体的黏度，$mPa \cdot s$；Δp 为多孔岩石两端的压力差，atm；L 为流体通过岩石的距离，cm。

从达西定律表达式可以明显地看出，通过多孔岩石中的流体的流量与岩石的渗透率及流入流出该岩石截面的压力差成正比，与流体的黏度和通过的距离成反比。我们可以打一个比方来进一步说明达西定

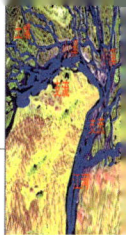

律的物理意义。设想居住在地下油气藏岩石中的油、气，如果我们用相同的压力差来驱赶它们，显然孔越多，孔越大，孔之间相互连通得越好，油、气运动起来越通畅（渗透性好），油、气越容易被驱赶出来；反之，孔少，孔小，孔之间相互连通差（渗透性差），油、气就很难被驱赶出来，除非增加驱赶油气的压力差，或者人工改造（例如压裂、酸化等）油、气的天然运动通道，使原来"村村不通路"变得互连互通，将小道改造为大道，将大道改造为高速公路，使油、气的运动变得通畅，从而被驱赶出来。很容易理解，同样的地下"库"，同样的"黑匣子"，里边装气比装油更容易驱赶出来，因为与油相比，气黏度低，流动阻力小，更容易流动。里边如果装的是稀油，就比装稠油更容易驱赶出来。

达西定律五大条件

无化学反应

牛顿流体

压力、温度不改变渗流条件

层流运动

无滑脱

回顾达西实验，不难发现，达西在实验中用的是水，水沿某一个方向流动，100% 充满多孔介质，这种流动是稳定的。因此，达西定律是研究地下水在岩土孔隙中渗透时获得的水在岩土孔隙中的渗流规律。如果将它全面推广到不同多孔介质中是有局限的，因为地下油气藏中可能是"油—水"两相，也可能是"油—气—水"三相一起参与流动，并且流动是在真实的三维空间中。因此，达西定律虽然简单，但是它不是万能的。科学家们发现，要用它描述流体在地下油气藏孔道中的流动，有几个条件是不可少的。

一是流体必须是牛顿流体，即流体流动过程中黏度不变化的流体。相反，不满足这一情况的流体，如塑性流体、假塑性流体、膨胀性流体，统称为非牛顿流体。地下天然气、轻质原油等黏度较小的流体都是牛顿流体。

二是流体的流动是层流运动，即流动是有序的，好似一层

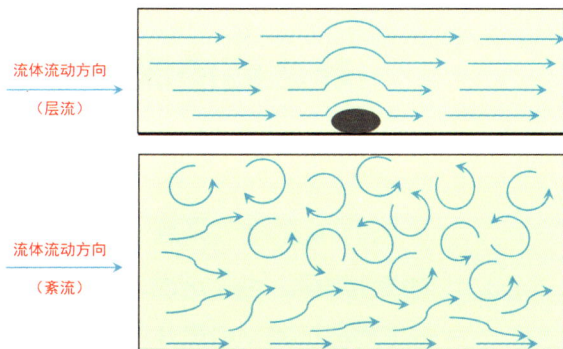

流体流动方向
（层流）

流体流动方向
（紊流）

一层排着，互不掺混，像"整齐的队伍一样"前进。相反，不满足这一情况的流体流动是"杂乱无章"的，称为紊流。多孔介质中的油气流动，主要以考虑层流为主。

三是流体不与孔道岩石发生任何化学反应，因为一旦发生反应孔隙大小和形状就改变了，流动的通道大小也自然就发生变化了。

四是流动通道的渗透能力不随流动环境压力、温度的改变而改变。

五是气体在孔道中参与流动时，不考虑气体分子与孔道壁的碰撞（即滑脱效应）。

因此，达西定律不仅解决了当时城市供水的问题，更为重要的是在"一定条件下"也可以很好地用于描述三维空间和多相同时参与流动的情况，其中对每一相流体（油、气或水）在每一个流动方向上的流动仍然适用于达西定律。于是，在达西定律的基础上科学家们建立了一门新的学科——渗流力学；在石油工程上也有一个分支——油气渗流力学，从而实现了油气"渗流场"的定量描述。

知识小讲堂

牛顿/非牛顿流体

层流/紊流
滑脱效应

非达西渗流 —— 地下流体渗流复杂而奇妙之源

在实际的油气采掘中，储层岩石中流体的流动一般都会偏离达西的线性规律，也就是说，不会完全遵循达西渗流定律。科学家们把所有不遵循达西定律渗流的情形，统称为非达西渗流。简而言之，流体

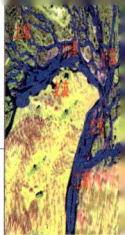

通过地下多孔介质中时的流量和压力梯度之间的关系偏离线性的流动，都可视为非达西流动或非线性流动。

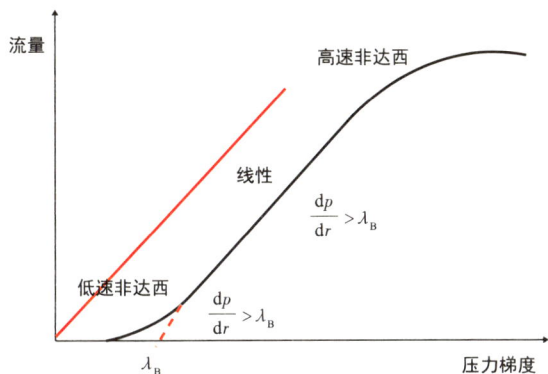

通常，油气藏中的流体以非牛顿流体形态流动，流速较低或较高，孔隙空间、渗透性发生变化，岩石形状发生改变，油气藏温度发生变化等都会导致非达西渗流的情况发生。同样地，当地下流体在地层"高速公路"中快速流动，或者在产量很大的井附近区域流动时，由于流速较大，会引起流量与压力梯度之间线性关系遭到破坏，科学家们称这种流动为"高速非达西渗流"。比如，把池塘中的水放掉时，水在漏水口的上边会形成一个漩涡，这就是典型的高速非达西流动。

事实上，油气藏开采过程中逐渐形成的优势渗流通道，大的地下溶洞或暗河，天然裂缝，人工压裂、酸压形成的裂缝等均算得上是"高速公路"通道。由于水力裂缝和储层之间渗透率差距很大，高速非达西渗流往往发生在邻近井的裂缝中。

与"高速非达西渗流"相反，在致密储层（像磨刀石）中往往由于流动通道狭窄曲折，与"高速公路"相比，这些通道只能算得上是"村道"，甚至是荆棘丛生的"小径"，因此，里边流体的流动多表现为流动十分缓慢，同时引起的流量与压力梯度之间线性关系也遭到破坏，这种情况称之为"低速非达西流动"。

目前，达西渗流与非达西渗流作为油气藏渗流研究最重要的基础工作，已深深地印在了石油科学家们的脑海里了，科学家们对它的研究从来没有停止过……

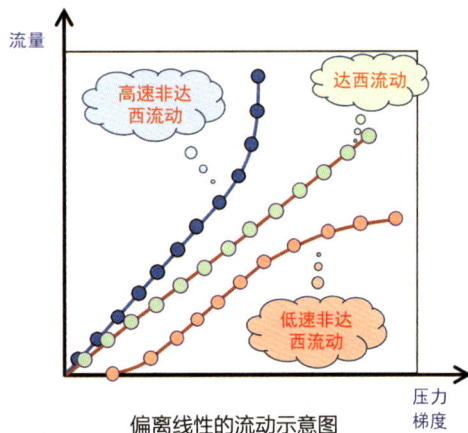

偏离线性的流动示意图

知识·小·讲堂

人工压裂技术

酸化（压）

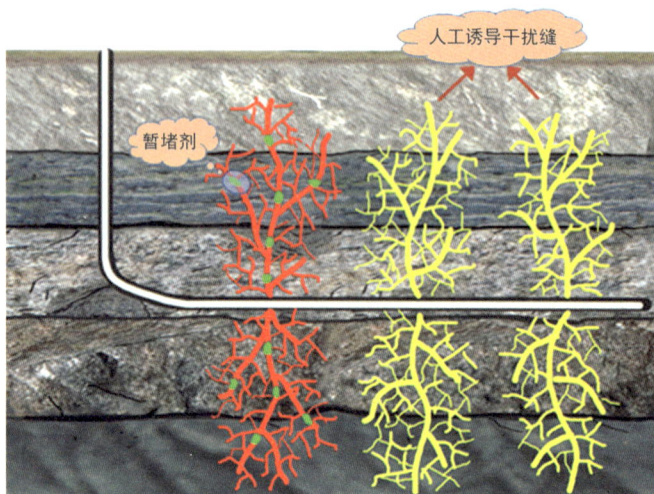

水力压裂地面场景（胡文瑞，2021）

岩石与流体碰撞之"火花" —— 多场耦合渗流

前面已经知道，地下油气藏中的流体（地层水、石油、天然气）与充满这些流体的岩石好似"孪生兄弟"，彼此形影不离。储层岩石含有孔隙，是骨架与孔隙的组合体。孔隙形状多种多样，孔隙大小变化范围很大，从纳米级（纳米级很小很小，也就是一个病毒的大小，大概是人的头发丝的六百分之一）到微米级、毫米级、厘米级，甚至米级（例如人工裂缝）。

为了开采地下油气资源，人们可能还会向地层中注入水、化学剂、蒸汽、空气、二氧化碳等物质，这样一来，就会导致沉睡孔隙中的油气与岩石之间的平衡被打破，孔隙中原有的流体与外来注入的流体在岩石中的流动变得不再简单，注入流体与原有流体之间、注入流体与岩石之间、原有流体与岩石之间甚至会发生反应，这些反应可能是物理反应，也可能是化学反应，也可能物理化学反应都存在。因此，岩石孔隙中新、老流体混合后的流动变得更加复杂，但也更加有趣——这就是近几十年来固体力学、渗流力学、物理化学等多学科相互交叉融合而形成的新兴交叉学科——多场耦合渗流。

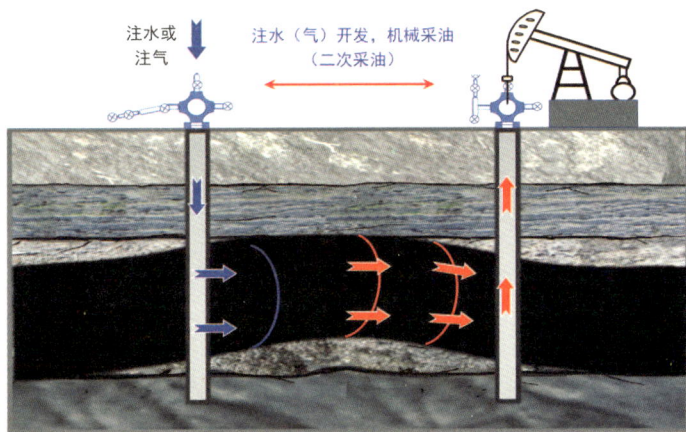

向地层中注入流体示意图

为什么叫"多场耦合"呢？

正如大家知道的磁铁有磁场（磁力场）一样，地下油气藏中也存在着多种场。首先，在岩石的内部因为应力的作用，形成了一个"岩石应力场"；其次，孔隙中的流体也不甘示弱，其流体压力形成了一个"流体应力场"；再次，流体在岩石孔隙中很难是完全静止的，尤其是油气藏一旦投入开采后，流体流动也会产生一个"渗流场"；此外，油气藏中岩石及岩石孔隙中的流体一般处于高温环境，自然就会形成一个"温度场"，这个场的影响也是不可忽视的。当然，油气藏中还有其他场，如"电流场""化学场"等。

由于这些"场"彼此之间不是孤立的，而是相互作用、相互影响、相互叠合，为此，科学家们时髦地称之为"多场耦合"，正所谓"藕断丝连"。

实际上，油气藏中的多场耦合非常复杂，要认识多场耦合对渗流的影响，进而弄清对油气开采的影响，非常困难。这里仅结合一些实际例子来进一步说明这个概念。

"多场耦合"中有一种现象就是"地面下沉"。

"因水而生，因水而美，因水而兴"的意大利北部名城威尼斯，享有"水上都市"的美誉——因为上帝将眼泪流在这里而成为魅力十足的"水城"。然而，遗憾的是，这个晶莹剔透并充满柔情的城市目前正面临着"消失"的命运，因为上帝的眼泪在慢慢干涸。上帝的眼泪去了哪里呢？原来罪魁祸首之一，是人们过度地抽取地下水和开采天然气等人为因素造成了"地面下沉"（"地面沉降"）。

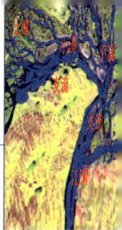

　　"地面下沉"是石油工业中的一种常见现象。例如，北海挪威海域的 Ekofisk 油田，由于工业开采引起海底沉降，导致平台安全也受到了威胁；加利福尼亚的 Belridge 油田及其附近的油藏，由于工业开采发生的沉降已经导致了很多钻井（井场）事故的发生。

　　实际上，石油工业中的地面下沉（沉降）是由于工业开采时，地层水、石油、天然气等流体从岩石中流出来导致岩石孔隙空间"亏空"而压缩，即岩石体积"缩小"产生的，如岩层，一方面受到上面的岩石和流体形成的上覆岩石压力——"压"的作用，另一方面，受到岩层孔隙中流体产生的孔隙流体压力——"撑"的作用，这一"压"一"撑"，二者并不均衡，必然导致岩石形状改变甚至破坏：当流体从岩石中流出而又得不到及时补充时，岩层中流体的减少将使得孔隙流体压力降低——"撑"的作用减弱，岩层的孔隙空间将会被压缩——当压缩足够大时，就会表现出地面的下沉，严重时将会造成灾害。不过，不可否认的是，这样的"撑压"作用也有积极的一面，例如将岩层中的石油、天然气等"挤"出来。

　　就本质而言，这种"撑""压"作用来源于"流体—岩石"之间"力"的较量，也就是应力场与渗流场的相互作用——耦合。

　　此外，在油气开采过程中，常常向岩层中注入流体、固体及其混合物等物质（例如：压裂、注水、注气、化学药剂等）。这时候，注入岩层孔隙流体的压力会随着注入流体的增加而增大，使得岩石孔隙空间增大，甚至会使得岩石张开而形成裂缝，类似于在岩层中修了一条"高速公路"——这条高速路搭建起了更多、更通畅的地下石油、天然气与地面的"通道"，这也是石油工程中人工压裂技术在岩层中应用的重要目的之一。

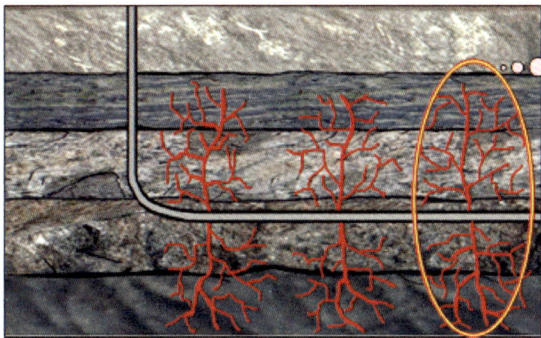

压裂裂缝形成互连互通的"高速公路"

压裂工艺中形成的类似"高速公路"的裂缝

人工压裂后，向地层注入水，从而让水去置换出岩石中石油。当然，还可能会在注入的水中加入一些化学剂让油更容易被"洗"出来，这和用清洗剂清洗含油泥的马路是一样的道理——加入化学剂的水注入孔隙中后与地下原生的水混合，就会改变地下原生水的性质，改变岩石存在的环境，岩石与流体间的化学反应也在所难免，流体在岩石孔隙中的渗流通道也将会改变。

如果要开采稠油，由于流动性差，很难流动，人们往往还向储层岩石中注入高温蒸汽以降低稠油的黏度，使石油容易流动。这是因为，首先注入的蒸汽使得稠油变稀、变轻，像常规易于流动的石油；其次，温度作用使石油和岩石发生膨胀，也会不断地把油"挤"出来；最后，地层温度变化导致岩石的应力状态和岩石的孔隙形态、大小也发生了变化。

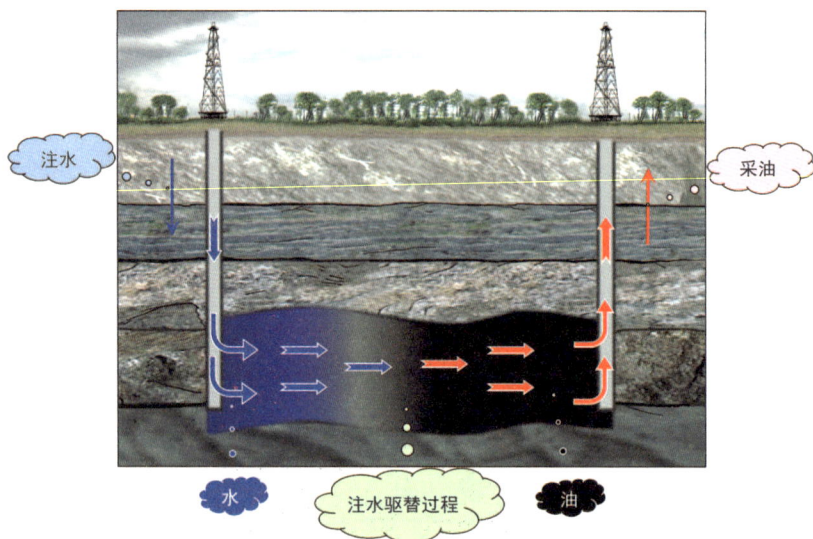

注水驱替油藏中的石油
左边蓝色是注入水，右边黑色是被驱替的油

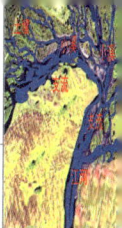

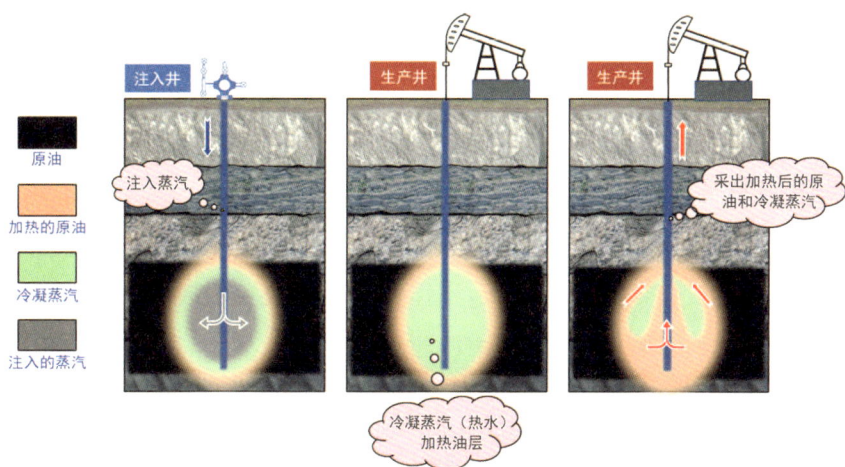

注蒸汽开采油藏中的石油

　　近年来备受关注的"致密油"岩层，像磨刀石一样，水都很难注进去，又怎么办呢？人们自然想到了用气体来代替水，即把气体注入致密油层孔隙中来置换油。在石油工程中，有注二氧化碳的，也有注氮气、空气的。不过，不同气体置换"致密油"的效果是不一样的。

　　这里，我们重点介绍一下，这几年全球因气候变化而饱受争议的温室气体 CO_2（二氧化碳）如何在注气采油中变废为宝。

　　前面介绍过，CO_2 的特点是易溶解于油中，使油膨胀，降低油的黏度，让油更容易流动，从而使油更易开采出来。

CO_2 用途广泛

注 CO_2 采油可谓一举两得：首先，注 CO_2 有可能置换出更多的油；其次，当置换效果较差时，人们索性把 CO_2 封存在地层中，让它永不翻身，再也不能重见天日，这个做法又很好地解决了 CO_2 产生的温室效应问题。

发达国家目前对 CO_2 的综合利用范围广，主要集中在 CO_2 驱油、食品加工、精细化工、冶金和焊接、生物工程、制冷和消防等行业。全球的 CO_2 消费量主要集中在北美、欧州、亚太，占全球 90% 以上。美国消费量最大，70%～80% CO_2 用于驱油；加拿大主要以驱油埋存和 ECBM 为主，如 Weyburn 项目；挪威主要以 CO_2 埋存项目为主，如 Sleipner 项目；日本主要以工业应用为主，消费数量少。

注入 CO_2 后，产量从2003年的每天1、万桶增加到峰值产量每天 3×10^4 bbl

注入 CO_2 5000t/d，预计可储存 2200×10^4 t，可安全储存超过5000年

美国北达科他州煤气化站产生的 CO_2 作为气源，通过320km管线输送到加拿大韦本油田

Weyburn 项目

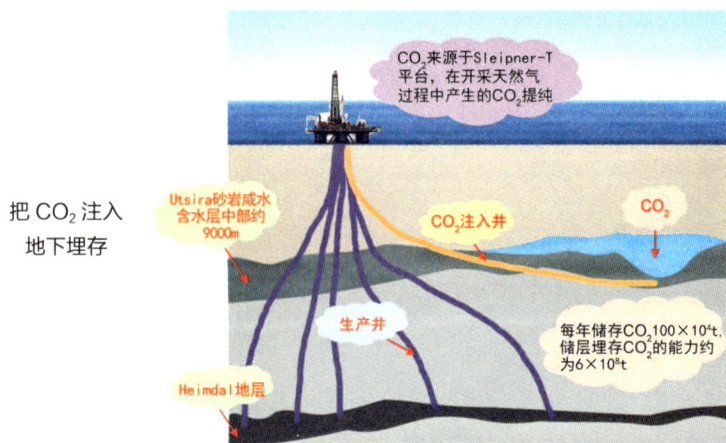

把 CO_2 注入地下埋存

CO_2 来源于 Sleipner-T 平台，在开采天然气过程中产生的 CO_2 提纯

Utsira砂岩咸水含水层中部约9000m

CO_2 注入井

CO_2

生产井

每年储存 CO_2 100×10^4 t，储层埋存 CO_2 的能力约为 6×10^8 t

Heimdal地层

Sleipner 项目

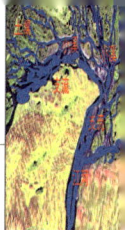

除了注入 CO_2，还可以注入空气，空气是取之不尽用之不竭的，它廉价、便宜、成本低，而且含有氧，所以一旦被注入油层中将可能与地下石油发生氧化反应，甚至导致地下石油自燃，由此降低油的黏度，使其更容易流动，从而被开采出来。

除此之外，为了让核废料更好地"藏"起来，人们还想到将核废料注入较深的岩层中用以采油。

由此可见，各种流体甚至废料的注入有助于油气开采，也有助于废料的处理——"变废为宝"。然而，需要指出的是，注入流体也可能对环境造成污染，甚至诱发地震，对人类生活造成伤害，这一点必须倍加关注。

如果进一步考察，其实无论注入哪种流体，它们与地下油气水的组成、矿化度等都是有差异的，这个差异有一股神奇的力量，使得原本只有"流体—岩石"间的相互作用演变成了"流体—流体""流体—岩石"间的化学与物理作用，以及"温度—流体—岩石"间复杂的多场耦合作用。

面对岩层中复杂的多场耦合渗流，科学家们并非束手无策，在达西和非达西渗流基础上，进一步考虑到岩石的孔隙"跨尺度"特征，利用物理模拟、分子动力学模拟和理论建模与分析、数值模拟与分析等手段探索各种尺度流体的流动规律以及各尺度间的相互耦合流动规律，形成了一系列跨尺度的非线性耦合渗流理论。

知识小·讲堂

扩散
弥散

与此同时，科学家们还在流体间的扩散与弥散，温度与压力导致流体相变，温度影响岩石变形及流体—岩石、流体—流体间的物理与化学作用等表征方面取得了明显进展。可以预见，随着计算机、图形等技术的迅速发展，岩层中的多场耦合渗流描述与表征将会帮助人们更为客观科学地认识油气藏，这对于油气资源的高效开采和灾害预防具有重要的现实意义。

试井—— 油气藏开发的眼睛

　　所谓试井，顾名思义，就是对油井、气井或水井进行测试，测试内容包括井口产量、井下压力、温度等。在测试时，改变井的工作制度（关井、开井、增大或减小油嘴直径等），利用各种测试仪表（例如，高精度电子压力计）记录测试过程中的动态变化响应（例如，井下压力、温度数据等），依据适合的流体渗流模型对测试资料进行解释来获得测试层（油、气、水层）和测试井（油、气、水井）的各种物理参数（例如，钻井液造成的伤害程度、渗透率、流动能力等）、生产能力、地层的连通能力的一种动态方法。

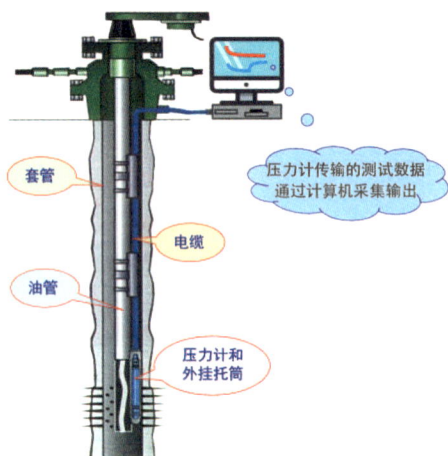

套管

电缆

油管

压力计和
外挂托筒

压力计传输的测试数据
通过计算机采集输出

井下电子压力计与井口连接示意图

四川某气井测试现场
（将压力计下入井底）

　　测试资料解释就是根据测试井控制区域的油（气）渗流模型模拟出的地层压力随时间的变化曲线，和实测的压力（如井底压力）变化曲线进行对比，调整参数使两者达到一致（可以是人工对比，也可以是计算机自动对比），当两曲线一致时说明建立渗流数学模型时所给出的地层各种参数（如渗透率、流动能力等）和特性就代表了实际地层的参数和特性。

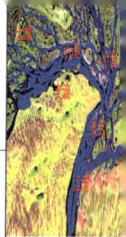

试井是油气藏勘探开发过程中，认识和评价油（气）层及油（气）井特征，确定油（气）层参数的不可缺少的手段，故试井被石油行业誉为"油气藏开发的眼睛"。

试井分为稳定试井和不稳定试井。

电子压力计实物图

试井的用途非常广泛，主要包括：
（1）确定油（气）井供给或控制区域的地层压力；
（2）确定油（气）井的生产能力；
（3）确定流体在地层中的流动能力，例如，地层渗透率、地层连通情况等；
（4）认识油（气）藏的形状，评价油（气）藏能量作用范围，例如，井附近地层的边界距离、边界形状、边界性质（油—水边界、气—水边界、尖灭等）、井控制范围内的储量；
（5）确定井筒附近伤害程度、措施改造后效果，例如，压裂裂缝流动能力、裂缝长度等；
（6）估算油藏地质储量或单井的可采储量

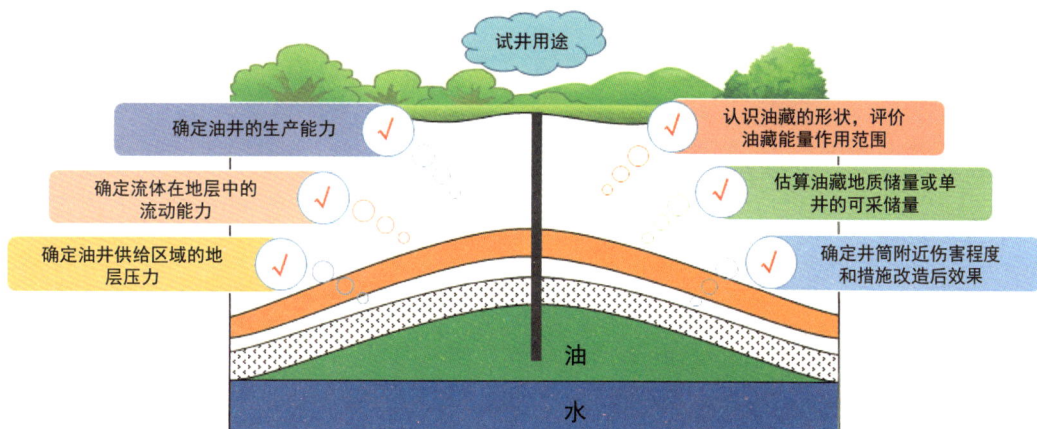

试井用途

确定油井的生产能力 ✓

✓ 认识油藏的形状，评价油藏能量作用范围

确定流体在地层中的流动能力 ✓

✓ 估算油藏地质储量或单井的可采储量

确定油井供给区域的地层压力 ✓

✓ 确定井筒附近伤害程度和措施改造后效果

油

水

⊙ 稳定试井

顾名思义是指地层流体在稳定状态下进行的井测试。测试时，通过改变若干次（一般 4~5 次）油井或气井的工作制度（如自喷井改变控制流量的油嘴直径，机械采油井改变泵的冲程、冲次等），在每一工作制度处于相对稳定状态时测出井的稳

定产量和稳定的井底压力，然后将这些资料绘制成压力（或压差）与产量的关系曲线（专业上称之为指示曲线），依据曲线形态，确定出产量随压力变化的规律（即数学关系式），根据这个关系式，可以确定井的生产能力、合理工作制度、油气藏的参数（如渗透率、流动系数等）。该方法是确定测试井（或测试层）生产能力的一种动态方法，所以也称之为生产能力试井或产能试井。

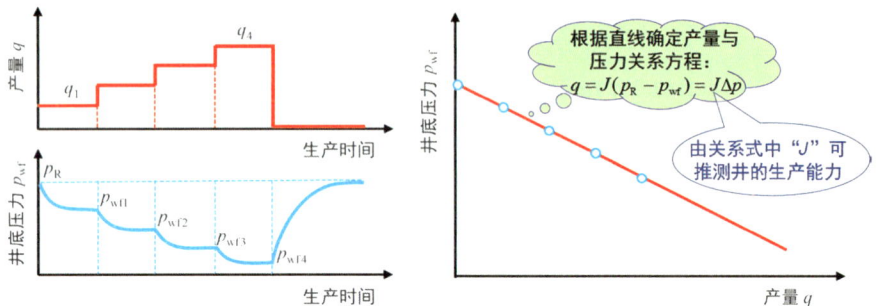

根据直线确定产量与压力关系方程：
$$q = J(p_R - p_{wf}) = J\Delta p$$

由关系式中"J"可推测井的生产能力

产能试井示意图

⊙ 不稳定试井

顾名思义是指地层流体在不稳定状态下进行的井测试。处于静止或稳定状态的地层中的流体，若改变其中某一口井的工作制度，例如改变井的产量或井底压力，则在井底造成一个压力扰动，此压力扰动将随着时间的推移而不断向地层传播，直至达到一个新的平衡状态，这种压力扰动的过程是不稳定的，它与油藏、油井和流体的性质有关。因此，在该井或其他井中用仪器将井底压力随时间的变化测量出来后，绘制成各种关系曲线（可以是压力与时间的直角坐标关系、半对数关系、双对数关系）并对曲线上显示的各种特征进行分析，就可以判断井和油藏的特性，这就是不稳定试井的基本原理。

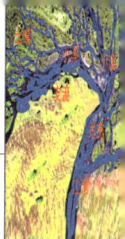

不同油藏结构（如油层边界、形状）、不同油藏参数（如井壁附近钻井、完井过程中钻井液等造成的伤害情况，增产措施改造的效果，流动能力，渗透率等）、不同井型（直井、水平井、压裂井），所测得的井底压力随时间的变化特征也常常有所差异，科学家们正是根据这些变化特征来解释并获得储层及测试井参数信息的。

不稳定试井是确定油气藏类型、求取油气藏参数、判断井底污染状况、分析井措施效果、识别油气藏边界、估算单井控制储量及判断层间或井间连通情况等的重要手段之一。

不稳定试井分为压力降落试井和压力恢复试井。

压力降落试井

该方法是将关闭的井开井生产，测量井的产量和开井后井底压力随时间的变化关系曲线，根据该曲线上的直线段的斜率可以推算获得测试井和测试层特性参数（如渗透率、表皮系数、外边界到井距离等）。

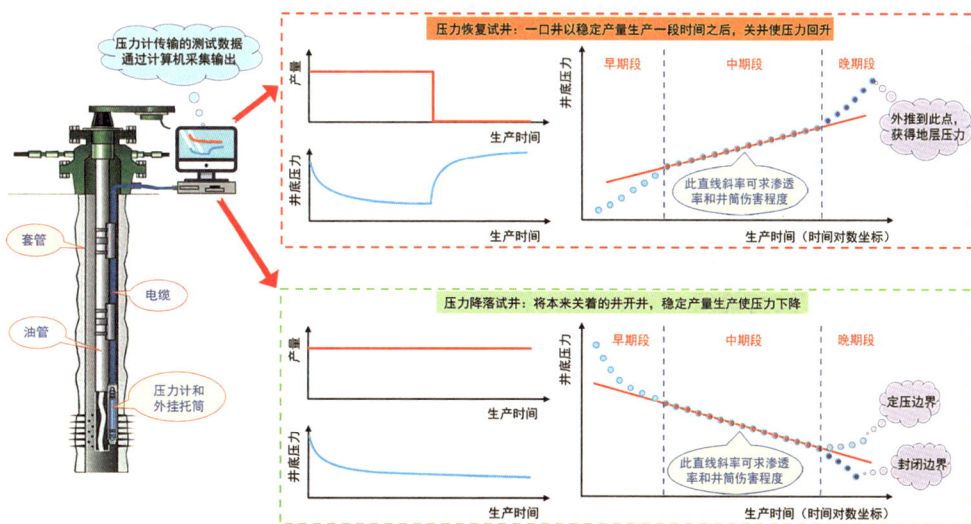

试井图

压力恢复试井

压力恢复试井是将井从稳定的生产状态转入关井状态，并测量关井后井底压力随时间的变化关系曲线，根据绘制的关系曲线显示的特征可推算获得测试井和测试层特性参数（如渗透率、表皮系数、地层压力、外边界到井的距离等）。

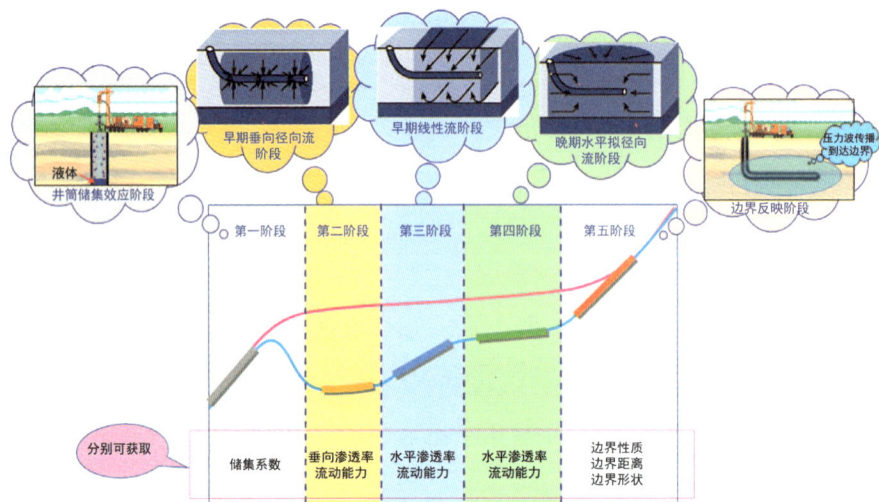

压力恢复试井压力变化曲线

无论是压力降落或是压力恢复，压差数据在双对数坐标图（纵坐标为压差，横坐标为生产时间）中可得到一条曲线，称之为"双对数曲线"，这条曲线很神奇，因为各种不同类型的油藏在各个不同的流动阶段，均表现出各不相同的形状。因此，石油工程师们就可以通过对双对数曲线进行分析来判断油气藏的类型，并区分各个不同渗流阶段，由于这个缘故，"双对数曲线"又被称之为"诊断曲线"（Log-Log Diagnosis），与医生通过心电图曲线判断人的心脏是否出了问题一样。

知识小讲堂

试井分析技术展望

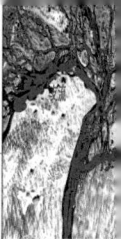

油气藏的模拟或仿真技术 ——再现油气藏过去（生产历史），预知油气藏未来（生产动态）

当人们通过对地球做 B 超的方式（业内称其为地震）找到了一个浸透石油的大岩层 ——油藏后，下一个问题就摆在了油藏工程师面前：如何开采这个油藏？怎样才能做到少花钱、多采油？钻多少井？在什么地方钻井？是否需要注水、注气来保持地层压力、多置换些油出来等？是注水开发效果好还是注气开发效果好？是五点法注水还是九点法注水效果好？是钻水平井、分支井还是钻直井？是产量开大一点还是开小一点？这既是个技术问题，也是个经济问题，是一个技术有效性和经济可行性之间的平衡问题，说到底，是个开采方式的优化问题。显然，要做好这个优化，前提条件是要彻彻底底地认识要开采的油藏。

目前，石油工作者认识油气藏的方法有类比法、直接观测法、实验方法和数学方法（试井，也是一种数学方法）等，在具体使用时均存在着诸多局限性。例如，直接观察法成本太高，投入大。数学方法是基于大量生产数据的经验统计或者是基于地层和流体参数均值化概念建立起来的"零"维模型，看成是一个"罐"，未考虑实际油气藏三维空间流体和岩石物性参数的不同以及随时间的变化等。实验方法，虽然是在实验室造一个相似的油藏模型，通过在模型上反复进行不同试验，从中找到规律、找到方法、找到开采方案指导实践，但也是困难重重。首先是怎样才能做到数学意义上的相似；其次，是它的高温高压。尤其是后者，在实验室条件下，很难大规模实现。通常能做的也就是仅考虑油藏的局部，或将三维油藏简化成一维来处理，很少有将整个油藏（近似地）搬到实验室的情况。因此说，实验室的物理模拟方法也有很大的局限性。大家都知道，一个油藏只有一次开采机会，不可能让你从头再来开采许多遍，让你反复试验从中找出最佳方案。

这些方法对于油气藏某一局部的认识或某一阶段的预测可能是可行的，但是对于复杂的油气藏全生命过程的认识、预测却是无能为力的。怎么办？还有没有更好的替代方法呢？

试问，对于勘探一个新发现的油气藏，我们可以像科幻电影一样预知它投入采掘后未来 10 年、20 年、50 年油气藏三维空间任意位置的压力变化、油气水分布情况吗？能够预知边、底水的运移、推进情况吗？对于一个已经开发了 10 年、20 年、50 年的油气藏，我们可以像看电影一样重现或回放这 10 年、20 年、50 年采掘历史中的一点一滴吗？例如，再现过去的 10 年、20 年、50 年油气藏三维空间中任意位置的压力、油气水分布，油—水、气—水界面的上升情况以及水窜、水侵情况？

目前，在油气藏开发中广泛使用的油气藏模拟技术，就能很

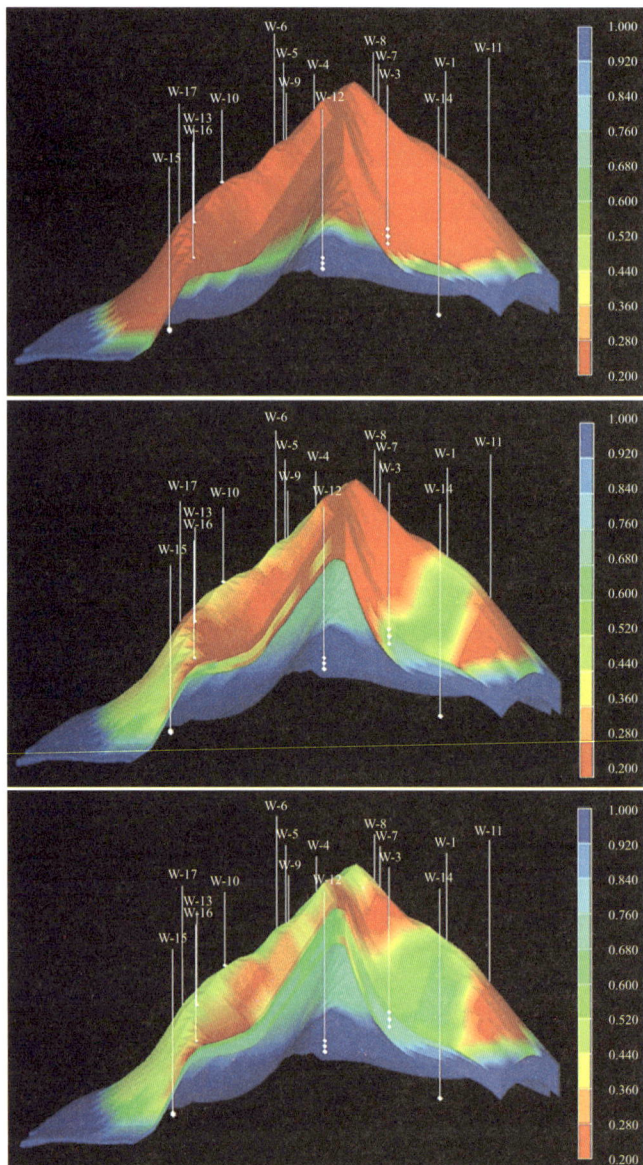

模拟的 X 油藏不同开发阶段的油水分布及边底水推进情况
红色是油，蓝色是水

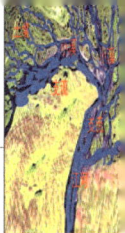

好地回答上述一系列问题。它很好地实现了油气藏开发历史的再现和未来的生产预测，该技术也称之为油气藏的仿真技术。

实际上，地下油气藏模拟或仿真技术与自然界中的很多仿真的原理是很类似的。

大家都知道风力发电吧，风力发电设备中最重要的部件就是那几个风力叶片，其直径可达70m，相当于20层楼房的高度，由于其长径比很大，所以很容易被折断。为了知道叶片的工作寿命到底有多长，最可靠最直接的办法就是对其在真实工作环境下进行实验，但是投入的时间和金钱会很多（比如我们要加工一套完整的样机，然后将它运送到指定地点，再组装、运行、测试、拆除、运回等，如果中途运行出现问题需要修理估计会更麻烦），因此大多数情况我们选择先进行模拟，就是将叶片的运动和受载情况简化为一系列数学公式（运动学方程、动力学方程、物理方程、几何方程等）和物理参数（没有参数我们还可以创造新的参数，比如各种无量纲的物理量）。在拥有上述一系列公式的基础上，把它们数值化，把时间、空间上连续变化的问题分解成一个个在某段时间某段空间上不同的小问题，这样我们的计算机就可以求解了。至于怎么让模拟收敛，误差小，计算速度快，这就是比较高深的知识，涉及许多的算法（有现成的各种算法，当然也有根据自身需求量身打造的算法）。至于求解工具，当然不是自己手算，最常用的是计算机编程，Matlab，C++，Fortran等是我们十分常用的编程工具。当然市场上也有很多现成、已经被模块化的商业软件，如 Ansys、Abaqus、Eclipse 等。

新疆某地风力发电场景

地下油气藏的模拟或仿真技术，和我们刚刚提到的风力发电模拟是一模一样的思路，都不是实体模型，都是利用计算机来求解数学模型。地下油气藏的数学模型描述了地下流体（油、气或水）开采过程中的流动规律。不同油气藏蕴含的机理或者说蕴含的渗流特征、渗流规律不同，油气藏的数学模型就不同。不同的油气藏数学模型反映了发生在油气藏中的最重要的物理过程，包括油、水、气三相流动，不同相态之间的质量转移，考虑了黏滞力、毛细管压力和重力对流体流动的影响。此外，在模型中，岩石性质（例如，孔隙度、渗透率、各向异性、润湿性等）、流体性质（例如，流体黏度、压缩系数、密度等）以及相对渗透率特性在空间和时间上的变化都得到了精确的体现。

简言之，油气藏模拟或仿真技术就是将各种描述地下流体流动规律的数学模型的求解编制成计算机程序，利用计算机进行计算，得到所需要的各种结果，实际上就是在计算机上展示一个油气藏开发的全生命过程，这种计算机程序就是通常所说的油气藏模拟器。

油气藏模拟或仿真，由于是在计算机上进行，因此可以"多次"模拟开发过程，其优点是廉价、快速、功能强大、适用范围广泛，是开展油气田开发重大决策的一项有效工具，是支撑复杂油气田开发的一项重要技术和手段。对于新油（气）田，它可以模拟不同开发方式的全过程、得到不同结果，通过比较，得到最优方案；对于老（气）油田，能在计算机上用较短的时间重现和预演以几十年为周期的油（气）田开发过程，把脉油（气）田，了解问题所在、潜力所在以及三维空间或剖面上剩余油气的分布，预测未来开发趋势、预测采收率，进行经济评价预测，给出下步优化调整意见。

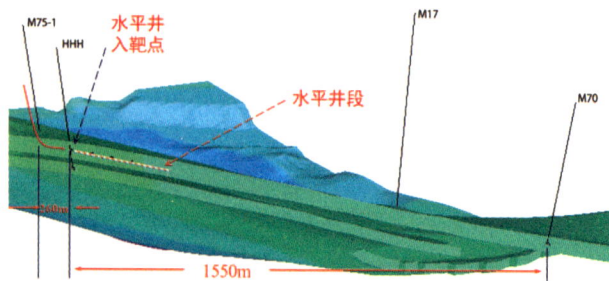

油藏数值模拟水平井入靶点和优化水平井长度

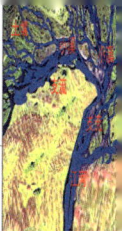

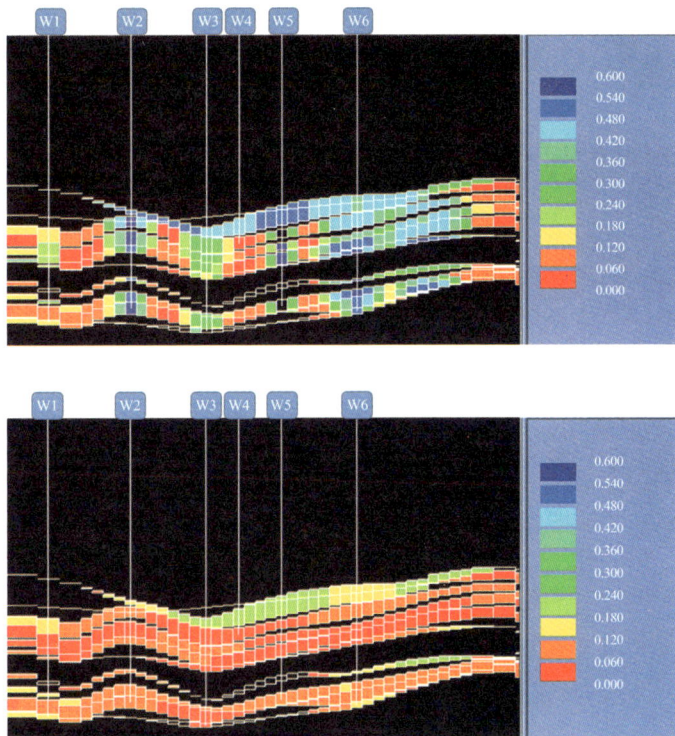

模拟某油藏开发 15 年前后剖面上油水分布图
红色是油，蓝色是水

此外，借助计算机和图形显示技术，可以将地下油气在地层中的复杂运移过程直观地呈现出来，犹如一个巨大的透视镜一样，让人们可以直观观察到地下储层的多孔介质和流体在其中的流动过程。

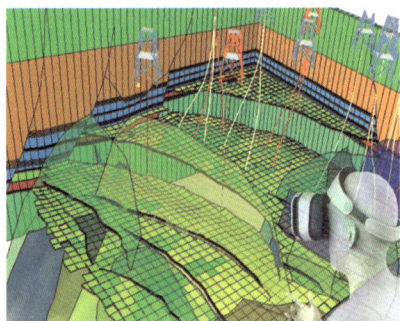

油藏工程师开展油藏数值模拟研究

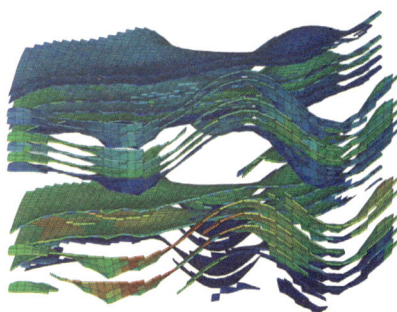

模拟的某油藏地下油、水分布图

⊙ 未来的油气藏数值模拟

知识·小讲堂

油藏模拟模型

热采模型

油气藏数值模拟技术是油气藏实现科学开发的必要手段，贯穿油气藏开发的每一环节。伴随着石油勘探开发、流体力学、计算数学和计算机科学的进步，作为现代油气藏工程发展的集中体现，油气藏数值模拟将得到空前发展。未来的油气藏数值模拟将会出现以下特点。

（1）计算规模将呈数个量级增长，大量应用GPU并行计算技术和云计算。

随着计算机的发展，油气藏数值模拟经历了数百网格到数百万网格的计算规模。近年来，兴起的GPU并行技术和云计算技术，大幅度提高了油气藏数值模拟的计算能力，行业进入亿万网格的计算规模。未来随着量子计算机的发明，油气藏数值模拟有望进入兆级规模。计算规模的变化将引起油气藏数值模拟质量的变化：采用更多更精细的油气藏模型，实现油气藏的精细模拟而让模拟结果更可靠；推动油气藏数值模拟从宏观尺度转向介观、微观尺度，由连续孔隙介质转向离散孔隙介质，由对连续流体的模拟转向对分子群团的模拟，油气藏数值模型更接近真实油气藏。

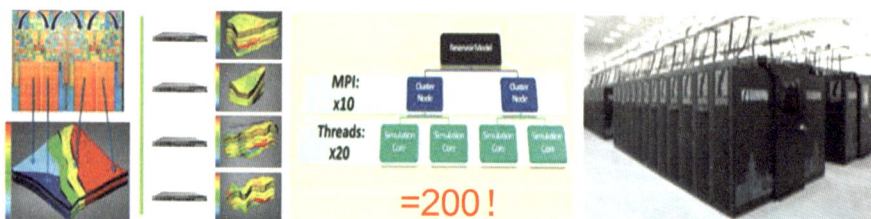

多节点刀片服务器　集群MPI并行算法对核工作站实行
多CPU并行运算（引自RFD）

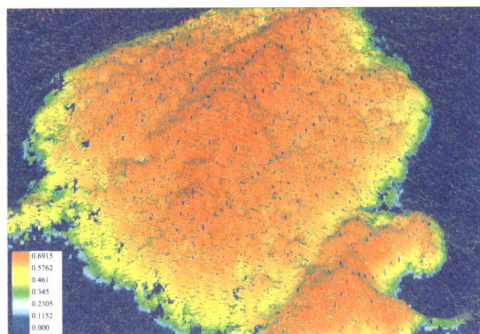

成功案例，三相黑油模型，约 500 万活网格，近 10000 口井，40 年生产历史（引自 RFD）

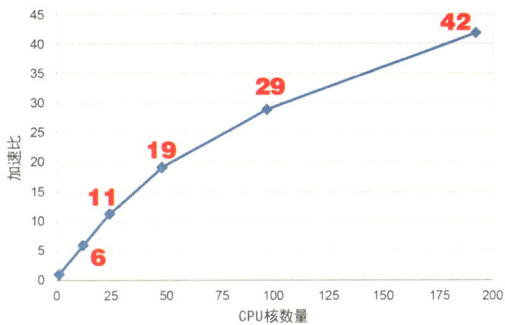

加速比随着计算核数量增加明显增长（引自 RFD，略改）

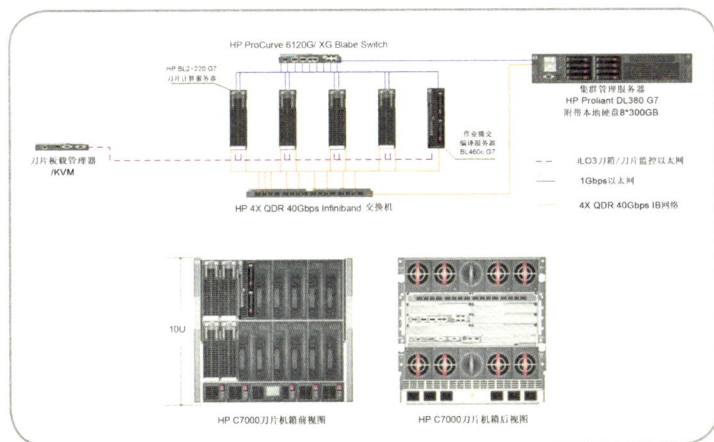

西南石油大学石油高性能计算中心

CPU 应用显著降低并行平台构建成本：

[GPU（图形处理器）加速器于 2007 年由 NVIDIA® 率先推出]

➤ GPU 的 1 核的计算能力是 1 个 CPU 的数倍甚至十余倍。

➤ 单个 GPU 的价格远低于 CPU，更低于每个计算机节点

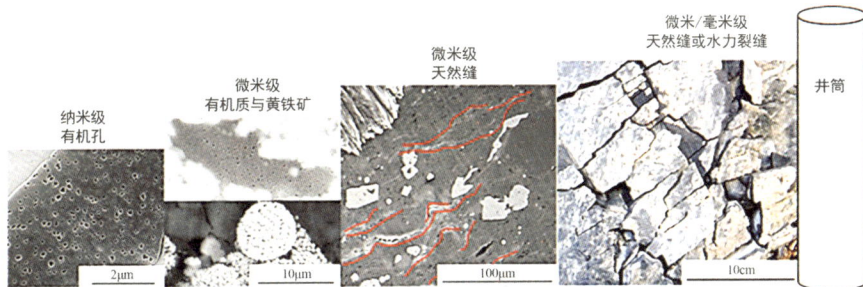

（2）油气藏数值模拟功能将更为全面，应用更为广泛，模拟的油气藏越来越复杂，油气藏开发决策高度依赖数值模拟结果。

在功能上，未来的油气藏数值模拟将集成越来越多的功能，一方面现有的黑油

模型、组分模型、热采模型、化学驱模型等不断完善，另一方面新的流动模型不断涌现，例如，描述出砂、煤粉、结蜡、硫沉积等固体颗粒的油—气—水—固模型，反映跨尺度介质的管流—渗流—分子运动混合模型。

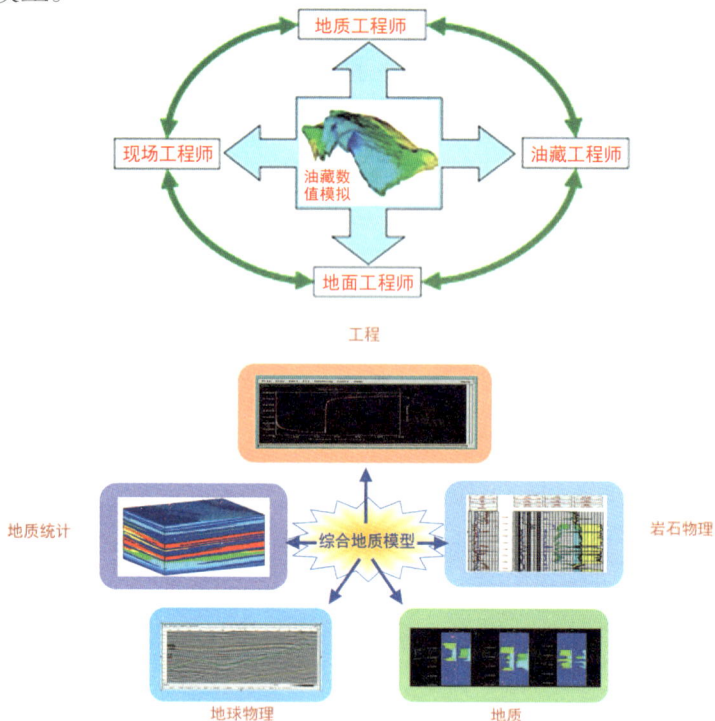

多学科一体化地质建模

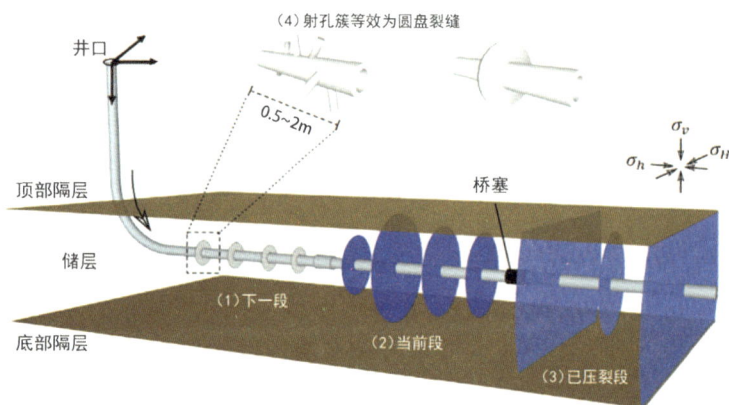

水平井分段压裂模拟
（引自 Brice Lecampion, Jean Desroches，2015，略改）

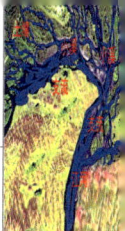

多层油气藏

地质—地球物理—地质建模—工程—数模一体化技术，成为研究复杂油气藏全生命过程的重要研究手段，得到普遍应用。

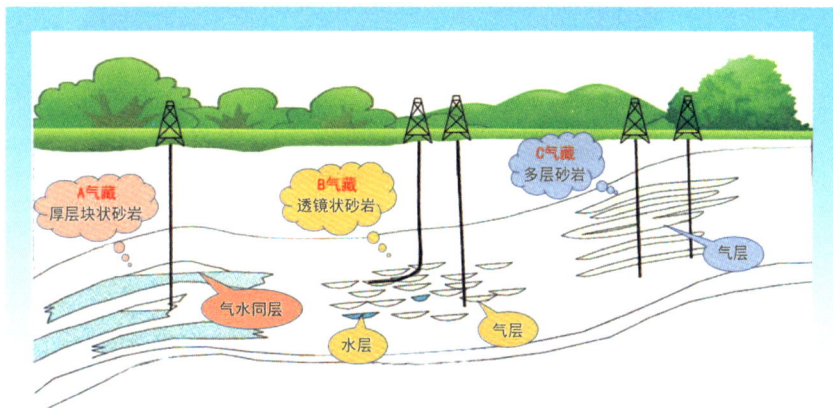

复杂油气藏（气水同层、透镜状砂体等）

　　与人工压裂技术结合，实现多相流体渗流场、岩石应力场、温度场、化学场的"四场"耦合模拟，更全面地反映流体、岩石在压裂过程中的相互作用，帮助设计更有效的压裂方案提高压裂效果，并对压裂结果进行更为有效的监测；采油工程、集输工程结合，实现油气藏地层—油井井筒—集输管线的一体化模拟，结合监测设备和5G信息技术，准确连续地预测和监测不同时刻油气水产量、管柱压力、温度等数据参数，结合人工智能技术、机器人和无人机等现代／未来科技，实现油气田的无人化管理。

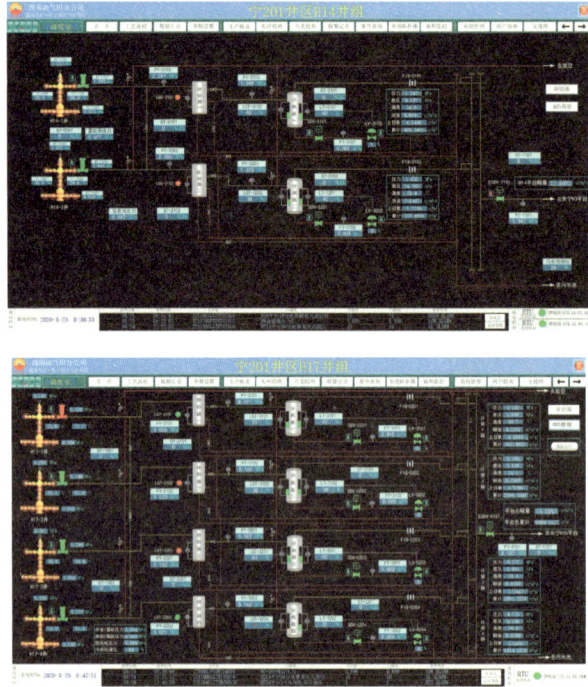

井场动态监测展示

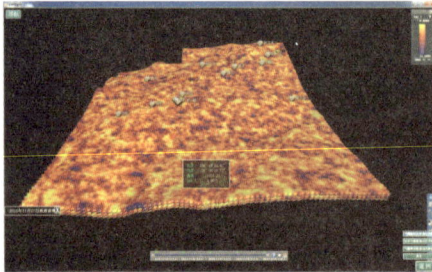

数字化储层

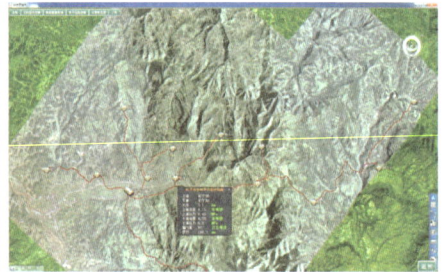

数字化地面

SCADA 数据监控

平台工业视频监控画面

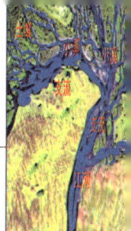

（3）油气藏数值模拟技术进入人工智能时代。

当前的油气藏数值模拟对于人类而言是一项繁重的脑力和体力工作，尤其数值模拟的历史拟合环节用时最多，占时超过 70%。实现有效的拟合一般需要工程师对油气藏有深入的了解，并且需要大量的尝试。自动拟合技术就是让计算机代替人类工作的一项技术，但该项技术还不成熟，目前只能起到一定的辅助作用，是行业未来发展的方向和热点。基于大数据驱动的深度学习是人工智能方法进行油气藏数值模拟的另外一类方法，这类方法的模拟并不依赖于传统的渗流理论，方法的核心是基于海量数据，通过深度学习方法建立数据与数据之间的非线性关系，其优点在于计算效率高，可以实现千万口井规模油气藏的快速模拟，但可靠性低。该类方法也是石油工业界的研究热点，涌现了很多算法，但所有的方法中，采用油气藏数值模拟提供数据样本让机器学习的方法，可靠性最高。

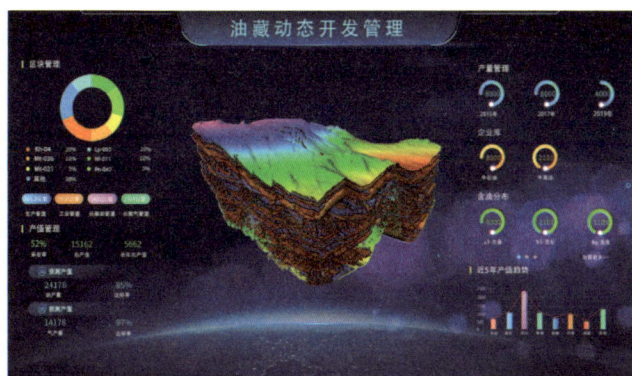

人工智能油藏动态仪表盘

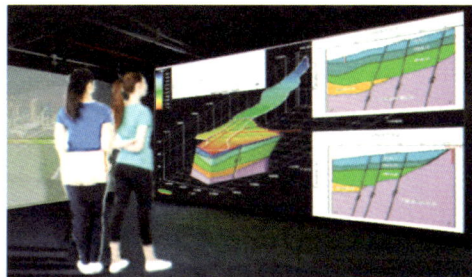

混合现实带您领略油藏数值模拟的魅力

油气藏大家庭
——家家有故事

CHAPTER **6**

常规与非常规油气藏

如前所述，世界油气资源（油气藏）种类繁多，分布广泛。为此，科学家们形象地用"金字塔"来表述其分布特征。在金字塔上部，是油气品质好、渗透性好、孔隙度高、连通性好、常规技术容易开采的油气藏，称为"常规油气藏"（或常规油气资源），如砂岩油气藏、碳酸盐岩油气藏等；越往金字塔下部，

油气藏"大家庭"

是油气品质差、流动性差、孔隙度低、无自然产能，现有技术采不出流体（油、气、水）、难以开采或开采效益差的油气藏，称为"非常规油气藏"（或非常规油气资源）。非常规油气主要包含致密油（页岩油）、致密砂岩气（致密碳酸盐岩气）、页岩气、煤层气、油页岩、油砂油、重油及天然气水合物等资源。

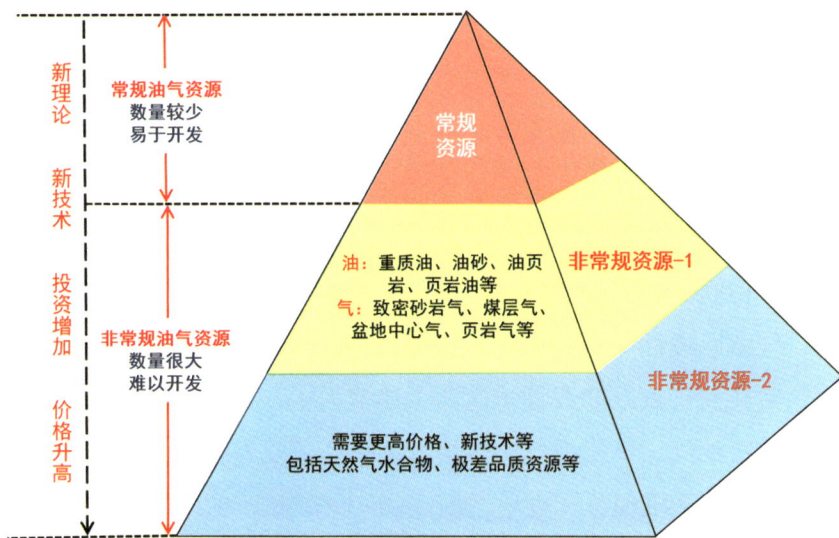

油气资源分布金字塔
顶部品质好，底部品质差

317

常规油气藏和非常规油气藏本质的差别在于油气是否明显受圈闭控制、单井是否有自然经济产量。通俗地讲，常规油气资源存在于"茧"（圈闭）中（例如，构造油气藏、地层油气藏、岩性油气藏），油气静静地"封存"在"茧"里边（见第1章），常规技术就能够采掘出"茧"里边易于流动的油气。非常规油气资源大面积连续分布，边界不明显，不需要"茧"（分布在盆地中心、斜坡等"负向"构造单元），必须进行"人工改造"（例如，通过压裂技术改变岩石渗透率或通过地下原位"加热"改变流体的黏度）才能采掘出难以流动的油气。

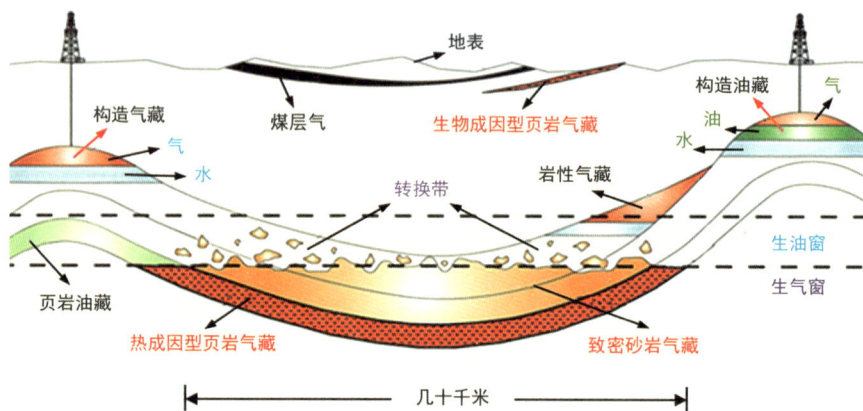

非常规油气藏分布示意图（胡文瑞，2018）

种类繁多的油气藏是一个大"家庭"，每个"家庭"各有特点。就其运动特性而言，常规与非常规油气运动差异很大，而且，即便是同属常规或同属非常规油气藏，其运动规律也各不相同，地下没有完全相同的两个油气藏，可谓家家有本"运动经"。一般来说，常规油气藏以线性（达西）渗流为主，同时存在非线性、管流流动情况；非常规油气藏以非线性（达西）渗流为主，也存在线性流动情况，对于致密油气、页岩油气、煤层气而言，还具有滑脱流动、解吸、扩散流动等流动机理。

正是不同油气资源的流体运动规律决定了油气采掘的不同方式。常规油气藏的采掘方式有一次采油（例如，衰竭方式）、二次采油（例

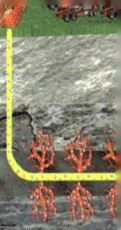

油气聚集类型示意图（邹才能，2013）

如，注水驱油、注气驱油）、三次采油（例如，化学驱）等；非常规油气藏主要开采技术包括更多更密集的钻井技术、水平井规模压裂技术、多井平台式"工厂化"生产模式、"自动化生产、数字化办公、智能化管理"的数字化油气田模式、全过程低成本系统工程化管理模式等。

就生产特征而言，非常规油气藏一般表现为：（1）第1年产量递减快，递减率超过50%，页岩气、页岩油达到60%~70%，长期低产、稳产；（2）采收率低，以一次开采为主，需要大量钻井实施井间接替来保持产量稳定或增长；（3）开采寿命一般很长，例如，页岩气田开采寿命一般可达30~50年，甚至更长（美国的沃思堡盆地Barnett页岩气田开采寿命达80~100年）。

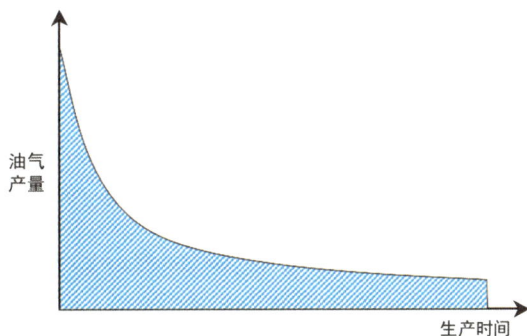

非常规油气藏产量特征示意图

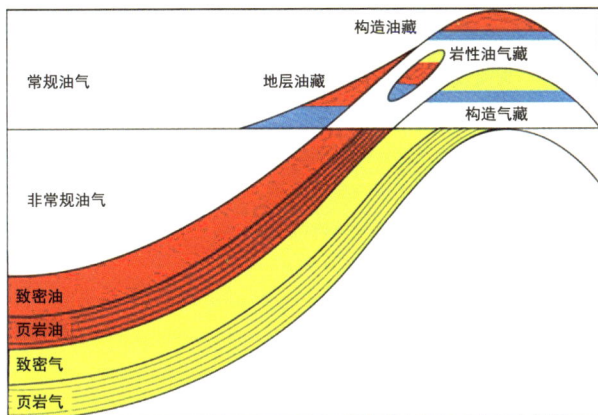

知识·小讲堂

非常规油气成为全球油气储产量增长的重要组成部分，其资源重要性不断加强裂技术

由于地下油气资源种类繁多，各有特点，本章接下来将重点介绍几类储层、流体、流动特性等非常特别的油气藏中油气的流动与开采，这些油气藏无论是储量或是产量在石油工业中都占有重要的比重，或者说具有巨大的开发潜力和价值。

裂缝型油气藏——裂缝与孔隙扮演重要角色

⊙ 裂缝——油气藏中的高速公路

说到裂缝，大家都非常熟悉，在生活中因裂缝而产生的地质灾害也是屡见不鲜，比如滑坡、崩塌、地下水污染、人畜伤亡、工程损毁、房屋倒塌等。不过这里要说的裂缝是油气藏岩石中蕴含的裂缝，如前所述，这种裂缝就好比是油气藏中的"高速公路"。事实上，岩石中的裂缝有两种，一种是天然形成的，叫天然裂缝；另一种是人工力量形成的，例如，前面介绍的水力压裂形成的缝，叫人工裂缝。

天然裂缝可以是在地下松散的沉积物固结成岩石的过程中产生的裂缝，也可以是地球内部能量变化伴随的地震活动、岩浆活动等导致岩石变形、变位及地表形态变化而形成的裂缝。在石油工程中，人们把这种具有天然裂缝的岩石（层）称之为裂缝型储层。

对于油气藏而言，如果裂缝是主要的油气储存空间和主要的油气流动通道，则称之为裂缝型油气藏——几乎所有的油气藏中都存在不同规模的裂缝。通常情况下，这种油气藏中的裂缝很多很多，像蜘蛛结成的网，有的裂缝很宽，有的可能很长……

裂缝型油气藏在世界石油和天然气储量、产量中占有十分重要的地位。据不完全统计，世界上裂缝型油气藏约占探明储量的一半，产量占世界油气总产量的 60% 以上。裂缝型油气藏中油气井产量高，但差别大，油气分布悬殊很大。目前世界上产量最高的万吨井，绝大多数与碳酸盐岩中的裂缝型油气藏有关。碳酸盐岩中的裂缝型油气藏分布广泛。

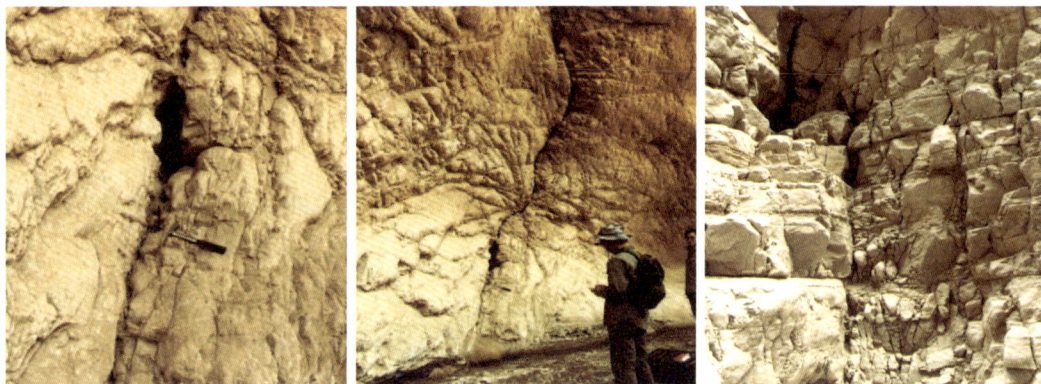

| （a）百米级裂缝 | （b）几十米级裂缝 | （c）米级裂缝 |

塔里木盆地柯坪地区米级—百米级裂缝野外露头（康博，2020）

天然裂缝发育的岩石

地质学家们千方百计地想找到这样的油气藏，它们是沉睡地下的宝藏，储量十分惊人。最典型的是在波斯湾盆地扎格罗斯山前带，目前已发现50多个油气田，其中20多个是裂缝型油气藏，而储量在 $10×10^8t$ 以上的特大油气田就有6个。

裂缝广泛分布的地层

一般而言，碳酸盐岩很容易产生裂缝，因此大部分的碳酸盐岩油气藏为裂缝型油气藏（也称为裂缝型碳酸盐岩油气藏或碳酸盐岩裂缝型油气藏）——虽然碳酸盐岩在沉积岩中的比例仅约为30%，但碳酸盐岩油气藏占据了大约50%。裂缝型碳酸盐岩是世界上最重要的油气藏储层类型之一。我国四川盆地、新疆塔里木盆地碳酸盐岩油气藏较为普遍，如新疆塔河油田、四川磨溪龙王庙气田、安岳气田等。

有些砂岩油气藏裂缝也比较发育，裂缝是油气的主要流动通道，这种油气藏称之为裂缝型砂岩油气藏或砂岩裂缝型油气藏。例如，我国的火烧山油田就属于裂缝型砂岩油藏。

同样地，也有火山岩油气藏裂缝很发育的，裂缝是油气的主要流动通道，这种油气藏称之为裂缝型火山岩油气藏或火山岩裂缝型油气藏。例如新疆克拉美丽裂缝型火山岩气藏、车排子油田裂缝型火山岩油藏等。

⊙ 裂缝——孔隙双重介质流动模型

由于有了"高速公路"，裂缝型油气藏中流体的运动变得"非比寻常"，既充满了神奇的魅力，也比其他类型油气藏复杂得多，科学家们几乎穷尽了各种手段，也未能完全弄清楚其中的奥妙。为什么"高速公路"的存在使油气藏中流体的运动变得更加扑朔迷离呢？

事实上，对于真实的地下油气藏而言，油、气、水等流体的储存空间不仅包含了裂缝，通常还有大量的孔隙（孔道）。孔隙和裂缝都可以储存油、气、水，油、气、水也可以在孔隙、裂缝中流动。为了更准确地描述裂缝型油气藏中流体的运动规律，科学家们提出了"双重介质模型"，这类油气藏也称之为"双重介质油气藏"。所谓"双重"，就是指裂缝和孔隙介质在空间上是相互重叠或相互叠置的。

(a)实际油藏　　　　　　　(b)双重介质概念模型

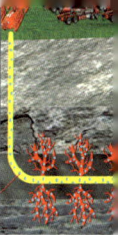

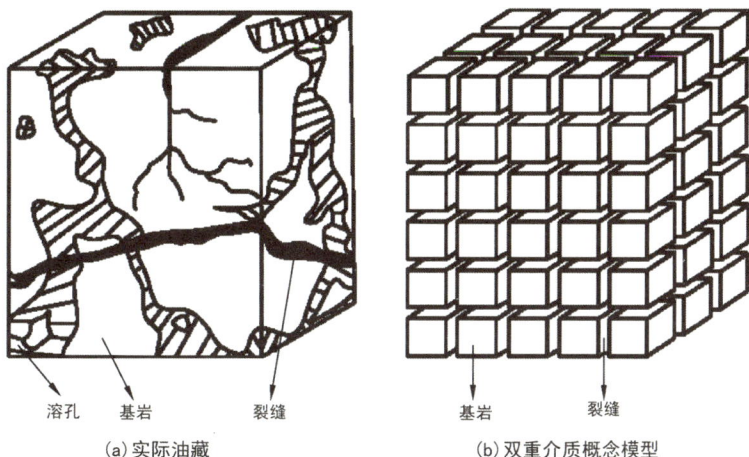

真实的和简化的裂缝——孔隙双重介质（张烈辉等，2018）

　　显然，双重介质油气藏中流体的运动与单一的裂缝介质油气藏中的流体运动不同。简单来讲，"双重"介质有两个流动通道，一个是裂缝，不同规模和大小的裂缝好比不同车道的"高速公路"；一个是孔道，不同孔道大小好比"县道""乡道""村道"，甚至是羊肠小道。因此，流体在双重介质油气藏中的运动可以看成两个渗流场：一个是流体在裂缝中流动构成的"渗流场"，此"场"中流体的流动一般服从线性渗流规律（若存在大裂缝时，会出现高速非线性流动）；另一个是流体在孔隙中流动构成的"渗流场"，此"场"中流体的流动通常服从线性渗流规律（若储层岩石致密，会出现低速非线性流动）。一方面，这两个场中流体各自独立运动，具有各自的压力、运动速度、饱和度、孔隙度、渗透率等，具有各自的渗流

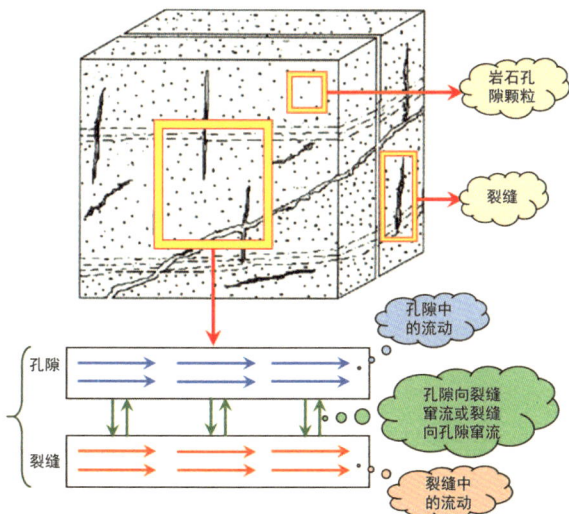

双重介质模型示意图（双孔双渗模式）

"双孔"，其实就是"双重"，指流体的裂缝和孔隙两种储层空间；
所谓"双渗"，指流体在裂缝和孔隙两种储层空间中运动

规律；另一方面，两个场之间不是完全独立和互不相干的，流体在裂缝和孔隙之间可以"窜"来"窜"去——这就是所谓的"窜流"，正因如此，该模型也称为**"双孔双渗模型"**（"双重渗流模型"）。

与双孔双渗模型对应的还有"双孔单渗模型"。因为对于某些储层而言，虽具有"双重"特点，但孔隙介质的渗透率很低很低，远远小于裂缝的渗透率，这种情况下，孔隙中的流体运动几乎可以忽略，仅需考虑孔隙与裂缝之间的流体交换或"窜流"，这种"双重"介质渗流物理模型即称为**"双孔单渗模型"**，其中"单渗"表示只考虑裂缝间的渗流。

显然，"双孔单渗"是"双孔双渗"的特殊情形，二者反映出的流体运动规律差别明显："双孔双渗"表示油气藏中裂缝、孔隙中都有流体运动，流体都可以直接运动到井筒，而且孔隙中的流体还可以"窜"到裂缝中，再到井筒，

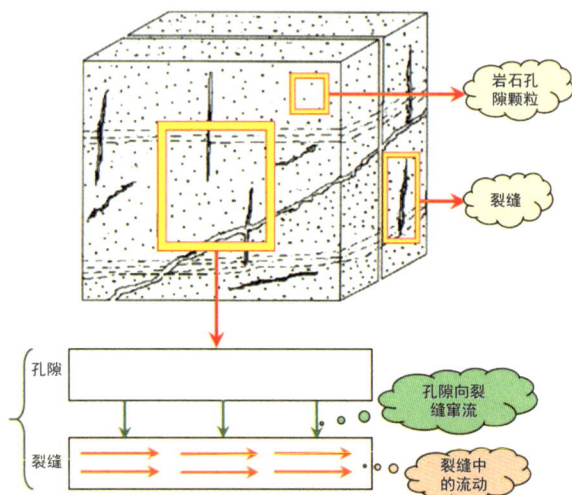

双重介质模型示意图（双孔单渗模式）

再到地面；"双孔单渗"表示油气藏只有裂缝内有流体运动，孔隙中流体不流动，但可以"窜"到裂缝中，通过裂缝流入井筒，然后到地面。

因此，无论是什么类型的裂缝型油气藏，其流体的流动主要表现为线性流动，也可能出现高速非线性、低速非线性等情况。

目前，"双重介质模型"在裂缝型油气藏中被广泛接受和使用，并在国际流行的商用模拟软件中普遍采用。一般情况下，当孔隙介质的渗透率不到裂缝介质渗透率的 1% 时，可以直接将"双孔双渗模型"

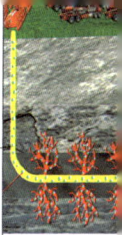

简化为"双孔单渗模型"，大多数的碳酸盐岩即属于这种情况。

　　需要指出，由于裂缝型油气藏的复杂性，双重介质模型在实际的运用中遇到了挑战。

　　我国的碳酸盐岩油气藏非常复杂，例如，四川盆地碳酸盐岩有水气藏，储层储集空间类型繁多，有孔隙、孔洞、溶洞、裂缝，非均质性很强，流动规律复杂，根据主要储集空间及主要的流动特点，划分出了裂缝—孔隙型、裂缝—洞穴型、裂缝—洞孔型、裂缝—孔洞型及孔隙型五种主要类型碳酸盐岩。

四川盆地碳酸盐岩主要类型

根据四川盆地碳酸盐岩气藏储层的储渗特征及出水特征，人们对应划分出裂逢—孔隙型边水气藏、裂缝—孔洞型底水气藏、缝洞发育型共存水气藏及孔隙型气水过渡带气藏。不同类型气藏储量规模差异大，既有千亿立方米级的特大型气藏，也有十亿立方米级的小型气藏。例如，四川龙王庙气田储量规模达 4000 多亿立方米，而四川盆地 70% 的单一缝洞储集体气藏的储量规模都很小，都在 $3 \times 10^8 m^3$ 左右。

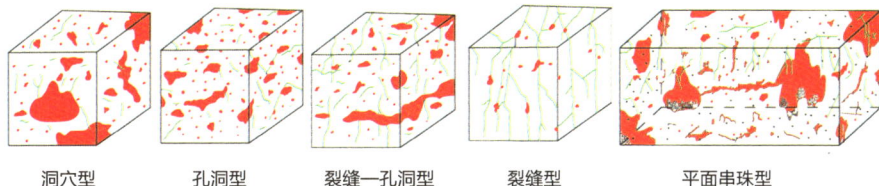

四川盆地碳酸盐岩气藏主要类型

| 洞穴型 | 孔洞型 | 裂缝—孔洞型 | 裂缝型 | 平面串珠型 |

缝洞型气藏模式示意图（张烈辉等，2018）

再如，我国新疆塔河油田碳酸盐岩缝洞型油藏，储集空间以孔、洞、缝为主，形成孔、洞、缝穿层组合的储集空间。大型洞穴是主要的储集空间，裂缝是主要的连通通道，非均质性极强。不同类型的储集空间以不同的组合方式形成了溶洞型、裂缝—孔洞型和裂缝型三种主要类型的碳酸盐岩。塔河油田不同类型缝洞体油藏储量规模差异大，储量规模大于 $500 \times 10^4 t$ 的有 8 个，储量占 50.79%，最大的储量规模达到了 $8567 \times 10^4 t$，储量规模小于 $10 \times 10^4 t$ 的有 55 个，储量占 1.4%。

不同类型的油气藏，流动规律差异，出水规律差异大，产量差异大。为此，科学家们基于研究和实践，一方面对双重介质流动模型进行改进，另一方面在此基础上发展了三

新疆塔河油田碳酸盐岩缝洞型油藏主要类型

溶洞型

裂缝型

裂缝—孔洞型

重介质（孔、洞、缝）甚至四重介质（孔、洞、微裂缝、大裂缝）流动模型来描述这些复杂油气藏中流体的流动特征，特别是有些裂缝型油气藏（如塔河油田）中的大尺度的大缝、大洞中的流动呈现管道流动，不再是渗流。裂缝型油气藏流体流动非常复杂，不同类型的裂缝型油气藏差异很大，到目前为止，还没有发现有一个很好的模型来表征这些复杂的流动，目前已有的模型都是在一定假设条件下的近似，与实际情况有时差异很大。流体在孔隙、裂缝、溶洞中的赋存状态十分复杂，流体在不同尺度的缝、洞中的流动状态差异大，有层流、紊流、管流等，有达西流动，有非达西流动，不同的裂缝型油气藏有不同的流动规律，同一裂缝型油气藏中不同的孔—缝—洞组合体流动规律也千差万别，因此，不同裂缝型油气藏有不同的工作制度和开发方式，

开发效果差异也很大。同一种开发模式难以在不同类型油气藏中通用，需要建立针对性的开发主体技术。

还需要指出，油气藏中裂缝的存在是一把"双刃剑"。大多数情况下，裂缝是"正能量"的，对油气采掘非常有利；但在某些情况下，比如，裂缝型油藏进行注水、注气开发，如果注入井与生产井的位置与油气藏中裂缝的走向关系布置不合理，都可能造成裂缝是"负能量"的，以及裂缝中的水"窜"、气"窜"等对油气藏开发都不利。例如，四川盆地裂缝型碳酸盐岩气藏的裂缝水窜是形成气藏水侵非常活跃的主要原因，裂缝水窜导致气井出水较早，易造成气井水淹和气藏水淹，因此在部署井时要考虑井的位置、井的产量等。四川盆地威远震旦系气藏地质储量 $400 \times 10^8 m^3$，仅采出了 17% 左右气藏就全面水淹了，被迫关闭。

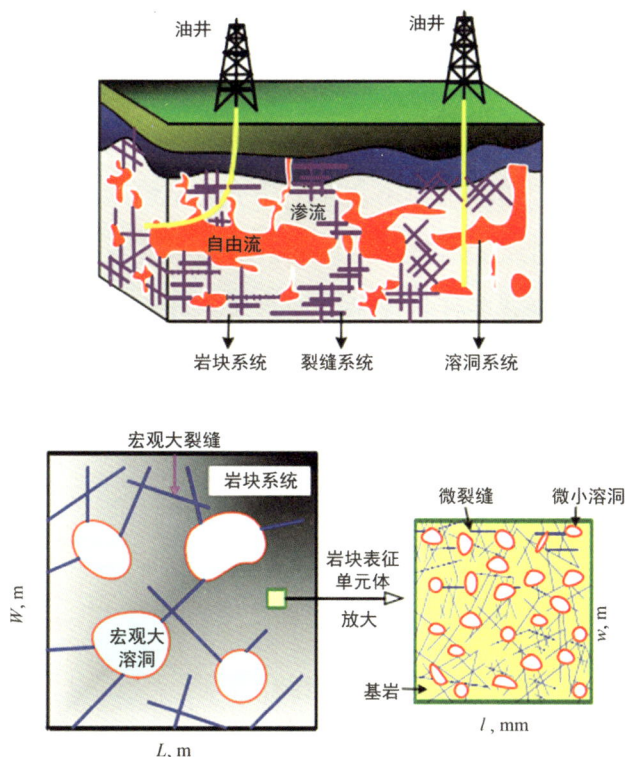

缝洞型多重介质模型（张烈辉等，2018）

总体而言，裂缝型油气藏是不同类型油气藏（裂缝型砂岩油气藏、裂缝型碳酸盐岩油气藏、裂缝型火山岩油

气藏）的一个总称。因此，裂缝型油气藏的开发技术应该针对不同类型的油气藏而言。前面我们介绍过，油藏、气藏的开发方式有很大不同，油藏有衰竭、注水、注气、化学驱油方式等，气藏主要是衰竭方式。不同类型的裂缝性油藏、气藏在此基础上，有各自针对性的开发技术。例如，针对四川盆地海相碳酸盐岩气藏小尺度缝洞发育、有水、深及超深的特点，形成了多类型、复杂、有水气田的技术体系，实现了四川盆地（特）大型气藏的高效开发和治水优化开发。针对新疆塔里木盆地塔河油田缝洞发育、缝洞尺度变化大、储集空间类型多样且复杂、油水关系复杂等特点，形成了塔河油田碳酸盐岩缝洞型油藏开发技术体系。

知识·小·讲堂

四川盆地碳酸盐岩气藏

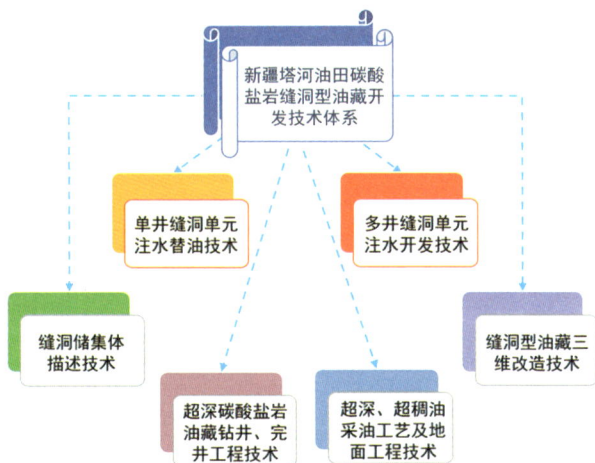

高含硫气藏——因"硫化氢"而与众不同

天然气"兄弟姐妹"

天然气"沉睡"在地下几百万年甚至更长时间，开采到地面后，是一种可燃气体，主要成分是烃类气体甲烷（CH_4），同时含有一些非烃类气体，例如 CO_2、N_2、H_2S、H_2O 等。因此，天然气是一种混合气体。

根据天然气组成成分来划分，天然气有很多名字，如干气、湿气、贫气、富气等，仿佛一个"大家庭"，"兄弟姐妹"众多。

同样，天然气气藏也有很多叫法，如干气藏、湿气藏、凝析气藏、高含 CO_2 气藏、高含硫气藏、煤层气藏、页岩气藏、天然气水合物等，天然气藏也是一个"大家庭"。

这里先介绍天然气藏大家庭中非常特殊的一类气藏——高含硫气藏。顾名思义，该类气藏硫化氢（H_2S）含量较高——通常是指气藏中硫化氢含量超过 $30g/m^3$ 的气藏。大家知道，H_2S 是一种无机化学物质，正常情况下是一种无色、易燃的酸性气体，浓度低时带恶臭，气味如臭鸡蛋，浓度高时反而没有气味，毒性剧烈，一不小心吸入了就会

导致人畜中毒甚至死亡。事实上，H_2S 还会腐蚀钻井管柱、设备、阀门等。因此，高含硫气藏的特殊性在于：H_2S 含量高，具有剧毒性和腐蚀性。

高含硫气藏在全球范围分布广泛，美国得克萨斯州 Murray Franklin 气田、密西西比州 Black/Josephine 气田、Cox 气田以及加拿大阿尔伯达省 Bentz/Bearberry 气田、Panther River 气田以及我国渤海湾盆地赵兰庄气田、胜利油田罗家气田和四川盆地渡口河气田飞仙关组气藏、罗家寨气田飞仙关组气藏、普光气田飞仙关组

气藏、铁山坡气田飞仙关组气藏、龙门气田飞仙关组气藏、高峰场气
田飞仙关组气藏、中坝气田雷口坡组气藏和卧龙河气田嘉陵江组气藏
等，这些气藏都是高含硫气藏。

四川盆地已发现的高含硫气藏大都是裂缝—孔隙型碳酸盐岩有水
气藏，气藏的孔隙、裂缝发育，裂缝是气、水流体渗流的主要通道。
可以用前面介绍的孔隙—裂缝双重介质流动模型来描述气、水的流动
规律，这与前面介绍的常规的裂缝—孔隙型碳酸盐岩有水气藏的流动
模型是相同的，这里不再赘述。

与常规的碳酸盐岩有水气藏不同的是，高含硫气藏在采掘过程中
相态特征复杂，同时还存在相变，传统意义上经典的渗流规律不再适
应高含硫裂缝型气藏，这使得高含硫气藏开发存在更大的难度和挑战
性，开发方案编制存在复杂性和特殊性。

⊙ 高含硫气藏中的渗流

通常情况下，高含硫气藏中都溶解有一定量的硫，像空气中含有
一定的固体颗粒——雾霾一样。因此，在开采高含硫气藏过程中，随
着地层压力和温度不断下降，当气体中的硫黄含量达到饱和时，硫黄
将以晶体形式（类似食盐）从含硫气体中析出，若硫黄的结晶体微粒
直径大于储层孔道的直径，或者气体携带结晶体的能力低于硫黄结晶
体的析出量，就会发生硫黄的物理沉积现象，并沉积在地层孔隙中。

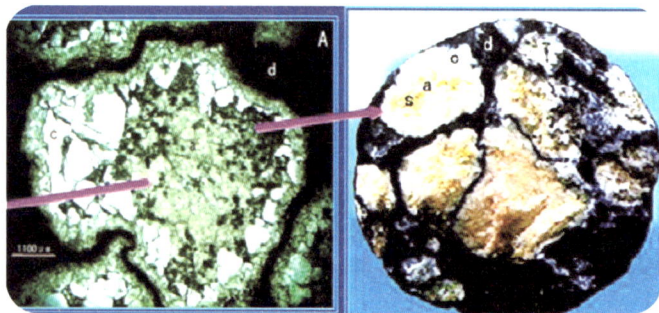

岩心中的硫沉积（Yula Tang, Joe Voelker, 2011）

⊙ "硫" 的沉积与危害

从气体中析出的硫黄在地层中有两种状态，液态或者是固态的。在大多数情况下，如果地层温度大于119℃时，硫黄以液态的形式析出，在地层中就会形成"气—液态硫两相"的渗流现象。由于液态硫的物性与气体有很大差异，具有较大的密度和黏度，显然不会以相同的速度随着气流运移，在地层中将占据一定的孔隙空间，特别是在近井地带硫黄的析出量较大，会对气体的渗流造成严重的影响。同样地，如果硫黄在地层中以固态形式存在，那么在地层中形成"气—固态硫两相"渗流现象。固态硫沉积在地层孔隙中，会改变多孔介质的孔隙结构，堵塞孔道，引起孔隙空间、渗透能力降低，导致气体流动能力降低。

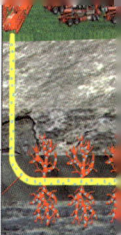

液硫

固硫

知识·小·讲堂

硫沉积机理
硫沉积的危害

事实上，气藏中通常都会存在地层水，因此，在高含硫气藏开采过程中会形成"气—液（水）—液（硫）""气—液（水）—固（硫）"多相复杂渗流的现象。正是由于地层中液（硫）、固（硫）的存在，高含硫气藏的流动与传统意义上常规天然气藏中经典的气—水两相流动渗流规律明显不同。

所以，对于高含硫气藏，孔隙—裂缝双重介质流动模型中必须考虑这些复杂的流体相变行为及特有的渗流特征，才能真实、客观地反映高含硫气藏中流体的流动规律，才能准确预测开发动态指标预测，正确编制开发方案，从而指导该类气藏的安全高效开发。

⊙ 四川盆地是我国高含硫天然气开发的主战场

四川盆地高含硫气藏，是四川盆地海相碳酸盐岩有水气藏的一种特殊流体类型的气藏，显然，形成的海相碳酸盐岩有水气藏开发技术体系也适合于高含硫气藏的高效开发和治水防水提高采收率。不同的是，针对高含硫的特点，还形成了四川盆地含硫气藏清洁、安全开发配套技术。

目前，全球已发现 400 多个具有工业价值的高含硫气藏（田），主要分布在加拿大、美国、法国、德国、俄罗斯、中国和中东地区。高含硫天然气藏无论是储量或是产量在我国天然气中都具有重要的地位。我国累计探明高含硫天然气储量逾万亿立方米，主要分布在渤海湾盆地和四川盆地海相地层。四川盆地是我国天然气工业的发源地，已探明高含硫天然气储量超过 $9000 \times 10^8 m^3$，占全国同类天然气储量的比例超过 90%，是中国高含硫天然气开发的主战场。由于硫化氢气体的剧毒性和腐蚀性，使得安全、清洁、经济开发高含硫天然气变得技术要求高、开发难度大。

科学家们正在考虑用光催化技术实现 H_2S 制氢和高值硫化产品，从而实现 H_2S 的清洁作用。

低渗透致密油气藏
——"磨刀石"里"闹革命"

地下油气藏色彩斑斓，类型繁多，大多数油气藏，一旦发现之后，打井至目标油气层，油气就会沿着井似泉水般源源不断地涌出来，而且产量还很高。然而，有的油气藏，井钻至目标油气层，却不冒泡或者冒泡不多，这就是石油人常说的"井井有油，井井不流"，专业上讲就是这类油气藏无自然产能或自然产能很低。这类油气藏用常规的开采技术难以开发或难以实现经济开发，必须要进行大手术进行"改造"才能开发，故这类油气藏称之为低渗透油气藏。

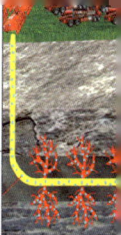

科学家们发现，导致低渗透油气藏"低渗"的原因，正是储层岩石致密、坚硬，像磨刀石一样，所以人们习惯上又称之为"磨刀石油气藏"。目前，低渗透储层的岩石类型包括砂岩、碳酸盐岩，但主要以致密砂岩储层为主。

此外，当油气在这种"磨刀石"储层里挣扎着流动时，因其致密、孔隙度小和孔道狭窄，渗透性差，常常导致油气流动困难、流动性能很差、单井产能低（或无产能），故该类油气藏称之为低产、低渗、低孔的"三低"油气藏。此外，这类油气藏的油气丰度也普遍偏低，有时人们也称这类油气藏为"四低"油气藏。事实上，这类油气藏在很多方面具有个性，所以叫法也很多，五花八门。

显然，"低渗透"是一个相对的概念。国内外由于地质条件、工程技术、开发程度等的不同，存在很多认识差异，所以，不同国家对低渗透油气藏的划分标准和界限，因国家政策、资源状况和技术条件等不同而不同——到目前也还没有一个完全统一的标准。而且，低渗透油藏的划分标准和低渗透气藏的划分标准也截然不同。

低渗透油藏的划分标准，国内外目前大都按油藏渗透率大小来划分（严格意义上来讲，应该考虑孔隙度、原油的性质等），也就是说主要考虑的是原油的流动能力。在国内石油工业界，一个很有代表性的划分标准和界限是李道品教授提出的：一般低渗透油藏：10~50mD；特低渗透油藏：1.0~10mD；超低渗透油藏：0.1~1.0mD；中高渗透率油藏 50mD 以上。而在俄罗斯，把渗透率小于50mD 的油藏称为低渗透油藏；在美国，把渗透率小于 10mD 的油藏称为低渗透油藏。

国内最新的低渗透气藏的划分标准是《低渗气藏高效开发新技术——四川特低渗透气藏高效开发新技术》报告中提出来的，很有代表性，考虑了渗透率、孔隙度等因素，与我国石油天然气行业标准 SY/T 6110—1994 基本相近。具体是（这里只列出渗透率界限）：一般低渗透气藏：0.1~1mD；特低渗透气藏：

一般低渗透气藏
(0.1 ～ 1mD)

特低渗透气藏
(0.001 ～ 0.1mD)

低渗透气藏

超低渗透气藏
(<0.001mD)

一般低渗透油藏
(10 ～ 50mD)

特低渗透油藏
(1.0 ～ 10mD)

低渗透油藏

超低渗透油藏
(0.1 ～ 1.0mD)

0.001~0.1mD；超低渗透气藏：小于 0.001mD。10mD 以上为中高渗透率气藏。

近年来，随着国内外对低渗透油气藏地质认识水平的提高和工程技术的进步，在低渗透的基础上又提出了"致密油""致密气"的概念（这里的致密是"狭义"的概念），把地层条件下渗透率小于或等于 0.1mD 的致密储层（砂岩、碳酸盐岩）中的石油资源称为致密油，天然气资源称为致密气。显然，无论是致密油还是致密气，主要表现是单井一般无自然产能或自然产能低于工业下限，但在一定经济条件和工程技术措施下可获得工业石油、天然气产量，这类油气藏又称之为致密油气藏。因此，从某种角度来说，超低渗透油藏与致密油藏、特低渗透气藏与致密气藏是一回事。

总之，从一般低渗透油气藏到致密油气藏，储层更致密，物性更差，流动性更难，地层中天然的水饱和度（束缚水）更高（有时达到 40% 以上），"四低一高"（低丰度、低渗、低孔、低产、高含水饱和度）特征更明显，因此，采收率更低，没有动起来的油气更多。

致密储层很特殊
看看有哪些特点

滑脱

应力敏感

启动压力梯度

......

科学家们发现，低渗透油气藏在开采过程中会发生狭窄通道中的气体分子与孔壁碰撞加剧（扩散—滑脱）、流动阻力增加（启动压力梯度）以及岩石骨架发生变形（应力敏感）等现象。这些现象单

独或共同作用，常常导致低渗透油气藏中油气的流动具有线性流和非线性流双重特征（其中非线性渗流特征更普遍，尤以低速非线性为主），而且，储层越致密，这些现象更加严重。

此外，低渗透油气藏通常还伴随不同程度的裂缝发育，其储集类型有孔隙型和孔隙—裂缝型两类，裂缝的存在使渗流变得更加复杂——与中高渗透油气藏中的渗流特征明显不同。截至目前，尽管科学家们动了很多脑筋，提出了多种方法来描述低渗透油气藏渗流特征，对这类油气藏的开发起到了较好的指导作用，但仍然还没有一个完整的、非常成熟的数学物理模型可以囊括这类油气藏中各种油气运动特征。希望在不久的将来，随着科学技术的发展，这些问题会得到圆满解决。

知识小讲堂

启动压力梯度和应力敏感

⊙ 低渗透致密油气藏开发

目前，开发一般低渗透油气藏已经不是一件很困难的事情，相对于致密油气藏来说，还是要容易得多。对于致密油气藏的开发而言，难度更大，十八般武艺都用上了，可谓八仙过海，各显神通。无论是一般低渗透油气藏还是致密油气藏，通常，油藏多采用补充能量开发，气藏多采用衰竭式开发。低渗透致密油气藏都需要"人工改造"提高储层的渗透性和流体的流动性。目前，最主要的技术有：酸化压裂、多级压裂、水平井、多分支井等工程技术。

对于低渗透致密油藏，主要技术还包括优化注采井网技术、（超前）注水技术、注气（例如，CO_2、N_2）驱油技术等。

水平井开发致密气藏示意图

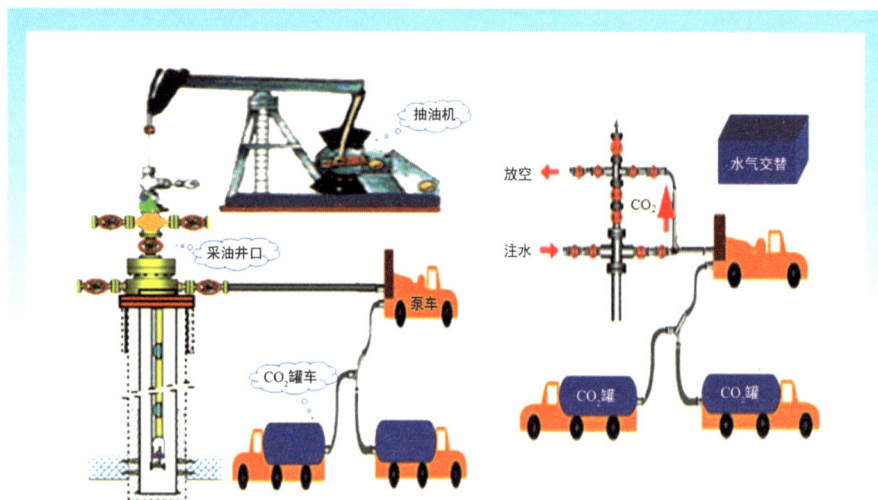

注 CO_2 驱油技术示意图

对于低渗透致密气藏，主要技术还包括气藏多层合采技术、优化排采技术、井下节流技术、数字化气田生产管理模式等。

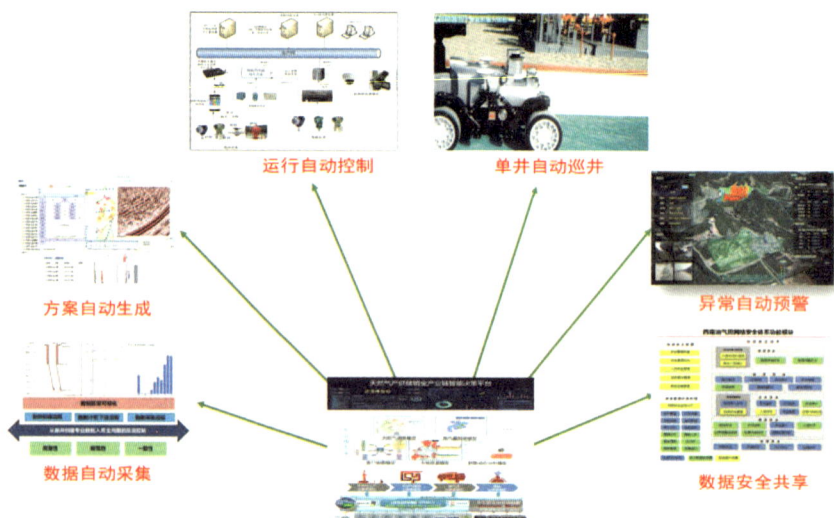

数字化管理系统六大功能

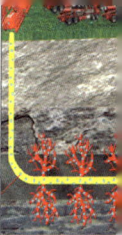

此外，低渗透致密油气藏开发还必须考虑一个关键因素，即经济性。换句话说，这类油气藏的开发必须体现系统工程的思想，努力实现地质、钻井、采油采气、地面集输、油气田数字化和工厂化、环境保护的一体化，坚持低成本战略（技术创新和管理创新），努力提高单井产量和开发效益。可喜的是，我国鄂尔多斯盆地苏里格致密气田，目前从发现地下致密油气层、把井快速低成本钻入油气层、改造致密储层渗透性、灵活的井网部署、数字化管理等方面已形成了具有我国特色的致密气开发"硬核"工程技术。

知识小讲堂

注采井网优化和
低渗透油藏超前注水

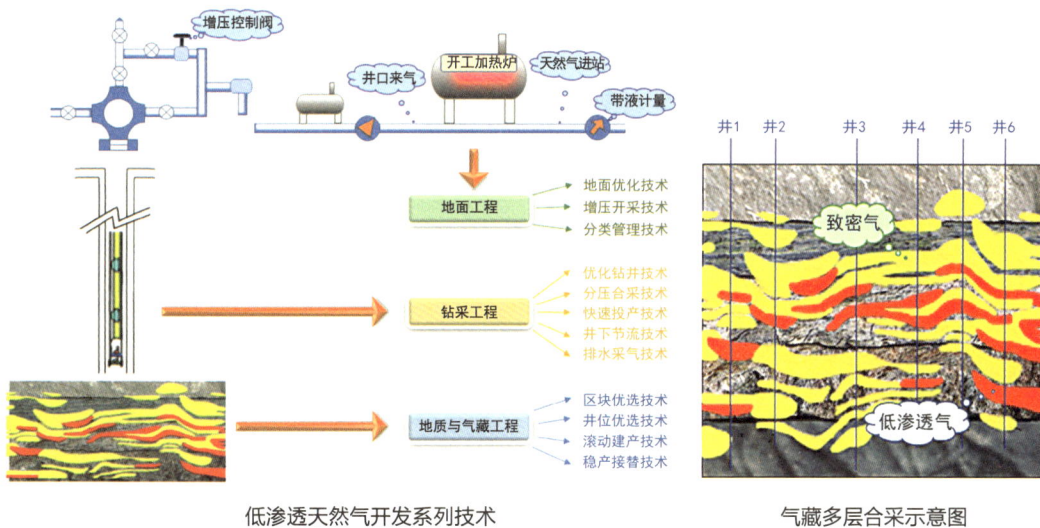

增压控制阀　井口来气　开工加热炉　天然气进站　带液计量

地面工程 → 地面优化技术 / 增压开采技术 / 分类管理技术

钻采工程 → 优化钻井技术 / 分压合采技术 / 快速投产技术 / 井下节流技术 / 排水采气技术

地质与气藏工程 → 区块优选技术 / 井位优选技术 / 滚动建产技术 / 稳产接替技术

低渗透天然气开发系列技术

井1　井2　井3　井4　井5　井6

致密气

低渗透气

气藏多层合采示意图

知识小讲堂

井下节流技术

全球及中国致密
油气资源

最后指出，低渗透—致密油气作为一种重要的非常规油气资源，是全球油气增储上产的重要组成部分，其资源的重要性日益凸显。对我国而言，致密气已成为非常规油气领域的重点领域，随着开发技术的进步，产量增长较快，但需要进一步关注注气（注 CO_2、N_2 或空气）提高致密油采收率技术，从而加快工业化速度，增储上产，实现致密油规模效益开发。

煤层气藏——变废为宝，"瓦斯"的利与弊

"瓦斯"是日常生活中时有耳闻的一个专业术语，因为在煤矿开采过程中常常发生"瓦斯爆炸"。

长期以来，瓦斯对煤矿安全生产危害极大，乃至直接威胁着矿工的生命安全，为此，矿工常常将矿井里的瓦斯抽排到大气中去，却又破坏了生态环境。那么，瓦斯究竟是什么？能否避免瓦斯爆炸，并变废为宝？

其实，"瓦斯"就是"煤层气"，是来自煤层中的天然气。它有毒、易燃、易爆，主要成分为甲烷（CH_4）——最高含量可达 95% 以上，因而是一种优质的能源。瓦斯的危害也可以克服，那就是在开采煤炭之前先将煤层中的"瓦斯"采出来，并合理利用。

我国煤层气可采资源量丰富，但是，要把瓦斯从煤层中开采出来并不容易（我国从 20 世纪 80 年代开始开采煤层气，到目前为止，年规模也仅仅只有 $60 \times 10^8 m^3$），其原因就在于"煤层气"的形成、运动均有其特殊性。

知识·小讲堂

全球煤层气资源

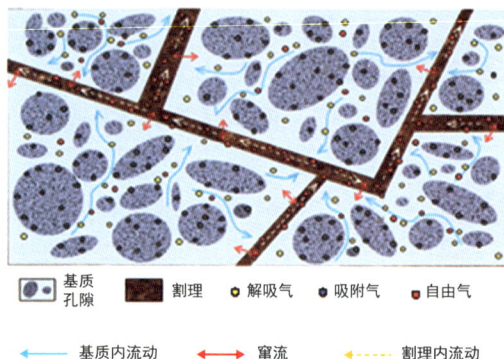

| ● 基质孔隙 | ■ 割理 | ● 解吸气 | ● 吸附气 | ● 自由气 |

← 基质内流动　　←→ 窜流　　⋯→ 割理内流动

煤岩，典型的孔隙—裂缝双重介质

在煤层的形成过程中，常常有一对孪生的"割理兄弟"或称"裂缝兄弟"。"兄"是连成一片的裂缝，叫"面割理"；"弟"是将面

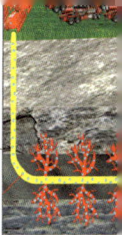

割理连接起来的较短的裂缝，叫"端割理"。兄弟之间是相互垂直的。

面割理
端割理

"面割理"和"端割理"把煤层分割成许许多多的小块，称之为"基质块"（"煤基质"）。由于每个基质块中包含有数不清的微孔隙，具有很大的比表面积，所以基质块就像巨大的磁铁一样，对甲烷产生极强的"磁"力，从而将煤层中的甲烷"束缚"在煤基质的内表面上。这种"束缚"是一种物理吸附，是可逆的，也就是说，被"束缚"的"甲烷"不会与煤基质块发生化学反应，容易从基质块表面"挣脱"出来进入煤层孔隙中，"挣脱"出来的"甲烷"还可以再次被"束缚"在煤基质块内表面。因此，煤基质块的表面和基质块内的微小孔隙是煤层气的主要储存空间，而"割理兄弟"提供的是主要的流动通道。

很明显，煤岩储层是一种典型的"孔隙—裂缝"双重介质。凡发育有能吸附容纳气体的微孔隙和能使气体流动的裂缝系统就是一个良好的煤岩储层。

⊙ 煤层气的"三态"——吸附、游离和溶解

通常情况下，煤层气以"吸附""游离"和"溶解"三种状态存在于煤层孔隙和裂缝中。

如前所述，像磁铁产生磁场紧紧吸住铁钉一样，煤层也会牢牢地把煤层气"吸"在煤基质的表面上和煤基质所含的孔隙内，基本上静止不动，这就是煤层气在煤层中的第一种存在方式——"吸附"，也是最主要的方式。

显然，煤层吸附甲烷不像普通天然气藏那样需要一个像容器一样的圈闭才能把天然气保存下来。通常情况下，煤层中吸附状态的甲烷占70%~95%，而且吸附量的大小与煤层的压力、温度有

煤层气"三态"
吸附态
溶解态
游离态

关，随压力的增大而增大，随温度升高而减小。

实际上，也有少量的爱运动的煤层气自由自在地存在于煤的"割理"和其他裂缝或孔隙中，称为"游离气"或"自由气"，占总量的10%~20%，这是煤层气在煤层中的第二种存在方式。

此外，还有少量的煤层气溶解在煤层内的地下水中，称之为"溶解气"，是煤层气在煤层中的第三种存在方式。通常情况下，溶解气极少，可以忽略不计。

需要指出的是，煤矿开采实践表明：煤层一旦被打开投入开采，煤层压力的变化会导致三种状态下的煤层气比例发生变化，这是一个动态平衡过程。

⊙ "解放"被"束缚"的煤层气——解吸和排水降压

既然煤层气主要是"束缚"在煤层内表面上，那么有什么办法让它挣脱"束缚"呢？

美国物理化学家朗格缪尔（Langmuir Itying）指出：在温度保持不变而压力发生变化的情况下，固体（如煤岩、页岩）表面会存在不同量的吸附气体，但在某一个压力点，不再可能有更多的气体

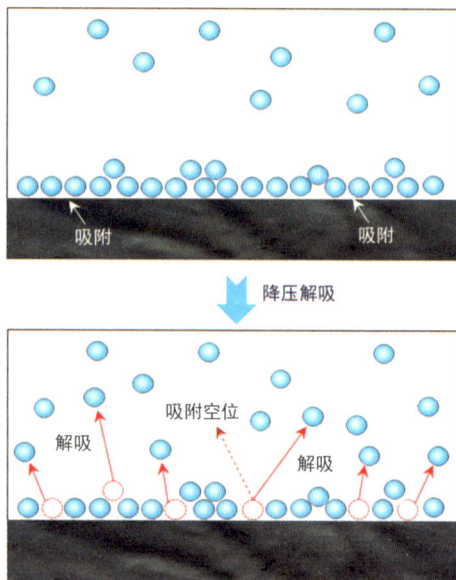

被吸附，或者说吸附的气体已达到饱和状态，这个使吸附气体量达到极限状态的压力称之为"临界压力"。

由此可见，为了让被吸附在煤岩表面的甲烷气从煤岩表面上"挣脱"

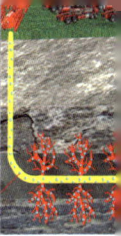

出来，摆脱束缚（称之为解吸），就要让处于饱和状态的吸附气变成"不饱和"，也就是要让压力降低到临界压力之下。为此，在煤矿开采实践中，人们根据这个思路，采取了"排水降压"的方法，即通过各种抽水"泵"把煤基质中的束缚水从裂隙系统中抽取出来，从而实现煤层降压。排水采气在煤层气行业一般简称"排采"。煤层气井常常采用与石油开采类似的游梁式抽油机（俗称"磕头机"）抽吸排采工艺。

我国西南地区的某煤层气井组采用游梁式抽油机排水采气

⊙ 扩散——被解放的"束缚"气迁移的推手

排水降压让大量被束缚的煤层气解放出来，之后，它们又怎么"运动"到井筒呢？一般而言，需要经历"三步曲"。

第一步，通过地面抽水井排水降压，实现"束缚"的煤层甲烷气从煤基质内表面解脱出来（解吸）。

第二步，解脱出来的煤层甲烷气在浓度差的作用下由基质表面向裂缝、孔隙中扩散，成为自由气、游离气。

煤层的微孔隙是煤层气扩散的重要通道，对煤层气迁移有着十分重要的影响。大多数情况下，煤层气在多孔介质中的扩散只与浓度大小有关，与压力无关。因此，煤层气的扩散过程是甲烷分子从高浓度趋向低浓度区的运动过程。

第三步，随着水的不断排出、抽出，压力降低，在压差作用下，煤层气以自由气的形式通过裂隙系统流向生产井筒，并通过井筒到达地面。

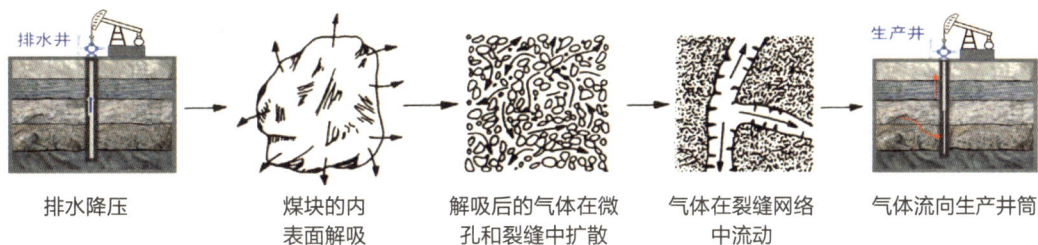

| 排水降压 | 煤块的内表面解吸 | 解吸后的气体在微孔和裂缝中扩散 | 气体在裂缝网络中流动 | 气体流向生产井筒 |

煤层气的渗流及产出。大量吸附在煤基质内表面的煤层气通过排水降压实现解吸和扩散之后，进入裂隙网络（割理）和水一起流动，通常符合"达西渗流"特点。因此，煤层气的渗流有三个特点：解吸、扩散和达西渗流，与常规气藏中天然气的流动明显不同。

根据煤层气的渗流特点，煤层气开采可分为三个阶段。

第一阶段，煤层中只有水参与的流动，主要是将煤层中的水抽取出来。

第二阶段，煤层中除了水参与流动，水中还出现不连续的"气泡"。随着水的不断抽取，煤层中的压力下降，当压力降到临界压力时，气体开始从煤表面挣脱"束缚"解脱出来，通过扩散进入裂缝形成一个个孤立的、自由的小气泡——不要小看了这些气泡，因为它们是独立的，流动也不连续，同时对水的流动起阻碍作用，使水的流动能力下降——这个阶段称为"非饱和流动阶段"。

第三阶段，煤层中气、水两相都连续流动。随着压力进一步下降，更多的气体解脱束缚并扩散进入裂缝，水中气泡越来越多、越来越大，渐渐地彼此相互连接起来，形成连续的气相与水一起流动。

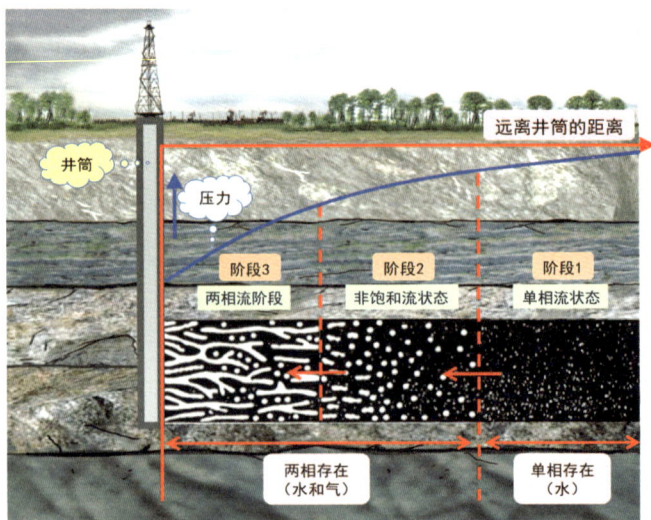

煤层甲烷产出的三个阶段

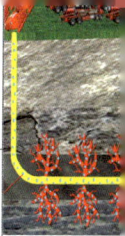

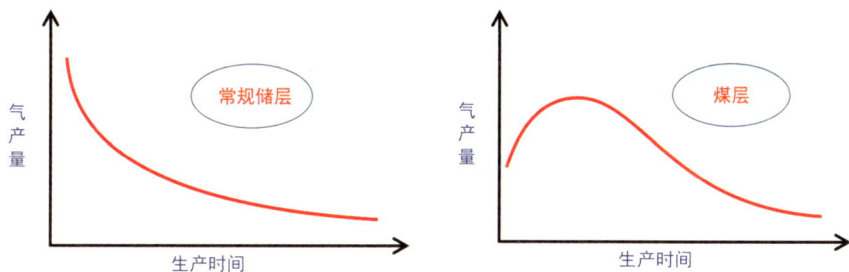

常规气藏与煤层气藏产气特征对比

需要指出，就同一煤层区域而言，上述三个阶段实际上是连续发生的。例如，在抽水降压的早期，抽水井井筒周围的压力会比远离井筒的地方下降快，因此井筒周围煤层中的甲烷会快速"解吸"并运移至井筒并产出地面，甲烷的产出量呈现出急剧上升的趋势。随着排水降压时间延长，压力下降由井筒沿径向逐渐向周围的煤层推进，受影响的区域越大，甲烷解吸和抽采的区域也越来越大，煤层甲烷的产出量又逐渐增加，达到最大产量后再逐渐下降。

⊙ 煤层气开采方式和开采技术

主要有煤矿巷道抽采和地面钻井抽采两种。巷道抽采在煤炭采掘行业普遍采用，但开采所获煤层气中的甲烷纯度和有效利用率不及地面钻井抽采。下面简要介绍地面钻井抽采技术。

煤层气地面钻井抽采技术包含了钻井、增产、排水采气等系列环节。地面钻井已经从单一的垂直井，发展出丛式斜直井、水平井、U形井（水平井＋直井）、丛式水平井等多种类型。增产措施则是通过提高地层的渗透性或增加煤层气解吸能力来提高煤层气产量和采收率。目前已发展了水力压裂、酸处理煤层、羽状水平井、注 CO_2 置换甲烷等多种增产工艺，正在探索 CO_2 无水压裂、电脉冲震裂等新工艺；其中以水力压裂应用最广泛，已经形成了活性水加砂压裂、氮气泡沫加砂压裂等成熟的煤层气压裂技术。

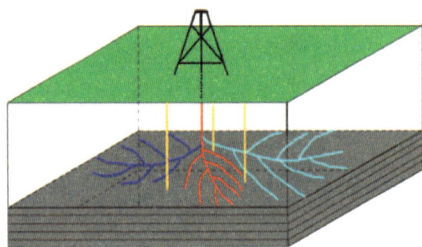

多分支水平井

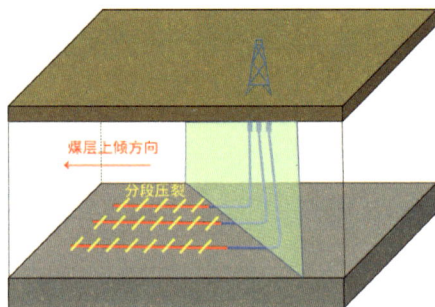

煤层丛式水平井及分段压裂

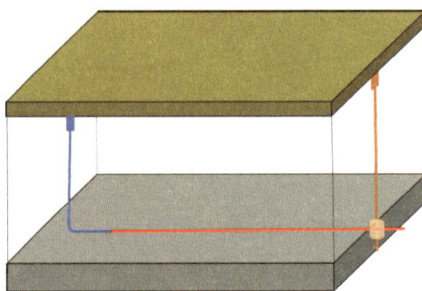

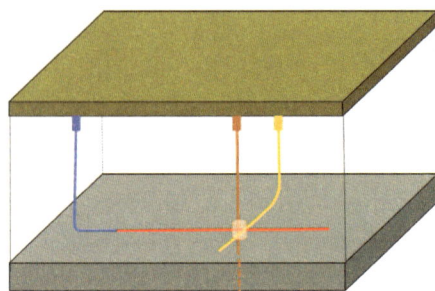

U 形井（水平井＋直井）

⊙ 煤系地层天然气资源的"多气"合采

以煤层气、页岩气和致密砂岩气在纵向上多气层共生相互叠置为特征的煤系地层"三气"是一类重要的非常规天然气资源。目前，煤层气、致密砂岩气联合开采在北美地区已经取得成功。我国煤系地层"三气"资源储量很大，而且分布范围广泛，具有广阔的开发前景。煤系地层实现页岩气、煤层气、致密气和部分常规天然气"多气"（两气、三气、四气）联合开采是未来发展的必然趋势。

知识·小讲堂

煤炭"地下原位气化"技术

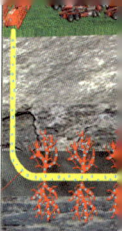

简而言之，"多气"联合开采就是把煤系地层中不同类型天然气资源视为一个整体，用一口井（或一个井组）穿过多种天然气层并开采多种天然气。从原理上看，此种"一石多鸟"的做法，有利于提高单井的使用效率，延长气井的寿命周期，提高单井产量，降低开发成本，克服了单一非常规气体开发产量低、成本高的毛病。

目前，我国对煤系地层中非常规天然气"多气合采"还处于起步试验阶段，尚有诸多理论和技术难题需要破解。可以预见，随着理论和技术的进步，"多气合采"技术有望成为解决煤系非常规天然气规模效益开发问题的新出路。

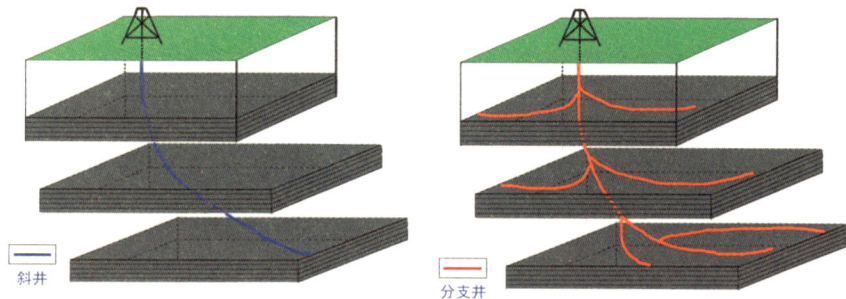

斜井

分支井

⊙ 中国的煤层气产业商业化进展为什么比较缓慢？

中国煤层气资源丰富，经过 20 多年的发展，目前商业化的进展与预期差距较大，具体的原因主要有：

·与美加澳相比，"先天不足"。美加澳主要开发中低阶煤，中国主要开发高阶煤。中低阶煤的渗透性较好，即使较低的渗透率都在 10mD 以上，大多数煤层的渗透率在 20~50mD，有些高渗煤层甚至达到了 1000mD，尽管中低阶煤的吨煤含气量较低，但由于渗透性很好，解吸、扩散、渗透要比高阶煤好得多，所以单井产气量都较好。我国中低阶煤的埋深一般都比较大，渗透性较低，一般都在 5mD 以下，大多数都在 1mD 以下，这样的低渗透性加上含气量较低，因而产气量远不如美加澳煤层气井的产量。

·目前我国的煤层气主要产自高阶煤，主要是埋深较浅、厚度较大、受构造应力影响较小、煤层完整性较好的煤层，虽然渗透率一般都低于 1mD，大多数都不足 0.1mD，但通过水力压裂改造增加了接触面积和渗透性，加上含气量一般都在 15m^3/t 以上，因而单井产气量尚有经济效益。但满足上述条件的高阶煤层范围有限，我国大多数高阶煤的典型特征是受构造应力影响较大，或煤层较碎甚至成粉粉状，或埋深较大或单层厚度有限等，这样的煤层目前的技术条件下是难以获得商业开发。

针对目前我国煤层气产业现状，我们认为以下几点是值得推进的方向：

（1）在中低阶煤层中寻找高渗透且厚度较大的区域，利用美加澳的技术体系进行开发。

（2）总结现已成功开发的高阶煤的地质特征，通过评价选区，选择类似的煤层，利用我国现有的技术体系进行开发。

（3）识别临近地层的致密气、天然气或页岩气，与煤层气结合，进行综合立体开发。

（4）针对较破碎的高阶煤主要与煤矿结合，走气煤一体化开发综合利用的路线。

（5）针对我国少水或无水的高阶煤层，研发新的理论和评价与开发技术。

页岩气藏——在"超致密磨刀石"中掘"蓝金"

页岩和页岩气近年来可以说是家喻户晓、老少皆知。为什么引起了广泛的关注和兴趣呢？这得从美国的页岩气开采说起。

1821 年，美国打出第一口页岩气井，将页岩气作为一种资源从浅层裂缝中采掘出来，经历一百多年探索，近年来呈现快速发展态势。

美国第一口页岩气井

美国的"页岩气革命"，不仅实现了能源独立，改变了世界能源格局，也使地缘政治格局发生了根本性变化。2020年，美国页岩气产量为 $7330 \times 10^8 m^3$，约占其天然气产量的80%，2019年美国页岩气产量增长 $957 \times 10^8 m^3$，占全球天然气产量增长率的73%。

目前，全球可开采页岩气总储量预计为 $214.5 \times 10^{12} m^3$，相当于目前全球天然气61年的总消费量。中国页岩气最多，排名世界第一，储量达 $31.6 \times 10^{12} m^3$。主要分布在四川盆地及周缘、鄂尔多斯盆地、塔里木盆地、松辽盆地等。其中，四川盆地居全国首位，其资源量达 $21.7 \times 10^{12} m^3$。

世界
（中国页岩气资源量：
$31.6 \times 10^{12} m^3$，位居世界前列）
（美国能源信息署2016）

中国
页岩气有利勘探面积：
$43 \times 10^4 km^2$

四川盆地
页岩气可采资源量：
$21.7 \times 10^{12} m^3$

川南地区
勘探开发的重点领域
页岩气可采资源量：
$11.9 \times 10^{12} m^3$

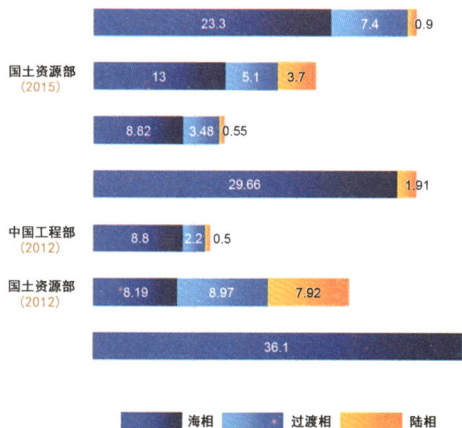

国土资源部
（2015）
23.3　7.4　0.9
13　5.1　3.7

8.82　3.48　0.55

中国工程部
（2012）
29.66　1.91
8.8　2.2　0.5

国土资源部
（2012）
8.19　8.97　7.92

36.1

海相　过渡相　陆相

不同机构页岩气可采资源量评价成果对比

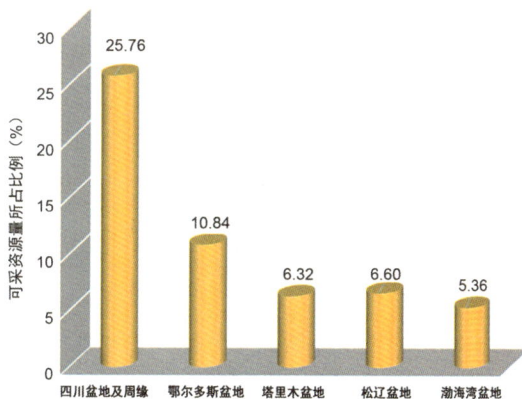

可采资源量所占比例（%）

四川盆地及周缘 25.76
鄂尔多斯盆地 10.84
塔里木盆地 6.32
松辽盆地 6.60
渤海湾盆地 5.36

全国主要盆地页岩气可采资源量占比柱状图
（据国土资源部，2012）

2020 年，我国的页岩气年产量超过 $200 \times 10^8 m^3$，成为世界第二大页岩气生产国。按照国家能源局规划，2030—2035 年，我国的页岩气年产量将达到 $800 \times 10^8 \sim 1000 \times 10^8 m^3$，页岩气增量将达到我国天然气整体增量的 50%。可以预见，页岩气必将成为我国未来天然气（增产）的主体。

那么，页岩和页岩气是什么关系呢？页岩是页岩气的血脉，页岩气的"家"。

首先，页岩也是一种岩石（烃源岩），它的致密程度堪比花岗岩，对于油气藏有着重要的地质意义。

致密磨刀石，渗透率低

其次，一般情况下，页岩作为烃源岩，好比孕育婴儿的母亲，提供油气诞生的"母体"，不断生成富含甲烷（CH_4）的天然气。其中一部分天然气会离开页岩，流动（运移）到邻近或更远的疏松、多孔的储层岩石（如砂岩、碳酸盐岩）中居住，形成常规天然气，正所谓"同生异储"；而剩余的天然气呢？滞留在页岩"母体"中，这就是"页岩气"啦！正所谓"同生同储"，页岩气实际上也是一种天然气，之所以称之为"页岩气"，是因为它储存或居住在页岩中。

五峰组—龙马溪组页岩地面露头

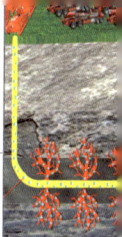

需要说明的是，正因为页岩非常致密，通常作为严严实实、密不透气的盖层，盖在储藏油气的储集岩层上，起到了"封口器"的作用，能有效防止油气逸出到地表。所以，要从地下这些既致密又坚硬的岩石中把天然气开采到地面来非常非常困难，因此石油人形象地称之为"在超致密磨刀石中挤出气体"。

科学家们还发现，一般情况下，页岩储层中发育有大量的有机质纳米级孔隙，是页岩气的主要储集空间，其孔径多分布在 5~100nm 之间，平均为 80nm，比头发丝还小几百倍甚至几千倍，约为头发丝直径的六百分之一。

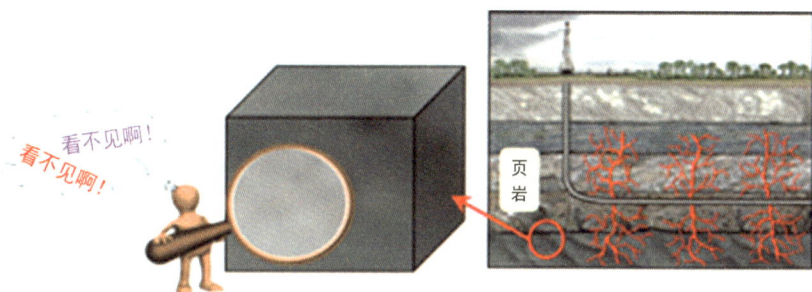

页岩

看不见啊！
看不见啊！

试问，一个直径为10nm 的有机质孔隙，可以容纳多少个甲烷分子呢？甲烷气体分子的直径是 0.38nm，所以，一个 10nm 的页岩有机质孔隙只能储存约 30 个甲烷气体分子，可想而知，天然气在页岩中流动有多么困难。

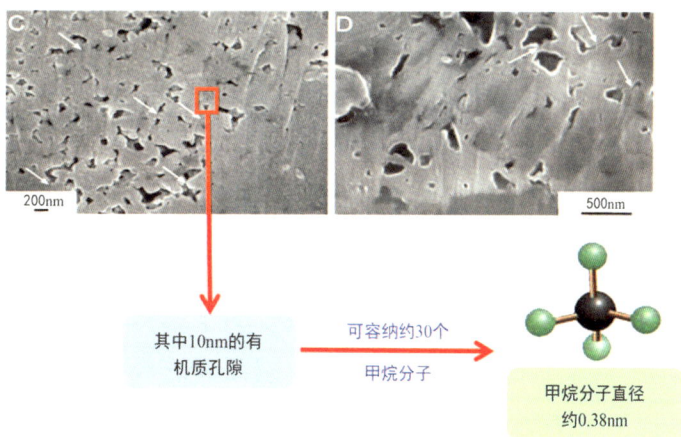

200nm

500nm

其中10nm的有机质孔隙

可容纳约30个甲烷分子

甲烷分子直径约0.38nm

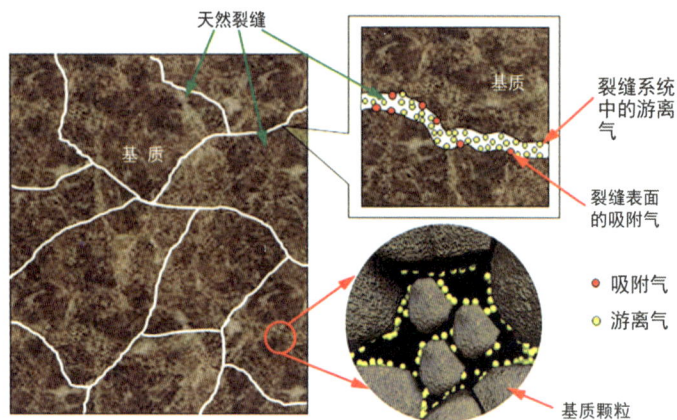

页岩气三重赋存状态示意图

⊙ 页岩气的"三态"

通常情况下，页岩气与煤层气相似，以"吸附态""游离态"和"溶解态"三种状态存在于页岩储层中，但此"三态"非煤层气"三态"。

如前所述，页岩储层中发育有丰富的纳米级孔隙，占整个储集空间的80%~90%（局部也发育有微米—毫米级孔隙、天然裂缝等）。由于纳米级孔隙孔径极其细小，因而具有极大的比表面积，结果好似一个能量强大的磁场，对甲烷有着极强的吸附能力，可以吸附大量的甲烷分子。因此，页岩气中相当一部分甲烷气，是以吸

吸附于岩石表面的页岩气
（据崔立伟，刘向东，2019）

附的形式吸附在页岩纳米级孔隙的表面上，这是页岩气在页岩中存在的第一态——"吸附态"。

这里我们对页岩孔隙的比表面积作一个简要说明。以我们日常生活中常见的一种吸附剂——活性炭为例，其比表面通常大于 $1000m^2/g$，因此，如果我们把一小把活性炭颗粒的所有表面积全部铺展开来，其面积足以抵得上一个足球场大小。而页岩中孔隙的直径比活性炭分子小得多，孔隙直径越小，比表面积越大，可想而知，页岩储层中纳米级孔喉的总表面之巨大。

活性炭比表面积示意图

在孔隙半径相对较大的页岩岩块和天然裂缝中，还有一部分爱运动的页岩气以"自由气"的形式存在，这种储存状态与常规气藏中天然气的储存状态、煤层中煤层气的储层状态类似，这是页岩气在页岩中存在的第二态——"游离态"。

此外，可能还有极少量的页岩气溶解在页岩孔隙束缚水或沥青中，这是页岩气在页岩中存在的第三态——"溶解态"。通常情况下，溶解态的页岩气极少，可以忽略不计。

不过，仍然需要指出的是，与煤层气的"三态"类似，页岩气的上述"三态"也不是相互独立、一成不变的，当外界条件发生改变时，页岩气的"三态"之间也要相互转化。例如，四川盆地"长宁—威远国家级页岩气示范区"游离态页岩气达到了 60%~70%，四川盆地周缘"昭通国家级页岩气示范区"游离态页岩气达到了50% 以上。在我国，处于勘探开发初期的鄂西、渝东、鄂尔多斯盆地页岩气主要是吸附气。

⊙ 页岩气多重渗流——万凿千锤榨"蓝金"

天然气作为清洁能源，往往被人们称为"蓝金"，顺理成章，页岩气就是"超致密磨刀石中的蓝金"。正是由于它的超致密性，决定了页岩气开采可谓难上加难，门槛很高。

如果说常规天然气开采是从海绵中向外挤水的话，页岩气开采则是从石头里万凿千锤榨"蓝金"。

我们知道，海绵里的水，施加一定的外力就可以挤出来，但页岩由于其超致密性，渗透率极低，页岩气从地层到井底（井筒）的流动可谓是阻力重重，单纯依靠页岩储层中发育的孔道、天然裂缝所提供的通道，很多时候页岩气根本没有办法流动至井底而采出。这就好比一个体型胖的人想要通过狭窄的"一线天"到达景点，他所遇到的阻力会比体型瘦的人大很多，甚至可能会被卡在某一狭窄处而无法通过。

海绵中被挤出的水

开发景区时，为了让体型胖的人顺利通过"一线天"，人们采取的最简易办法是扩大"一线天"的宽度。同样，为了开采页岩气，人们也需要想方设法增加或扩大页岩气流动的通道。通过科学家们集思广益和艰苦探索，最终想出了"钻长水平段水平井"和"水平井分段水力压裂技术"，合力将页岩气开采出来。

？？？太窄了，过不去

目前，我国已攻克这两项技术难关。其关键分为两步：第一步，钻井打先锋，就是先垂直钻到地下（深度可能是几百米，也可能是几千米）目标油气层，接着钻水平井（长度上千米，最长已达 6km，一口水平井相当于很多口直井的采掘效果）；第二步，再把水平井分成很多段，加水、加沙子、加化学物质，把页岩大规模"切割""击碎"，从而形成新的人造裂缝与天然裂缝相互沟通，最终构成了页岩气在地层中流动的"高速公路网"，促使页岩气通过井筒流到地面。

显然，页岩储层中的"高速公路"是一个"多尺度""多流动特征"的储渗空间，这是页岩储层不同于常规储层之处，也是页岩气流动规律有别于常规天然气之处，但页岩气在孔道、孔隙、天然裂缝和人造裂缝中的流动规律不尽相同，主要体现在以下几方面。

高速公路网

| 30m长　直井 | 600m长　水平井 | 600m长　水平井 | 45m×10段压裂 |

泄流面积14.8m²

泄流面积298m²
相当于20口直井

泄流面积14233m²
相当于957口直井或48口水平井

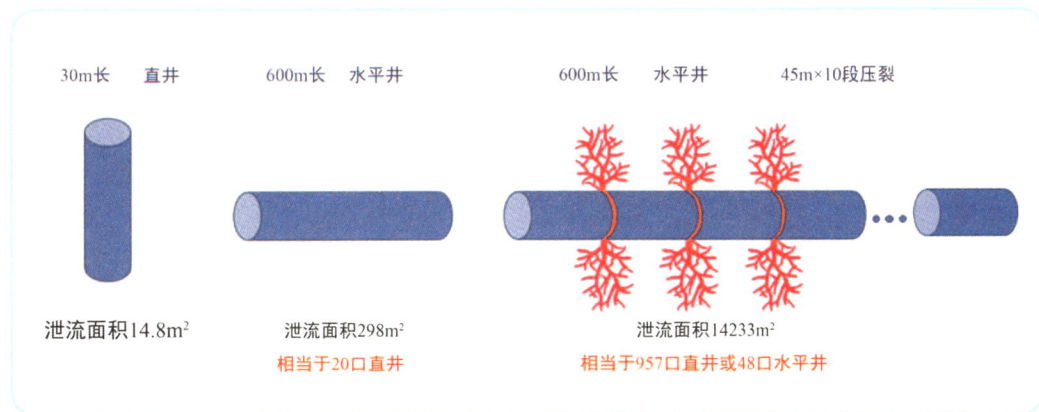

水平井泄流面积（图片来源：自然资源部中国地质调查局，略改）

⊙ 页岩气在"高速公路"上奔跑

渗流——页岩气在储层"高速公路"上奔跑

水力压裂在页岩储层中形成的"高速公路"，仿佛一个纵横交错的压裂缝网系统（水力压裂缝、诱导缝及天然裂缝），页岩气在这个系统里流动迅速，像在"奔跑"一样。

同时，这种"奔跑"与常规天然气的流动规律类似，即在压力差的作用下沿着压力降低的方向进行黏性流流动，可以借鉴常规天然气流动规律来描述它。

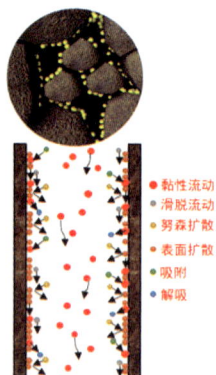

页岩储层微纳米孔隙中
的各种流动

解吸——"解放"被"黏"在纳米孔隙表面的页岩气

如前所述，页岩储层中有相当比例的天然气呈吸附态"黏"在纳米级孔隙的表面，但在一定的条件下，比如压力下降时，被吸附在页岩纳米孔隙表面的页岩气会从表面逃逸掉，这一过程称为"页岩气解吸"。

解吸后的页岩气变成了自由气，可进入相邻较大的孔隙或天然裂缝中流动。通常，页岩气从有机纳米孔隙表面解吸"逃逸"的过程用Langmuir等温吸附定律来描述。

滑脱、扩散和黏性流——微纳米孔隙中的页岩气流动机制"大杂烩"

在页岩储层中，大量被"释放"出来的解吸页岩气会进入微纳米孔隙中，那么这些气体又是怎么流动到井底的呢？

根据流体力学，在毫米级及更大的孔隙中，流体在压差作用下可自由流动。页岩储层中发育的孔隙类型，以微纳米级孔隙为主，在该类孔隙中，流体与周围介质之间存在巨大的黏滞力和分子作用力，流

体流动规律不能简单地用黏性流流动定律来描述，而是"滑脱流""扩散流""黏性流"的"大杂烩"——在这些相互联系、相互耦合的流动机制作用之下，微纳米孔隙中的页岩气逐渐运动至井筒被采出。

⊙ 页岩气的采掘之路

根据页岩气多尺度、多流动机制的特性，页岩气开采有三步必经之路。

第一步，页岩气开采之初，在井筒和附近压裂缝网之间产生压力差，压裂缝网包括天然裂缝内的页岩气被压差"驱赶"至井底或井筒。

第二步，当天然裂缝中的页岩气流出后，天然裂缝系统内的压力逐渐降低，就像自行车轮胎放掉一部分气后轮胎内压力会逐渐降低一样。于是，页岩中的天然裂缝和页岩基质（页岩中非裂缝部分）之间又形成了压力差，使得基质较大孔隙内的游离态页岩气逐渐向天然裂缝系统流动，并使得基质系统的压力降低。

第三步，当基质系统压力降低到一定程度时，"黏"在纳米孔隙表面的吸附态页岩气逐渐被"解放"出来，并进入相邻基质较大孔隙或天然裂缝中，页岩气开采要保持产量稳定，就必须把更多的吸附气"请"出"门"。

实际上，在页岩气开采过程中，随着储层压力的逐渐下降，上述三个阶段并非孤立而是连续发生的。在早期阶段，井筒附近裂缝系统内的页岩气快速运移至井筒产出，使得页岩气开采早期常常表现出高产的特征；当井筒附近压裂缝网内的页岩气采出后，由于页岩基质渗透率极低，基质内页岩气向裂缝系统内的补充速度较慢，导致页岩气井产量出现急剧下降的趋势；而后随着时间延长，基质内页岩气向裂缝系统的补充和吸附态页岩气"解吸"过程不断进行，页岩气井会在较长时间内以较稳定的产量持续生产。

美国开采页岩气一般在 3000m 以浅，而中国（四川盆地）的页岩气有 60% 在 4000~5000m，甚至更深，等于一座昆仑山颠倒过来，所以说，中国开采页岩气的

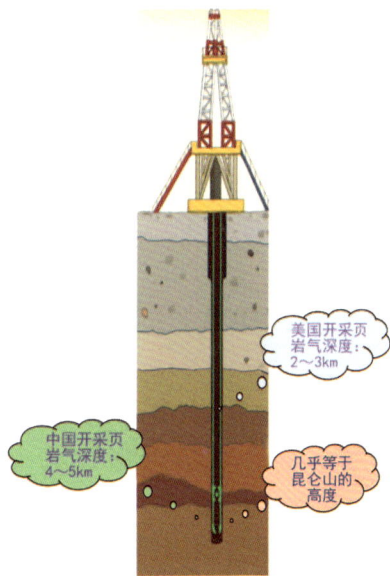

美国开采页岩气深度：2~3km

中国开采页岩气深度：4~5km

几乎等于昆仑山的高度

深层页岩气井

难度比美国高得多。

另外，从技术层面来看，页岩气开采采用"人工水力压裂"技术让"宅"在"闺房"中的页岩气"离家出走"，虽然该技术效果明显，但有一个明显的缺陷就是水力压裂是非常"耗"水的。据统计，美国一口页岩气水平井耗水量最低为 $6700m^3$，最高可达 $33000m^3$；中国某一页岩气示范区，水平井单井平均耗水最低为 $27000m^3$，最高为 $85000m^3$。同时，这些水主要来自地表水或地下水。可以想象，如此下去，中国的水资源是无法承载的，必然会造成人畜用水与工业开采用水之间不可调和的矛盾；此外，大量抽取地下水还可能诱发灾害，不过水力压裂对环境造成的影响正在得到改善。"灌香肠"❶的过程变得越来越好，越来越完善。

因此，科学家们超前思维，开始考虑借鉴石油开采中的老办法，将液态 CO_2 注入页岩，同时控制好温度和压力，让 CO_2 处于超临界状态（这时 CO_2 的吸附能力是页岩气的 4~20 倍，换句话说，超临界状态的 CO_2 比页岩气更能吸附在页岩表面），从而可以毫不费力地把页岩气从页岩表面"置换"下来，同时还可以节省水资源，也不用担心诱发灾害，还能把 CO_2 顺便封存在地下，助力"碳中和"目标的实现，可谓一举多得。这就是科学家们正在努力探索的页岩气绿色开发技术，相信很快就会取得重大突破。

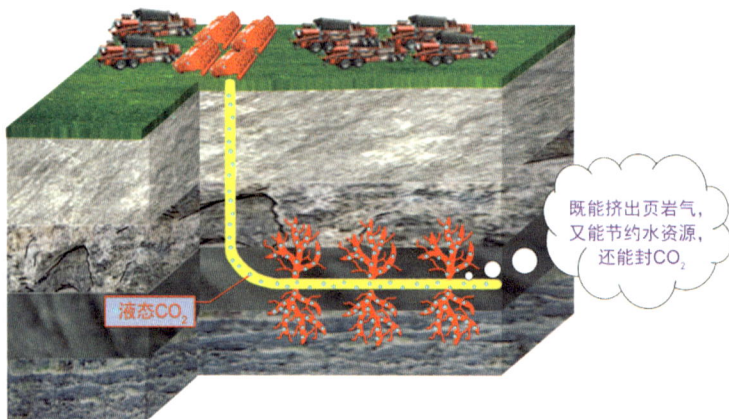

CO₂ 用于压裂，节约水资源

❶ "灌香肠"指水力压裂技术开采油气资源的过程。

⊙ 四川盆地海相页岩气开发技术

我国页岩气开发始于 2009 年,先后在四川盆地及其周缘设立"长宁—威远国家级页岩气示范区""涪陵国家级页岩气示范区""昭通国家级页岩气示范区"。历经十余年的不懈探索和发展,基本实现了四川盆地及其周缘页岩气的规模、有效开发。

长宁—威远国家级页岩气示范区

2020 年,产量 $101.3 \times 10^8 m^3$

第一口页岩气水平井——威 201-H1

宁 201-H1 井试气现场

宁 201 中心站

涪陵国家级页岩气示范区

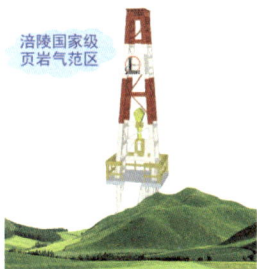

2020 年,产量 $67.01 \times 10^8 m^3$

昭通国家级页岩气示范区

2020 年,产量 $15 \times 10^8 m^3$

中国页岩气发展重要事件与阶段划分

如前所述，从"超致密的磨刀石"中把气体弄出来是一项很难很难的工作。为此，我国经过十余年的艰苦探索和努力，在借鉴北美页岩气成功开发基础上，结合中国海相页岩气地质开发特点，从怎么样发现地下优质的页岩层位、找到页岩气富集的区域到高效、快速、低成本把水平井打到页岩气目标层位、击碎岩石形成互连互通的"高速公路"，再到高效的"工厂化"作业管理模式，创新建立了本土化的勘探开发理论和技术体系，形成了以"水平井+大型体积压裂+工厂化作业模式"为代表的六大技术系列以及"管理的革命性突破"，实现了关键装备、工具、液体国产化，打破了国外技术垄断，单井产量显著提高、作业效率大幅提升、单井成本基本控制，实现了四川盆地3500m以浅页岩气的规模有效安全清洁开发。

页岩气六大技术系列

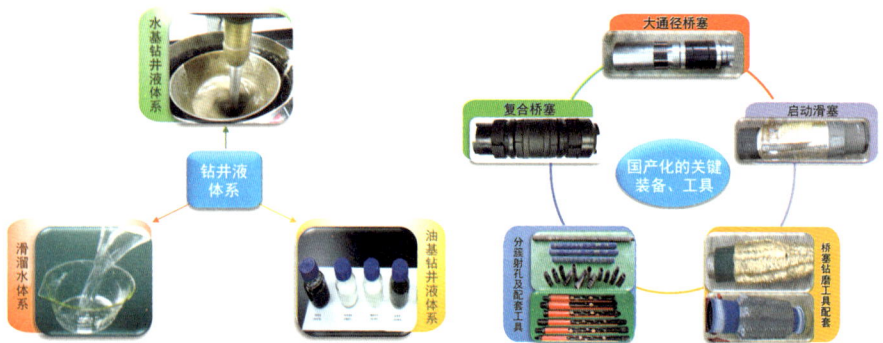

钻井液体系

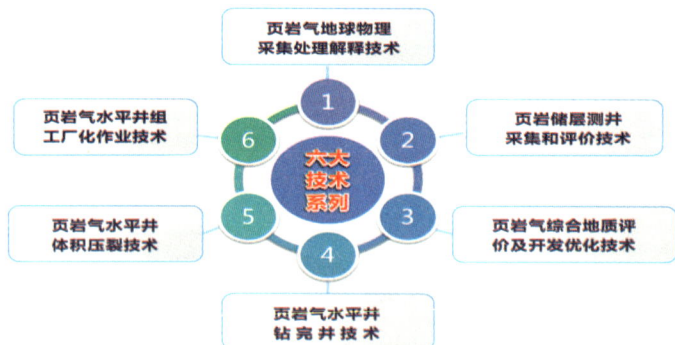

国产化的关键装备、工具

页岩油藏——页岩气的孪生兄弟——在"超致密磨刀石"中掘"黑金"

美国在进行页岩气革命之后，把页岩气革命的新技术和经验引入到曾被认为没有商业价值的页岩油资源，迅速刮起了页岩油开发的浪潮，并获得巨大的成功。

像页岩气一样，美国页岩油的成功引起了我国的高度关注和重视。我国的页岩油资源潜力巨大，页岩油开发一旦取得突破，将根本改变我国油气供应安全现状。

美国页岩油始于 20 世纪 50 年代的威利斯顿盆地，但初期产量低，直到八九十年代才逐步崭露头角——得益于页岩气新技术革命——从 2005 年开始页岩油产量取得重大突破，2007 年开始进入规模化商业开发阶段，2010 年后美国页岩油进入快速增长阶段，仅用 8 年时间产量就增长了十多倍，部分时期增产每天超过百万桶（相当于年增产 5000×10^4 t），创造了史无前例的增长。据 EIA 数据，2020 年，美国页岩油／致密油年产量已达 3.66×10^8 t，占其原油总产量的 65%，是目前页岩油产量最大的国家。依靠页岩油的生产，美国已经在 2017 年超越沙特阿拉伯，成为世界最大产油国。EIA 评估，预计到 2021 年，美国将结束 70 多年的石油净进口历史，成为石油净出口国。

知识小讲堂

全球页岩油资源

美国页岩油气开发改变了全球油气供需格局，对地缘政治也产生了深远影响。加拿大也是全球范围内的页岩油产量大国，页岩油产量在不断增加。其他国家如中国、俄罗斯、阿根廷等，对页岩油的开发仍然处于早期阶段。

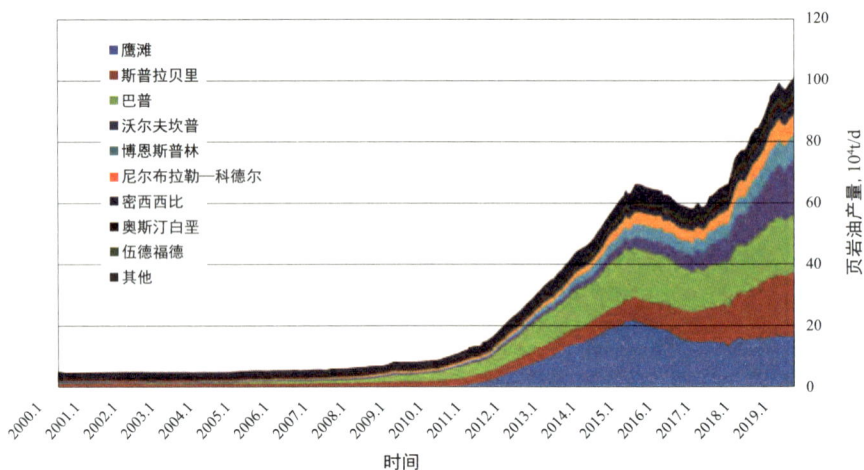

美国页岩油产量趋势图

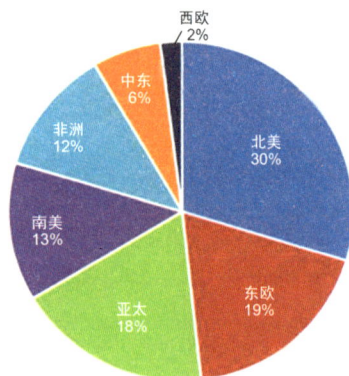

页岩油全球大区分布

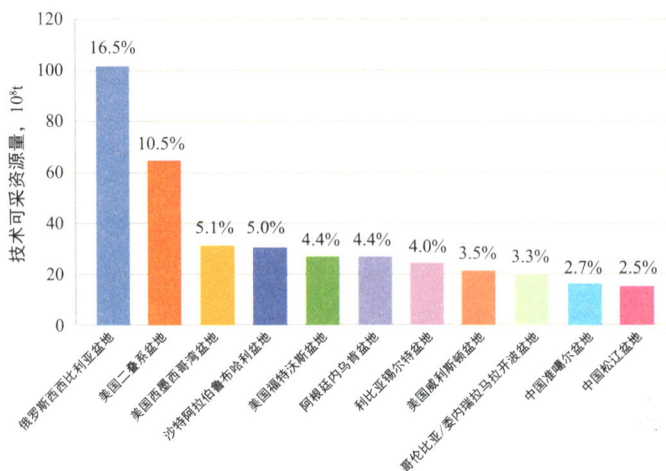

美国页岩油产量趋势图（据 EIA，2000.1—2019.5）

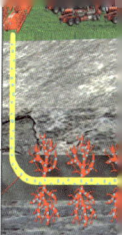

与页岩气同为"孪生兄弟"的页岩油和第一章我们介绍的常规油生成有何不同呢？

如前所述，页岩气是指储存或居住在贝岩层系中的天然气，类似地，页岩油(shale oil)，就是存在于或居住在页岩层系中的石油资源。类似于页岩气，页岩储层致密、孔隙度低、渗透性差，发育大量的有机质纳米级孔隙，一般孔径大小为50~300nm 的孔隙构成主要的储集空间，局部发育微米级孔隙；微裂缝在页岩储集层中也非常发育，类型多样，因此，页岩油主要储集空间类型是纳米孔隙和裂缝系统，其赋存状态有吸附态、游离态或溶解态，与页岩气有很多相似之处，这里不再赘述。页岩油可谓是存在于超致密岩石中的"黑金"。

知识·小·讲堂

页岩油与常规油藏和致密油的显著区别

美国页岩油基本特点

需要指出，我国页岩油与美国有很大不同，我国以陆相页岩油为主。总体上，油层面积相对小，油层厚度偏小，有机质含量偏低，低成熟度、高黏度、低流动性等。同时，在地层能量、单井日产和单井累计采出量等方面存在先天不足。我国页岩油可分为两大类：中低成熟度页岩油(热成熟度在0.5%~1.0%，油质偏稠，可动油的比例偏低，以重质油、沥青和未转化的有机质为主)和中高成熟度页岩油（热成熟度在 1.0%~1.5%，油质较轻，可动油的比例较高，气油比低）。中低成熟度页岩油在内涵、开采方式、开采技术与评价标准上，不仅与美国的页岩油不同，与中国的中高成熟度页岩油也不同，所以不具可比性。中高成熟度页岩油因地质特征、开采方式与核心技术等与美国页岩油大致相当，可以进行对比。

另外，页岩油渗流特征较低渗透—致密油更复杂，目前国内外这方面的研究成果很少。页岩油的流动蕴含了低渗透—致密油渗流特征，也具有与页岩气流动类似的多尺度流动组合输运的特点，具有非常复杂的非线性流动特征。认识页岩油的流动规律对于页岩油的有效开发、规模开发至关重要。目前，国内外关于页岩油流动规律的相关研究不多，成熟的、定性的认识很少。页岩油的流动机理研究是前沿、热点、难点，是我们当前面临的巨大挑战。我国对这方面的研究处于刚刚起步阶段，国家需加大投入，加强攻关力度，尽快实现这一领域研究的实质性突破，以建立新的开发技术。

⊙ 页岩油开发技术

综合看来，美国页岩油开发相关技术与页岩气开发类似，主要包括以下几点。

"工厂化"密集钻水平井技术

美国页岩油水平井已超过 10×10^4 口。一个井场一般 16 口井左右，最多 1 个井场达到 64 口水平井。

超长水平井技术。目前，最长已达 6000m。

"一趟钻"钻井技术

一个钻头钻完一口水平井，美国实现了 2500m 以上水平段"一趟钻"。钻井用时从 2008 年的 35~40 天，减少到 2018 年的 10 天左右，效率提高了 3~4 倍。

水力压裂技术

目前，水平井压裂分段达 30~65 段，完井时间不到 2 周，单段压裂完井效率提高了 5~6 倍。整体钻完井周期从原来的 7~8 周降低到目前的 3 周左右。

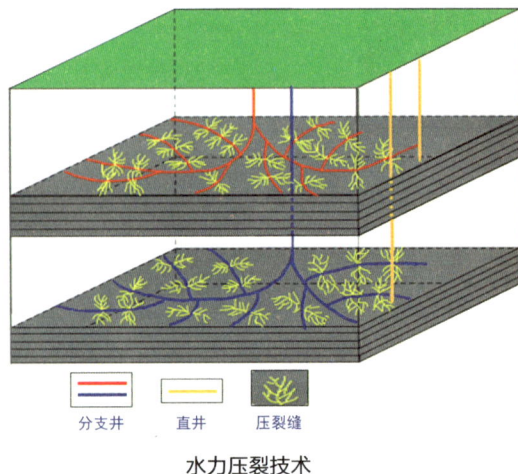

| 分支井 | 直井 | 压裂缝 |

水力压裂技术

"平台式"工厂化作业技术

通过上述技术进行开发生产，单井可实现较高的初期产量和较高的累计产量，快速实现规模化建产，效益比较好。我国的页岩油勘探开发起步晚，从 2010 年才开始，比美国晚 30~40 年，尚未进入工业性规模勘探开发（虽有个别井产量不错，但不容易稳住）。

中国陆相页岩油资源丰富，但与北美海相页岩油相比，在地质条件和地面条件上均存在较大的差异，不能照搬北美技术（用现在美国成熟的页岩油开发技术来开发我国的页岩油，没有获得成功），实现工业化效益开发面临很多重大挑战。

知识·小讲堂

原位电加热改质技术

还需指出，对于中低成熟度的页岩油，目前尚未找到一条合适的开采技术。目前主要采用水平井、水平井分段压裂技术、地下水平井原位电加热改质（或转化）技术。地下原位电加热改质技术，可以改变原油流体性质，地下转化轻质油，增加可动油，改善油流通道等，这项技术不受地质条件局限，可实现从高能耗、高污染的"地上炼油厂模式"发展到优质清洁的"地下炼油厂"模式，若实现低成本工业化应用，将带来新一轮的页岩油革命。该类页岩油主要分布于我国陆相含油气盆地，埋深较浅，资源规模巨大，是"最具潜力"的页岩油资源。

对于中高成熟度页岩油，类似于页岩气的开采技术，目前采用长井段水平井和水平井分段压裂技术。同时，还可

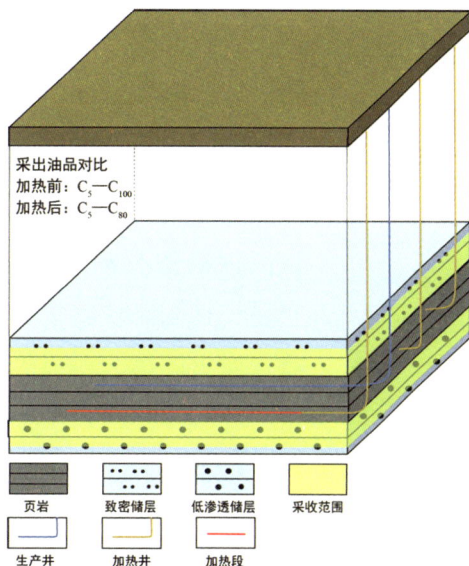

采出油品对比
加热前：C_5—C_{100}
加热后：C_5—C_{80}

页岩　　致密储层　　低渗透储层　　采收范围
生产井　　加热井　　加热段

页岩油原位改质开采模式图
（邹才能，2015）

知识·小讲堂

我国的页岩油开发情况

油页岩油
海相、海陆过渡相、
陆相页岩

加强纳米剂驱油、二氧化碳与空气等气体驱油关键技术的攻关和现场试验。这类页岩大面积连续分布，含油性好，是中国石油工业长期探寻的目标。大港油田在渤海湾盆地成功建产两口页岩油井，实现陆相中高成熟度页岩油突破，对中高成熟度页岩利用水平井压裂技术开展页岩油勘探开发，探索出了一条更有效的技术。

总之，与美国相比，我国页岩油正处在初步探索和局部突破阶段，新理论、新技术、新方法的诞生和发展将开启我国页岩油革命新时代。因此，中国陆相页岩油革命的地位不亚于美国海相页岩油革命，前景值得期待，一旦突破，将根本改变我国油气供应安全现状。

"可燃冰"——潜在的能源"革命"

天然气水合物（简称水合物）是近年来又一个频繁出现的、关注度很高的石油工程专业术语。它是一种固态块状物，因外观像冰，遇火即燃，所以人们给它取了一个通俗易懂的名字"可燃冰"（也有人称之为"能源水晶"）。

天然气水合物

天然气水合物是怎么形成的呢？它是天然气等烃类气体与水在低温（−10~28℃）和高压（1~9MPa）条件相互作用下形成的结晶状"笼形化合物"，天然气含量一般在80%~99.9%之间。

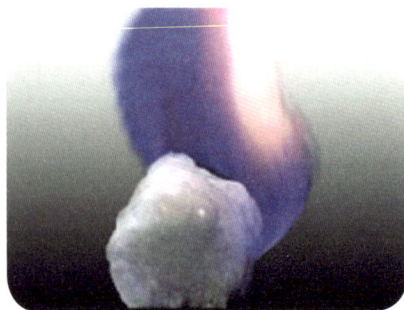

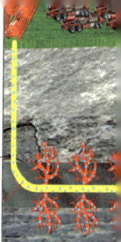

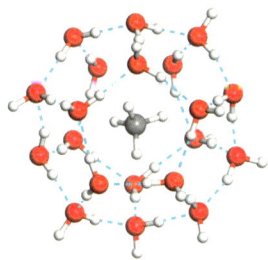

天然气分子藏在水分子笼内（一）

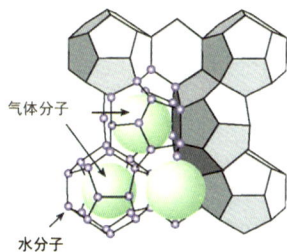

千万不要小看了天然气水合物！一块小小的水合物"威力"可大了。在标准状况下，$1m^3$ 水合物可含 $164m^3$ 天然气和 $0.8m^3$ 的水。目前，人们在自然界发现的水合物色彩斑斓，形状各异，但最普遍的是白色、淡黄色、暗褐色等轴状、层状、小针状或分散状结晶体。

天然气分子藏在水分子笼内（二）
（据 Geomar）

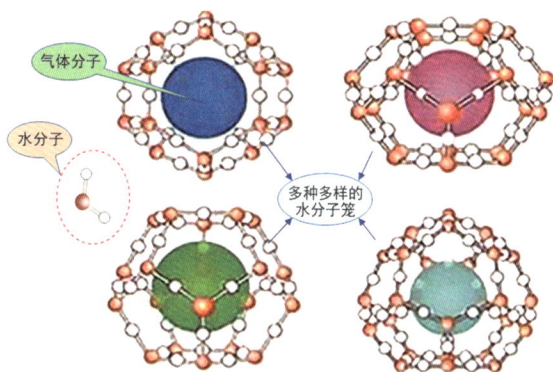

事实上，水合物不是普通的固体物质，除了高密度、高热值、分布广等基本特点之外，它的燃烧污染比煤炭、石油都小得多，是高效的清洁能源。

就目前勘探情况而言，水合物主要分布在陆地永久冻土区和海洋深水环境，总量超过 $7.6 \times 10^8 m^3$，是已知含碳化合物总和（包括煤、石油和常规天然气等）的 2 倍。其中，分布于海洋深水环境的海洋天然气水合物储量约为陆地冻土天然气水合物的 100 倍。如此巨大的储量，足够人类使用 1000 年，因而被各国视为未来最有潜力的接替能源之一。

如果按其结构或存在方式来划分，水合物又可分为"成岩"和"非成岩"两类。成岩天然气水合物像"冰砖"一样，结构比较坚硬，不易垮塌，且拥有类似于"锅盖"的圈闭构造，所以成岩水合物储层较为稳定，可以通过人工手段控制它。非成岩天然气水合物类似于"刨冰"，在海洋天然气水合物中占比约 80%，大面积连续分布在海底之下，主要储存于深海浅层、松散、黏性差的泥巴中。

非成岩天然气水合物远没有成岩天然气水合物那么"乖"，储层很不稳定，稍微受到外界压力和温度变化就开始分解，因为它没有类似于"锅盖"的圈闭构造把它包住，一旦"闹脾气"开始无序分解，人们很难控制它，更不用说利用现有技术有效开发了。

换言之，在我们发现海洋天然气水合物这个"宝贝"之前，它静静地沉睡在那里，没有任何外因惊扰它的安宁，也就是说这个宝贝存在的温度、压力不会有任何改变。可是，一旦我们要去开采它，改变了它"沉睡"的温度和压力等条件，它就会醒过来，开始大量分解、气化和自由释放，由此发生连锁反应：可能造成水合物储层垮塌溃散；可能触发海底结构基础失稳、海底滑坡等工程地质灾害；可能因海水中大量天然气的自由膨胀造成沉船事故或坠机事故；还可能因为天然气这种温室气体的大量释放，造成全球气候变化和海洋生态环境的变化等。因此，海洋天然气水合物开发潜在的地质风险、生态破坏、温室效应、装备风险及生产控制风险等，一直以来是水合物开发中备受关注的热点，必须采取科技创新来"唤醒"海洋深处的宝贝。

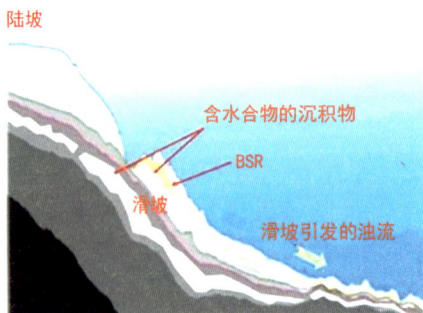

环境风险
（赵金洲，周守为，魏纳等，2021）

装备风险
（赵金洲，周守为，魏纳等，2021）

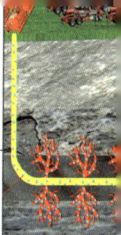

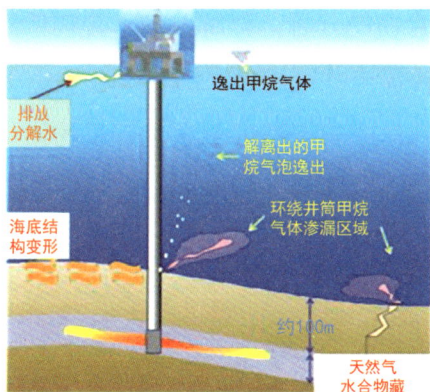

生产控制风险

（赵金洲，周守为，魏纳等，2021）

目前，天然气水合物的开采方法主要有加热法、降压法、化学抑制剂法、固态流化开采等，但都还没有成功实现商业化的绿色开采。科学家们预计，要把水合物开采出来用于我们的生活中，或许还需要10年、20年甚至更长的时间。

⊙ 海洋成岩天然气水合物开采过程中的渗流问题

海洋成岩天然气水合物开采过程中的渗流问题。海洋成岩天然气水合物存在于类似魔芋状的海底岩石孔喉结构中，具有较强的岩石强度，通常采用常规的"降压""注热""注剂"三种开采方法。

"降压""注热"这两种方法都是通过改变储层环境的压力或温度，造成水合物的有序分解，并在井下气化后再采出来。因此，降压法、注热法这两种开采模式并没有改变储层的原始骨架结构，只是成岩天然气水合物解吸、相变后在地层——井筒负压差条件下，渗流至井筒而后采出。

对于注剂法而言，就是通过人工注剂（主要是醇类）来改变水合物的相平衡，从而造成水合物的分解，分解后的水合物依然是在地层——井筒负压差条件下，渗流至井筒而后采出。

显然，海洋成岩天然气水合物开采的渗流问题，可以采用常规的多孔介质渗流力学模型及理论来研究。

☉ 海洋非成岩天然气水合物开采过程中的渗流问题

海洋非成岩天然气水合物一般埋存于海底下数米到 300m 的浅层泥岩或弱胶结岩石中，大多没有常规油气藏那样稳定的圈闭构造，其本身就是岩石骨骼结构的重要组成部分。因此如果采用常规开采方式把这些浅层水合物采到地面，其原有的固态结构将像雪糕一样融化、溃散。换而言之，浅层天然气水合物的开采过程是集解吸、相变、多相流（解吸、相变后所形成的天然气、水合物颗粒、泥沙、海水构成的复杂介质流动）、渗流（温度改变、压力改变、解吸、相变后的气体和水在储层裂隙或孔隙中的渗透性流动）为一体的复杂耦合过程。

显然，海洋非成岩天然气水合物开采的渗流问题，无法采用常规的多孔介质渗流力学模型及理论来研究。

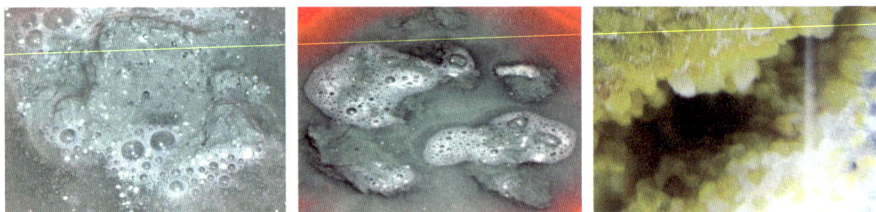

原固态结构解吸　　　　相变　　　　溃散

（赵金洲，周守为，魏纳等，2021）

☉ 天然气水合物采掘方式

目前，天然气水合物（可燃冰）采掘均处于试采阶段，还有很多的理论问题和核心关键技术需要深入研究。这里主要介绍几类简单的试采方式。

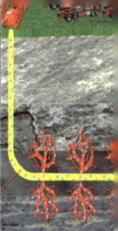

知识·小讲堂

天然气水合物的形成

天然气水合物采掘方法：加热法、化学试剂法、降压法、CO_2置换开采法、固态流化法

加热法

主要是将蒸汽、热水或其他热流体注入天然气水合物储层，使天然气水合物储层的温度超过其平衡温度，从而促使天然气水合物分解为水与天然气的开采方法。其优点是可实现循环注热，且作用方式较快；缺点是会造成大量的热损失，效率很低，特别是在永久冻土区，即使利用绝热管道，永冻层也会降低传递给储层的有效热量。

石油工程中的加热方式主要有注热水、注蒸汽或热水吞吐 3 种方式。

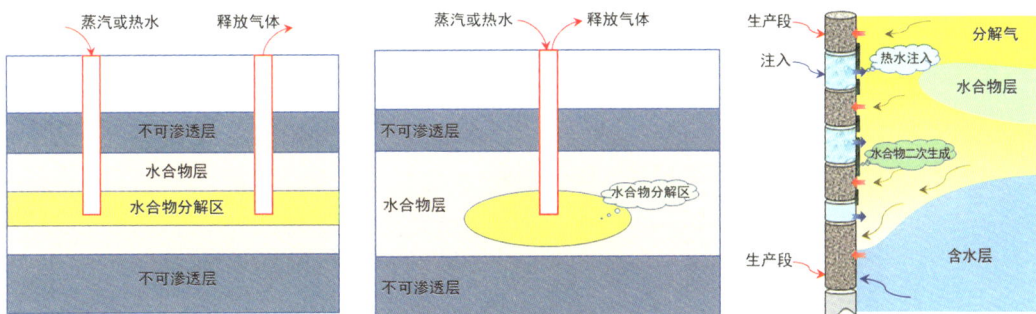

加热开采法示意图

注热水和注蒸汽开采方式，是指一口井用来注热水或注蒸汽，另一口井用来生产，热水或蒸汽在注入井和生产井之间形成通道，通过不断提高天然气水合物储层温度，促使其分解，从而释放气体。

热吞吐开采方式，是指通过在同一口井注入一定量的蒸汽或热水，提高井周围天然气水合物储层温度，然后停止注入，使水合物分解，待能量充分利用后，在同一口井释放气体，进行生产。

降压法

一般指通过降低压力来打破天然气水合物的相平衡，从而促使天然气水合物分解然后开采出来的方法。该法先开采天然气水合物下覆自由气层，使储层压力降低，促使自由气层和水合物覆盖层界面之间的水合物分解，然后源源不断地流入自由气层从井筒开采出来。

降压的途径主要有两种：一是采用低密度钻井液钻井达到减压目的；二是当天然气水合物层下方存在游离气或其他流体时，通过泵出天然气水合物层下方的游离气或其他流体来降低天然气水合物层的压力。

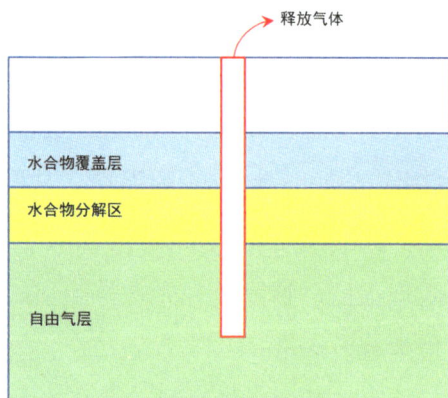

降压开采法示意图

"蓝鲸1号"与三艘供应船（胡文瑞，2021）

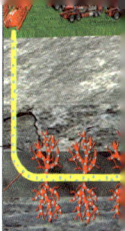

降压法的最大特点是不需要连续激发，成本较低，适合大面积开采，尤其适用于存在下伏游离气层的天然气水合物的开采，是天然气水合物传统开采方法中最有前景的一种技术。但它对天然气水合物藏的性质有特殊的要求，只有当天然气水合物藏位于温压平衡边界附近时，降压开采法才具有经济可行性。

2017年5月10日至7月9日，国土资源部在我国南海北部神狐海域利用降压法成功进行了海洋天然气水合物的试采工作。

化学试剂法

化学试剂法。主要指通过向水合物储层注入某些化学试剂，如盐水、甲醇、乙醇、乙二醇、丙三醇等，破坏天然气水合物藏的相平衡条件，促使天然气水合物分解为天然气和水，进而实现开采的方法。

化学试剂法的基本思路就是"化学驱"。其优点是可降低初期能量输入，但缺陷也很明显——所需化学试剂费用昂贵，对天然气水合物层的作用缓慢，而且还会带来一些环境问题。所以，人们对这种方法的研究相对较少。

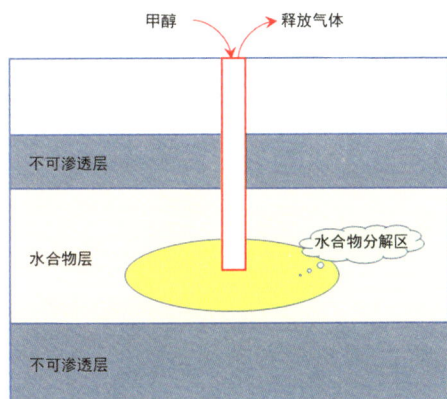

化学抑制剂法开采示意图

CO$_2$ 置换开采法

CO$_2$ 置换开采法。由于海洋天然气水合物在海底温度条件下保持稳定需要的压力比 CO$_2$ 水合物更高，因此人们考虑，如果向天然气水合物储层注入 CO$_2$ 气体，则 CO$_2$ 气体就可能置换出天然气水合物中的天然气，进而实现天然气水合物的开采，这种方法称为 CO$_2$ 置换开采法。事实上，这种"置换"过程释放出的热量不仅可使天然气水合物的分解反应持续进行下去，同时生成的 CO$_2$ 水合物还更能保持稳定。

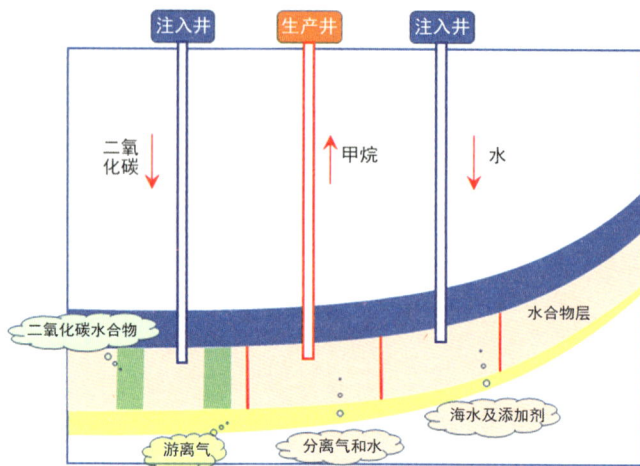

CO_2 置换法开采示意图

一般而言，CO_2 置换开采有以下 3 个步骤。

开采前，先在海底甲烷水合物层中钻 3 口井（保持一定距离），分别下入隔水管柱（密封套管）；当基底下存在游离气时，伴随游离气开采和储层压力下降，通过隔离管向水合物层注入高温海水，使水合物分解；不论基底下有无游离气，再通过另一隔离管提取甲烷气体（水合物分解产生的甲烷气靠压力上逸）。

开采后，通过另一隔离管柱，向天然气水合物产生甲烷气后的残余水中注入 CO_2，使之在地层中生成 CO_2 水合物。

最后，使地球变暖的 CO_2 气体固定在地层中。

固态流化法

2012 年，油气藏地质及开发工程国家重点实验室主任、中国科协副主席周守为院士独辟蹊径地提出了"固态流化"变革性工艺，基本技术原理为：将深水浅层弱胶结的天然气水合物藏当作一种固态矿藏，利用其在海底温度和压力下的稳定性，利用采掘设备以固态形式开发天然气水合物矿体，将含天然气水合物的沉积物粉碎成

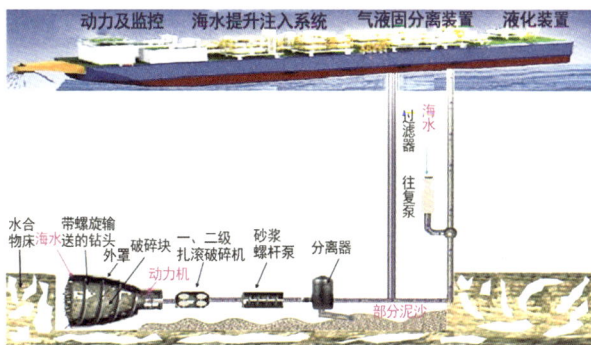

动力及监控　海水提升注入系统　气液固分离装置　液化装置

海水
过滤器
往复泵

水合
物床
带螺旋输
送的钻头
外罩
破碎块
一、二级
扎滚破碎机
砂浆
螺杆泵
分离器
动力机
部分泥沙

固态硫化开采示意图

细小颗粒后，再与海水混合，采用封闭管道输运至海洋平台，尔后将其在海上平台进行后期处理和加工。最终，变不可控为可控，实现安全、绿色钻采。

中国工程院周守为院士主持第十二届世界
天然气水合物研究与开发大会

该思路有两大优势。其一，由于整个开采过程在海底天然气水合物储层区域进行，同时构建了一个由海底管道、泵送装置组成的人工封闭系统，起到了常规油气藏的盖层封闭作用，并未改变天然气水合物的温度和压力条件，相当于海底浅层天然气水合物矿体变成了封闭体系内分解可控的人工封闭矿体，既保持了天然气水合物不会大量分解（即固态开发），也避免了天然气水合物分解可能带来的工程地质灾害和温室效应。其二，该方法利用了天然气水合物在传输过程中温度压力的自然变化，实现在密闭输送管线范围内可控有序分解。

2017年5月25日，中国海洋石油总公司、西南石油大学等企事业单位通力合作，依托深水勘察工程船（海洋石油708），采用完全自主研发的固态流化试采方法和装备，在全球首次成功实现了海洋非成岩水合物试采（水深1310m、埋深120~192m）。

知识·小·讲堂

天然气水合物、浅层气、
深层气合采是实现
规模化开发的有效途径 ❶

全球首次天然气水合物固态流化试采工程获得成功

---

❶ 本部分图片由西南石油大学天然气水合物研究院提供。

油气如何输送与储存

油气如何输送与储存

CHAPTER

7

油气 "活水之源" —— 集输

⊙ 陆地油气集输

从地下跑到地面的原油、天然气等油气混合物,在参加管道长途旅行之前,需要先抵达"集输化妆间"经过必要的处理与加工,"梳妆打扮"之后才能成为一名合格的原油与天然气"旅行者"。

油气管道穿过沙漠

江河管道跨越工程

江河管道施工

山区管道施工

从井口到"集输化妆间"有3条路径可以选择：一级半（或一级）、二级、三级布站集输流程。选择路径的原则是保证油气在路途中安全并顺利，还要减少能量消耗和生产费用。在选定路径后，油气混合物的"行走方式"主要为密闭输送。就是说油气从井口到"集输化妆间"再到成为合格的原油与天然气"旅行者"，整个过程都与大气隔绝，在密闭管道里完成整个流程。

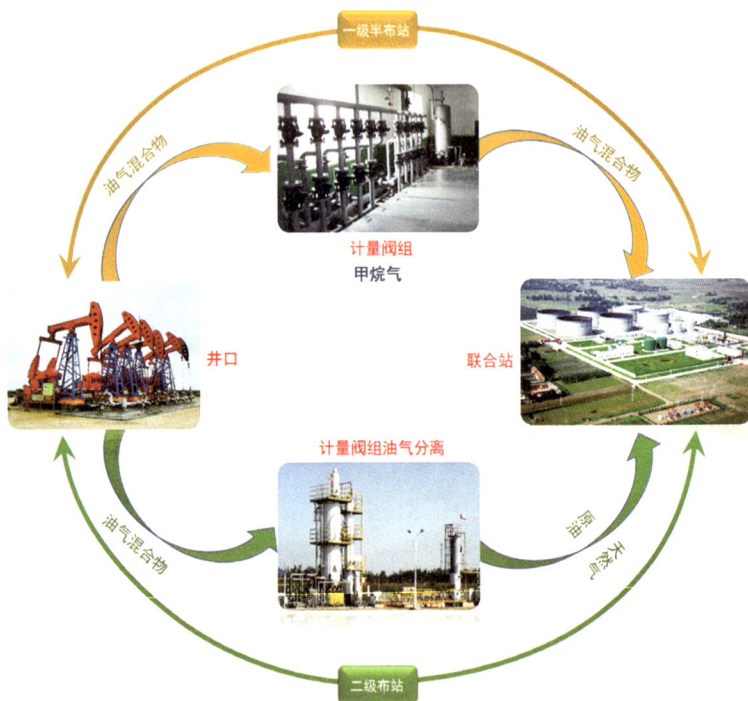

一级半布站、二级布站集输流程

油气混合物抵达"集输化妆间"后，要完成油气计量、原油脱水、油气分离、天然气脱水、原油稳定、污水回收等"梳妆"。

油气计量

油气计量是对石油和天然气流量的测定，也就是在出发之前需要清点油气数量。清点方式有两种：一是对从地下井里冒出来的油气进

行数量清点，可以让我们清楚地掌握地下油井的动态变化；二是油气"精心装扮"后，登上管道长途旅行之前的数量清点，这也是告诉终点站工作人员此次旅途的游客有多少，便于交接管理。

原油脱水

从地下"呼哧呼哧"跑上来的原油身上携带了许多"小汗珠"，"小汗珠"会让原油走路缓慢，还会让管道长途旅行变得更劳累，加速了管道的消耗，造成了浪费，因此原油脱水是"梳洗"的第一步！原油脱水有很多方式，主要有沉降脱水、离心法脱水、过滤法脱水、电化学联合脱水等方法。当然啦，原油脱水也需要特定的"沐浴乳"——破乳剂，它可以很好地帮助原油甩掉身上的"小汗珠"，清清爽爽地继续打扮自己。

油气分离

原油甩掉了身上的"小汗珠"——水，但它还有一个"小跟班"——天然气。所以在开始长途旅行前，油与气需要分开做准备。原油和天然气一起走到了油气分离器，通过油气稳定装置后油与气就分开了，此时的原油一身轻松，达到了长途旅行的要求，成为了一名合格的原油旅行者。

天然气脱水

从地下跑上来的天然气跟原油一样，身上也有"小汗珠"，如果"小汗珠"一直跟着天然气参加旅行，会产生一种叫"天然气水合物"的物质，不仅会让天然气途旅行变困难，甚至还会让管道发生"堵车"。天然气脱水主要有四种方法：冷却脱水、吸收脱水、吸附脱水和膜分离脱水。只有天然气携带的小水珠数量减少到满足了长途旅行的要求，才能成为一名合格的天然气旅行者。

原油稳定

原油稳定之后可以使整个旅途变得更有经济效益，原油稳定的方法很多，一般

有以下四种：压分离稳定法、加热闪蒸稳定法、分馏稳定法和多级分
离稳定法。

污水回收

油气"梳妆"后会产生一定的污水，如果直接排放会污染环境，
因此在"集输化妆间"里我们需要对污水进行集中处理，当污水符合
标准之后才可以进行下一步处理，处理合格后的污水还能进行再次利
用，我们要时刻牢记环保哟。

从"集输化妆间"出来的油气都换了新装，变成了独立的原油和
天然气，它们兴致勃勃，准备登上长途旅行的管道客车，让我们看看
它们的长途旅行会发生什么有趣的事情吧？

☉ 海上油气集输

海洋占据地球表面 70%，它不仅孕育着各式各样的生命形态，还
蕴藏着丰富的资源。海洋油气作为一种重要的海洋资源，占据全球油
气资源总量的三分之一。中国是一个海洋大国，在渤海、东海和南海
蕴藏着丰富的油气资源，这些流淌在海底岩石内的资源，正源源不断
地被开发出来。海上油气田的生产就是将海底油（气）藏中的原油或
天然气开采出来，经过采集、油气水初步分离与加工、短期的储存装
船运输或经海管外输的过程。

海上油气的加工主要在海上油气加工厂（FPSO）上进行，它是
这个星球上最大的海上钢铁巨无霸之一，7 座埃菲尔铁塔的钢材铸就
的庞大身躯，能够轻松停靠 3 架波音 747 的超大船身，日处理原油
3 万吨，处理能力相当于占地 $10km^2$ 的陆地油气加工厂，集油气处
理、存储、外输、生活、动力提供功能于一体，同时它也是中国海
油进行全海式开发的重要装备之一。中国海油拥有 17 艘这样的海上

钢铁巨无霸，是世界上拥有 FPSO 最多的石油公司之一，早在 20 世纪 80 年代，中国海洋就开始对这种太空时代的庞然大物进行攻关研究，直至今天已经自主研发了 11 艘并相继投入了海上油田的生产，FPSO 建造成本仅为国外同等规模的 70% ~ 80%，自北向南，这 17 座巨大的海上浮式加工厂，静卧于广袤的海域内，支撑着我国海洋石油 75% ~ 80% 的产能。

海上油气加工厂

现在，让我们去近距离领略一下这些钢铁巨无霸的雄风：海洋石油 117——目前世界上最大的海上浮式生产储卸油装置之一，相当于美国企业号航空母舰 3 倍的排水量，如果将它竖立起来，将会造就一座高出京广中心大楼 140m 的钢铁巨塔，可以想象一下站在船首，俯瞰整个北京城的情形。这座巨无霸，可以把来自油井的油、气、水等混合液加工处理成合格的原油和天然气。合格原油和天然气储存在油舱中，达到一定储油量时经过原油外输系统，由穿梭油轮输送至陆地。FPSO 依靠单点系泊系统定位于预定海域，并以单点为轴，做 360° 自由旋转，就像中国古老的太极拳，以柔克刚，当大海鼓动强风的时候，只要顺应它的力量，就能成功取胜。

海洋石油 117

　　海上油气集输系统是海洋油气开发的重要环节，海上开发方案的选择决定了工程投资、开发的难易以及对开采年限的适应性。目前，海上油气田开发方式按完成油气集输工程任务的可利用环境位置主要分为全海式、半海半陆式和全陆式。

全海式

　　随着世界工业的迅猛发展，对石油的需求量也在不断增加。为了简化海上生产的原油外输的环节，凭借现代海洋工程技术在海上建设储油罐和输油码头，使油气直接从海上外运。这种将油气的集中、处理、储存和外输工作全部放在海上的开发方式，形成了全海式油气集输系统。

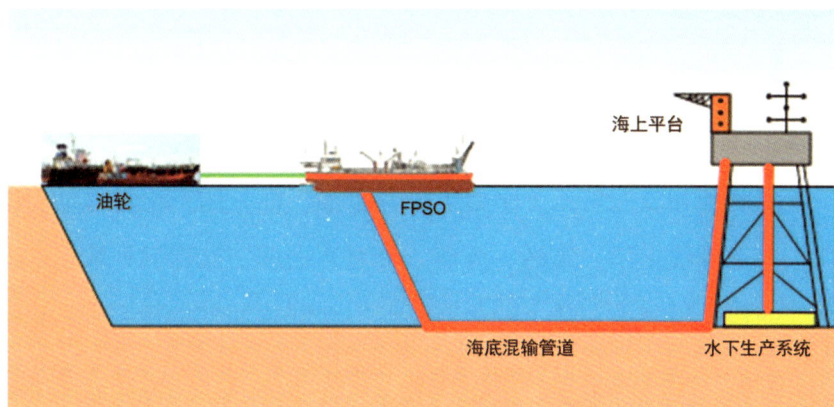

全海式油气处理系统

半海半陆式

　　指钻井、完井、原油生产处理（部分处理或完全处理）在海上平台进行，部分处理后的油水或完全处理后合格的原油经海底混输管道或陆桥管道输送至陆上终端。在陆上终端进一步处理后，储存或者外输。该开发模式的优点是适应性强，远海、近海都适应。

半海半陆式油气处理系统框图

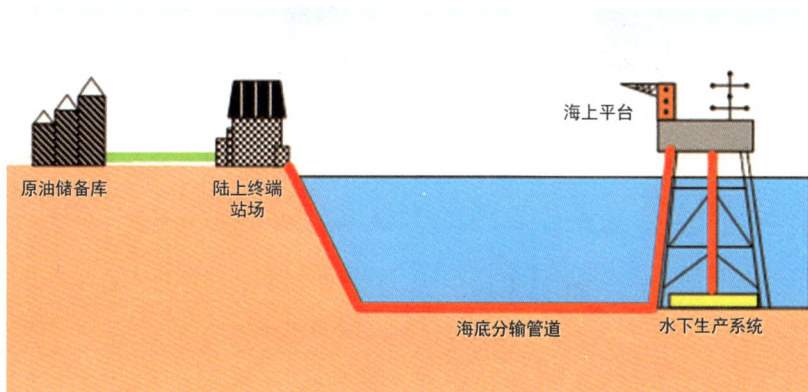

半海半陆式油气处理系统纵断面示意图

全陆式

　　海上油田开发初期，是在离岸不远的地方修筑人工岛，建木质或混凝土井口保护架（平台）打井采油。油井的产出物靠油井的压力经出油管线上岸，集油、分离、计量、处理、储存后外输，这种把全部的集输设施放在陆上的生产系统叫全陆式油气集输系统。全陆式生产系统在海上只设井口保护架（平台）和出油管线，大大减少了海上工程量，便于生产管理，陆地生产操作费用比较低，而且受气候影响小，与同等生产规模的海上生产系统相比，其经济效益好。该系统一般适用于浅水、离岸近、油层压力高的油田。

全陆式油气处理系统框图

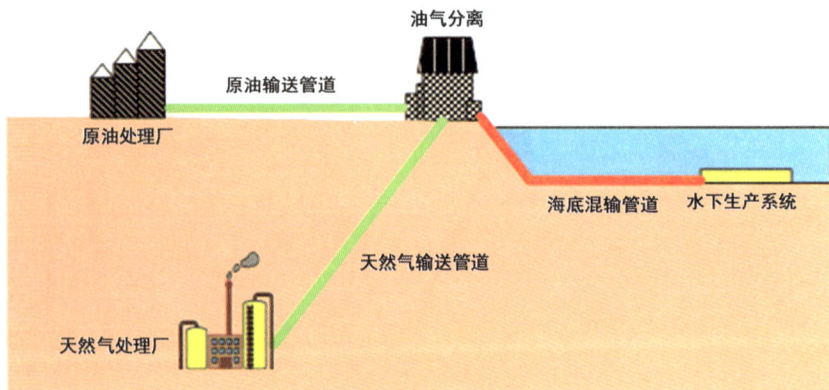

全陆式油气处理系统纵断面示意图

油气 "长途之旅" ——长输

石油、天然气 "走" 到世界的各个角落，有很多种方式，可以是船舶运输（简称船运，包括油轮和油驳）、车辆运输（简称车运，包括火车油罐车和汽车油罐车）及管道输送（简称管输）。船运适合于深海油气田、国际间海上运输等；车运是管道输送的主要辅助手段；管输是陆地及近海流体输送的主要方式。

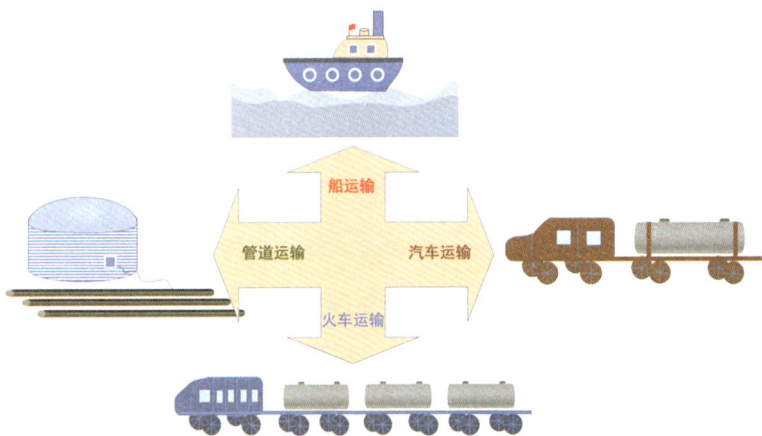

油气如何走向世界各角落

天然气通常只能靠管道输送，不过，液化后的天然气，即人们通常所说的LNG，可以管输也可以船运和罐车运送。目前，世界上三分之二的油气依靠管道输送，因此，这里主要介绍油气的管输。

罐车运送 LNG

船运 LNG

⊙ 翻山越岭——陆地管道

油气宝宝们经过精心的"梳妆打扮"后，就踏上了它们的长途之旅。天然气妹妹和原油小兄弟相互鼓励，经过长途跋涉、翻山越岭后才到达了它们漂漂亮亮的家。

天然气妹妹和原油小兄弟所在的管道都采用密闭输送。根据缓冲油罐是否接入和怎样接入管线，输油管道存在三种输送方式：

"通过油罐"方式。来油先进入油罐，再被输油泵从油罐中抽出、加压后输往下一站，其特点是油品全部通过油罐。该方式可：避免各种杂质和管道内空气直接进入输油泵，但是操作繁杂，轻质油品在油罐内蒸发损耗大，故而只在施工扫线、投产初期、清蜡时及早期原油管道中应用。

"旁接油罐"方式。来油同时进入油罐和输油泵，经加压输入下站，只有少量油品进出油罐，调节输油量的变化，轻质油品的蒸发损耗明显减少。由于自动化水平要求不高，易操作管理，因此我国的原油管道过去大都采用这种输送方式。

"密闭输送"方式。中间站不接入连通大气的油罐，来油直接进入输油泵，全线是一个密封管道输送系统。如何防止和消除水击危害是密闭输油的重大课题。早期主要是采用增厚管壁提高管道强度的方法，显然很不经济。此法不能减小水击压力，但能避免水击危害。

油气宝宝们在翻山越岭的过程中，走过了许许多多非常特别的路线，接下来给大家逐一介绍一下吧！

西气东输管道工程

自改革开放以来，中国的能源工业发展非常迅速，但是清洁能源和煤炭资源的发展比例却不平衡，导致环境污染越来越严重。就是在这样的大背景下，出现了拉开"西部大开发"序幕的标志性建设工程——西气东输工程。

天然气宝宝在这条线上走了 4200km 才到达新家，在这条路上，它走过了新疆轮台县塔里木轮南油气田，向东经过库尔勒、吐鲁番、鄯善、哈密、柳园、酒泉、张掖、武威、兰州、定西、宝鸡、西安、洛阳、信阳、合肥、南京、常州、上海等地方，整个东西方向游历了新疆、甘肃、宁夏、陕西、山西、河南、安徽、江苏、上海等 9 个省（区）。比较自豪的是这条线路的管道是我国距离最长、直径最大的运输天然气宝宝的管道，下图为西气东输施工现场与轮南首站。

西气东输三线的线路图

西气东输施工现场

西气东输首站——轮南站（胡文瑞，2021）

西气东输工程作为世纪工程，于 2000 年正式启动，2002 年 7 月 4 日正式开工建设，2003 年 9 月 1 日东段建成，2004 年 12 月 30 日全面建成投运。先后建成了西气东输一线、二线、三线，中贵、陕京、冀宁、淮武、忠武、兰银、中靖联络线和江苏如东 LNG 接收站等，全面推进了中国天然气利用时代的到来

川气东送管道工程

由于国际油价长期居高不下，全球对更清洁的能源——天然气的需求增长强劲。21 世纪是天然气世纪。中国经济的持续发展和能源政策的进一步调整，极大地促进了中国天然气产业的发展。在这个大背景下国家开展了继西气东输工程后又一项天然气远距离管网输送工程——川气东送工程。

川气东送工程设计输量 $120 \times 10^8 m^3/a$，设计压力 10MPa。在这条旅游线上，天然气宝宝从川东北的普光出发途经四川、重庆、湖北、

安徽、浙江、上海四省二市最终抵达上海。川气东送旅游线的建立使得四川的天然气宝宝一直想出川的愿望得以实现，同时到达上海的天然气宝宝将会对长江流域和长三角地区的能源保障、经济发展和社会进步产生巨大的帮助。

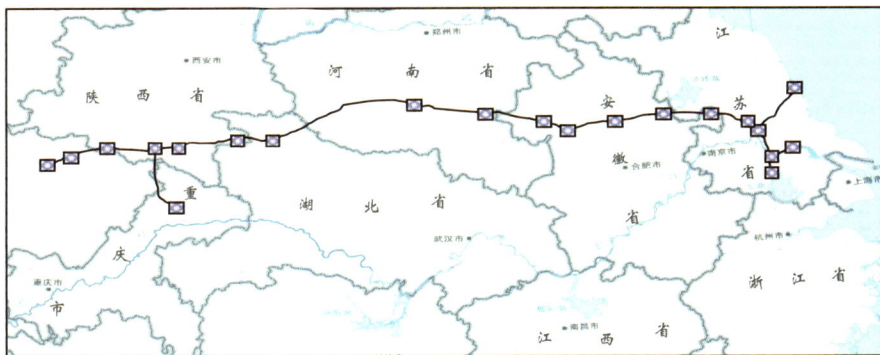

川气东送管道路线图

中俄东线天然气管道

天然气宝宝不仅在国内游山玩水，还在国外有自己特别的路线，就比如这条中俄东线管道。这条路线可是大有来头，它是中国石油与俄气公司两家公司联合搭建的，它开始于俄罗斯东西伯利亚，从布拉戈维申斯克进入中国黑龙江省黑河市，俄罗斯境内管道全长约3000km，中国境内段5111km，2019年12月2日，随着中俄两国元首下达指令，中俄东线天然气管道正式投产运行。

389

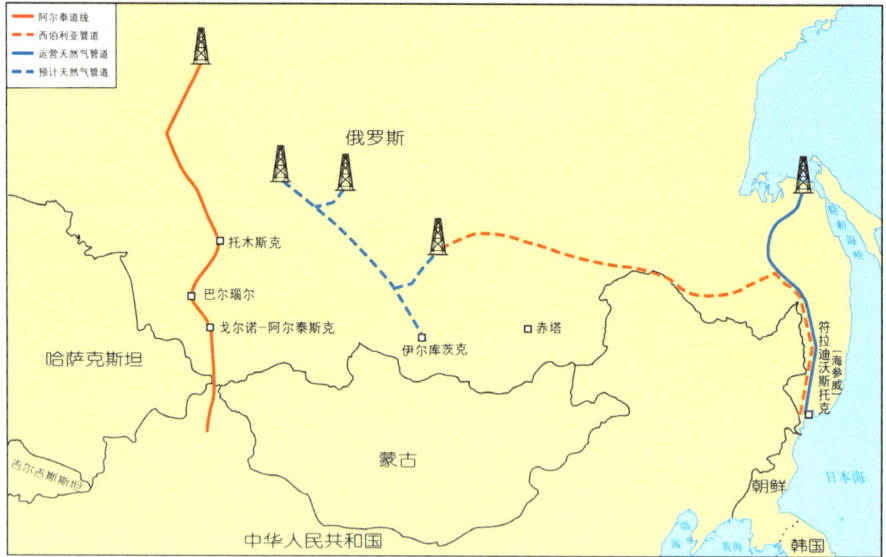

中俄东线天然气管道

兰成渝成品油管道

　　成品油小兄弟始于兰州、止于重庆。全长 1250km，是中国第一条直径很大、压力很高、距离又非常长的成品油输送管道，在 1998 年 12 月开始建设，直到 2002 年 9 月才建设完成，同时这条管线被誉为西北、西南地区的"能源大动脉"，也是西部大开发十大重点工程之一。这条特别的路线全部采用计算机数据采集控制系统，通过全球卫星定位（GPS）系统对输油全程进行在线监控，并在我国首次采用超声波和注入荧光剂的方法区分油品界面，可在一条输油管道内进行汽油、柴油、煤油等多种石油产品的输送。但是由于这条管道工程沿线地形复杂多变，依次经过黄土高原、秦巴山地、成都平原和川渝丘陵等地貌，许多地段的地质和交通条件都极为恶劣，成品油小兄弟克服了重重困难才来到它的新家重庆。

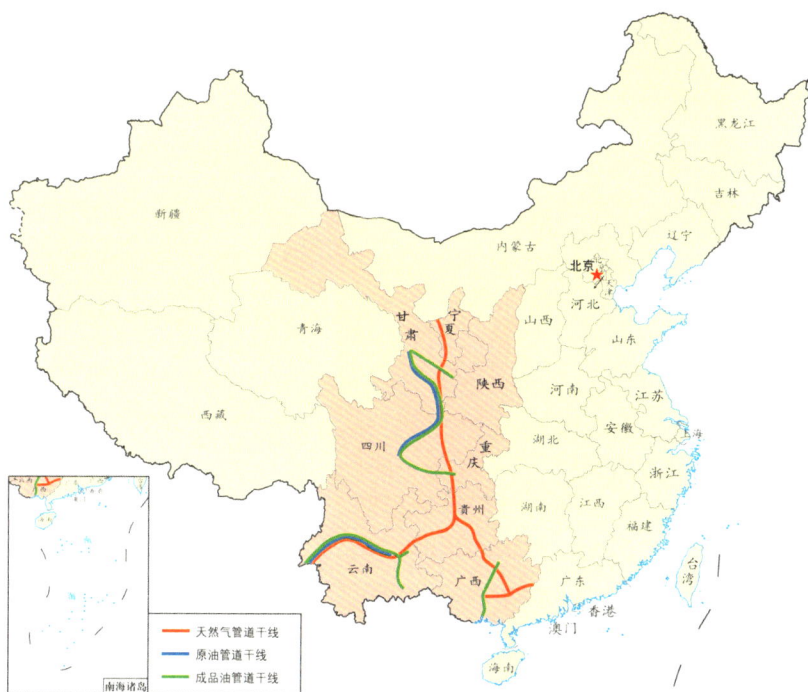

兰成渝成品油管道走向图

截至 2019 年底，累计输送原油、成品油、天然气 6855×10^4t、6698×10^4t 和 942×10^8m^3

中俄原油管道

中俄原油管道是中国四大能源战略通道之一。从俄罗斯远东管道的斯科沃罗季诺分输站出发，止于我国大庆，全长 999.04km，中国境内长度为 927.04km。2011 年 1 月 1 日以来，已安全运行 10 周年，输送原油近 2×10^8t。

中俄原油管道走向图

中亚天然气管道

中国—中亚天然气管道被誉为新丝绸之路能源通道，A、B 两线为双线敷设，起点位于阿姆河右岸的土库曼斯坦和乌兹别克斯坦边境，经乌兹别克斯坦中部和哈萨克斯坦南部，从阿拉山口入境，成为西气东输二线。全长约 1×10^4 km，是目前世界上最长的天然气管道。A 线于 2009 年 12 月投入运行，B 线于 2010 年 10 月投入运行，每年将从中亚地区向中国稳定输送约 $300 \times 10^8 m^3$ 的天然气。C 线与 A、B 线并行敷设，线路总长度 1830km，设计年输气能力 $250 \times 10^8 m^3$。

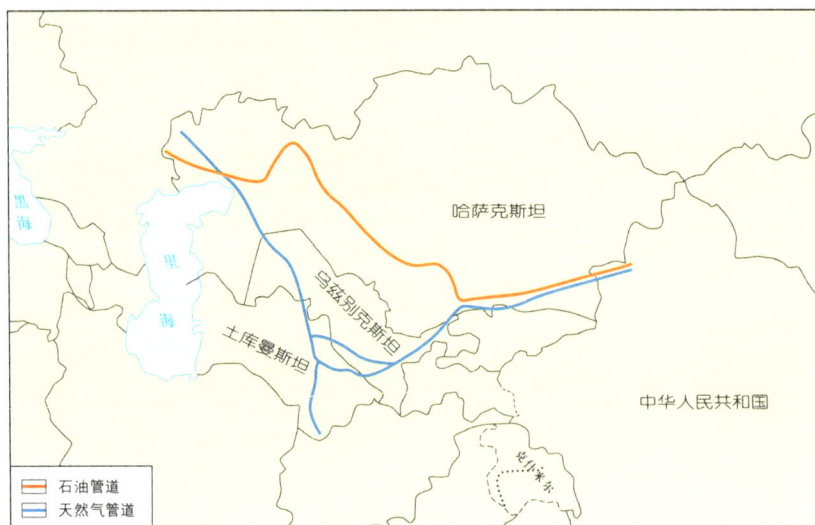

中亚天然气管道走向图

C 线是输送乌兹别克斯坦出口到中国的天然气，2012 年 9 月开始建设，始于土库曼斯坦和乌兹别克斯坦边境格达依姆，途经乌兹别克斯坦与哈萨克斯坦，最后从新疆霍尔果斯口岸进入中国。D 线始于土库曼斯坦和乌兹别克斯坦边境，与 A、B、C 线路不同，不再从霍尔果斯入境，而是从与吉尔吉斯斯坦接壤的天山南麓与昆仑山两大山系接合部的新疆乌恰入境。

中亚天然气管道全自动焊接

中亚天然气管道压气站

中缅油气管道

中缅油气管道项目是"一带一路"重大战略的先导项目、是中国海外项目中的一张"名片"。与中亚油气管道、中俄原油管道、海上通道一起誉为我国的四大能源进口通道。管道起点在缅甸西海岸皎漂港，从云南瑞丽进入中国。缅甸境内全长771km，原油管道、天然气管道国内全长分别为1631km、1727km。

中缅油气管道走向图

美国阿拉斯加原油管道

外国的原油小兄弟也有着精彩的旅程，美国阿拉斯加原油管道是世界上第一条伸入北极圈的原油管道。原油小兄弟从美国阿拉斯加最北部北坡的普拉德霍湾出发，经过整个阿拉斯加地区，最终到达南部阿拉斯加湾的不冻港瓦尔迪兹。旅途全程1286km，需要翻越1460多米高的布鲁克斯岭、近1100m高的阿拉斯加山脉和近900m高的楚加奇山脉，穿越主要河流34条，其中最大河流为育空河。原油小兄弟还要通过700km左右的永冻土地带的严寒考验；所经地区的冬季气温一般在 -51～-48℃之间，最低气温为 -57℃。原油小兄弟自身温度高达50℃以上，为了不让自己的"热情"对旅途中的永冻土产生影响，原油小兄弟穿上了特制"保暖衣"——液氨"热管"系统，以防止管道系统的热量传入永冻土。

美国阿拉斯加管道图

美国科洛尼尔成品油管道

美国科洛尼尔成品油管道系统是世界上最大的成品油管道系统。成品油小兄弟从美国西南部得克萨斯州的休斯敦出发，向东北旅行到新泽西州的林登。1963年成品油小兄弟开始第一次旅行，这时候的旅程长达2465km，经不断开拓新路线，至20世纪80年代初，总旅程高达4613千米，通过750mm、800mm、900mm、1000mm四种管径的管道运输。整个旅程有10多个"上车点"，不同的成品油小兄弟可以在这里加入旅

美国科洛尼成品油管

途；近 300 个"下车点"，到达目的地的成品油小兄弟完成旅程。一共有 100 多个不同的成品油小兄弟在管道内一个接一个地走向目的地。20 世纪 80 年代初，全旅途共有 150 多个"动力之源"——泵站，总输送能力达 1×10^8 t/a。

美国科洛尼尔成品油管道图

"友谊"管道

"友谊"管道是苏联向东欧出口原油的管道。两期工程总长 9739km，输

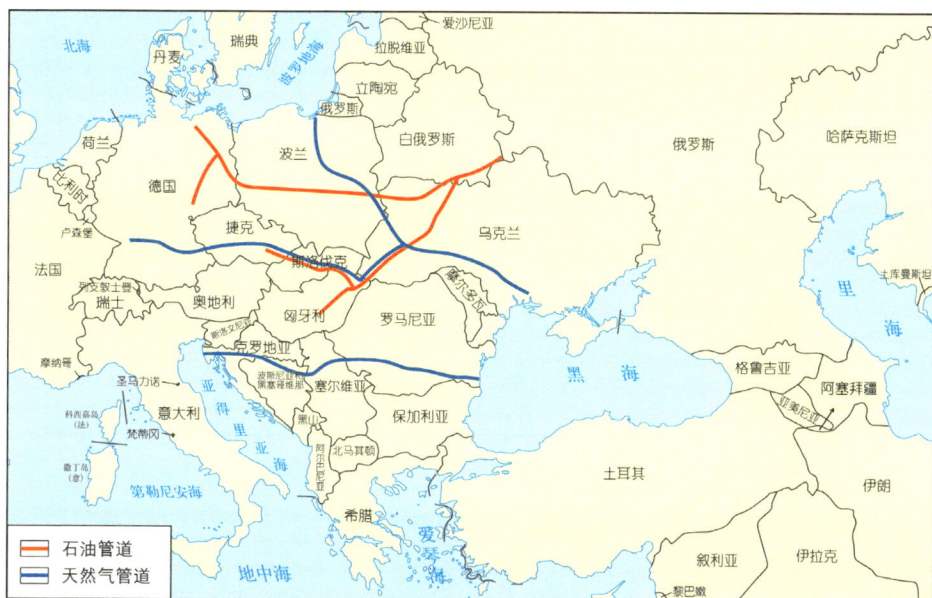

"友谊"管道线路图

油能力 1×10^8 t/a。起自俄罗斯，经白俄罗斯、乌克兰分为南北两支，南线进入捷克和斯洛伐克，终点匈牙利；北线进入波兰，终点德国，管径 720～1220mm，第二期工程 1972 年完工。

跨安纳托利亚天然气管道（TANAP）

跨安纳托利亚天然气管道（TANAP）是跨里海—黑海地区并与欧洲连接的"南方天然气走廊"的重要组成部分。2011 年 12 月，阿塞拜疆和土耳其签署建设"跨安纳托利亚天然气管道"（TANAP）合作备忘录。这段管道起于格鲁吉亚和土耳其的边界，经土耳其全境，一直延伸到土耳其西部边界，全长约 1850km。2015 年 3 月，土耳其、格鲁吉亚和阿塞拜疆 3 国开始动工修建。在设计规划中，这条管道将把阿塞拜疆里海"沙赫德尼兹气田"的天然气经格鲁吉亚输送至土耳其境内，再连接到跨亚得里亚海天然气管道销往欧洲国家。"跨安纳托利亚天然气管道"预计年输气量为 160×10^8 m^3，其中，60×10^8 m^3 供给土耳其，其余 100×10^8 m^3 供应欧洲市场。

跨安纳托利亚天然气管道线路图

油气宝宝们经过精心的"梳妆打扮"后，踏上它们的长途之旅，历经了万里路程才到达它们的新家，不过这些特殊的路线不只在陆地哦，还有海底管道，接下来就走进海底管道的世界吧！

⊙ 劈波斩浪：海底管道

一提起神秘的海底世界，脑海里马上就浮现出游鱼与珊瑚、水藻与珍珠、沉船与遗宝。然而在这么一个辽阔的空间里，还存在着一条条"纽带"，在海底连绵数千乃至上万千米，连接着我们脚下的土地，它们就是——海底管道。

北溪管道是当前世界上最长的海底天然气管道。从俄罗斯维堡港出发，穿过波罗的海，在德国登陆，全长1222km，北溪天然气管道是一个离岸天然气管道，由Nord Stream AG负责营运，从俄罗斯维堡起到德国格赖夫斯瓦尔德。该项目包含两条平行管道。1号管道于2011年5月铺设，2011年11月8日正式投入使用。2号管道于2011年至2012年间铺设，2012年10月8日正式投入使用。管道总长度1222km（759mile），双管并行，管径1220mm，压力22MPa，设计输量$550×10^8 m^3/a$。北溪管道超过了兰格勒德管线成为世界最长的海底管道。

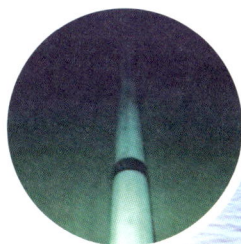

海底管道

海底管道

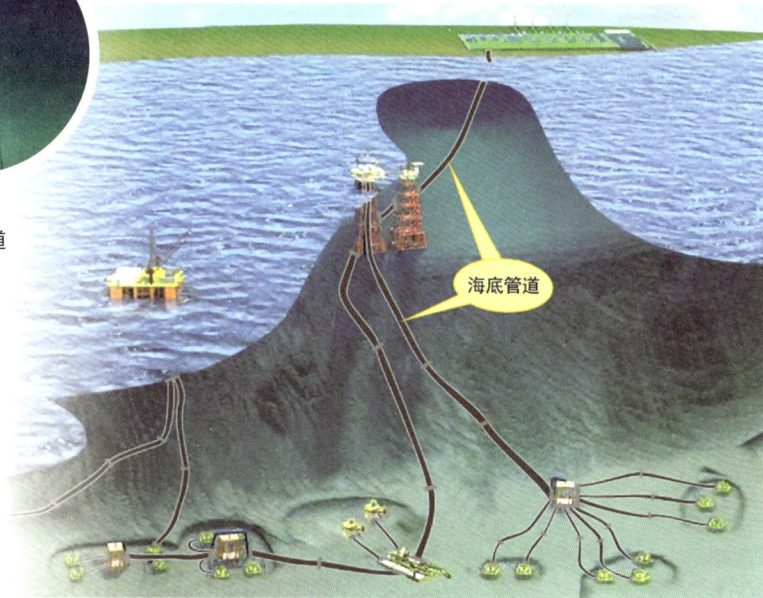

海底油气工厂（据中国能源网，略改）

北溪天然气海底管道

　　随着海洋石油行业的高速发展，海底管线作为油气的重要运输工具，经过数年的规模发展，已经形成了一张四通八达的海底管网。可别小瞧这些长长的管线，它们的用途大着呢！海底管道能远距离输送石油、天然气和水等，可谓是输送海洋油气的大动脉，是海洋石油工程的一个重要环节！

海底管道有好几个组成部分

海底平管平铺在海底，它是海底油气输送的主力军

立管垂直站立在海底，将海底平管与海上的生产设施连接在一起

膨胀弯有热胀冷缩的本领，能随着海水温度的变化而伸长或缩短，它连接着海底平管与立管

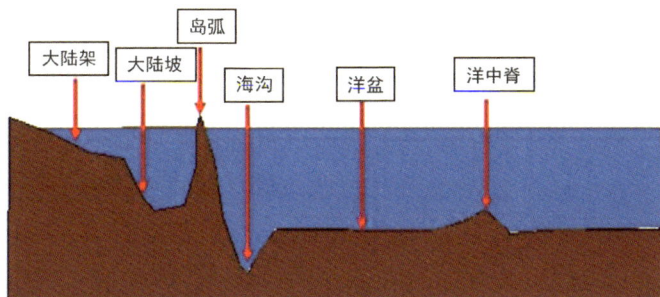

海底地形

　　海水里和管道内的输送介质中有我们肉眼看不见的盐和细菌等，会让管道得"皮肤病"，表面变得坑坑洼洼，严重时甚至会穿孔！为了保护它们的健康，我们要给它们穿上保护衣——防腐涂层，或者派出防卫兵——电子，保卫管道表面不被破环。

　　在海底世界，也有别样的风景：高耸的海山，起伏的海丘，绵长的海岭，深邃的海沟……与陆上管道建设的不同在于，我们并不能改造海底的地貌，所以无论在设计还是施工过程中，处处都有难关。那么要如何铺设海底管道呢？接下来给大家介绍几种铺管方法。

浮漂拖航铺管

　　先在陆地上把一节一节的管子连接成管段，管段的两端用板子堵上，再用船只浮拖到准备铺管的地点，给管子灌水增加重量，让它慢慢沉到水底或预先准备好的沟槽里，取下堵板，然后由潜水员们在水下将管段挨个接上。

拖航铺管

水底拖曳铺管

对于较长的管段，刚刚介绍的浮漂拖航法实施起来有一定的困难，这时可以考虑水底拖曳的方法进行铺管。水底拖曳时，风浪、潮汐对施工方的影响都比较小，作业安全，而且不需要牵制船。水底拖曳铺管适用于长距离的深水铺管，比如：在海中铺设排污干管。

铺管船铺管

管船铺管

管子要先经过运管船运到铺管船上面，再在铺管船上进行管段接口，接好之后，再沿着铺管船上的滑道、管托架等装置，送到水底铺管处。当铺管位置离岸边较远时，就适合采用铺管船铺管进行作业。

冲沉土层铺管

先把管子放在水底，再拿出特殊道具——冲泥器，它能喷射出高压水，对准管道底部的土层大力冲打，这样一来，管底的土层发生液化，丧失承载能力，管道就慢慢埋入水底了。

我国海底管道产业起步较晚，但经过二十余年的发展，我国海底管道铺设能力取得了长足的进步。现在铺设海底管道的技术越来越高，铺设深度也越来越深。在2018年5月18日，位于香港的世界上最长的海底输油管道顺利实现通油，获得了世界的瞩目。两条管线并肩前行，在海面以下130m，延绵5200m，苛刻的施工条件，几十米厚的坚硬的回填石、花岗岩、石英岩都无法阻挡它们向前推进的步伐。

"一个神奇的地方" —— 储气库与油库

⊙ 地下储气库

地下储气库是将天然气注入地下空间而形成的一种人工气藏。打个简单的比喻，地下储气库就像一个超大的煤气罐，买了一大罐煤气在家炒菜、取暖，用完之后继续利用这个空罐子可以再次储存煤气，放在家中备用。天然气地下储气库就是利用枯竭的气藏空间、废旧矿坑等多种地下方式储存天然气，在用气较少的时候重新注入天然气，在用气高峰期再进行采气。

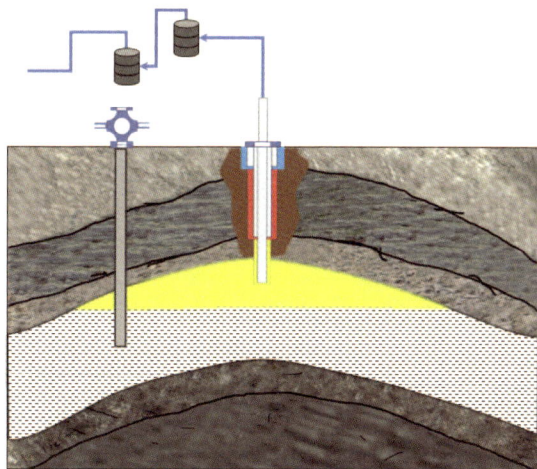

地下储气库注采系统

地下储气库深度在 2000~5000m，具有"注得进、储得住、采得出"的特征。典型天然气地下储气库有 4 种类型：枯竭油气藏储气库，含水层储气库，盐穴储气库，岩洞、废弃矿坑/矿井型储气库。其中气藏型储气库数量多、规模大，占绝对优势，其工作气量占储气库容积的 74%；含水层储气库次之占 11%；盐穴储气库占 9%，油藏型储气库占 6%。

与地面球罐等方式相比，地下储气库具有以下优点：储存量大、调峰规模大、占地面积小、安全环保、污染小、经济合理、经久耐用，使用年限长达30～50年或更长，安全系数大，安全性远远高于地面设施等优点，是最经济有效的天然气储存和调峰方式。

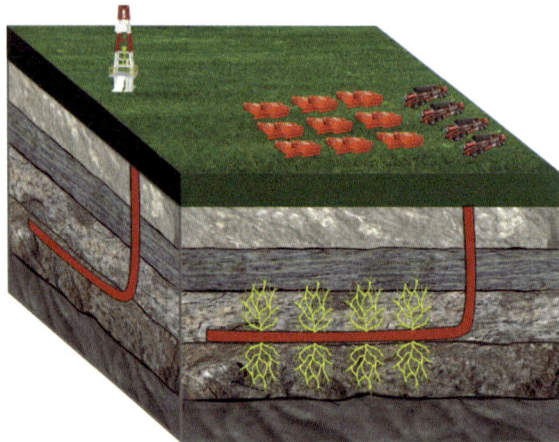

地下储气库的储层与盖层

大型储气库具备季节调峰、事故应急以及国家能源战略储备三大功能。建设地下储气库是保障天然气安全平稳供给最经济、最有效的手段。目前，全国已有 11 个地下储气库群，共 25 座储气库，工作气总量目前为 $200 \times 10^8 \mathrm{m}^3$ 左右，主要分布在环渤海和东部地区，占比天然气年消费量约 2%。

中国第一个储气库——大港大张坨储气库

大港大张坨储气库利用枯竭凝析气藏建成中国第一座商业储气库，首次拉开中国地下储气库建设序幕，标志着中国地下储气库进入新发展阶段。设计总库容量 $69 \times 10^8 \mathrm{m}^3$，最大日采气能力达到 $1000 \times 10^4 \mathrm{m}^3$。主要承担京津冀地区天然气"错峰填谷"任务，对北京地区冬季调峰保供发挥重要作用。

大港大张坨储气库

中国最大储气库——呼图壁储气库

呼图壁储气库是目前国内规模最大的地下储气库，注采气量居全国首位。呼图壁储气库是西气东输管网首个大型配套系统，总库容 $117 \times 10^8 m^3$，生产库容 $45.1 \times 10^8 m^3$。其功能定位是为西气东输二线和北疆地区季节调峰及战略储备之用。呼图壁储气库仅用两年时间便全面建成投产，堪称世界储气库建设史上的奇迹。

呼图壁储气库集注站

中国盐穴第一库——金坛地下储气库

西气东输的重要调峰设施——金坛地下储气库位于江苏省金坛市直溪镇，毗邻镇江，属盐穴地下储气库，是中国盐穴第一库，规模为亚洲第一。它开创了中国利用深部洞穴实施能源储存的先河。

金坛地下储气库

西南首座储气库——相国寺储气库

相国寺储气库位于重庆市，2013 年建成投运，是西南地区首座储气库。设计总库容量 $42.6 \times 10^8 m^3$，采气日处理能力 $2855 \times 10^4 m^3$，截至 2021 年 12 月，日调峰采气量突破 $2800 \times 10^4 m^3$。

西南首座储气库——相国寺储气库

世界储层最深储气库——苏桥储气库

苏桥储气库群位于河北省霸州市和永清县境内，储层埋深最高达 5500m，位居世界之最。总有效库容 $67 \times 10^8 m^3$，设计工作气量 $23 \times 10^8 m^3/a$，总注气规模 $1300 \times 10^4 m^3/d$，采气规模 $2100 \times 10^4 m^3/d$。

苏桥储气库

截至 2021 年底，我国已投运 27 座储气库（群），设计总工作气量约 $270 \times 10^8 m^3$。"十四五"期间，中国石油、中国石化等石油公司规划建设多座储气库，并对现有储气库进行扩产达容，据不完全统计，目前国内在建及规划储气库库容总量超过千亿立方米。

随着国家经济高速发展和对能源需求日益增长，地下储气库将在中国油气消费、油气安全领域发挥更加重要的作用，建库目标将从目前的调峰型向战略储备型方向延伸及发展，建库技术水平也将在实践中不断得到提高。

⊙ 油库

油库是收发、储存石油及以石油或其他物料为原料，生产加工易燃和可燃液体产品的独立设施。油库是国家石油储备和供应的基地，用于集积和中转油料，是协调原油生产、原油加工、成品油供应及运输的纽带，是调节油品供求平衡的杠杆。

油库的常见分类方式多种多样。按储存油品种类不同，油库分为原油库、成品油库等；按建库形式不同，油库可分为地上油库、地下油库、半地下油库、山洞油库、水封石洞油库和海上油库等；按储油能力即储油总容量不同，可将油库分为特级、一级、二级、三级、四级和五级。

油库工艺流程是对储油库内部油品流向的总说明，它通过管线、阀门、泵等将装卸油设施、储油罐、灌装设备等有机地联系起来。一般包含油罐区工艺流程和油库泵房工艺流程两部分。

405

地上油库 / 成品油库

　　当前我国油品储存采用的是企业储存、商业储存和国家储存相结合的多途径储存方式。企业储存主要为满足企业生产经营而设置，如油田原油库、石化企业储运系统油库等；商业储存是为满足企业商业销售需要设置，如广州新白云国际机场油库；国家储存主要是为应对能源危机，保证国家经济和政治稳定而设置的，如舟山国家石油战略储备库等。

　　国家石油战略储备油库的主要任务是为国家储存一定数量的战略油料，以保证市场稳定和紧急情况下的用油。储备油库的容量和位置一般是根据经济和国防的要求来确定的，其特点是容量大，储存时间长，品种较单一。储备油库本身防护能力和隐蔽要求都较高，因此，储备油库大都建成地下油库或山洞油库。

　　我国石油战略储备基地建设起步于 2003 年。已建成天津、鄯善、舟山、独山子、镇海、惠州、黄岛、大连、兰州、锦州、金坛、湛江 12 个国家石油战略储备基地。其中，天津石油储备基地是中国目前规模最大的石油储备基地。由中国石化管道公司承建，该基地包含 $500 \times 10^4 m^3$ 的国家战略石油储备罐和超过 $500 \times 10^4 m^3$ 的商业石油储备罐，总库容 $1000 \times 10^4 m^3$。预计可储备超过 $600 \times 10^4 m^3$ 以上的石油。我国已拥有储备原油 $3773 \times 10^4 t$ 的能力。

储备油库

管道上"跳动的心"——泵与压缩机

石油和天然气在管道中输送，需要一个力量来推着它们前进，这个力量被称为"压力"。油气在长途跋涉的过程中，时间久了，"压力"不够用了，它们就跑不动了。可是许多人正盼着它们的到来，可不准它们休息，怎么办呢？别急，解决这个问题要用到两个法宝——泵和压缩机，它们就像是分布在管道上的一个个"小心脏"，扑通扑通强有力地跳动着，可以源源不断地为油气提供能量，保证它们"不罢工"，顺利到达目的地，完成它们的使命。那么，泵和压缩机到底长什么样呢？为什么具有如此大的魔力，可以充当"心脏"的作用呢？它们又是怎么做到鞭策石油与天然气奋勇前行的呢？下面我们就来揭开泵和压缩机的神秘面纱，一起来了解管道上"跳动的心"。

⊙ 液体管道的"动力之源"——泵

首先来看看泵。在石油王国里，泵是为石油增压而生的，它是增加"压力"的补给站。当石油在管道中跑不动时，泵就给它加油打气，补充能量，让其保持精力充沛，一路向前。

泵是个大家族，里面有很多成员，按照工作原理不同，分为容积式泵、叶轮式泵、喷射式泵。容积式泵里又分为往复泵、回转泵、活塞泵、螺杆泵、齿轮泵等；叶轮式泵又包括离心泵、轴流泵、混流泵和旋涡泵。这些泵都有着自己的特点，在各自的岗位上发挥自身的作用。

我们就以离心泵为例，来看看泵是怎么工作的。瞧，这就是泵的样子，长的像个蜗牛壳，但是它可不像蜗牛那样慢吞吞的，它是个"跑得快"的家伙。

离心泵工作原理图

泵的核心部件是叶轮，就是在"蜗牛壳"中间长的像叶了的东西，它是提供能量的源泉。当泵启动开始工作后，叶轮就会高速转动，同时也会带着石油一起转动，这样，哪怕石油累了，不想动了，也身不由己地被带着高速运动，速度加快，冲向远方，带着更足的精气神儿离开泵这个"补给站"。只要泵一直开着，认真工作，叶轮就不停地转动，为一批又一批石油提供补给，送走一批又一批补充了能量的石油，周而复始，使得整个管道中的石油都充满活力，顺顺利利地抵达终点。

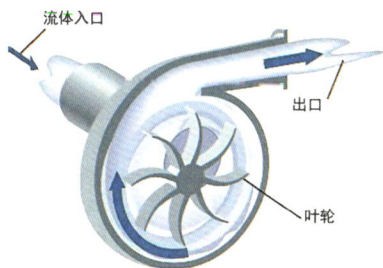

⊙ 天然气管道的"动力之心"——压缩机

我们再来看看压缩机，顾名思义，压缩机就是具有"压缩"作用的机器。在石油王国里面，压缩机和泵的作用差不多，也是为油气资源提供能量的，不过泵主要是为石油提供补给，服务对象是液体，压缩机主要是压缩天然气用的，针对的是气体。在天然气管道输送过程中，压缩机为天然气提供能量，天然气被压缩后压力变大了、速度变快了，这样做的目的是为了提高输送效率，同时确保输送的稳定和安全。

和泵一样，压缩机也是一个大家族。压缩机分为动力型压缩机和容积型压缩机。动力型压缩机是靠高速旋转的叶轮来提供动力，增加天然气的压力和速度，包括离心式压缩机和轴流式压缩机；容积型压缩机是靠改变工作腔大小来增加天然气压力的压缩机，由于大多数容积型压缩机有活塞，故而又被称为"活塞"式压缩机。

以离心式压缩机为例，我们来看看它的工作原理是什么？

离心式压缩机结构很复杂，它有很多部件，

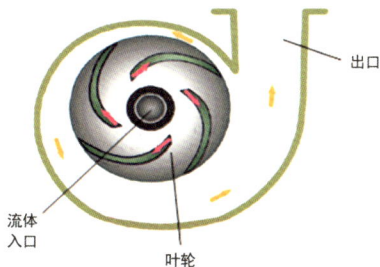

离心式压缩机工作原理图

包括吸气管、叶轮、扩压器、弯道、回流器、排气蜗室。这些部件相互配合，协同工作，共同完成离心式压缩机的增压过程。

离心式压缩机最重要的部件是叶轮。还记得泵的叶轮吗？没错，跟泵的叶轮类似，压缩机的叶轮通过自身高速旋转带动气体运动，使天然气压力增加，为天然气提供能量。要想达到给天然气增压的效果，叶轮必须快速转动，它的转动速度最高可达 20000r/min，意思就是在一分钟内转动两万圈，如果一个小人站在叶轮的边缘，叶轮（直径假设为 1m）转动一分钟，小人就会跑六万米那么远，可见，叶轮确确实实是个"跑得快"的家伙。

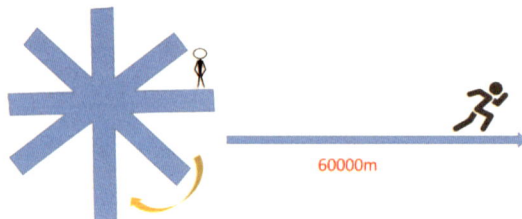

60000m

压缩机提升动力示意图

离心式压缩机的作用很大，它被广泛应用于天然气输送、大型化肥、乙烯、炼油、冶金、制氧、制药等领域。由于离心式压缩机是一种高速旋转的机器，它本身对材料、制造工艺以及装配过程的要求都是极高的，因此这种机器的价格很昂贵，一台离心式压缩机造价可以达到几百万甚至几千万。虽然它很贵，但是它创造的价值也是十分可观的，所以，我们要好好保护它，减少对它的损害，这样它才能源源不断地为我们创造收益，发光发热。

我国已开展 20MW 级电驱压缩机组和 30MW 级燃驱压缩机组的国产化研制，为我国油气管道提供"中国动力"。

管道"未来之星"——智慧管网

随着全球管道行业数字化、智能化深入发展，油气管道行业的新一轮科技和产业革命正在孕育，新的增长动能不断积聚，管道智能化建设已成为诸多管道企业的重要发展目标。智慧管道的建设将中国整个油气管道系统连成一个整体，使管道资源发挥最大利用效率。

"智慧管道"是在标准统一和数字化管理的基础上，以数据全面统一、感知交互可视、系统融合互联、供应精准匹配、运行智能高效、预测预警可控为特征，通过"端＋云＋大数据"体系架构集成管道全生命周期数据，提供智能分析和决策支持，用信息化手段实现管道的可视化、网络化、智能化管理，具有全方位感知、综合性预判、一体化管控、自适应优化能力等特点的管道系统。

以管道以及与之相关的全生命周期数据为基础，通过现在信息技术（物联网、云计算、大数据等）收集、统计、分析管道各类属性及全面感知数据，为管道建设和运行、管道完整性管理、管道应急及智能决策提供全方位支持，确保管道"安稳长满优"运行。

中国石油在 2004 年西气东输冀宁管道联络线建设过程中就提出了"数字化管道"的概念，并陆续在 2008 年西气东输二线、中缅油气管道等工程建设中将卫星遥感影像、无人机、GIS 等数字化技术应用于油气管道的勘察设计和施工阶段。

直径为 1422mm 的天然气管道

2017 年，中国石油依托中俄东线天然气管道工程，以"全数字化移交、全智能化运营、全生命周期管理"为理念，开始了真正意义上的"智能管道"示范工程建设。2018 年，大数据的理念被纳入中国石油智慧管网总体设计方案中，基于大数据的前沿技术将推动智能管网建设，至此智慧管道远景逐渐清晰。2019 年 12 月 2 日，中俄东线北段正式投产运行，是中国首个采用 1422mm 超大口径、X80 高钢级、12MPa 高压力等级，具有世界级水平的天然气管道工程，也是中国石油首个推行智能管道建设的试点项目。

中国石化在 2014 年启动了"中国石化智能化管道管理系统"项目，完成了项目顶层设计和管道数字化管理、管道完整性管理、管道运行、应急响应管理、综合管理五大类功能的研发，以及 7 家试点企业 39 条 1939km 管道系统的实施和 27 座站场的数字化、可视化管理，重视数据标准化和业务流程模板化。2017 年提出建设"智能化管道"的理念，2018 年 5 月提出了智慧管网的建设目标，当年完成了智慧管网顶层设计方案。

在国外，美国哥伦比亚管道集团部署了 IPS 智能管道系统，构建具有工业互联网能力的智能管道解决方案，形成了涵盖从数据采集、信息集成、分析预测、管理优化的综合性全生命周期智能管道平台。在欧洲，意大利天然气输送系统运营商 SNAM 公司在意大利拥有并运营着超过 3.33×10^4 km 的天然气管道网络，其他地区其子公司运营约 4×10^4 km 管道，面临数据、资产、管网、安全四方面挑战。SNAM 公司分别通过整合已有 SCADA 系统，部署 Liwacom 公司 SIMONE 系统，试点 e-vpms TM 远程监测系统等升级改造实现了管道系统的智能化升级。

物联网在智慧管网中的应用

管道物联网的本质是将管道设备、设施与运营数据的收集、传输、分析和决策整合为有机整体，最终为设备管理优化和运营决策提供支

持。其中，先进的设备、采集、通信、决策、控制等智能技术以及信息系统的应用和集成是贯穿于管道物联网各个环节的基础支撑。

管道物联网一般分为三个层面：感知层、传输层和应用层。感知层的建设需要全方位、智能化，通过智能检测及监测手段自动收集管道、设备及周边环境数据，准确计算管网系统运行安全状态。传输层通过有线和无线网络传输实时管道系统工况数据、视频图像及相关控制信息。应用层主要用于整理和显示管道系统信息，提供预测和预警、状况诊断、趋势分析、监管计划制定、生产报表编制、物联网设备管理、智能决策算法等功能。该系统的核心是数据管理系统和操作管理系统。数据管理系统通过构建数据库来整理、存储和显示由感知层获取的数据。该系统构建的重点是设置数据交换的频率，确定数据交换的协议，并统一数据标签的命名规则。运行管理系统包括施工、运行、管道保护、管道完整性管理、站场完整性管理、资产管理、材料管理、维护管理各个子系统，这些子系统基于数据管理系统提供的数据，相互辅助，进一步确保管道运行的安全可靠性，实现最大的经济效益。

数字孪生体在智慧管网中的应用

数字孪生体是指在虚拟空间中集对象、模型和数据于一体的仿真模型。该虚拟模型完全对应于真实空间中的物理实体，通常是指对真实空间中物理实体的多维动态数字映射。通过在物理实体上安装的传感器或模拟数据，实现对物理实体的实时观察并呈现其实时状态。另外，物理实体也可接收系统的承载指令，不断改变自身状态。

传统的管道设计思路分为可行性研究、初步设计、施工图绘制三大步骤，虽然目前大多数的管道设计已经开始采用三维设计方案，但大多为静态设计，不能生动展示系统构造，缺乏全局性考虑，同时设计方案过多依赖于设计人员，利用率较低。管道数字孪生体的诞生很好地解决了这个问题，它立足于模拟仿真技术，能够更加全方位、多层次、高精度的模拟管道复杂运行工况，并对管道的流动状态趋势进行预测。采用智能优化算法，如群体智能、遗传算法、人工神经网络等，对管道的运行过程进行优化控制。

智能监测在智慧管网中的应用

长输管道通常分布广、沿线地质环境复杂，川气东送管线跨越 4 省 2 市 53 个县区，穿越地貌类型包括山区、丘陵、平原、沼泽和水网等等复杂地貌单元，管道 60% 以上在山区丘陵地段敷设，沿线地质环境复杂，道路崎岖，传统人工巡检难度大，难于满足管道的安全管理需求。随着科学技术的发展，新一代技术如智能传感器、物联网、无人机、人工智能、机器学习等快速发展，管道巡护管理可结合新的技术从传统以人为主的管理转变为以智能感知技术为主，人工为辅的方式进行管道的安全管理，通过智能传感技术全面感知线路风险，实现风险由被动管控到主动管控的转变。同时也能减少人工投入，降低人员在山地巡护的安全风险。

无人机巡线智能信息处理子系统

无人机巡护以无人机为平台，搭载视频、影像等传感器，通过周期性或指定时间段的压线采集数据，实现对管道运营状态的巡视和检查。具体巡检强调如下信息收集和处理。

（1）管道附属设备设施的完整性如站场、阀室、放空管的情况。

（2）人为因素影响，如第三方施工和建构筑物占压。

（3）自然因素影响，如地质灾害。

（4）管道失效和泄漏。

无人机搭载的传感器以光学传感器为主，此外也可以针对特殊的巡检需求搭载包括红外相机、甲烷气体泄漏探测器在内的特殊传感器。

通常管道无人机巡护沿固定的线路，在固定的区段间进行。其航线、航高、地面基站、地面像控点宜提前设计好。

地灾三维模型智能观测系统

通过三维模型观测系统是对整个管线工程的三维模拟，结合数值

分析、三维建模等多种方式，对管道传输环境及管道的整体情况进行模拟。管线在受到破坏时，必定会存在管内油气泄漏等事件的发生，为了防止这些事件造成较大的影响或者形成更大的危害，三维模型观测系统在需要做决策时，提供快捷有效的建议，以供决策者参考，同时也可以对管线的情况总体把控。

结合管线周围的地质环境，还可进行地质灾害等相关破坏模拟，提前做好预防措施，可实现预防、模拟及决策等功能，在对管线遭受破坏后的相关处理有很大的帮助。

智慧管网的发展前景

国家管网公司已成立，必将顺应世界能源发展的大势，不断提升科技支撑能力，加强人工智能、大数据、云计算等先进技术与油气管网的创新融合，完善信息共享平台，推动油气互联网布局。为国家战略智慧油气通道打造既具有"小聪明"又具有大智慧的"最强大脑"。智慧管道的建设将构建管道数字孪生体，实现传统管道与智慧管道的信息交互、数据共享，实现智慧诊断、智慧化运行、全生命周期管理。将智慧化技术深度融合于实际管道运行任务，搭建的信息共享平台涵盖数字化管理、完整性管理、运行管理、应急管理、综合管理等系统。

知识小·讲堂

中华人民共和国成立以来油气
勘探发现的几个阶段

参考文献

才林，2017. 植物百科全书［M］. 南昌：江西美术出版社.

崔英怀，高文君，王洪关，2018. 油藏工程基础与方法［M］. 北京：石油工业出版社.

丁国生，魏欢，2020. 中国地下储气库建设20年回顾与展望［J］. 油气储运，39（01）：25-31.

董绍华，张河苇，2017. 基于大数据的全生命周期智能管网解决方案［J］. 油气储运，36（01）：28-36.

杜金虎，张健，张文杰，等. 2018. 大油气田发现［M］. 北京：石油工业出版社.

方宏长，沈绢华，2006. 开采地下石油的谋略——石油开发［M］. 北京：石油工业出版社.

方圆，张万益，马芬，等，2019. 全球页岩油资源分布与开发现状［J］. 矿产保护与利用，39（5）：126-134.

宫敬，徐波，张微波，2020. 中俄东线智能化工艺运行基础与实现的思考［J］. 油气储运，39（2）：130-139.

何更生，唐海，2011. 油层物理［M］. 2版. 北京：石油工业出版社.

胡文瑞，2018. 重新发现石油——石油将缓慢失去青睐度［M］. 北京：石油工业出版社.

胡文瑞，2021. 加油争气［M］. 北京：石油工业出版社.

康博，2020. 深层岩溶型凝析气藏多尺度储集体流动模拟及应用［D］. 西南石油大学博士论文.

李柏松，王学力，王巨洪，2018. 数字孪生体及其在智慧管网应用的可行性［J］. 油气储运，37（10）：1081-1087.

李东哲，2014. 恐龙图鉴［M］. 长春：吉林科学技术出版社.

李栋，陈旭，2017. 钻井作业实训指导书［M］. 北京：中国石化出版社.

李海涛，2017. 天然气工程之采气工程分册［M］. 北京：石油工业出版社.

李继志，2006. 石油钻采机械概论［M］. 青岛：石油大学出版社.

李莉，汪先珍，李旭，等，2009. 油气开采［M］. 北京：石油工业出版社.

李鹭光，王红岩，刘合，等，2018. 天然气助力未来世界发展——第27届世界天然气大会（WGC）综述［J］. 天然气工业，38（9）：1-9.

李颖川，2009. 采油工程［M］. 2版. 北京：石油工业出版社.

林崇德，1991. 中国少年儿童百科全书［M］. 杭州：浙江教育出版社.

刘宝和，2008. 中国石油勘探开发百科全书（开发卷）［M］. 北京：石油工业出版社.

刘锋，2010. 南海北部陆坡天然气水合物分解引起的海底滑坡与环境风险评价［D］. 北京：中国科学院研究生院.

刘嘉麒，2013. 十万个为什么——地球［M］. 上海：少年儿童出版社.

刘天佑，史航，刘玲莉，等，2006. 第五运输业——石油储存与运输［M］. 北京：石油工业出版社.

罗蛰潭，王允诚，1986. 油气储集层的孔隙结构［M］. 北京：科学出版社.

马晓雨，2020. BP"救火队长"［J］. 国企管理，（3）：50-53.

马新华，2019. 天然气产业一体化发展模式［M］. 北京：石油工业出版社.

马中海，丛祥生，陆永明，2006. 开凿到达油层的通道——石油钻井［M］. 北京：石油工业出版社.

孟伟，2020. 石油工业史上的911——墨西哥湾漏油事件［J］. 石油知识，（3）：32-35.

宁树枫，于宝新，隋新光，2001. 油田采油知识——岗位员工基础［M］. 北京：石油工业出版社.

山东省地方史志编纂委员会编，2014. 山东省志（地震志）1986—2005［M］. 济南：山东人民出版社.

尚作源，楚泽涵，黄隆基，等，2006. 在井下看油气藏——石油地球物理测井［M］. 北京：石油工业出版社.

申力生，1984. 中国石油工业发展史：第一卷 古代的石油与天然气［M］. 北京：石油工业出版社.

申力生，1998. 中国石油工业发展史：第二卷 近代石油工业［M］. 北京：石油工业出版社.

苏德辰，孙爱萍，2017. 地质之美——经典地貌［M］. 北京：石油工业出版社.

唐洪明，2007. 矿物岩石学［M］. 北京：石油工业出版社.

唐洪明，2014. 矿物岩石学实验教程［M］. 北京：石油工业出版社.

田在艺，薛超，2002. 流体宝藏——石油和天然气［M］. 北京：石油工业出版社.

王大锐，齐兴宇，2006. 探索地下石油奥秘——石油地质［M］. 北京：石油工业出版社.

王健，张烈辉，2009. 复杂油藏控水增油技术与应用［M］. 北京：石油工业出版社.

王晓冬，2006. 渗流力学基础［M］. 北京：石油工业出版社.

谢礼立，2008. 颤抖的地球［M］. 北京：地震出版社.

袁秉衡，孙廷举，张淑敏，2006. 透视地下油藏——石油地球物理勘探［M］. 北京：石油工业出版社.

袁士义，宋新民，冉启全，2004. 裂缝性油藏开发技术［M］. 北京：石油工业出版社.

恽才兴，2004. 长江河口近期演变基本规律［M］. 北京：海洋出版社.

恽才兴，2010. 图说长江河口演变［M］. 北京：海洋出版社.

张烈辉，2004. 实用油藏模拟技术［M］. 北京：石油工业出版社.

张烈辉，李允，2004. 煤层气藏渗流及模拟［M］. 长沙：湖南科学技术出版社.

张烈辉，郭晶晶，2014. 油气藏数值模拟基本原理［M］. 北京：石油工业出版社.

张烈辉，2018. 油气开发技术进展［M］. 北京：石油工业出版社.

赵澄林，朱筱敏，2006. 沉积岩石学［M］. 北京：石油工业出版社.

赵根模，张德元，1995. 注水诱发地震研究［M］. 北京：地震出版社.

赵金洲，周守为，张烈辉，等，2017. 世界首个海洋天然气水合物固态流化开采大型物理模拟实验系统［J］. 天然气工业，37（9）：15-22.

赵金洲，周守为，魏纳，等，2021. 海洋非成岩天然气水合物固态流化开采模拟实验技术及系统［M］. 北京：科学出版社.

赵云，李东哲，2014. 海洋生物图鉴［M］. 长春：吉林科学技术出版社.

周克明，2006. 两相渗流可视化实验模型的建立与应用研究［R］.

周守为，赵金洲，李清平，等，2017. 全球首次海洋天然气水合物固态流化试采工程参数优化设计［J］. 天然气工业，37（9）：1-14.

朱筱敏，2008. 沉积岩石学［M］. 4版. 北京：石油工业出版社.

朱亚东洋，王金磊，孙峰，等，2017. 水力压裂微地震井地联合监测系统及仪器［J］. 地球物理学报，60（11）：4282-4293.

邹才能，杨智，陶士振，等，2012. 纳米油气与源储共生型油气聚集［J］. 石油勘探与开发，39（1）：13-26.

邹才能，张国生，杨智，等，2013. 非常规油气概念、特征、潜力及技术——兼论非常规油气地质学［J］. 石油勘探与开发，4（40），385.

邹才能，朱如凯，白斌，等，2015. 致密油与页岩油内涵、特征、潜力及挑战［J］. 矿物岩石地球化学通报，1（34）.

［美］D. 佳布，E.C. 唐纳森，2007. 油层物理［M］. 2版. 沈平平，秦积舜，译. 北京：石油工业出版社.

［英］J.S. 阿切尔，C.G. 沃尔，1992. 石油工程原理与实践［M］. 北京：石油工业出版社.

《百年石油》编写组，2009. 百年石油［M］. 北京：石油工业出版社.

《海油故事·启示》编委会，2014. 海油故事·启示［M］. 北京：石油工业出版社.

《气贯长虹》编委会，2005. 气贯长虹：西气东输工程建设纪实［M］. 北京：石油工业出版社.

《石油老照片》编委会，2010. 石油老照片［M］. 北京：石油工业出版社.

《西气东输工程志》编委会，2012. 西气东输工程志［M］. 北京：石油工业出版社.

《中国油气田开发志》总编纂委员会，2011. 中国油气田开发杂志综合卷（上册）［M］. 北京：石

油工业出版社.

《钻井施工》编写组，2019. 钻井施工［M］. 北京：石油工业出版社.

Alsop G I, Wein berger R, Marco S, et al, 2021. Criteria to discriminate between different models of thrust ramping ingravitydriven fold and thrust systems［J］. Journal of Structural Geology.

Chelsea M B, Thomas K R, Allen G, Joshua T K, 2020. Refining the spatial and tcmporal signatures of creep and co-seismic slip along the southern San Andreas Fault using very high resolution UAS imagery and SfM-derived topography, Coachella Valley, California - Science Direct[J].Geomorphology, 357.

Filho J G, Chagas R B A, Menezes T R , et al, 2010. Organic facies of the Oligocene lacustrine system in the Cenozoic Taubaté basin, Southern Brazil［J］. International Journal of Coal Geology, 84（3）: 166-178.

Horman J. Hgne, 2009. 石油勘探与开发［M］.刘云生，康新荣，李莉，译.北京：石油工业出版社.

Lecampion B, Desroches J, 2015. Simultaneous initiation and growth of multiple radial hydraulic fractures from a horizontal wellbore[J]. Journal of the Mechanics and Physics of Solids, 82,235–258.

Lutgens F K, Tarbuck E J, 2011. Foundations of earth science［M］. Upper Saddle River, NJ: Pearson.

Lutgens F K, Tarbuck E J, Tasa D, 2000. Essentials of geology［M］. Englewood Cliffs, NJ:Prentice Hall.

Maugeri L, 2013. The Shale Oil Boom: a U.S. Phenomenon［M］. Harvard Kennedy School，Belfer Center for Science and International Affairs.

Stalder J, York G, Kopper R, et al, 2001. Multilateral-Horizontal Wells Increase Rate and Lower Cost Per Barrel in the Zuata Field, Faja, Venezuela. SPE 69700. the 2001 SPE International Thermal Operations and Heavy Oil Symposium held in Porlamar［C］. Margarita Island, Venezuela, 12-14.

William L E，2013. Injection-Induced Earthquakes［J］. Science, 341.

Yula Tang, Joe Voelker, 2011. A Flow Assurance Study on Elemental Sulfur Deposition in Sour Gas Wells. SPE 147244, the SPE Annual Technical Conference and Exhibition held in Denver, Colorado, USA［C］. 30 October–2.